U0342674

普通高等教育“十四五”规划教材

粉末冶金及粉体材料制备技术

主　编　胡　平　胡卜亮　张　文　熊　宁
副主编　王　强　杨　帆　王　建　白　润

北　京
冶　金　工　业　出　版　社
2024

内 容 提 要

本书共8章，介绍了粉末冶金的概况，包括粉体的特性与表征、粉体的制备、粉体的成形、烧结基本原理与工艺，并结合实际生产案例，介绍了粉末冶金制品的典型应用。

本书可作为冶金工程、材料科学与工程专业的教材，也可供从事粉体技术及研究人员参考。

图书在版编目(CIP)数据

粉末冶金及粉体材料制备技术/胡平等主编. —北京：冶金工业出版社，2024.3（2024.8重印）

普通高等教育"十四五"规划教材

ISBN 978-7-5024-9759-0

Ⅰ.①粉… Ⅱ.①胡… Ⅲ.①粉末冶金—高等学校—教材 Ⅳ.①TF12

中国国家版本馆CIP数据核字(2024)第045990号

粉末冶金及粉体材料制备技术

出版发行	冶金工业出版社	**电　话**	(010)64027926
地　址	北京市东城区嵩祝院北巷39号	**邮　编**	100009
网　址	www.mip1953.com	**电子信箱**	service@mip1953.com

责任编辑 曾 媛 王恬君 美术编辑 吕欣童 版式设计 郑小利

责任校对 梅雨晴 责任印制 禹 蕊

三河市双峰印刷装订有限公司印刷

2024年3月第1版，2024年8月第2次印刷

787mm×1092mm 1/16；15.75印张；380千字；241页

定价49.00元

投稿电话 (010)64027932 投稿信箱 tougao@cnmip.com.cn

营销中心电话 (010)64044283

冶金工业出版社天猫旗舰店 yjgycbs.tmall.com

（本书如有印装质量问题，本社营销中心负责退换）

前　　言

粉末冶金是制取金属粉末或以金属粉末（或金属粉末与非金属粉末的混合物）为原料，经过成形、烧结，制备金属材料、复合材料以及各种制品的工艺技术。粉末冶金与陶瓷制备有相似之处，故粉末冶金法也被称为金属陶瓷法。粉末冶金是一种节能节材、高效环保的材料制备技术，在国民经济和国防军工中有着不可替代的地位和作用，是新材料科学中最具发展活力的分支之一。为深入推进以科教兴国战略为契机加快高等教育强国建设进程，加强研究生课程建设，提高研究生培养质量，国务院学位委员会学制定了《学术学位研究生核心课程指南（试行)》。本书正是根据材料科学与工程一级学科研究生核心课程指南中关于“粉末冶金及粉体材料制备技术”课程目标和课程内容的要求来组织编写的。

本书共分8章，第1章介绍了粉体及粉末冶金的概况，第2章介绍了粉体的特性，第3章介绍了粉体的制备方法，第4章介绍了粉体的性能表征，第5章介绍了粉体的预处理，第6章介绍了粉体的成形，第7章介绍了粉体的烧结基本原理与工艺，第8章介绍了粉末冶金制品的典型应用。本书在传统粉末冶金教材的基础上，力求体现粉体制备新理论与新技术，强调粉体制备和预处理的重要性，适用于材料科学与工程学科粉末冶金方向的学生，也可供材料类专业本科生和从事粉体工程、粉末冶金相关的技术人员及研究人员参考。

全书由胡平、胡卜亮、张文、熊宁任主编，王强、杨帆、王建、白润任副主编。具体的编写分工如下：第1章由西安建筑科技大学胡平教授编写；第2章、第7章（7.3节）由西安建筑科技大学杨帆博士编写；第3章、第7章（7.4节）由西安建筑科技大学胡卜亮副教授编写；第4章、第5章（5.1节、5.2节)、第8章（8.1节）由西北有色金属研究院难熔金属材料研究所所长张文教授编写；第5章（5.3节、5.4节）由西北有色金属研究院难熔金属材料研究所白润教授编写；第6章由西部鑫兴稀贵金属有限公司董事长王强先生编写；第7章（7.1节、7.2节）由西北有色金属研究院粉末冶金研究所所长王建教授编写；第 8 章（8.2~8.6 节）由安泰天龙钨钼科技有限公司副总经理熊宁教授编写。全书由胡平教授统稿审定。

由于编者水平所限，书中疏漏之处在所难免，恳请读者斧正。

编　者
2023 年 6 月

目　　录

1 概　　述

本章提要与学习重点

本章主要介绍了粉体的基本概念，根据粉体的尺寸特点和形态，归纳了粉体的基本特征。介绍了粉体的制备技术发展史，预测了粉体制备技术的发展趋势，重点介绍了粉末冶金技术发展史，对粉末冶金技术的发展趋势进行了阐述。

1.1　粉体的基本概念

粉体是指在常态下以较细的粉粒状态存在的物料。具体来说，粉体是由大量的固体颗粒及其互相之间的空隙所构成的集合体，如食品中的面粉、豆浆粉、奶粉、咖啡、大米、小麦、大豆、食盐；自然界的河沙、土壤、尘埃、沙尘暴；工业产品的火药、水泥、颜料、药品、化肥等，这些物质按照该学科的分类都属于粉体。它们的共同特征是：比表面积较大，由许多大小不同的颗粒状物质所组成，颗粒与颗粒之间存在空隙。

1.1.1　粉体的尺寸

根据颗粒尺寸的大小，常将颗粒区分为一般颗粒（Particle）、微米颗粒（Microparticle）、亚微米颗粒（Sub-microparticle）、超微颗粒（Ultramicroparticle）、纳米颗粒（Nanoparticle）等。这些术语之间有一定区别，目前正在建立相应的标准进行界定。通常作为粉体学研究的对象，颗粒的尺寸为 $10^{-6} \sim 10^{-3}$m；而纳米材料研究的对象，颗粒的尺寸为 $10^{-9} \sim 10^{-7}$m。

随着科学技术的不断发展，颗粒的制备技术不断从毫米走入微米，从微米走入纳米。即使还不知道颗粒微细化的终点到哪里，但确实在不断逼近分子水平。20 世纪 90 年代初，化学家关注的由 60 个碳原子组成的 32 面体的原子群等，一方面是分子簇，另一方面可以看到呈现具有粉体颗粒特性的状态。可以说人类的操作能力已进入分子和颗粒连续的时代。

广义上说，颗粒不仅限于固体颗粒，还有液体颗粒、气体颗粒。如空气中分散的水滴（雾、云），液体中分散的液滴（乳状液），液体中分散的气泡（泡沫），固体中分散的气孔等都可视为颗粒，它们都是“颗粒学”的研究对象。

从颗粒的存在形式上来分，颗粒有单颗粒和由单颗粒聚集而成的团聚颗粒，单颗粒的性质取决于构成颗粒的原子和分子种类及其结晶或结合状态，这种结合状态取决于物质生成的反应条件或生成过程。从化学组成来分，颗粒有同一物质组成的单质颗粒和多种物质组成的多质颗粒。多质颗粒又分为由多个多种单质微颗粒组成的非均质复合颗粒和多种物质固溶在一起的均质复合颗粒。从性能的关联度来考虑，原子、分子的相互作用决定了单颗粒与单颗粒之间的相互作用，决定了团聚颗粒或复合颗粒的特性；团聚与复合颗粒的集合决定了粉体的宏观特性，粉体的宏观特性又会影响其加工处理过程和产品的品质。

如上所述的物质既有像面粉那样的粉末，也有像大豆那样的颗粒物。那么，粉体的尺寸有没有一个尺寸界限呢？有人认为：小于 1000μm 的颗粒物为粉体，也有人以 100μm 为界，但到目前为止并没有形成共识。按照 Allen 和 Heywood 等的观点：粉体没有确切的上限尺寸，但其尺寸相对于周围的空间而言应足够小。粉体是一个由多尺寸颗粒组成的集合体，只要这个集合体具备了粉体所具有的性质，其尺寸的界限并不重要。所以，尽管没有确切的上限尺寸，但并不影响人们对其性质的研究。

1.1.2 粉体的形态

粉体既具有固体的性质，也具有液体的性质，有时也具有气体的性质。对于它的固体性质，因为不管颗粒尺寸多么小，它终究是具有一定体积及一定形状的固体物质；至于其具有的液体性质，需要具备一定的条件，即粉体和某种流体形成一个两相体系，此时的两相流就具有了液体的性质，即这个两相流虽具有一定的体积，但其形状却取决于容器的形状，譬如自然界中的泥石流。如果这个两相流中的流体是气体的话，这个两相流中的粉体体积相对较小、粉体颗粒尺寸也比较小；或者说粉体弥散于气体介质中，此时的粉体就具有了气体性质，即这个两相流既没有一定的体积也没有一定的形状；而粉体随风飘荡，沙尘暴就是非常典型的一例。所以，有人把粉体说成是有别于气、液、固之外的第四态。由于粉体在形态上的特殊性，使之表现出一些与常规认识不同的奇异特性，如粮仓效应、巴西果效应、加压膨胀特性、崩塌现象、振动产生规则斑图现象、小尺寸效应等。

如果构成粉体的所有颗粒的尺寸和形状均相同，则称这种粉体为单分散粉体。在自然界中，单分散粉体尤其是超微单分散粉体极为罕见，目前只有用化学人工合成的方法可以制造出近似的单分散粉体。迄今为止，还没有利用机械的方法制造出单分散粉体的报道。大多数粉体是由参差不齐的不同大小的颗粒所组成的，而且形状也各异，这种粉体称为多分散粉体。

1.2 粉体制备技术的发展史及粉体技术发展趋势

粉体一词最早出现于 20 世纪 50 年代初期，而粉体的应用历史则可追溯到新石器时代。史前人类已经懂得将植物的种子制成粉末食用。古代仕女用的化妆品也不乏脂粉一类的粉制品。粉体从古至今一直与人类的生产和生活有着十分紧密的关系，对粉体的认识、制备和应用已有几千年的历史。从食用的面粉到建筑材料、陶瓷原料、油墨、染料、涂料、医药等，粉体已广泛应用于人们的生产和生活中，其制备技术也随着科学技术的发展发生了巨大变化。主要体现在四个方面：从常规设计向优势化设计的进化，粉体设备技术数字化，耐磨材料的多样化，设备功能组合的个性化。

1.2.1 古代粉体制备技术

1.2.1.1 粉体用作建筑材料

公元前 403~前 221 年的战国时代，出现用草拌黄泥浆筑墙，还用它在土墙上衬砌墙面砖。在我国建筑史上，“白灰面”很早就被淘汰，而黄泥浆和草拌黄泥浆作为胶凝材料则一直沿用到近代社会。

在公元5世纪的南北朝时期，出现了一种名叫“三合土”的建筑材料，它由石灰、黏土和细沙组成。到明代，出现石灰、陶粉和碎石组成的“三合土”。在清代，除石灰、黏土和细沙组成的“三合土”外，还有石灰、炉渣和沙子组成的“三合土”。清代《宫式石桥做法》一书中对“三合土”的配备进行了说明，灰土即石灰与黄土的混合，所谓“三合土即灰土按四六掺合，石灰四成，黄土六成”。以现代人眼光看，“三合土”就是以石灰与黄土或其他火山灰质材料作为胶凝材料，以细沙、碎石和炉渣作为填料的混凝土。“三合土”与罗马的三组分砂浆，即“罗马砂浆”有许多类似之处。“三合土”自问世后一般用于地面、屋面、房基和地面垫层。“三合土”经夯实后不仅具有较高的强度，还有较好的防水性，在清代还将它用于夯筑水坝。

在欧洲大陆采用“罗马砂浆”的时候，遥远的东方古国——中国也在采用类似“罗马砂浆”的“三合土”，这是一个很有趣的历史巧合。

我国古代建筑胶凝材料发展中的一个鲜明的特点是采用石灰掺有机物的胶凝材料，如“石灰-糯米”“石灰-桐油”“石灰-血料”“石灰-白芨”以及“石灰-糯米-明矾”等。另外，在使用“三合土”时，掺入糯米和血料等有机物。秦代修筑长城中，采用糯米汁砌筑砖石。考古发现，南北朝时期的河南邓县的画像砖墙是用含有淀粉的胶凝材料衬砌的。

中国历史悠久，在人类文明创造过程中取得过辉煌成就，为人类进步做出了重要贡献。英国著名科学家、史学家李约瑟在《中国科学技术史》一书中写道：“在公元3世纪到13世纪之间，中国保持着西方国家所望尘莫及的科学知识水平。”“中国的那些发明和发现远远超过同时代的欧洲，特别是在15世纪之前更是如此。”不难看出，中国古代建筑胶凝材料发展的过程是从“白灰面”和黄泥浆起步，发展到石灰和“三合土”，进而发展到石灰掺有机物的胶凝材料。世纪末期以后，科学技术与西方差距越来越大。中国古代建筑胶凝材料的发展到达石灰掺有机物的凝胶材料阶段。

然而，近几个世纪以来，中国的发展落后于西方，尤其是到清朝乾隆年间末期，即18世纪末期，有机物的胶凝材料阶段后就停滞不前。西方古代建筑胶凝材料则在“罗马砂浆”的基础上继续发展，朝着现代水泥的方向不断提高，最终发明了水泥。

1.2.1.2　粉体用于制造陶瓷

（1）夹砂陶。新石器时代人们在制造陶器时，用陶土（一种黏土，含铁量一般在3%以上）作为原料，并掺入石英、长石等砂质粉体，以增强陶土的成形性能，降低陶坯在火烧过程中的收缩率，改善所烧出陶器的耐热急变性能，提高成品率和陶器耐用性。这种陶器称为夹砂陶。

（2）彩绘陶。将陶器烧成后再进行彩绘的陶器称为彩绘陶。所用的绘彩颜料为矿物粉体，并添加胶质物，使颜料贴附到陶器表面。1978年，在甘肃省天水市秦安县大地湾遗址出土的大地湾文化时期的白色彩绘陶，先用淘洗过的陶土烧制成细泥，再把含有较多方解石的“料姜石”烧熟后研磨成白色颜料粉，绘在陶器表面上。在陕西省西安市的秦始皇陵出土的彩绘陶兵马俑，用朱砂、铅丹、赤铁矿、蓝铜矿、孔雀石、雌黄、白铅等矿物粉体作为颜料进行彩绘。其中，1975年发掘的秦始皇陵兵马俑一号坑中有陶俑、陶马6000余件，形同真人、真马，色彩以大红大绿为主，有朱红、枣红、玫瑰红、橘红、粉红、紫红、粉紫、深绿、粉绿、天蓝、深蓝、珠宝蓝、杏黄、土黄、粉白等 10 多种颜色。

（3）彩陶。将陶坯先彩绘再进行焙烧的陶器称为彩陶。陶坯制成后在上面彩绘，一般以赤铁矿作为红色颜料，以软锰矿作为黑色颜料。将颜料矿物砸碎，研磨成粉，加水调和成颜料浆。使用类似毛笔的工具，在陶坯表面绘制各种图案。坯体绘彩后，有的用卵石等工具反复滚压、打磨，使陶坯表面质地致密、光洁细腻并且颜料嵌入坯表，牢固地附着在坯体上，使之成为坯表的有机组成部分而不致脱落，然后装入窑，用氧化性火焰经 900~1100℃焙烧，便在橙红的底色上呈现出红、褐、黑等颜色的图案，并且颜料由于发生化学变化而与陶坯融为一体。

（4）釉陶。施以低温釉的陶器称为釉陶。将长石、石英、大理石、石灰等粉体掺入黏土并加水调配成釉料，涂覆于坯体表面，经一定温度焙烧而熔融，冷却后就形成一薄层玻璃态的釉。按颜色区分，有绿釉、褐釉、黄釉、黑釉等。釉提高了陶器的机械强度和热稳定性，并可防止液体渗透和气体侵蚀，釉还具有使陶器更为美观、便于洗拭、不被尘土黏染等作用。我国商代出现原始釉陶。春秋战国时期出现的铅釉陶器，以铅黄作为基本助熔剂，用 Cu 和 Fe 的化合物作为呈色剂，在氧化性气氛中焙烧，呈现出翠绿、黄褐和棕红色，釉层清澈透明，釉面光泽平滑。唐代烧制闻名于世的“唐三彩”以黄、褐、绿三色为主的绚丽多彩的彩色釉陶，先用白色黏土（经挑选、舂捣、淘洗、沉淀、晾干等处理）作坯料，经 1000~1100℃素烧，再用含有 Fe_2O_3、CuO、CoO、MnO_2 等的矿物作为着色剂，用铅黄作为助熔剂配成釉料，涂覆后，经 900℃釉烧而制成。在窑内釉烧时，各种金属氧化物熔融、扩散、任意流动，形成斑驳灿烂的多彩釉，有黄、绿、褐、蓝、紫、黑、白等颜色，造型有动物、器皿、人物等。

（5）瓷器。早在东汉时期我国就已成功烧制瓷器，是用高岭土作坯料，施釉后经 1300℃高温焙烧而成，此技术比欧洲领先约 1700 年。所用的高岭土因最早出产于江西景德镇东乡高岭村而得名，又称瓷土、瓷石，其主要矿物为高岭石，含铁量一般在 3%以下，粉体粒径小于 2μm，是长石类岩石经长期风化和地质作用而形成的。瓷器的釉料品种很多，其中以颜色釉为主，是在釉料中加入金属氧化物粉体颜料而成的。唐代盛行蓝釉，宋代有影青、粉青、定红、紫钧、黑釉等，明代宣德年间尤以青花瓷闻名，是以氧化钴粉作为呈色剂，在坯体上进行纹饰绘制后，再施以透明釉，入窑一次烧制成高温釉下彩瓷器，清代乾隆年间，景德镇已有各种颜色釉 60 多种。

1.2.1.3 粉体用于制墨和印染

出土于河南省安阳市殷墟的距今 3300 年的约 15 万片甲骨上，有黑色和红色的字迹 4500 个，经化验黑色是碳素单质，红色是朱砂。出土于湖北省云梦县睡虎秦墓（战国末期至秦代的墓葬群）的墨丸，为最早出土的一块墨丸，是用碳素单质（煤、烟）与动物胶调和而成的。出土于河北省保定市望都汉墓的松塔形墨丸，黑腻如漆，烟细胶清，手感轻而致密，埋藏 1800 余年仍不龟裂。

在布料印染方面，我国古代最初用赤铁矿粉染红色，后来用朱砂；用石英和铅黄染黄色；用铜矿石染青色；用白云母和白铅染白色；用炭黑染黑色。

1.2.2 粉体制备技术发展趋势

随着科学技术的发展，新设备、新工艺的出现，以及粉体不同的用途，对现代粉体制备技术提出了一系列严格要求：产品粒度细，而且产品的粒度分布范围要窄；产品纯度高，无污染；能耗低，产量高，产出率高，生产成本低；工艺简单连续，自动化程度高；生产安全可靠。

现代粉体制备方法可分为机械粉碎法、物理法和化学法。机械粉碎法是借用各种外力，如机械力流动力、化学能、声能、热能等使现有的块状物料粉碎成超细粉体，简单地表述为由大至小的制备方法。物理法是通过物质的物理状态变化来生成粉体，简单地表述为由小至大的制备方法。化学法主要包括溶液反应法（沉淀法）、水解法、气相反应法及喷雾法等，其中溶液反应法（沉淀法）、气相反应法及喷雾法目前在工业上已大规模用于制备微米、亚微米及纳米材料。

社会的进步、科技的发展，人们期待着未来的粉体制备技术会更加完善，具体包括：

（1）微细化。粉体技术最明确的一个发展方向是使颗粒更加微细化、更具有活性、更能发挥微粉特有的性能。

近年来关于“超微颗粒”的研究开发就是沿着这个方向，以至于60个碳原子组成的C_{60}和70个碳原子组成的C_{70}（即Fullerene，碳原子排列成球壳状的分子）归入超微粉体。自古以来的粉体单元操作——粉碎法（Breaking-down法）、化学或物理的粉体制备法（Building-up法）以及反应工程中物质移动操作的析晶反应，都被包含在粉体技术领域中。

（2）功能化与复合化。随着材料及相关产业的科技进步，粉体作为普通的工业原料，其加工处理技术日新月异，应用范围也在不断地拓展。单纯的超细粉碎、分级技术已经不能满足终端制品性能的要求，人们不仅要求粉体原料具有微纳米级的超细粒度和理想的粒度分布，也对粉体颗粒的成分、结构、形貌及特殊性能提出了日益严苛的要求。

通过表面改性或表面包覆，能够赋予复合颗粒及粉体一些特殊的功能：1）形态学的优化。2）物理化学性质的优化。3）力学性质的优化。4）颗粒物性控制。5）复合协同效应。6）粉体的复合物质化等特殊的功能。

颗粒微细化作为粉体工程学科关键技术之一，科技进步对材料的微细化提出了更高的要求，涉及的课题及研究领域更广泛，如关于环境对策的粉体技术、关于资源能源的粉体技术、关于金属粉末成形的粉体技术等，这一点无论是今天还是将来都不会改变。如同制粉一样，自古以来就使用的与人类生活密切相关的粉体技术，在以信息技术为代表的各种现代化产业领域中，起着相当大的作用。

“发展”重要，“可持续发展”更重要。与此同时，面对能源日渐枯竭、资源不断减少、环境严重污染，地球能否持续发展的紧迫局面，对于粉体技术来说，既是严峻的挑战，又是发展的机遇，粉体技术已担负起重大的、长远的责任。粉体技术在环境治理、生态保护、资源循环利用、废弃物再生、节能省能领域中，具有不可替代的作用。人类的生存对于粉体技术的依赖和期望越来越高，粉体技术的不断创新和应用将使各行各业发生根本性的变化。

1.3 粉末冶金的基本概念

粉末冶金是制取金属粉末或用金属粉末（或金属粉末与非金属粉末的混合物）作为原

料经过成形和烧结制取金属材料、复合材料以及各种类型制品的工艺技术。粉末冶金是研究金属、合金、非金属和化合物的粉末及其材料的性质和制造理论与工艺的技术科学，是现代材料科学与工程发展最为迅猛的领域之一。

近代以来，粉末冶金有了突破性进展，在西方发达国家更呈现出了加速发展的势态，一系列新技术、新工艺大量涌现，例如，超微粉或纳米粉制备技术、快速冷凝技术、机械合金化、热等静压、温压、粉末热锻、粉末挤压、粉末注射形、粉末喷射成形、自蔓延高温合成、涂层技术、电火花烧结、反应烧结、超固相线烧结、瞬时液相烧结、激光烧结、微波烧结等。

现代粉末冶金不但保持和发展了传统优点——实现少切削、无切削加工，实现少偏析或无偏析，低耗、节能、节材；易控制产品孔隙度；易实现金属—非金属复合、金属—高分子复合，而且新技术赋予传统工艺步骤以新的内容和含义，使粉末冶金成为制取各种高性能结构材料、特种功能材料和极限条件下工作材料的有效途径。因此，整个粉末冶金领域大大拓宽，并向着纵深方向发展，粉末冶金已由一类传统工艺技术发展成为一门新兴的技术科学，它处于冶金科学与材料科学的交汇区，并且已深入地渗透到几乎所有的冶金和材料科学的分支科学中。

由于技术上和经济上具有巨大的优越性，粉末冶金技术产品在国民经济的各个部门和国防建设的各个领域都得到了广泛应用，对机械、电子、化工、能源、航空、航天乃至农业、医药、食品等产业的发展以及科技的进步，都起到了重要的推动作用，带来了巨大的经济效益和社会效益。

1.3.1 粉末预处理

粉末预处理是为了满足产品最终性能的需要或者压制成形过程的要求，在粉末压制成形之前对粉末原料进行的预先处理。粉末预处理包括退火、筛分、混合和制粒 4 种工艺。它们是粉末压制成形工艺的准备工序。

（1）退火。退火是在一定气氛中于适当温度对原料粉末进行加热处理。其目的有：还原氧化物、降低碳和其他杂质含量，提高粉末纯度；消除粉末在处理过程中产生的加工硬化，提高粉末压缩性。用还原法、机械粉碎法、电解法、雾化法以及羰基法制备的粉末通常都要进行退火处理。退火温度一般为该金属熔点绝对温度的 50%~60%，有时为了提高粉末的化学纯度，退火温度也可以稍高于此值。退火一般采用还原性气氛如氢、分解氨、转化天然气等，也可以采用惰性气氛或真空。

（2）筛分。筛分的目的在于将粉末原料按粒度大小进行分级处理。较粗的粉末如铁、铜粉通常用标准筛网制成的筛子或振动筛进行筛分。而对于钨、钼等难熔金属细粉或超细粉则使用空气分级的方法，使粗细颗粒按不同的沉降速度区分开来。

（3）混合。混合是将两种以上不同成分的粉末混合均匀的过程。粉末成形添加剂也在配料时加入混合料中一起混合均匀。有时，也将成分相同而粒度不同的粉末进行混合，这种过程称为合批。混合方法分为机械法和化学法两类：

1）机械法。机械法混料是用各种混料机如球磨机，V 形、锥形、螺旋式混料器等将各组元粉末机械地混合均匀而不发生化学反应。机械法混料又分为干混和湿混。前者是在气体介质中干式混合；后者是在液体介质中湿式混合。对湿混介质的要求是不与混合料发生化学反应，沸点低易挥发、无毒、来源广、成本低等，常用的湿混介质有酒精、汽油、丙酮和水等。湿混介质的加入量应恰当，过多则料浆体积增加，球间粉末量减少，混合效率降低；过少则料浆黏度增加，球的运动困难，混合效率也降低。在用球磨机混料时，可以将混合和研磨粉碎工序合并进行。此时采用比较强烈的混合，使颗粒同时进一步粉碎。这在硬质合金和结构材料的生产中得到了广泛的应用。

2）化学法。化学法混料是将金属或化合物粉末与添加金属的盐溶液均匀混合；或者是各组元全部以某种盐的溶液形式混合，再经沉淀、干燥、还原等处理而得到均匀的混合料。其均匀程度优于机械法，从而更有利于烧结时的合金化和均匀化，所得产品的组织结构较理想，性能优良。

（4）制粒。制粒是将小颗粒粉末制成大颗粒粉末或团粒的操作过程。常用来改善粉末的流动性和稳定粉末的松装密度，以利于自动压制。制粒方法有多种，以硬质合金粉为例，有压团法、滚动法和喷雾干燥制粒法。压团法是将粉末料在低压下压成团块，将团块捣碎并过筛便得到料粒。此法较烦琐，生产率低，且所得料粒较硬、球形度差，流动性不好，过程难以控制。滚动法是将加有适量酒精或丙酮的混合料送入一低速旋转的倾斜圆形容器中，滚动一定时间后便得到粒状混合料。所得团粒球形率比压团法高，粒度较均匀，工艺较简单。喷雾干燥法是一种在干燥料浆的同时进行制粒的先进工艺。方法是将石蜡-酒精液或石蜡-丙酮液加入粉料中，并搅拌成含75%~80%粉末的均匀料浆。用氮将此料浆输送至雾化塔中喷雾。料浆在酒精或丙酮的表面张力作用下，雾化成球形浆滴。它们又与热氮气相遇而干燥成细小的球形或梨形团粒，在塔底被收集。喷雾干燥制粒有如下优点：料粒松软、粒度均匀、球形度高、流动性好；料粒的粒度和松装密度以及干湿程度容易控制；干燥制粒的时间短、脏化少；生产连续易实现自动化。因此尽管此法设备费用较高，但总成本低，是一种经济的制粒方法。各国主要硬质合金生产厂家都已采用喷雾干燥制粒方法生产硬质合金混合料。粉末制粒还应用于陶瓷、Mn-Zn 铁氧体等粉末的成形物料准备。

1.3.2 粉末成形

粉末压制是用金属粉末（或者金属和非金属粉末的混合物）作原料，经压制成形后烧结而制造各种类型的零件和产品的方法。

颗粒状材料兼有液体和固体的双重特性，即整体具有一定的流动性和每个颗粒本身的塑性，人们正是利用这种特性来实现粉末的成形，以获得所需的产品。

粉末压制的特点有：

（1）能够生产出其他方法不能或很难制造的制品。可制取如难熔、极硬和特殊性能的材料。

（2）材料的利用率很高，接近100%。

（3）虽然用其他方法也可以制造，但用粉末冶金法更为经济。

（4）一般说来，金属粉末的价格较高，粉末冶金的设备和模具投资较大，零件几何形状受一定限制，因此粉末冶金适宜于大批量生产的零件。

1.3.3 粉末烧结

烧结是粉末或粉末压坯，在适当的温度和气氛中受热所发生的现象或过程。粉末烧结是系统自由能降低的过程，表现为烧结颈和颗粒表面平直化、系统总表面积和表面能减小、空隙总体积和总表面积减少、晶粒内晶格畸变的消除。粉体烧结进程是由表面扩散、黏性流动、蒸发凝聚、体积扩散和晶界扩散耦合形成的。其中粉体由最初的接触到烧结颈的形成主要的扩散机制为表面扩散，烧结颈的长大阶段是以体积扩散为主，孔洞的收缩是以体积扩散和空位扩散为主。粉体颗粒烧结分为三个阶段：（1）颗粒黏结阶段（初期）：颗粒之间由点接触或面接触转变为晶体结合，形成一定强度的烧结颈，导致强度和导电性增加；（2）烧结颈长大阶段（中期）：颗粒之间通过原子扩散等使烧结颈长大，形成连通的网络结构，颗粒之间距离减小，孔隙率整体减小；（3）闭孔的球化和缩小阶段（后期）：孔洞多为闭孔，且数量增多，烧结体发生缓慢收缩，主要以闭孔的减少和收缩为主。

影响烧结体性能的因素有许多，包括粉体的特性、成形和烧结条件。烧结条件的因素包括加热速率、烧结温度和时间、冷却速度、烧结气氛和压力条件。烧结温度和时间可影响烧结体的孔隙率、密度、强度和硬度。烧结温度高，加热时间长，会降低产品性能，甚至导致产品烧焦缺陷，同时低烧结温度或长时间加热可能会由于烧结过程而导致性能下降。通常用于粉末冶金的烧结气氛是减少气氛、真空、氢气氛等；烧结气氛直接影响烧结体的性能；在还原气氛中烧结可以防止压块的燃烧并且允许表面氧化物的还原。例如，铁和铜基产品通常使用气体或氨分解，而硬质合金和不锈钢通常使用纯氢。活性金属或难熔金属（如铍、钛、锆、钽），含有 TiC 合金和不锈钢的硬质合金可用于真空烧结。

1.4 粉末冶金的发展史及其发展趋势

1.4.1 古代粉末冶金技术

粉末冶金的雏形是块炼铁技术。

生产工具是社会生产力发展的重要标志，生产工具及其进化对人类物质文明进步起到重要推动作用，因此，历史学家和考古学家以工具的进化特征作为划分人类古代历史时期的标志，即石器时代、铜器时代和铁器时代。在人类社会进化过程中，铁器是一项伟大的技术成就。块炼铁技术的历史功绩在于，继人类认识天外飞来的自然铁之后，人工用这种唯一的手段制得了铁，从而开创了辉煌的铁器时代。

人类使用铁至少已有 5000 年历史，首先从陨铁开始。最初以人工铁制造铁可以追溯到大约公元前 2300 年以前；而铁器时代一般认为始于公元前 19 世纪发展到新的阶段。率先进入铁器时代的赫梯王国（今土耳其境内），在公元前 14 世纪国势日盛，频频对外扩张，成为西亚强国。

铁器的使用与我国春秋战国时期奴隶制的崩溃和封建制的形成有着密切的联系，先进的铁制工具在农业上的应用，显著提高劳动生产率，为奴隶制经济基础的崩溃和封建生产关系的产生奠定了物质基础，成为春秋战国时期社会大变革的重要因素。战国中期，铁制生产工具在生产上已占据主导地位，作为一种新的生产力因素，铁制生产工具为开发山林、扩大耕地、发展水利灌溉和交通等方面，创造了条件；在铁器用于农业生产的同时，使用了牛耕。随着铁制农具和牛耕的使用和推广，以及水利事业的发展，农业劳动生产率提高，促使建于“耦耕俱耘”井田制之上的奴隶制经济基础瓦解。

青铜冶铸业是从石器加工业和制陶业中产生和发展起来的。如果说制陶业的高温技术为青铜器的冶铸提供了重要的技术条件，那么，铁器的产生并不具备类似的先期条件，陶窑和炼铜炉达不到熔炼铁所需要的高温。国内外考古资料表明，远古人工制铁，是从块炼铁技术开始的，对于所有产铁的国家和地区均是如此。块炼铁技术就是用富铁矿砂为原料，以木炭为还原剂，通过低温固体碳还原而制得海绵铁的制铁技术。用这种方法炼铁，只需要稍高于1000℃的温度，人类借此才得以绕过当时无法克服的熔炼铁的高温障碍。从原始的人工制铁，可以看到粉末冶金的历史渊源。虽然人类很早就已使用金属粉末和金属氧化物粉末，将金粉用于装饰，氧化物粉用于化妆、涂饰和陶器着色，但这些粉末的制取和应用对社会生产力并无重大影响。

世界上最早发明块炼铁技术的可能是小亚细亚人。在两河流域北部发掘的公元前2500年前的文物中有人工铁匕首手柄；土耳其东部发掘的公元前2700—前2500年王墓文物中有人工铁匕首。铁器时代文明由公元前14世纪生活在小亚细亚的赫梯民族开创，公元前1370年，赫梯王国（今土耳其境内）征服擅长铁器生产的米坦尼王国后，垄断冶铁术并禁止任何铁器出口近两个世纪。后来，冶铁术才传入两河流域（巴比伦）和埃及。

古印度块炼铁技术水平相当高，铁器时代始于公元前13世纪以前。公元4世纪，印度人用块炼铁锻焊出举世闻名的德里铁柱和达尔铁柱。德里铁柱高7.2m，重6t，含0.08% C、0.11% P、0.006% S；达尔铁柱高12.5m，直径40cm，重7t，含0.02% C、0.28% P。13世纪用同样技术制造的两根科纳拉克铁桁条，分别长10.7m、直径20cm和长7.8m、厚28cm，含0.11% C、0.02% P、0.02% S。

波斯萨珊王朝（公元224—651年）的“镔铁”，是用当时一种先进的固体渗碳炼钢法炼制的，即将块炼铁与渗碳剂和催化剂混合，密封加热进行渗碳。镔铁制品表面经植物酸腐蚀而呈现各种各样的图案花样，当时视为珍品。镔铁制品经当时欧亚交通枢纽叙利亚的大马士革向西传到欧洲，被称为“大马士革钢”。镔铁制品传入我国是在南北朝时期（公元5—6世纪）。直到宋、元时期（公元10—14世纪），我国西北边疆地区仍有镔铁生产。

欧洲生产块炼铁开始于公元前1000年前后哈尔施塔特文化时期。公元前后，东斯拉夫人的块炼铁生产已达到相当大的规模。在东斯拉夫某山地区发现了1600座炼铁炉，炉子直径45cm，一次炼出块炼铁30kg，消耗矿石200kg。基辅罗斯是公元9—11世纪强盛的东斯拉夫人国家。基辅罗斯的工匠用块炼铁制造出各式各样的农具、渔具、加工工具、小五金和兵器。

块炼铁技术在欧洲延续了2500年以上的漫长时期。15世纪前铁制兵器和工具均采用块炼铁锻焊技术制造。15世纪出现了先进的高炉身型块炼铁炉，每天能生产块炼铁400kg。直到18世纪，炼钢仍以块炼铁渗碳炼钢法为主，后来才被生铁冶炼制钢法逐渐取代。17世纪，块炼铁技术是东斯拉夫人唯一的冶铁术，19世纪东斯拉夫仍保持着块炼铁制钢的生产方法。

1.4.2 粉末冶金发展趋势

著名学者R. Kieffer和W. Hotop在其专著*Sinereisen und Sinterstahl*中指出：“在许多情况下，冶金古代史简直就是粉末冶金古代史。”作者所指主要是炼铁术，他们的观点充分反映出古代粉末冶金技术在人类生产活动和社会生活中的重要地位。古代块炼铁技术是近代粉末冶金技术的雏形，就其制造海绵铁而言，古代块炼铁技术是制造原料的方法，而与随后的锻焊法结合起来制造铁器所组成的全过程，则与近代粉末冶金工艺原理基本相同。

随着冶金技术的发展和装备水平的提高（如鼓风技术），出现了熔炼制铁法，使生产效率和经济效益显著提高，而逐渐取代了原始的块炼铁技术。然而，块炼铁技术不通过熔炼而制造金属材料，并与锻焊法相结合制造器具的基本技术思想，对以后金属材料和制品的制造技术，有着深远的影响。正如两位冶金学家所指出的：最古老的块炼铁技术已被人遗忘，但粉末冶金仍取其固态还原的技术思想，过去的技术思想在新的条件下得到继承和发展。笔者认为，现代粉末冶金技术对古代块炼铁技术的继承和发展，可以从两个方面来理解：

（1）对冶金技术进步具有重大意义的现代直接还原铁（DRI）技术，是古代块炼铁技术在新水平上的复兴和发展。随着近代钢铁工业迅速发展，高炉冶金焦供应日趋紧张，促使人们转而试验由矿石直接还原的制铁方法。直接还原得到的铁也称海绵铁，作为优质废钢的代用品，是电炉冶炼优质钢和特殊钢的理想原料，对冶金技术的进步具有重大意义。瑞典 Höganäs 厂根据 S. Esienrin 的发明，于 1930 年开始用固态直接还原法生产海绵铁。起初用作冶炼工具钢的原料，以后还供给粉末冶金工厂用于制造机械零件。20 世纪 80 年代世界上用矿石直接还原制铁的生产能力已在 2000 万吨以上。1995 年后，我国直接还原法发展较快，成为冶金行业投资热点。以铁精矿粉直接还原制取海绵铁或铁粉的技术，无论是对炼钢和粉末冶金，还是对其他有关行业的发展，均具有重要的意义。

（2）近代粉末冶金技术是古代块炼铁技术在新水平上的复兴和发展。从 18~19 世纪制铂，到 20 世纪初制钨，都是绕过熔炼温度的障碍，通过固态还原-成形-致密化而获得成功的。建立于先进科学技术基础上的现代粉末冶金技术，继承和发扬了粉末体固态致密化的基本思想，在开发高端金属材料和制品方面，显示出旺盛的生命力。

尽管粉末冶金工艺有上述缺点，但是此工艺每年在全世界仍持续地成长，其主要原因在于技术创新。粉末冶金行业每数年就有一些重要的突破，例如 20 世纪 70 年代初期扩散合金粉末的发明，改进了添加元素粉时成分不均的缺点，使得粉末冶金产品的力学性能及品质稳定性大幅提升；80 年代中期特殊黏结剂开发的成功，使得质轻的石墨粉能附着在金属颗粒上而不致造成偏析或粉尘飞扬的污染；90 年代初期汽车连杆逐渐改为采用粉末锻造方式，Fe-Mo 预合金粉开发成功，温压成形技术提高了生坯密度；2000 年起金属粉末注射成形（Metal Injection Molding，MIM）技术趋于成熟，温模成形及新型润滑剂开发成功。这些新技术使得粉末冶金产品的机械性质与铸锻品更为接近，也拓宽了粉末冶金产品的市场。至于未来粉末冶金在技术及工艺上的发展趋势，可由近年来各粉末冶金会议中所发表的论文及新产品、新设备的展示看出有下列几项：

（1）能提高生坯强度及使用较少添加量的新型润滑剂。

（2）温模成形（Warm Die Compaction）。

（3）高温烧结（High Temperature Sintering）。

（4）增材制造（Additive Manufacturing，AM），又称 3D 打印。

（5）金属粉末注射成形。

（6）热等静压（Hot Isostatic Pressing）。

(7) 高压缩性铁粉。

(8) 侧向成形技术（Side Compaction）。

(9) 电动成形机（Electrical Compaction Press）。

由于粉末冶金工艺具有相当多的优点，其成品不但已进入我们日常生活用品中，也已大量被使用于高科技及航空、军事用途。随着更多的设计工程师对粉末冶金的认知，新的产品、新的设计将不断地出现，而粉末冶金行业者本身的研发也势必能将粉末冶金产品的性质提高，更进一步缩小与铸锻品之间的差距。

习　　题

1. 简述粉体的基本概念。
2. 简述粉体的尺寸及形态。
3. 简述粉体的发展历史并思考其未来的发展趋势。

参 考 文 献

[1] 姜奉华，陶珍东．粉体制备原理与技术［M］．北京：化学工业出版社，2019.

[2] 李祖德．粉末冶金的兴起和发展［M］．北京：冶金工业出版社，2016.

[3] 黄坤祥．粉末冶金学［M］．北京：高等教育出版社，2021.

[4] 黄伯云，易健宏．现代粉末冶金材料和技术发展现状（一）［J］．上海金属，2007（3）：1-7.

[5] 黄伯云，易健宏．现代粉末冶金材料和技术发展现状（二）［J］．上海金属，2007（4）：1-5.

2 粉体的特性

本章提要与学习重点

本章主要介绍了粉体的粒径与粒度，粉体的粒度分布、颗粒形状的特性，归纳了颗粒粒度与形状的测定原理和方法。重点介绍了不同形貌粉体颗粒的堆积规则，阐明了致密度的理论与经验。特别是粉体的压缩机理、压缩过程中的应力分布和压缩度，总结出粉体的压缩性和成形及影响。

2.1 粉体的几何特性

粉体的基本特性主要包括几何特性、堆积特性与压缩特性等，它不仅对材料或制品的性能有很大的影响，而且对材料或制品的加工处理过程也同样具有重要的影响。了解和认识粉体的基本特性对于制定合适的工艺操作制度、选用正确的加工设备、提高粉体单元操作效率及改善最终产品的质量都具有非常重要的意义。

粉体的几何特性与表征是粉体科学与工程最基本的内容。凡涉及粉体的理论研究和工程应用，均离不开对粉体颗粒几何特性的表征。粉体几何特性主要包括粉体的形态特征、粒径和粒度分布、粉体比表面积等。

2.1.1 粒径与粒度

粒径一般是指单个颗粒的尺寸大小，它是粉体诸性质中最重要和最基本的物性参数。多颗粒系统是由大量的单颗粒组成，其中包括粉体、雾滴和气泡群。在多颗粒系统中，一般将颗粒的平均大小称为粒度。习惯上可将粒径和粒度二词通用。

粒径的定义和表示方法随颗粒的形状、大小和组成的不同而不同。同时，又与颗粒的形成过程、测试方法和工业用途有密切联系。通常将粒径分为单个颗粒的单一粒径和颗粒群体的平均粒径。

2.1.1.1 单个颗粒的单一粒径

对于单一的球形颗粒，其直径即为粒径。但对于大多数情况中的非球形单颗粒，可由该颗粒不同方向上的不同尺寸按照一定的计算方法加以平均，得到单颗粒的平均直径，或是以在同一物理现象中与之有相同效果的球形颗粒直径来表示，即相当量径。有些规定的粒度并不是相当球或圆的直径，也可统称为颗粒的粒径。

设一个颗粒以最大稳定度（重心最低）置于一个水平面上，此时颗粒的水平投影像如图 2-1（b）所示。在显微镜载物片上的颗粒往往是这种情况。如另一水平面与此水平面恰好夹住此颗粒，则定义这两水平面之间的距离为颗粒的厚度 h，如图 2-1（a）所示。

按 Heywood 规定，颗粒的宽度 b 定义为夹住颗粒投影像的相距最近两平行线间的距离。与宽度垂直、能夹住此投影像的两平行线间的距离定义为颗粒长度 l。颗粒投影像的周长和面积分别用 L 和 a 表示。颗粒的表面积和体积分别用 S 和 V 表示。可以根据这些几何量 b、l、h、L、a、S、V 来定义颗粒的粒度或相当直径。

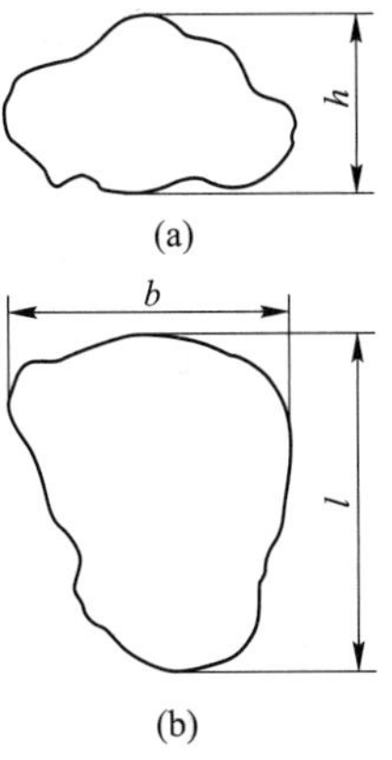

图 2-1　颗粒投影像
（a）垂直面上的投影像；
（b）水平面上的投影像

（1）三轴径。以颗粒的长度 l、宽度 b、高度 h 定义的粒度平均值称为三轴平均径，其计算式及物理意义列于表 2-1。这种取定方法，对于必须强调长形颗粒存在的情况较适用。

（2）球当量径。无论从几何学还是物理学的角度来看，球是最容易处理的。因此，往往以球为基础，把颗粒看作相当的球。与颗粒同体积的球的直径称为等体积球当量径，即：

$$d_V = \sqrt[3]{\frac{6V}{\pi}} \tag{2-1}$$

表 2-1　由三轴径计算的各种平均径

序号	计算式	名　称	物 理 意 义
1	$\frac{l+b}{2}$	二轴平均径	平面图形上的算术平均
2	$\frac{l+b+h}{3}$	三轴平均径	算术平均
3	$\frac{3}{\frac{1}{l}+\frac{1}{b}+\frac{1}{h}}$	三轴调和平均径	同外接长方体有相同比表面积的球的直径
4	$\sqrt{lb}$	二轴几何平均径①	平面图形上的几何平均
5	$\sqrt[3]{lbh}$	三轴几何平均径	同外接长方体有相同体积的立方体的一条边
6	$\frac{\sqrt{2lb+2bh+2lh}}{6}$	三轴等表面积平均径	同外接长方体有相同表面积的立方体的一条边

① 长方体比表面积 $S_w = 2(lb+lh+bh)/(\rho_p lbh) = b/\rho_p d$，解之可求 d。

与颗粒等表面积的球的直径称为等表面积球当量径，即：

$$d_S = \sqrt{\frac{S}{\pi}} \tag{2-2}$$

与颗粒具有相同的表面积对体积之比，即具有相同的体积比表面积 S_V 的球的直径称为比表面积球当量径，即：

$$d_{SV} = \frac{6V}{S} = \frac{6}{S_V} = \frac{d_V^3}{d_S^2} \tag{2-3}$$

（3）圆当量径。用与颗粒投影轮廓性质相同的圆的直径表示粒度。将与颗粒投影面积相等的圆的直径称为投影圆当量径（也称 Heywood 径）。如图 2-2（d）所示。

$$d_a = \sqrt{\frac{4a}{\pi}} \tag{2-4}$$

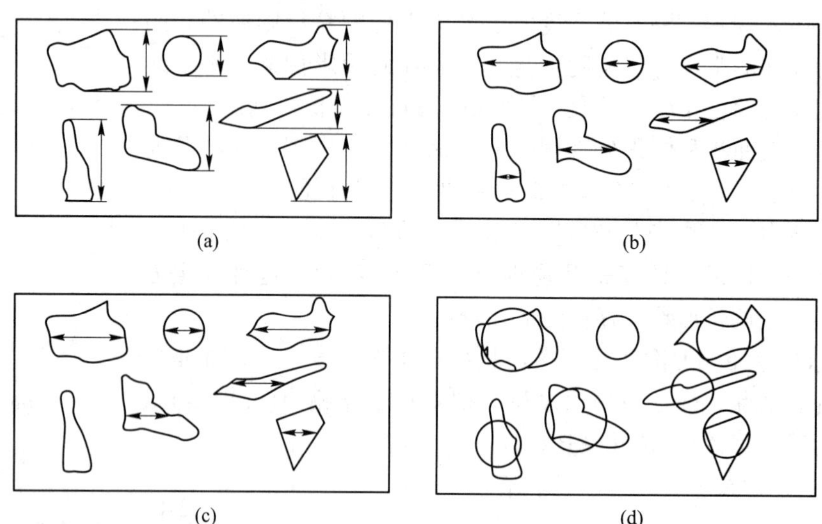

图 2-2　投影粒径的种类
（a）Feret 径；（b）Martin 径；（c）定向最大径；（d）投影圆当量径

与颗粒投影图形周长相等的圆的直径称为等周长圆当量径，即：

$$d_L = \frac{L}{\pi} \tag{2-5}$$

（4）统计平均径。它是平行于一定方向（用显微镜观察）测得的线度，所以又称定向径。

1）定方向径（Feret）d_F。沿一定方向测颗粒投影像的两平行线间的距离为定方向径。对于一个颗粒，随方向而异，可取其按所有方向的平均值。但对于取向随机的颗粒群，可沿一定方向，如图 2-2（a）所示。

2）定方向等分径（Martin 径）d_M。沿一定方向将颗粒投影像面积等分的线段长度为定方向等分径。如图 2-2（b）所示。

3）定向最大径。沿一定方向测定颗粒投影像，所得最大宽度的线段长度为定向最大径。如图 2-2（c）所示。

一般有这样的关系：Feret 径>投影圆当量径>Martin 径，如表 2-2 所示。若长短径比值小，用 Martin 径代替投影圆当量径偏差不会太大，但细长颗粒的偏差则较大。

表 2-2　椭圆形颗粒的 Martin 径与 Feret 径的比较（Heywood）

长短径比（1∶b）	与投影圆当量径比的偏差/%	
	Martin 径	Feret 径
1	0	0
1.5	−1.01	+3.10
2	−2.83	+9.83
3	−7.04	+22.80
4	−10.80	+36.50
10	−25.70	+104.50

上述各种粒度是根据颗粒的几何量而规定的。其中一部分是用显微镜或图像分析仪直接测量的。

（5）其他径。作为粒度的表示，还有除几何量规定以外的几种相当球的直径。阻力直径 d_d：它是与颗粒在同样介质中以相同速度运动时呈现相同阻力的球的直径；自由沉降直径 d_f：它是与颗粒有相同密度且在同样介质中有相同自由沉降速度的球的直径；斯托克斯直径 d_{st}：它是在层流区的自由沉降直径。可以证明：

$$d_{st}^2 = \frac{d_V^3}{d_d} \quad （当雷诺数\ Re\ 很小时, d_d \approx d_S） \tag{2-6}$$

2.1.1.2 颗粒群体的平均粒径

颗粒群可以认为是由许多个粒度间隔不大的粒级构成。假设 d_1，d_2，d_3，…，d_n 个颗粒的平均粒度为 d，总质量为 W，用 f_n 表示平均粒度 d 所占总数的个数分数；用 f_W 表示平均粒度 d 所占总质量的质量分数。就 d 的测量而言，它可以是 d_F、d_M 或 d_a 等。当然，在按一定方向测量 d_F 或 d_M 时，测量颗粒的个数必须足够多。

以个数为基准的平均径表达式为：

$$D = \left\{\frac{\sum nd^{\alpha}}{\sum nd^{\beta}}\right\}^{\frac{1}{\alpha-\beta}} = \left\{\frac{\sum f_n d^{\alpha}}{\sum f_n d^{\beta}}\right\}^{\frac{1}{\alpha-\beta}} \tag{2-7}$$

以质量（体积）为基准的平均径表达式为：

$$D = \left\{\frac{\sum f_W d^{\alpha-3}}{\sum f_W d^{\beta-3}}\right\}^{\frac{1}{\alpha-\beta}} \tag{2-8}$$

由个数为基准和质量为基准的平均径计算公式列于表 2-3 中。

表 2-3 颗粒群平均径计算公式

序号		平均径名称	符号	个数基准	质量基准
加权平均径	1	个数长度平均径	D_{nL}	$\frac{\sum(nd)}{\sum n}$	$\frac{\sum(W/d^2)}{\sum(W/d^3)}$
	2	长度表面积平均径	D_{LS}	$\frac{\sum(nd^2)}{\sum(nd)}$	$\frac{\sum(W/d)}{\sum(W/d^2)}$
	3	表面积体积平均径	D_{SV}	$\frac{\sum(nd^3)}{\sum(nd^2)}$	$\frac{\sum W}{\sum(W/d)}$
	4	体积四次矩平均径	D_{VM}	$\frac{\sum(nd^4)}{\sum(nd^3)}$	$\frac{\sum(Wd)}{\sum W}$
5		个数表面积平均径	D_{nS}	$\sqrt{\frac{\sum(nd^2)}{\sum n}}$	$\sqrt{\frac{\sum(W/d)}{\sum(W/d^3)}}$
6		个数体积平均径	D_{nV}	$\sqrt{\frac{\sum(nd^3)}{\sum n}}$	$\sqrt{\frac{\sum W}{\sum(\sum/d^3)}}$
7		长度体积平均径	D_{LV}	$\sqrt{\frac{\sum(nd^3)}{\sum(nd)}}$	$\sqrt{\frac{\sum W}{\sum(W/d^2)}}$
8		重量矩个数平均径	D_W	$\sqrt{\frac{\sum(nd^4)}{\sum n}}$	$\sqrt{\frac{\sum(Wd)}{\sum(W/d^3)}}$
9		调和平均径	D_h	$\frac{\sum n}{\sum(n/d)}$	$\sqrt{\frac{\sum(W/d^3)}{\sum(W/d^4)}}$

2.1.2 粉体粒度分布

对于颗粒群，除了平均粒径指标外，我们通常更关心的是其中大小不同的颗粒所占的分量或者说颗粒群的粒度组成情况，即粒度分布。所谓粒度分布是指将颗粒群以一定的粒度范围按大小顺序分为若干级别（粒级），各级别粒子占颗粒群总量的百分数。显然，若颗粒群总量分别用个数和质量表示的话，则粒度分布相应有个数基准和质量基准两种。同一种颗粒群，不同基准的粒度分布差别甚大。工业上一般采用质量基准。

粒度分布函数很多，下面我们学习最广泛应用的三种粒度分布。

2.1.2.1 正态分布

在自然现象或社会现象中，“随机事件”的出现具有偶然性，但就总体而言，却总具有必然性，即这类事件出现的频率总是有统计规律地在某一常数附近摆动。这种分布规律就是正态分布。正态分布是一条钟形对称曲线（图 2-3），在统计学上称为高斯曲线。某些用气溶胶和沉淀法制备的粉体，其个数分布近似符合这种分布，即：

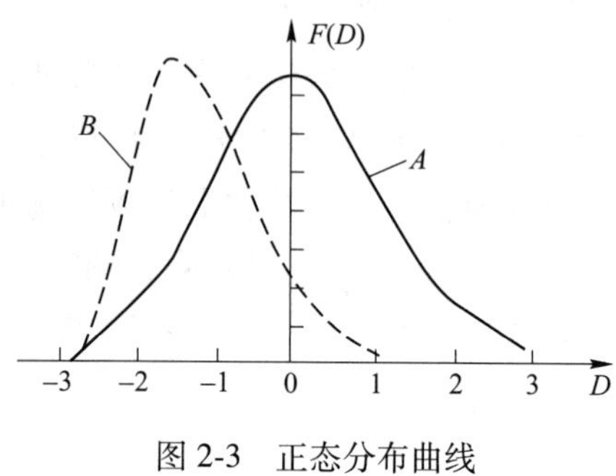

图 2-3 正态分布曲线

$$F(D) = \frac{1}{\sigma\sqrt{2\pi}}\exp\left[-\frac{(D-\overline{D})^2}{2\sigma^2}\right] \tag{2-9}$$

$F(D)$ 是分布函数或概率密度，为双参数函数，由两个统计参数：标准偏差 σ 和平均径$\overline{D}$加以定义。前者是分布宽度的一种量度，用以表达分布曲线的胖瘦程度，即分布范围的宽窄。当$\overline{D}=0$，$\sigma=1$，称为标准正态分布，其曲线如图 2-3 中的 A 所示，即：

$$F(D) = \frac{1}{\sqrt{2\pi}}\exp\left(-\frac{D^2}{2}\right) \tag{2-10}$$

在正态概率纸上绘出的正态分布是一直线，如图 2-4 所示。正态概率纸是经特殊设计的坐标纸，其横坐标为算术坐标，纵坐标则按正态分布规律分度刻画。

由图可得：

$$\sigma = D_{84.13} - D_{50} \tag{2-11}$$

$$\sigma = D_{50} - D_{15.87} \tag{2-12}$$

式中，D_{50}为中位径（百分含量为 50 时对应的粒径）；$D_{84.13}$与 $D_{15.87}$分别是 U(累积筛下) 为 84.13%和 15.87%时所对应的粒径。

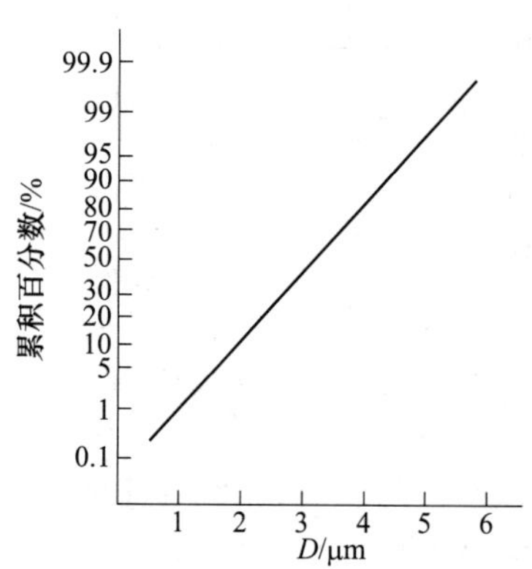

图 2-4 正态概率纸上的正态分布

除了自然界中的植物花粉的粒度分布符合正态分布外，工程上，大多数颗粒粒度分布是非对称的，很少符合正态分布。

2.1.2.2 对数正态分布

生产中，粉碎产品的粒度分布曲线往往因为细粉偏多，粗颗粒较少而向细粒一侧倾斜，粗粒一侧则形成长下摆，如图 2-3 所示的 B 曲线。如果将横坐标的算术坐标改为对数坐标，则原不对称分布就成为近似的标准正态分布，即对数正态分布。以 $\lg D$ 和 $\lg\sigma_g$ 分别代替式（2-11）中的 D 和 σ，便可得对数正态分布方程式：

$$F(D)=\frac{1}{\sqrt{2\pi}}\exp\left(-\frac{\lg^2 D}{2\lg^2\sigma_g}\right) \tag{2-13}$$

在标准正态分布中 $D_g=D_{50}$，且有：

$$\lg\sigma_g=\lg D_{84.13}-\lg D_{50} \tag{2-14}$$

$$\lg\sigma_g=\lg D_{50}-\lg D_{15.87} \tag{2-15}$$

$$\sigma_g=\frac{D_{84.13}}{D_{50}}=\frac{D_{50}}{D_{15.87}} \tag{2-16}$$

式中，D_g 为几何平均径；σ_g 为几何标准偏差。

对数正态分布的应用：若颗粒的粒径分布符合对数正态分布，可计算颗粒的比表面积和平均粒径。

平均粒径的计算：下式说明以个数为基准的平均粒径的计算方法：

$$D_{nL}=\int_{-\infty}^{\infty}\frac{1}{\ln\sigma_g\sqrt{2\pi}}\exp\left[-\frac{\ln(D/D_g)^2}{\ln\sigma_g\sqrt{2}}\right]D\mathrm{d}\ln D=D_g\exp(0.5\ln^2\sigma_g) \tag{2-17}$$

同理，可求得其他平均径的计算公式，汇总于表 2-4 中。

如果将个数基准分布换算成质量基准分布，则有如下关系式：

$$D'_{50}=D_{50}\exp(3\ln^2\sigma_g) \tag{2-18}$$

$$\sigma'_g=\sigma_g$$

式中，D_{50}、D'_{50} 分别为个数基准和质量基准的中位径；σ_g、σ'_g 分别为个数基准和质量基准的几何标准偏差。

比表面积的计算：若已知表面积体积平均径 D_{SV}，则比表面积可由下式计算：

$$s_w=\frac{\phi_S}{\rho_P D_{SV}} \tag{2-19}$$

式中，ϕ_S 为表面积形状系数；ρ_P 为颗粒密度；s_w 为单位质量的比表面积。

表 2-4 对数分布的平均径计算公式

序号		平均径名称	符号	个数基准	计 算 式
加权平均径	1	个数长度平均径	D_{nL}	$\frac{\sum(nd)}{\sum n}$	$D_{50}\exp(0.5\ln^2\sigma_g)$
	2	长度表面积平均径	D_{LS}	$\frac{\sum(nd^2)}{\sum(nd)}$	$D_{50}\exp(1.5\ln^2\sigma_g)$
	3	表面积体积平均径	D_{SV}	$\frac{\sum(nd^3)}{\sum(nd^2)}$	$D_{50}\exp(2.5\ln^2\sigma_g)$
	4	体积四次矩平均径	D_{VM}	$\frac{\sum(nd^4)}{\sum(nd^3)}$	$D_{50}\exp(3.5\ln^2\sigma_g)$
5		个数表面积平均径	D_{nS}	$\sqrt{\frac{\sum(nd^2)}{\sum n}}$	$D_{50}\exp(\ln^2\sigma_g)$

续表 2-4

序号	平均径名称	符号	个数基准	计 算 式
6	个数体积平均径	D_{nV}	$\sqrt[3]{\frac{\sum(nd^3)}{\sum n}}$	$D_{50}\exp(1.5\ln^2\sigma_g)$
7	长度体积平均径	D_{LV}	$\sqrt{\frac{\sum(nd^3)}{\sum n}}$	$D_{50}\exp(2.0\ln^2\sigma_g)$
8	重量矩个数平均径	D_W	$\sqrt[4]{\frac{\sum(nd^4)}{\sum n}}$	$D_{50}\exp(3.0\ln^2\sigma_g)$
9	调和平均径	D_h	$\frac{\sum n}{\sum(n/d)}$	$D_{50}\exp(-0.5\ln^2\sigma_g)$

2.1.2.3 罗辛-拉姆勒（Rosin-Rammler）分布

前述的对数正态分布在解析法上是方便的，因此应用广泛。但是，对于像粉碎产物、粉尘之类粒度分布范围广的颗粒群来说，在对数正态分布图上作图所得的直线偏差很大。

Rosin 与 Rammler 等通过对煤粉、水泥等物料粉碎实验的概率和统计理论的研究，归纳出用指数函数表示粒度分布的关系式，即 RRS 方程：

$$R(D) = 100\exp(-bD^n) \tag{2-20}$$

后经 Bennet 研究，取 $b=1/D_e^n$，则指数一项改写成无因次项，即得 RRB 方程：

$$R(D) = 100\exp[-(D/D_e)^n] \tag{2-21}$$

式中，$R(D)$ 为大于某一粒级 D 的累计筛余质量分数；D_e为特征粒径，表示颗粒群的粗细程度；n 为均匀性系数，表示粒度分布范围的宽窄程度。n 值越小，粒度分布范围越广，对于粉尘及粉碎产物，往往 $n \leqslant 1$。

当 $D=D_e$时，则：

$$R(D=D_e) = 100/e = 100/2.718 = 36.8\% \tag{2-22}$$

亦即，D_e为 $R(D)=36.8\%$时的粒径，称 D_e为特征粒径。

式（2-19）可改写成下式：

$$\lg\{\lg[100/R(D)]\} = n \cdot \lg(D/D_e) + \lg \cdot \lg e = n \cdot \lg e + C \tag{2-23}$$

式中，$C=\lg \cdot \lg e - n \cdot \lg D_e$。在 $\lg D$ 与 $\lg\{\lg[100/R(D)]\}$坐标中，式（2-21）作图为一直线，根据斜率可知 n，由 $R(D)=36.8\%$可知 D_e。该图称为 R-R-B 图，如图 2-5 所示。

2.1.3 颗粒形状

颗粒的形状是指一个颗粒的轮廓边界或表面上各点所构成的图像。颗粒形状与物性之间存在着密切的关系，它对颗粒群的许多性质产生影响，例如，粉体的比表面、流动性、填充性、形状分离操作、表面现象、化学活性、涂料的覆盖能力、粉体层对流体的透过阻力，以及颗粒在流体中的运动阻力等。工程上，根据不同的使用目的，对颗粒形状有着不同的要求，例如，用作砂轮的研磨料，一方面要求有好的填充结构，另一方面要求颗粒形状具有棱角；铸造用型砂，一方面要求强度高，另一方面要求孔隙率大，以便排气，故以球形颗粒为宜；混凝土集料则要求强度高和紧密的填充结构，故碎石以正多面体为理想形状。

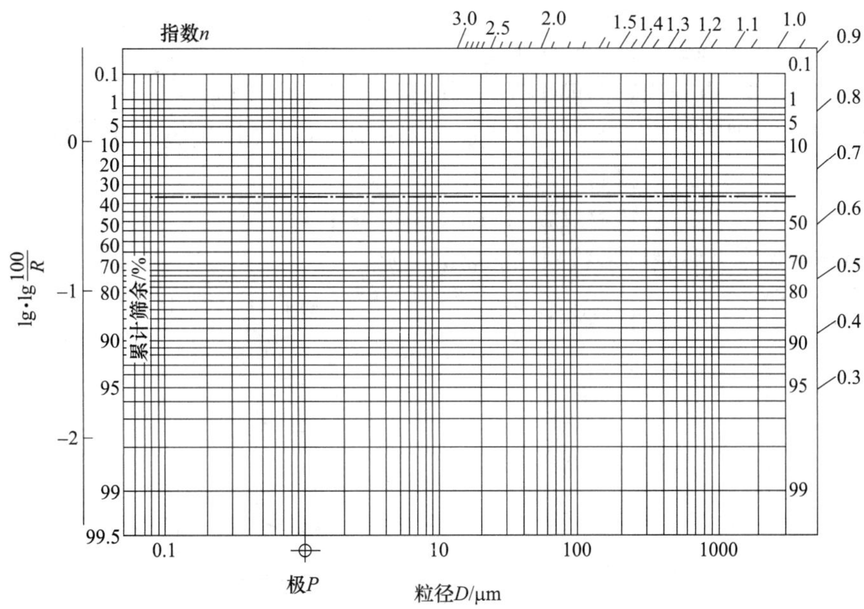

图 2-5 Rosin-Rammler-Bennet 图

以往对实际颗粒形状所采用的一些定性的描述，例如，纤维状、针状、树枝状、片状、多面体状、卵石状和球状等，已远不能满足材料科学和工程的发展对颗粒形状定量表征的要求。因此，对各种颗粒形状需进行定量描述，描述和阐明颗粒形状及特性的参数有形状指数、形状系数和粗糙度系数。

2.1.3.1 形状指数

表示单一颗粒外形的几何量的各种无因次组合称为形状指数。根据不同的使用目的，先作出理想形状的图像，然后将理想形状与实际形状进行比较，找出两者之间的差异并指数化。常用的形状指数有：

（1）均齐度，根据三轴径 b、l、h 之间的比值可导出下面的指数：

$$长短度 = 长径 / 短径 = l/b \quad (\geqslant 1) \tag{2-24}$$

$$扁平度 = 短径 / 高度 = b/h \quad (\geqslant 1) \tag{2-25}$$

当 $b=l=h$ 时，即立方体的上述两指数均等于 1。这些指数在地质学中早已得到了应用。

（2）体积充满度 f_V，又称容积系数，表示颗粒的外接直方体体积与颗粒体积 V 之比，即：

$$f_V = lbh/V \quad (\geqslant 1) \tag{2-26}$$

f_V的倒数可看作颗粒接近直方体的程度，极限值为 1，在表示磨料颗粒抗碎裂方面，常应用该指数。

（3）面积充满度 f_b，又称外形放大系数，表示颗粒投影面积 A 与最小外接矩形面积之比，即：

$$f_b = A/lb \quad (\leqslant 1) \tag{2-27}$$

这个指数常用于粉末冶金方面。

（4）球形度 ψ_0，表示颗粒接近球体的程度，即：

$$\psi_0=\frac{\text{与颗粒体积相等的球体表面积}}{\text{颗粒投影图最小外接圆的直径}}=\left(\frac{d_V}{d_S}\right)^2=\frac{d_{SV}}{d_V}\quad(\leqslant 1) \tag{2-28}$$

对于形状不规则的颗粒，当测定其表面积困难时，可采用实用球形度，即：

$$\psi_0'=\frac{\text{与颗粒投影面积相等的圆的直径}}{\text{颗粒投影图最小外接圆的直径}}\quad(\leqslant 1) \tag{2-29}$$

图 2-6 中列举了几种规则形状颗粒的球形度 ψ_0。

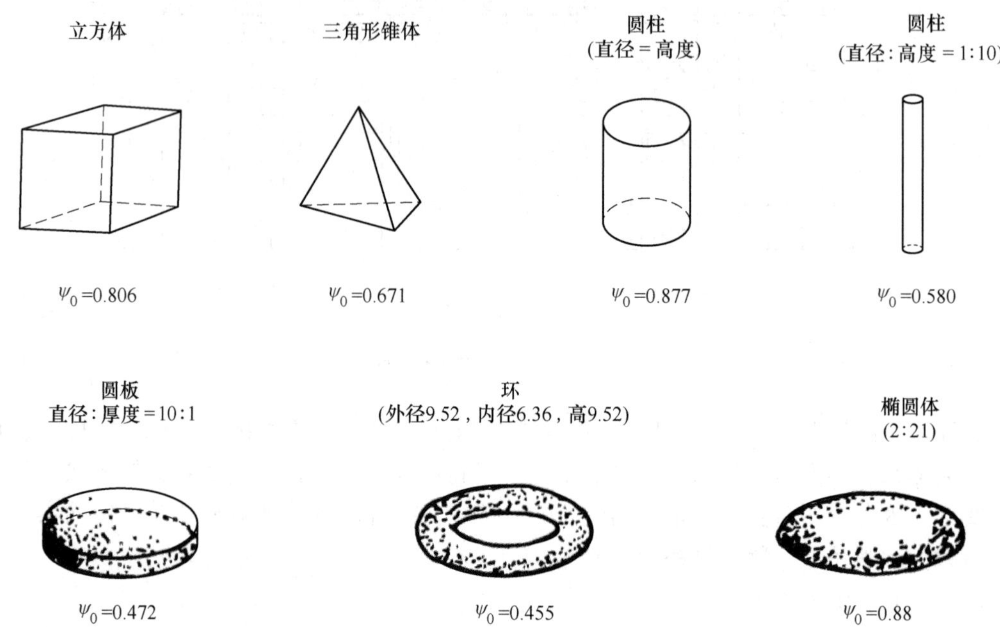

图 2-6　规则形状颗粒的球形度 ψ_0

一些粉体物料颗粒的球形度 ψ_0值见表 2-5。球形度常常用于颗粒的流动性的讨论中。

表 2-5　一些材料球形度 ψ_0 的测量值

名　称	ψ_0	名　称	ψ_0
钨粉	0.85	煤尘	0.606
糖	0.848	水泥	0.57
烟尘（圆形的）	0.82	玻璃尘（有棱角的）	0.526
钾盐	0.70		
砂（圆形的）	0.70	软木颗粒	0.505
可可粉	0.606	云母尘粒	0.108

（5）圆形度 ψ_c，又称轮廓比，表示颗粒的投影与圆接近的程度，如图 2-2（d）所示。

$$\psi_c=\frac{\text{与颗粒投影面积相等的圆的周长}}{\text{颗粒投影面积周长}}\quad(\leqslant 1) \tag{2-30}$$

该指数除在粒度测定的显微镜法和图像分析中有着广泛的应用，还用于沉淀物的水力输送方面。

2.1.3.2 形状系数

形状系数不同于形状指数。后者仅是对单一颗粒本身几何形状的指数化，而前者则是在表示颗粒群性质和具体物理现象、单元过程等函数关系时，把与颗粒形状有关的诸因素概括为一个修正系数加以考虑，该修正系数即称为形状系数。实际上，形状系数是用来衡量实际颗粒形状与球形颗粒不一致程度的比较尺度。将颗粒的粒径与其实际的体积、表面积和比表面积关联，可以定义出以下几种最常见的形状系数：

（1）表面积形状系数：

$$\phi_S = \frac{颗粒的表面积}{平均粒径^2} = \frac{S}{\bar{d}^2} \tag{2-31}$$

（2）体积形状系数：

$$\phi_V = \frac{颗粒的体积}{平均粒径^3} = \frac{V}{\bar{d}^3} \tag{2-32}$$

（3）比表面积形状系数：

$$\phi_{SV} = \frac{表面积形状系数}{体积形状系数} = \frac{\phi_S}{\phi_V} \quad (>1) \tag{2-33}$$

对于球形颗粒，上述三个形状系数分别为：

$$\phi_S = \frac{\pi d_0^2}{d_0^2} = \pi$$

$$\phi_V = \frac{\pi d_0^3}{6 d_0^3} = \frac{\pi}{6}$$

$$\phi_{SV} = \frac{\phi_S}{\phi_V} = \frac{6\pi}{\pi} = 6$$

对于其他形状颗粒，其值列于表 2-6 中。

表 2-6 颗粒形状系数

颗粒形状	ϕ_S	ϕ_V	ϕ_{SV}
球形 $l=b=h=d$	π	$\pi/6$	6
圆锥形 $l=b=h=d$	0.81π	$\pi/12$	9.7
圆板形 $l=b$，$h=d$	$3\pi/2$	$\pi/4$	6
$l=b$，$h=0.5d$	π	$\pi/8$	8
$l=b$，$h=0.2d$	$7\pi/10$	$\pi/20$	14
$l=b$，$h=0.1d$	$3\pi/5$	$\pi/40$	24
立方体形 $l=b=h$			6
方柱体及方板形 $l=b$			
$h=b$	6	1	6
$h=0.5b$	4	0.5	8
$h=0.2b$	2.8	0.2	14
$h=0.1b$	2.4	0.1	24

(4) 卡门（Carman）形状系数：

在研究流体通过颗粒层等颗粒流体力学问题时，常用到卡门形状系数，其定义为：

$$\phi_C = 6/\phi_{SV} \quad (\leqslant 1) \tag{2-34}$$

显然，球形颗粒 $\phi_C = 1$。根据定义式，可计算表 2-6 中所列各形状颗粒的卡门形状系数。

卡门形状系数与颗粒的比表面积，即单位体积颗粒的比表面积 S_V 和单位质量颗粒的比表面积 S_W 关系如下：

对球形颗粒：

$$S_{V_0} = 6/d_{SV} \tag{2-35}$$

$$S_{W_0} = 6/(\rho d_{SV}) \tag{2-36}$$

对于非球形颗粒，则有：

$$S_V = \frac{S}{V} = \frac{\phi_{SV}}{d_j} = 6/(\phi_C d_j) \tag{2-37}$$

$$S_W = \frac{S}{W} = \frac{\phi_{SV}}{\rho d_j} = 6/(\rho\ \phi_C d_j) \tag{2-38}$$

d_j 表示某种粒度径。

若用等体积球当量径 d_V 代替颗粒径 d_j，当 $S_{V_0}=S_V$ 或 $S_{W_0}=S_W$ 时，则有：

$$\phi_C = d_{SV}/\phi d_V \tag{2-39}$$

对于不同物料的卡门形状系数的计算，可通过流体阻力实验求得比表面积 S_V 和通过筛析法求得几何平均径 d_g 确定。一些常见物料的计算结果见表 2-7。

表 2-7　颗粒群的卡门形状系数 ϕ_C

颗粒名称	颗粒形状	ϕ_C	颗粒名称	颗粒形状	ϕ_C
砂（平均）		0.75	细煤粉		0.75
型砂	精选	0.65	自然煤粉	<9.5mm	0.65
型砂	精选、片状	0.43	烟尘	熔基	0.55
砂	有棱角	0.70~0.75	烟尘	熔基球形	0.85
砂	球形	0.83	纤维尘		0.30
焦炭		0.55~0.70	云母	片状	0.28

2.1.3.3　颗粒的粗糙度系数

前述的形状系数是个宏观量。如果微观地观察颗粒，颗粒表面往往是高低不平，有很多微小裂纹和孔洞。其表面的粗糙程度用粗糙度系数 R 来表示：

$$R = \frac{\text{颗粒微观的实际表面积}}{\text{外观看成光滑颗粒的宏观表面积}} \quad (>1) \tag{2-40}$$

颗粒的粗糙程度直接关系到颗粒间和颗粒与固体壁面间的摩擦、黏附、吸附性、吸水性以及孔隙率等颗粒性质，也是影响单元操作设备工作部件被磨损程度的主要因素之一。因此，粗糙度系数是一个不容忽视的参数。

2.1.4 颗粒粒度与形状测定

颗粒的粒度是粉体特性的一个重要参数。对于规则颗粒我们测量起来比较简单，但对于实际粉体常常是不规则的，测定它的粒度就麻烦得多。而且对于不同性质的颗粒应该采用不同的测定方法。我们要测定颗粒的粒度，首先应该有测定的试样，那么如何才能获得具有代表性的试样呢?

2.1.4.1 试样的采集与缩分

A 粉体的采样

在许多情况下，需对总体物料的小部分进行测定，估算这些总体特性。那么，测定试样应对总体具有代表性。在实际取样中，往往很难得达到这一点，只能采用适当的方法，使试样尽量反映总体特性。

实际取样中，可能会遇到许多情况，而限于条件往往要采用低级技术。然而，总可以规定一些原则并尽可能地遵循。

（1）应于粉末移动时取样。

（2）在短的时间间隔内，多次取整个料流的试样，要比在所有时间内取部分料流的试样为佳。

只要遵守上述规则，并了解粉体处理过程中可能发生离析现象，将得到最佳结果，否则会产生较大的误差。

从大量的物料中采取粗样，有许多不同的方式。所以，不可能制定符合所有情况的细则。特别是在较大的颗粒分级的情况下，更应该注意取样方法。

（1）从移动的粉料中取样。从移动的物料取样时，必须注意粗细颗粒的分级现象。在胶带运输机上，可能出现两种分离形式：一种是由于喂料点使物料在皮带上堆积，使大颗粒向两边滚落，小颗粒集中于皮带中心。另一种分离是由于皮带机的振动，使细颗粒集中于皮带中心紧挨皮带，而粗颗粒却跑到粉料表面上。

（2）从输送带上或溜子中取样。在胶带上取样的最佳位置是胶带端头的落料处。如果在该处取样有困难，只好在胶带上取样，这时必须将胶带一段长度内全部物料收集下来。这是由于输送带上的颗粒会产生颗粒分离现象。

（3）斗式输送机的取样。不可从每个斗中取部分试样。而应该任取一个斗中的全部试样。如果试样量太大，则应用后述的方法进行缩分。

（4）袋中取样。首先检验各袋中物料的波动是否很大。如果不大就应该随机地选取几袋试样进行缩分，否则应重新使其均匀。

（5）在车厢和容器内取样。由于在装车和运输过程中已发生严重的颗粒分离，所以在车厢或容器内取得满意的试样是十分困难的，甚至是不可能的。通常的取样方法是在车厢的铅直断面上，对称地选取八个点，取每个点时附近的一个小圆柱体物料作为分析试样。这是一种最具代表性的方法。

（6）在料堆中取样。通常在料堆中取样，只有一个劝告："切勿!"。因为在料堆中的物料产生严重的偏析，很难取到具有代表性的物料作为分析试样。

（7）对料浆的取样。在料浆容器中取样有专门的取样设备，这里不再赘述。

（8）气流中含尘气体的取样。由于在含尘气流中取样过程很复杂，我们只简述其基本程序：

1）选择适当的取样点（包括断面位置和断面上分布的各测点）。

2）测量气体温度和流速。

3）组装和标定取样仪器。

4）在预定的时间内，在选定的取样点进行等速取样。

5）取出已收集有固体颗粒的仪器。

6）重复测速和测温。

7）重复4）、5）、6）各步骤。

8）测定收集到的试样的质量和颗粒级配，进行必要的计算和填写报告。

B　试样的缩分

由于粗样太多而不易处理，应在试样送试验室分析前进行缩分至适当的量，缩分前颗粒级配必须一致，在实际中我们将大批物料缩分至被测试样，大致可分为以下四步（表2-8）。

表2-8　物料的缩分过程

工艺流程中或交货的物料	粗样	实验室试样	分析试样
10^nkg	kg	g	mg

在缩分时，通常还应注意两点：（1）使粉体物料形成料流移动。（2）每次增量必须是某短时间内料流的全部，每次增量（即分取的间隔试样）的间隔时间必须相等，然后组合为实验室试样。

a　勺取法

此法是用勺插入料堆并取出试样，由于不是使全部试样都通过取样器，而且又在表面取样，可能不代表整体，所以容易造成误差。为了消除误差，应将物料放在容器内剧烈摇振后取样。

b　锥形四分法（图2-7）

将所需缩分试样堆成一锥形尖堆，然后压平其顶部，利用其径向对称性，以金属的十字形切割器分成四等份，其中之一为缩分试样，使用此法得到准确试样的条件是：料堆必须与锥体的立轴对称，两切割平面的交线必须与立轴重合，实际中是不容易的，这与操作者的技术和熟练程度有关。

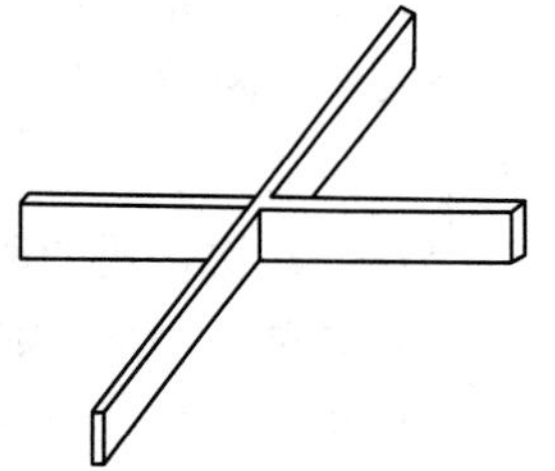

图2-7　四分法分料器

c　盘式缩分器（图2-8）

图中是一个倾斜的平板，分隔成几个部分，每个部分都开有出口，物料从上部喂入盘式缩分器，在流动中被挡板分隔成几个部分，一部分继续下行，被另一排三角形挡板分隔再排出一部分，如此反复，在集料槽中得到缩分好的试样。

d　叉溜式缩分器（图2-9）

这是一个V形槽，其下都是一系列溜子，交替排列，分别向V形槽两侧排料至料盘内，试样从V形槽上部倒入，从一侧的料盘内得到一半的试样，反复几次，即可得到缩分试样。

e 旋转格槽缩分器（图 2-10）

旋转试样缩分器或旋转格槽缩分器，于 1934 年首次提出，此法顺应试样缩分的黄金规则。首先将物料倒入仓内（不要形成尖堆，减少分级），接着启动转盘并打开料斗出口，使料落至集料匣内，经启动喂料机喂料。在转盘格子中就得到了需要的缩分试样。这种缩分法，试样准确，效率高。

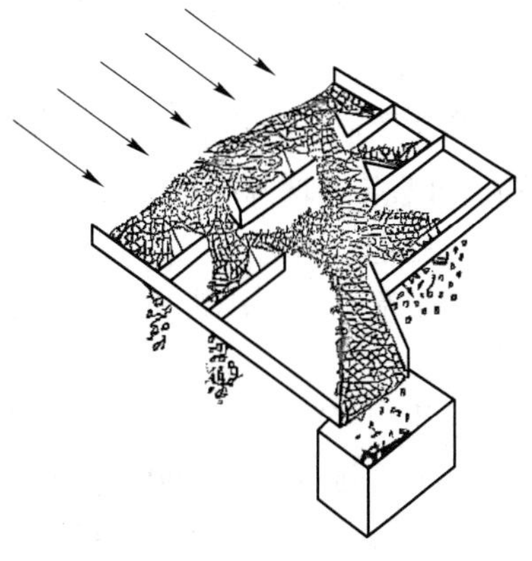

图 2-8 盘式缩分器

2.1.4.2 粒度测定方法

粉体粒度和粒度分布对其产品的性质和用途影响很大，测定粒度和粒度分布的方法很多，每种方法的测试原理不一样，测出的粒径的定义也就不一样。粒度测量的主要方法见表 2-9。

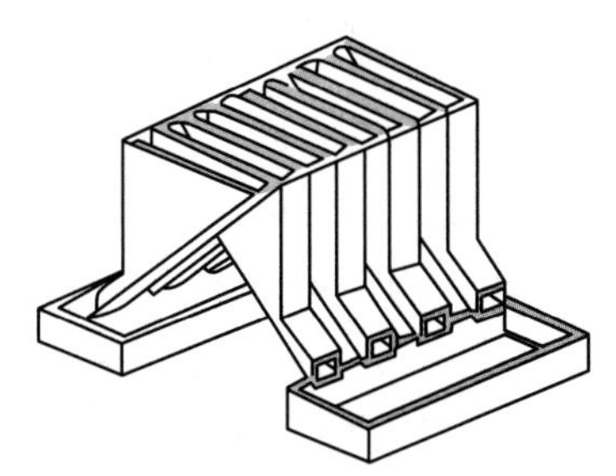

图 2-9 叉溜式缩分器

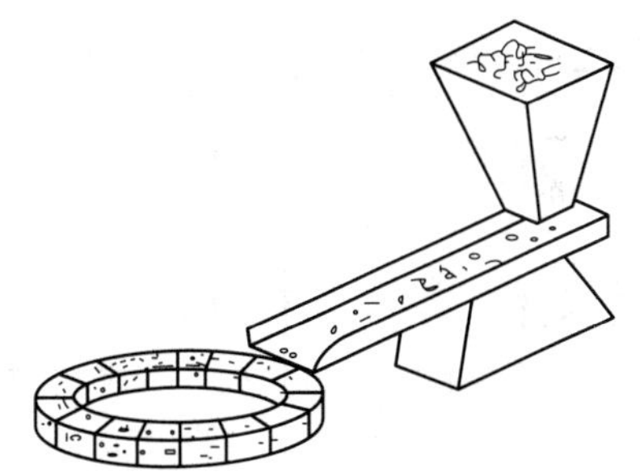

图 2-10 旋转格槽缩分器

表 2-9 粒度测量的主要方法

测量方法	测量原理	测量范围/μm	特 点
直接观察法（图像分析仪）	显微镜方法与图像技术	0.5~1200	分辨率高，可直接观察颗粒形貌和状态。结果受人为操作影响，不宜测量分布宽的样品
筛析法	通过筛孔直接测量	大于 38	设备简单，操作方便，粒级较粗，测试筛分时间长，也容易堵塞
沉降法	沉降原理；斯托克斯原理	2~100；0.01~100	原理直观，造价低，操作复杂，结果受环境及操作者影响较大，重复性较差
激光法	光的散射现象，颗粒越小，散射角越大	0.05~2000	动态范围大，测量速度快，操作方便，重复性好。分辨率低，不宜测量粒度均匀性很好的样品
小孔通过法	小孔电阻原理	0.4~256	分辨率高，重复性好，操作方便，易堵孔，动态范围小，不宜测量分布宽的样品
流体通过法	空气透过粉体层时的压力降	0.01~100	测平均比表面积
气体吸附法	BET	0.01~10	测比表面积

A 筛析法

筛析法简便而迅速，最宜用于 20~100μm 粒度测定，无机材料行业（水泥、玻璃、陶瓷、耐火材料等）中粉状原料粒度大部分在此范围。筛析过程中，既可干筛，也可湿筛。

筛子按制造方法不同可分为编丝筛和冲孔筛。1867 年，Rittinger 首先建议以 75μm 为基础，以 $\sqrt{2}$ 递增筛孔的大小来作为标准筛。此后，各国都制定了自己的标准筛规则。标准筛的制定，为进行规范的科学研究提供了方便。

筛子筛孔的大小常用“目”来表示，也称“Mash”，“目”是指每英寸长度内编丝的根数。

在使用标准筛进行筛析时，要对试样的粒度进行估计，选择若干层筛面叠置成套，然后将一定质量（100~200g）的干燥试样放在最大筛孔的筛面上，加盖一起颠振一定的时间（5~10min），最后将每一层筛面上的粉料进行称量，各层料总量与原试样量之间的误差以小于 2%为宜。操作时不可溅失。筛析的例式见表 2-10。

表 2-10　筛析法示意

	层序	料量/g	孔径/μm	累计质量/%
	Ⅰ	W_1	ϕ_1	W_1/W
	Ⅱ	W_2	ϕ_2	$(W_1+W_2)/W$
	Ⅲ	W_3	ϕ_3	$(W_1+W_2+W_3)/W$
	Ⅳ	W_4	ϕ_4	$(W_1+W_2+W_3+W_4)/W$
	Ⅴ	W_5	ϕ_5	$(W_1+W_2+W_3+W_4+W_5)/W$
	Ⅵ	W_6	ϕ_6	Σ/W_i

B　显微镜法

显微镜法是光学或电子（透射式、扫描式）显微镜直接对粉体颗粒的形状和大小进行观测，是唯一能直接测量颗粒大小的方法。因此，显微镜法除了作为测定颗粒的大小、形状、粒度分布之外，还可作为其他间接测定方法的基准。

用光学显微镜测定粒径时，可利用十字刻度尺、网络刻度尺或花样刻度尺直接读数，用电子显微镜时常常先将颗粒拍照，然后进行测量。为了提高测量的精度，要注意以下几点：

（1）严格按规定制备试样，确保将试样粉体分散为单个颗粒，由于微粉的分散比较困难，因此要根据粉体颗粒的表面性质，选择合适的分散媒体，并采用超声波等方法进行强制分散。

（2）为了得到粉体的粒度分布，并减小测量误差，测量的颗粒要足够多，至少要在数百个以上。

（3）即使测量的颗粒数足够多，试样的质量还是很小，因此采样时应使试样具有代表性。对于粒度分布范围较广的粉体，要先用筛析法对试样进行分级，测出各粒级的个数基准分布，经换算为质量基准后，再按试样各个粒级的质量比分别进行计算。

（4）要选择适当的放大倍数，既要能够清楚地分辨最小的颗粒，放大倍数又不宜过大。对于1μm以上的颗粒，要优先选用光学显微镜；当粒径小于0.8μm时，为避免二次成像所引起的误差，可选用电子显微镜。

（5）用显微镜法测得的粒径是统计粒径或投影面积当量径，粒度分布是个数基准的分布，但可换算成质量基准的分布。

显微镜法测试结果可靠，操作比较简便，能自动扫描、计算，也可将测试结果以拍照的方式记录下来，观测颗粒的形状。随着计算机图像处理技术的发展，显微镜法更加实用、完善。

C　电阻法（库尔特法）

电阻法即小孔通过法，因其发明人的名字又称为库尔特（Coulter）法，其测试原理及装置简图如图2-11所示。在电解质溶液中旋转一个有小孔的容器，在小孔的两边装有电极并加上电压，利用水银差压计的虹吸作用，使电解质溶液及悬浮在其中的颗粒通过小孔，颗粒通过小孔时取代了与其体积相同的电解质溶液，使两电极间的电阻瞬间增加，产生一个电压脉冲，脉冲的大小与颗粒的体积成正比。颗粒依次通过小孔时可产生一连串的电压脉冲，经放大、计算、计数后，就可测出颗粒的大小，并得到粒体试样的粒度分布。

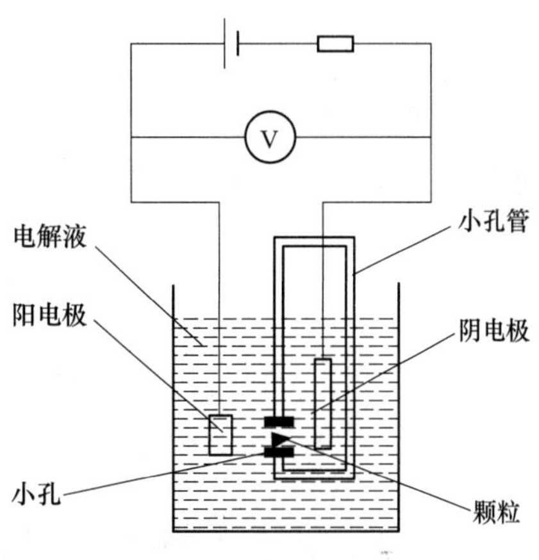

图2-11　电阻法颗粒计数器工作原理

用小孔通过法测出的是颗粒的体积当量径，所得到的粒度分布为个数分布。用这种方法除了可以测定粉体的粒度分布外，在医药、食品等行业中还可用于测定细菌、血细胞的大小和数目。

D　激光法

光衍射的测试原理如图2-12所示。由激光源射出的平行光束照射到比光的波长大得多的颗粒上，产生衍射，照射大颗粒的光衍射角度较小，而照射小颗粒的光衍射角度较大，这些光线通过透镜在衍射屏上得到衍射像，其光强与颗粒的大小有关，利用环形排列的检测器，经过计算就可测得颗粒的粒径。

用光衍射法测出的是颗粒的投影面积当量径或体积当量径，粒度分布为个数基准的分布。基于光衍射法的原理的激光粒度分析仪还可以提供质量（或体积）、表面积的频率分布和累积分布，并且能直接给出粉体试样的算术平均粒径、众数粒径和50%粒径等数据。这种仪器适用范围广，测试时间短，再现性好，自动化程度高，测试精度也高，不需要熟练的操作技术，因此应用比较广泛。

E　沉降法

粉体颗粒在流体中沉降时，粒径较大的颗粒沉降速度较快，而粒径较小的颗粒沉降速

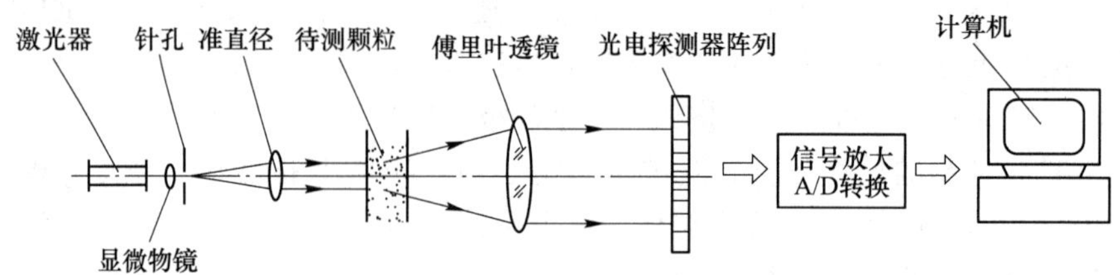

图 2-12 激光粒度仪的原理结构

度较慢，利用这一沉降速度的差异，既可对粉体进行流体分级，又可用于测定粉体的粒度分布。利用粉体颗粒在液体中沉降速度的差异来测定粒度分布的方法，称为液相沉降法。使颗粒在液体中测试的原理完全相同，只是对于粒径很小的颗粒，重力沉降需要很长时间，这时以采用离心沉降为好。液相沉降是根据斯托克斯理论，测出颗粒的沉降速度，然后再换算成粒径的，因此，测的是沉降粒径即斯托克斯径。

粉体颗粒在液体中分散、沉降时，形成悬浊液，在开始沉降后的某一时刻，距液面的深度不同，颗粒的粒径也不同，测出不同高度上的粉体颗粒的质量，就可以得到粉体的质量基准的粒度分布。图 2-13 为光透沉降法示意图，图 2-14 为图像沉降粒度仪 1000 的原理图。

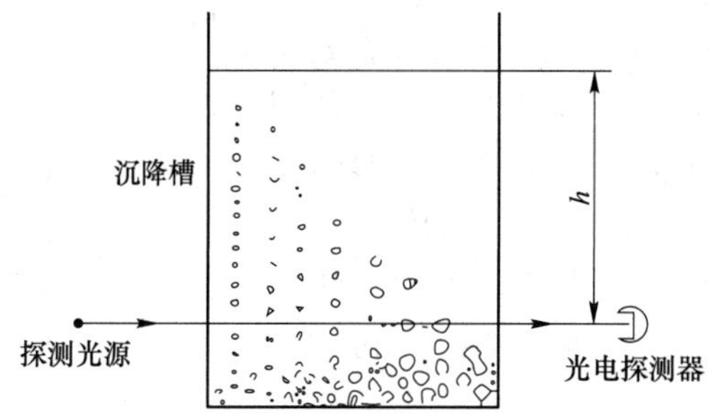

图 2-13 光透沉降法示意图

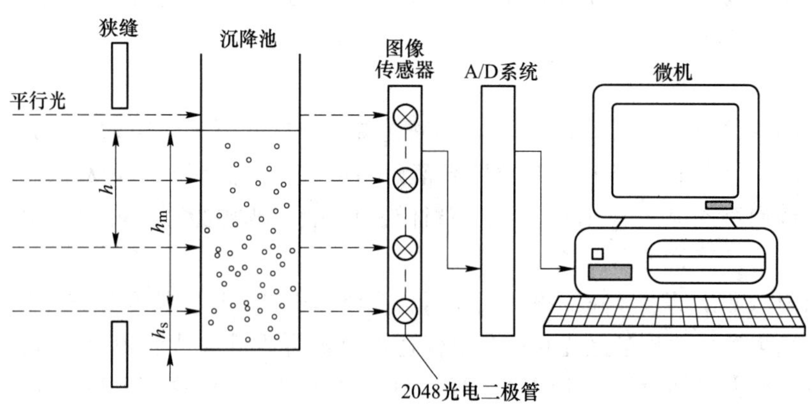

图 2-14 图像沉降粒度仪 1000 的原理

2.1.4.3 颗粒形状的测定

颗粒形状的测量主要有两种方法：一是图像分析仪，系统由光学显微镜、图像板、摄像机和微机组成，它的测量范围为1~100μm，若采用体视显微镜，则可以对大颗粒进行测量。电子显微镜配图像分析仪，其测量范围为0.001~10μm。二是能谱仪，它由电子显微镜与能谱仪、微机组成，其测量范围为0.0001~100μm。

摄像机得到的图像是具有一定灰度值的图像，需按一定的阈值转变为二值图像。功能强的图像分析仪应具有自动判断阈值的功能。颗粒的二值图像经补洞运算、去噪音运算和自动分割等处理，将相互连接的颗粒分割为单颗粒。通过上述处理后，再将每个颗粒单独提取出来，逐个测量其面积、周长及各形状参数。由面积、周长可得到相应的粒径，进而可得到粒度分布。

由此可见，图像分析法既是测量粒度的方法，也是测量形状的方法。其优点是具有可视性，可信程度高。但由于测量的颗粒数目有限，特别是在粒度分布很宽的场合，其应用受到一定的限制。

2.1.4.4 测定方法的选择

颗粒粒度的测量是一门高科技含量的学问，这里我们给出一些在粒度测量中应注意的问题，供读者参考。

对于给定的粉体样品，首先要估计其粒度范围。各种粒度仪都有其测量范围，若样品不在其范围内，当然得不到正确的结果。可先用光学显微镜观察粉体样品，通常可得知其粒度的大致范围。

沉降法和激光法都需要将粉体均匀地悬浮于液体中（一般用水），颗粒的分散往往成为测量成败的关键。这时需要根据粉体表面性质不同，加入表面活性剂，然后进行超声分散。超声分散的强度要适宜，并非强度越高越好。实验表明，高强度超声处理反而会引起细颗粒的团聚。超声处理的时间也并非越长越好，一般3~5min即可。

至于究竟选用沉降法还是选用激光法，则要根据物料的性质、实际测量结果和使用者的爱好而定。近年来，国内粒度测量方法的研究发展很快，有些已达到国际水平。如有一定的资金支持，必会有更好的粒度仪问世。

下面总结一下选择粒度仪的方法：

(1) 如要测个数，可选用库尔特计数器；

(2) 如要测形状，可选用图像分析仪；

(3) 如要测雾滴，可选用激光法；

(4) 如要测粒度，可选沉降法，也可选激光法。

2.2 粉体的堆积特性

颗粒堆积结构是指粉体内部，颗粒在空间上的排列状态及空隙结构。根据对颗粒集合状态的分类，只有在颗粒密集态时，才涉及对颗粒堆积结构的分析。

颗粒堆积结构对粉体性能的影响主要有：

(1) 粉体的流变性（如料仓的流出）。

(2) 颗粒固定床的透过流动（渗透流）。

(3) 粉体的固相反应。

(4) 造粒或成形坯体的密度、强度、透气性和导热性等。

影响颗粒堆积的主要因素可分为两类：

第一类：涉及颗粒本身的几何特性，如颗粒大小、粒度分布及颗粒形状（形成致密堆积的必要条件）。

第二类：涉及颗粒间作用力和颗粒堆积条件，如颗粒间接触点作用力形式、堆积空间的形状与大小、堆积速度和外力施加方式与强度等条件（形成密实堆积的必要条件）。第一类和第二类共同构成能否实现致密堆积的充分条件。

A 颗粒堆积结构的基本参数

根据孔隙的大小与数量，密集态颗粒堆积可相对分为松散堆积、密实堆积和致密堆积。颗粒的松散堆积是指颗粒在自身重力的作用下，通过自由流动形成的堆积。其堆积体内接触点数量相对较少，孔隙体积较大，数量较多。

颗粒的密实堆积是指颗粒主要在外力的作用下，通过受迫流动形成的堆积。其堆积体内接触点数量相对较多，孔隙体积较少，数量较少。

颗粒的致密堆积是指具有适宜的粒度、级配和形状的颗粒，通过受迫流动形成的堆积。

其堆积体内接触点数量相对最多，孔隙体积相对最小，数量也最少。

以下是颗粒堆积结构中涉及的一些基本参数。

B 孔隙率

孔隙率（空隙率）是指颗粒堆积体中空隙所占的容积率，也就是粉体中未被颗粒占据的空间体积与包含空间在内的整个粉体层表观体积之比，以 ε 表示：

$$\varepsilon = \frac{\text{颗粒堆积体中空隙的体积}}{\text{颗粒堆积体表观体积}} = \frac{\text{颗粒堆积体表观体积} - \text{颗粒真实体积}}{\text{颗粒堆积体表观体积}} = 1 - \frac{\rho_a}{\rho_p} \tag{2-41}$$

式中，ρ_p为颗粒真密度；ρ_a为颗粒堆积体表观密度（容积密度）。

C 填充率

在一定填充状态下，颗粒体积占粉体表观体积的比率称为填充率，用 λ 表示。堆积率与孔隙率的关系为：

$$\lambda = \frac{V_p}{V_a} = \frac{\rho_a}{\rho_p} = 1 - \varepsilon \tag{2-42}$$

式中，V_a、V_p分别为填充层表观体积、颗粒所占据的体积。

在计算粉体的孔隙率时，一般不考虑颗粒的孔隙，只反映颗粒群的堆积情况。

D 表观密度

单位颗粒堆积体的表观体积所具有的颗粒质量，也称容积密度或松装密度。指在一定填充状态下，包括颗粒间全部空隙在内的整个填充层单位体积中颗粒的质量。它与颗粒物料的密度ρ_p和孔隙率有如下关系：

$$\rho_a = \frac{\text{颗粒堆积体质量}}{\text{颗粒堆积体表观体积}} = \frac{G}{V_a} = \frac{V_a(1-\varepsilon)\rho_p}{V_a} = (1-\varepsilon)\rho_p \tag{2-43}$$

除颗粒堆积体涉及表观密度外，描述颗粒自身的密度也涉及表观密度的概念，称为实密度或假密度。与此对应的是颗粒的真密度。真密度是指颗粒的质量除以不包括开孔、闭孔在内的颗粒真体积。而颗粒密度（颗粒的表观密度、视密度、假密度）是指颗粒的质量除以包括闭孔在内的颗粒体积。粉体的几种密度概念和关系如图 2-15 所示。

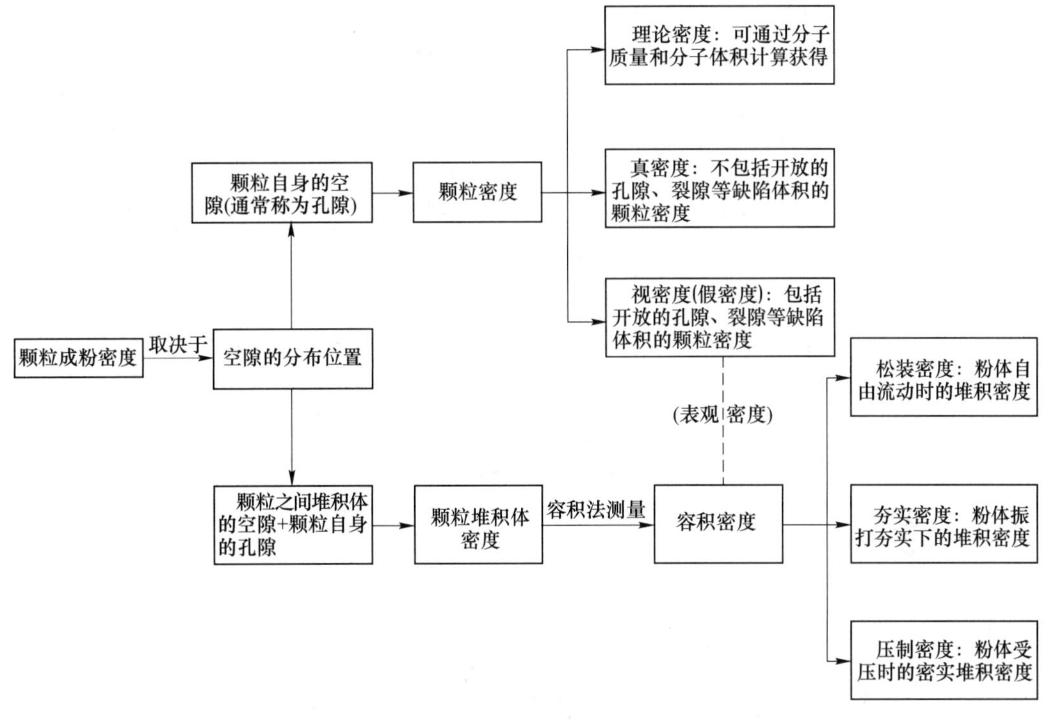

图 2-15　粉体的几种密度概念和关系

E　配位数

配位数 N 是指某个颗粒与其周围的其他颗粒相接触的接触点数目。

2.2.1　等径球形颗粒的规则堆积

若把相互接触的球体作为基本单元，按它的排列进行研究是很方便的。它们可以组合成彼此平行的和相互接触的排列，并构成变化无限、不同的规则的二维球层。约束的形式有两种：正方形和等边三角形（菱形、六边形），图 2-16 中排列 1 所示 90°角和排列 4 所示 60°角是其特征。球层总是按水平面来排列，仅仅考虑重力作用时有三种稳定的构成方式。一层叠在另一层的上面，形成二层正方和二层三角形的球层。图 2-17 为图 2-16 中各图对应的单元体。取相邻接的 8 个球并连接其球心得一六面体，称为单元体。

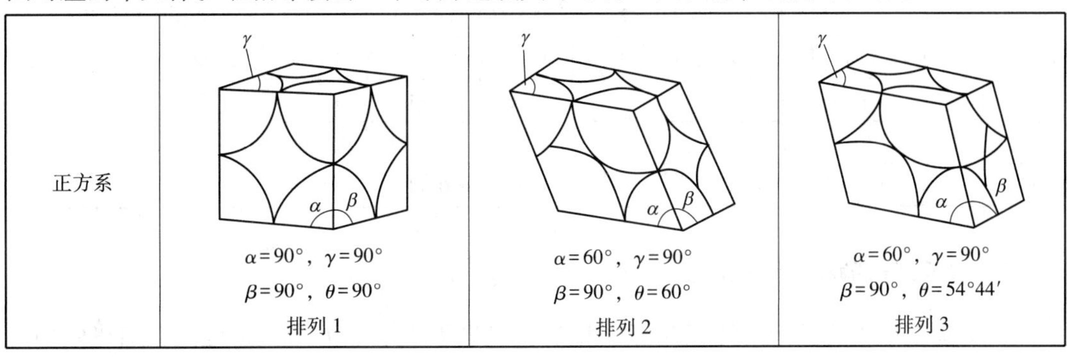

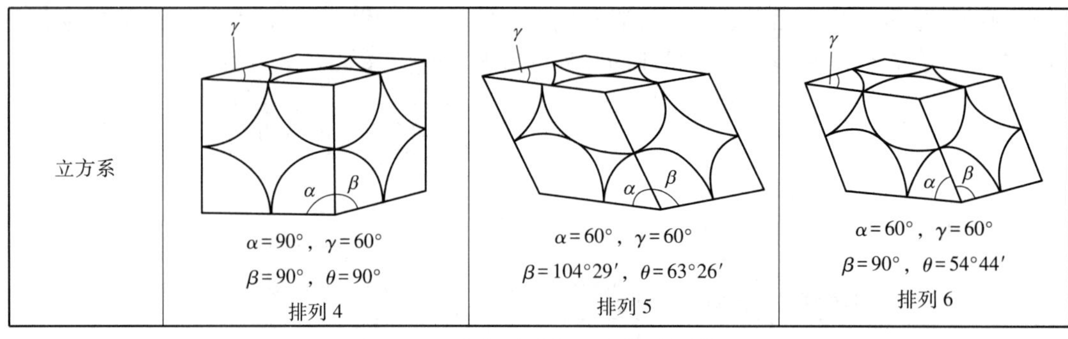

图 2-16 等径球形颗粒的排列规则

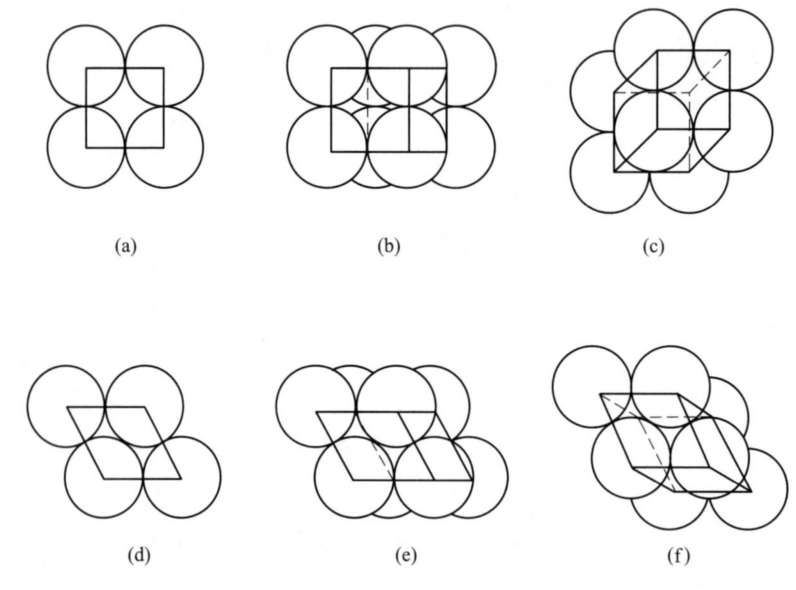

图 2-17 单元体示意图

表 2-11 列出了这些模型的参数，并给出了其相应的孔隙率。

表 2-11 等径球规则填充的结构特性

排列	名 称	顺序	单元体		孔隙率	接触点数量	填充组
			体积	空隙体积			
(a)	立方体填充、立方最密填充	1	1	0.4764	0.4764	6	正方系
(b)	正斜方体填充	2	0.866	0.343	0.3954	8	
(c)	菱面体填充或面心立方体填充	3	0.707	0.1834	0.2594	12	
(d)	正斜方体填充	4	0.866	0.3424	0.3954	8	六方系
(e)	楔形四面体填充	5	0.750	0.2264	0.3019	10	
(f)	菱面体填充或六方最密填充	6	0.707	0.1834	0.2595	12	

2.2.2 等径球形颗粒的随机堆积

（1）随机堆积的类型。等径球形颗粒的随机堆积主要分为随机密堆积、随机倾倒堆积、随机疏堆积和随机极疏堆积四种类型。

1）随机密堆积。把球倒入一个容器中，当容器振动时或强烈摇晃时可得到这类堆积类型。此时可得到 0.359~0.375 的平均孔隙率，该值大大超过了对应的六方密堆积时的平均值 0.26。

2）随机倾倒堆积。把球倒入一个容器内，相当于工业上常见的卸出粉料和散袋物料的操作，可得到 0.375~0.391 的平均孔隙率。

3）随机疏堆积。把一堆松散的球放入一个容器内，或用手一个个地随机把球填充进去，或让这些球一个个地滚入如此填充的球的上方，这样可得到 0.4~0.41 的平均孔隙率。

4）随机极疏堆积。最低流态化时流化床具有的平均孔隙率为 0.46~0.47。把流化床内流体的速度缓慢地降到零，或通过球的沉降就可得到 0.44 的平均孔隙率。

（2）Smith 实验。将半径为 3.78mm 的小铅球随机填充到 5 种不同直径（80~130mm）的烧杯中，获得孔隙率分别为 $\varepsilon=0.36$、0.37、0.44、0.45、0.49 的堆积结构。注入 20%浓度醋酸水溶液，小心排掉溶液，干燥，统计每个铅球上的醋酸白色斑点，得出不同孔隙率下铅球平均配位数关系，如图 2-18 所示。

$$\varepsilon=\frac{0.414N_c-6.527}{0.414N_c-10.968} \tag{2-44}$$

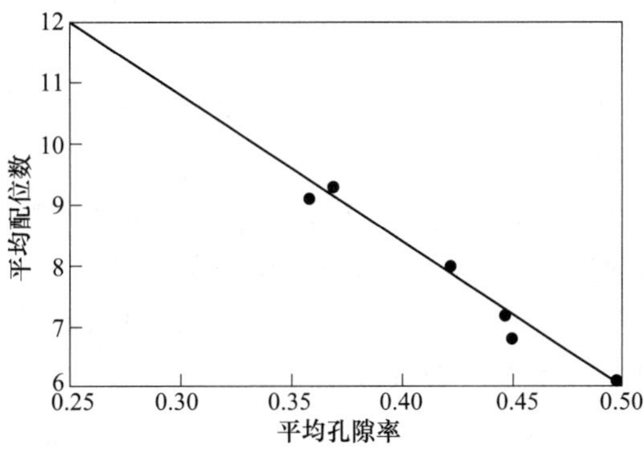

图 2-18 等径球随机堆积孔隙率与配位数关系

（3）Ridgway 关系式。Ridgway 通过实验，利用最小二乘法求得配位数与孔隙率的关系，给出了 ε-N_c 关系式：

$$\varepsilon=1.072-0.1193N_c+0.00431N_c^2 \tag{2-45}$$

实验证明，球体堆积率随容器直径和球径之比的增大而增加，直到 10 以前都符合此规律，超过比值 10 时，ε 接近常数 0.62。

2.2.3 异径球形颗粒的堆积

在较大的球形颗粒中加入一定数量的较小球形颗粒，孔隙率可降低；若进一步加入更小的球形颗粒，孔隙率则进一步降低，其规律如下：

（1）孔隙率随着小颗粒的混入比增加而减小。

（2）颗粒粒径越小，孔隙率也越低。

表 2-12 为多粒级球形颗粒的堆积特性，由孔隙率的减小幅度可以看出，在堆积体中，

初步加入适量小颗粒，就可使孔隙率迅速减小，并逐步趋于满足致密堆积的必要条件。

表 2-12 多粒级球形颗粒的堆积特性

球形按序号粒径递减组合	堆积率/%	孔隙率/%	孔隙率减小幅度
1	62.0	38.0	—
2	85.2	14.4	23.6
3	94.6	5.4	9.0
4	98.0	2.0	3.4
5	99.2	0.8	1.2

2.2.4 非连续尺寸粒径的颗粒堆积

研究 Wetman-Hugill 理论的代表有 Furnas、Westman、Hugill、Suzuki 等，其中 Westman、Hugill 的理论及计算多尺寸颗粒最大堆积率的方法在国内常见。

1 单位实际体积颗粒的表观体积 V_a和孔隙分数 ε'、颗粒的体积分数 λ'有以下关系：

$$V_a = \frac{1}{1-\varepsilon'} = \frac{1}{\lambda'} \tag{2-46}$$

该理论计算多尺寸颗粒满足致密堆积必要条件，对减少实际颗粒堆积体的孔隙率具有较好的指导意义。

以二组元混合颗粒的堆积为例，当粗细颗粒组分的尺寸比足够大时，有两点重要结论：

（1）当组分接近 100%为粗颗粒时，堆积体的表观体积由粗颗粒体积决定，细颗粒作为填充体进入粗颗粒的空隙中，细颗粒不占有堆积表观体积。

（2）当组分接近 100%为细颗粒时，细颗粒形成空隙并堆积在粗颗粒周围，堆积体的表观体积为细颗粒的表观体积和粗颗粒的体积之和。

2.2.5 连续尺寸粒径的颗粒堆积

经典连续堆积理论的倡导者是 Andreason，他把实际的颗粒分布描述为具有相同形式的分布。表达这种尺寸关系的方程，就是著名的 Gaudin-Schuhmanm（高登-舒兹曼）粒度分布方程。

$$Y = 100\left(\frac{D}{D_L}\right)^m \tag{2-47}$$

式中，Y 为小于颗粒 D 的含量,%；D_L 为颗粒体中的最大粒度；m 为模型参数，或简称模数。

2.2.6 粉体致密度理论与经验

颗粒并不总是球形的，也不都是规则堆积或者完全随机堆积的。粉体致密堆积具有如下典型的理论和经验。

2.2.6.1 Horsfield 致密堆积理论

早期的研究者 Horsfield 以公路材料的六方最密堆积为基础，进行了理论研究。从理论上讲，当颗粒间空隙填入无穷小及无穷多的小球时，空隙完全能被填满。但实际上并非如此，因物料半径变得很小时，粒间的相互作用不可忽视，所以实际上不可能达到理论计算的最大堆积率。

Horsfield 致密堆积理论的基本依据是在均一球形颗粒产生的空隙中，连续填充适量比例和尺寸的小球形颗粒，以获得致密堆积。

等径球体的规则堆积有 6 种排列模型，其中的“菱面体堆积”排列，孔隙率最小为 25.95%。在菱面体堆积排列中，空隙的大小和形状有两种：6 个球围成的四角孔和 4 个球围成的三角孔，如图 2-19 所示。

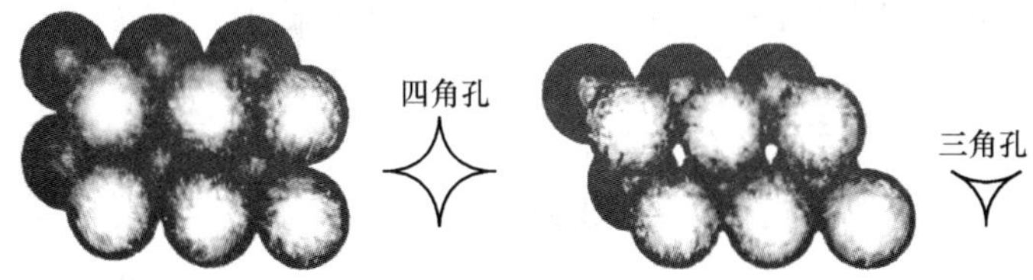

图 2-19 菱面体堆积中的四角孔与三角孔

Horsfield 致密堆积：

（1）设基本的均一球体为 1 次球体，半径 r_1；

填入四角孔的最大球体为 2 次球体，半径 r_2；

填入三角孔的最大球体为 3 次球体，半径 r_3；

再填入更小的 4、5、6、…次球体，半径 r_4、r_5、r_6、…

最后以极微细的球形颗粒填入剩余的堆积空隙中得到 Horsfield 堆积。

（2）各次球体半径的计算。

$$r_2 = 0.4147r_1$$
$$r_3 = 0.225r_1$$
$$r_4 = 0.177r_1$$
$$r_5 = 0.116r_1$$
$$\vdots$$

Horsfield 致密堆积理论结果见表 2-13。

表 2-13 Horsfield 致密堆积理论结果表

堆积状态	球体半径	球体相对个数	孔隙率/%	堆积率/%
1 次球体	r_1	1	25.94	74.06
2 次球体	$0.414r_1$	1	20.70	79.30
3 次球体	$0.225r_1$	2	19.00	81.00
4 次球体	$0.177r_1$	8	15.80	84.20
5 次球体	$0.116r_1$	8	14.90	85.10
⋮	极小	极多	3.90	96.10

从粒度和级配上可获得致密堆积，直至理论堆积率达到 96.10%。

但从实际情况来看，极小颗粒间的作用力会变得很强，流动性能变差。过多的微细颗粒堆积将形成空隙。

因此，理论上的致密堆积率是难以实现的。

2.2.6.2　Fuller 致密堆积曲线

Fuller 通过试验得到连续尺寸的颗粒致密堆积经验曲线，如图 2-20 所示。

曲线特点是：

（1）较粗颗粒的累积曲线呈直线。

（2）较细颗粒的累积曲线近似为椭圆一部分。

（3）曲线在筛下累积为 7%时与纵坐标相切。

（4）曲线在筛下累积为 37.3%时，在最大粒径 1/10 处，直线和椭圆相切。符合 Fuller 曲线的颗粒堆积体，可在粒度和级配上满足形成致密堆积的条件。

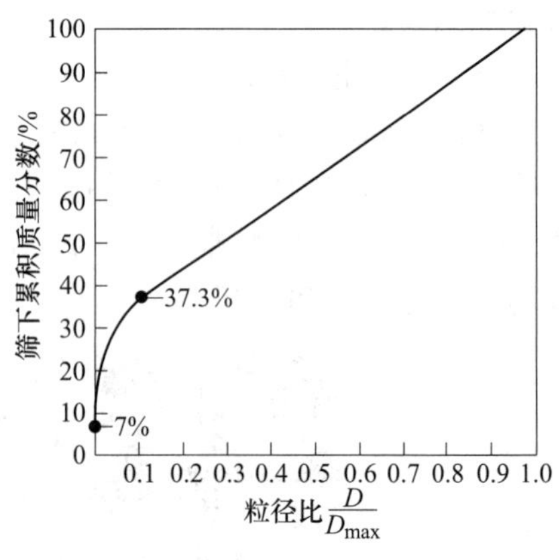

图 2-20　Fuller 曲线

2.2.6.3　Alfred 致密堆积方程

Alfred 方程是在 20 世纪 70 年代大力发展高浓度水煤浆时，由 Dinger 和 Funk 提出，并以其供职大学 Alfred 名字命名。他们选用改进后的高登粒度分布方程作数学模型，经过试验表明，当下列公式中 $n=0.37$ 时，堆积率最高：

$$U(D)=\frac{D^n-D_{min}^n}{D_{max}^n-D_{min}^n}\times 100\% \tag{2-48}$$

式中，$U(D)$ 为筛下累计质量分数；D_{max} 为堆积体中颗粒的最大粒径；D_{min} 为堆积体中颗粒的最小粒径；n 为分布模数。

$n=0.37$ 时，符合方程粒度分布的颗粒堆积体，可在粒度和级配上满足形成致密堆积的条件。

2.2.6.4　隔级致密堆积理论

隔级致密堆积理论提出，在连续分布颗粒堆积体中，若第 $i+2$ 粒级中的所有颗粒体积等于第 i 粒级颗粒所形成的空隙体积，按此粒度分布规律组成堆积体，可在粒度和级配上满足形成致密堆积的条件。

采用解析法，为 Gaudin 和 Alfred 方程模数 n 和孔隙率 ε 建立如下关系式，即当粒度组成分布参数 n 满足该关系时，有最大的堆积率。

$$n=\frac{\ln\frac{1}{\varepsilon}}{2\ln B} \tag{2-49}$$

式中，n 为粒度分布模数；ε 为孔隙率；B 为筛比。

由此获得了与 Alfred 方程分布模数 $n=0.37$ 一致的致密堆积结果。

2.2.6.5　致密堆积经验

实际颗粒的堆积比较复杂，不仅受颗粒大小与分布影响，而且与颗粒形状、颗粒间作用力、堆积空间的形状与大小、堆积速度和外力施加方式等条件有关；此外，堆积体颗粒级配的构成也很难通过分级装置实现诸如各种致密堆积理论所描述的粒度分布形式。因此，有必要借鉴经过长期实践所积累的致密堆积经验。

（1）用单一粒径尺寸的颗粒，不能满足致密堆积对颗粒级配的要求。

（2）采用多组分且组分粒径尺寸相差较大（一般相差 4~5 倍）的颗粒，可较好满足致密堆积对粒度与级配的要求。

（3）细颗粒数量应能足够填充堆积体的空隙。通常，两组分时，粗、细颗粒数量比例约为 7∶3；三组分时，粗、中、细颗粒数量比例约为 7∶1∶2，相对而言，可更好满足致密堆积对粒度与级配的要求。

（4）在可能的条件下，适当增大临界颗粒（粗颗粒）尺寸，可较好满足致密堆积对颗粒级配的要求。

2.3　粉体的压缩特性

在外力的作用下，使粉体堆积体的体积减小，颗粒堆积结构趋于密实的过程称为粉体的压缩。压缩是粉体材料成形工艺的常用方法。

压缩方法大致分为两类：静压缩和冲击压缩。其中，静压缩包括以类似于活塞缓慢运动方式加压的模具压缩和以液体（油或水）等静压方式加压的液体压缩；冲击压缩包括振动、锤击和爆炸等方式的压缩。静压缩时分为单向单面静压缩和双向双面静压缩，如图 2-21 所示。

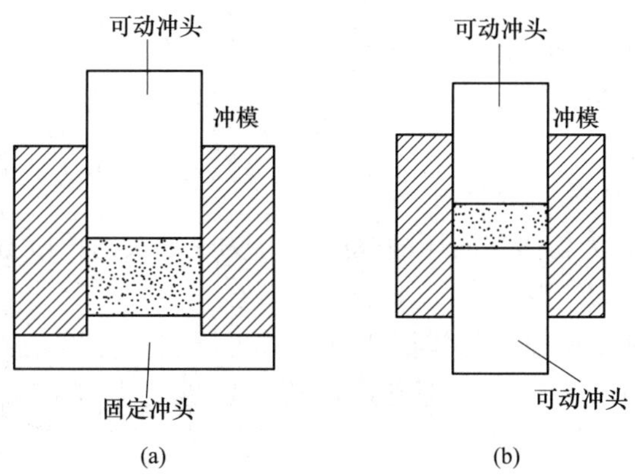

图 2-21　单面静压缩和双面静压缩

（a）单面静压缩；（b）双面静压缩

2.3.1　压缩机理

粉体的压缩机理主要表现为表 2-14 所示四个阶段。

表 2-14　粉体的压缩原理

阶段	现　　象	加压能量作用
1	颗粒间相互推挤、移动，颗粒重新排列	主要用于克服颗粒间摩擦
2	颗粒间架桥崩溃，小颗粒进入大颗粒间隙中；部分颗粒开始出现变形趋势	主要用于克服颗粒间摩擦和与器壁的摩擦

续表 2-14

阶段	现　　象	加压能量作用
3	颗粒表面凹凸部分被破坏，并产生紧密啮合，颗粒间形成具有一定强度的结合	主要用于产生颗粒变形和残余应力储存
4	少量颗粒产生破坏，堆积体的压缩硬化趋于极限。若进一步增大压力，颗粒破坏量增加	主要用于颗粒变形、硬化和破坏

粉体的压缩过程受到粉体的性状和加压的具体方式及条件等因素的影响，实际压缩过程可能不是按以上四个阶段的顺序连续发生的。

采用压缩方法对粉体进行压缩密实成形时，要注意对压缩应力的设计、控制：

（1）压缩应力过低，成形体强度或密度可能达不到设计要求。

（2）压缩应力过大，对成形体强度或密度的提高已不明显，但过多消耗了加压能量。

2.3.2 压缩应力分布

在一堆积量很大的粉体层上，置一圆柱体施加压力时，粉体层的压力分布为 Boussinesq 球头形，如图 2-22 所示。

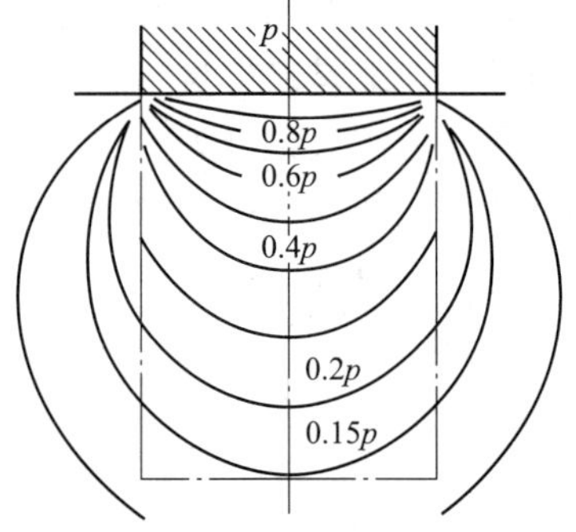

图 2-22 Boussinesq 球头压力分布

但对于用冲头和冲模加压时，需考虑壁面的影响。为了减小壁面影响，在模具内壁涂以石墨润滑剂。若冲头直径为 D，粉体层厚度为 L，上、下冲头的压应力分别为 P_a 和 P_b，则有如下关系：

$$\ln\frac{P_a}{P_b}=\frac{4\mu_i K_a L}{D} \tag{2-50}$$

式中，D 为冲头直径；L 为粉体层的压缩厚度；P_a 为上冲头的压应力；P_b 为下冲头的压应力；μ_i 为粉体内摩擦角；K_a 为粉体主动侧压力系数。

图 2-23 为将电阻应变片埋入粉体层所测得的等压线和等填充率线。可以看出，粉体层的中部和下部压应力最大，而上部和底部边角区域受力较小，可确定堆积体最密实部位。

2.3.3 压缩度

设未加压力前粉体层的初始体积为 V_0，孔隙率为 0 时的体积为 V_m，压力为 P 时的体积为 V，则有：

$$\varepsilon=\frac{V_0-V_m}{V}=\frac{V_0-V_m}{V_0}\exp(-b'P) \tag{2-51}$$

式中，b' 为常数。

将压力达到一定时的体积变化与压缩至孔隙率为 0 时的体积变化之比称为体积压缩度，简称压缩度，用 r_V 表示。数学表达式为：

$$r_V=\frac{V_0-V}{V_0-V_m}\times 100\% \tag{2-52}$$

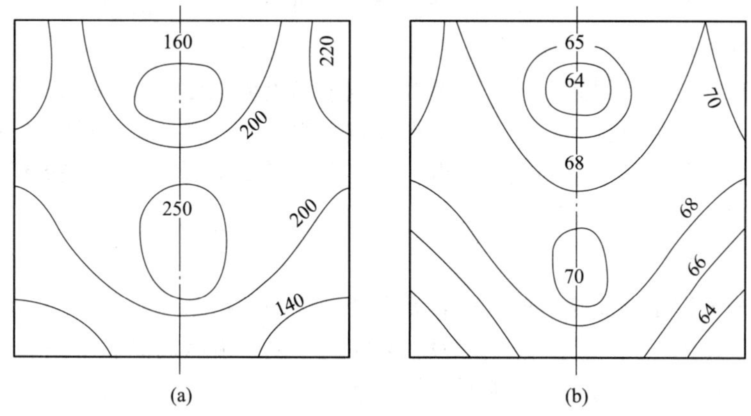

图 2-23 压力分布及填充率分布
(a) 等压线（单位：MPa）；(b) 等填充线（单位：%）

Cooper 提出了如下体积压缩度与压力之间的关系：

$$r_V = a_1\exp\left(-\frac{k_1}{P}\right) + a_2\exp\left(-\frac{k_2}{P}\right) \tag{2-53}$$

式中，a_1、a_2、k_1、k_2 为常数。

2.3.4 粉体的压缩性

压缩性代表粉末在压制过程中被压紧的能力，在规定的模具和润滑条件下加以测定，用在一定单位压制压力（500MPa）下粉体所达到的压坯密度表示，通常也可以用压坯密度随压制压力变化的曲线表示。

2.3.5 粉体的成形性

成形性是指粉末压制后，压坯保持既定形状的能力，用粉体得以成形的最小单位压制压力表示，或者用压坯的强度来衡量。

粉体成形性测定也可采用类似的装置。对所得的圆柱体压坯进行轴向加压，记录压场破裂载荷，以抗压强度表示粉末成形性。也可改变模腔形状，获得条状压坯，然后用三户弯曲法测定压坯抗弯强度，用于表示粉体的成形性。

2.3.6 粉体压制成形的影响

静压法是压制成形的主要方法之一。制品的性能取决于压制半成品的结构、密度和性质，而这些特性又受塑压粉工艺性能的制约。影响压模结构、尺寸和压件质量的最主要的塑压粉性能是：工艺黏合剂含量、堆积密度、松散性、粒度组成、压缩系数、静止角河压制性等。在用压机成形制品时，塑压粉的堆积密度、松散性和粒度组成起着特殊的作用。对压制成形质量影响较大的粉体的性能有以下几个方面。

2.3.6.1 堆积重量

压制时，最好使用具有较大堆积重量的粉体。堆积重量较小时，粉体的流动性差，松散性不够，难以装模，难以压制，因为这样就需要具有较大工作部分的阴模，需要阳模大距离移动，从而增加塑压粉和工具间的摩擦力，进而使压件内构成应力。

为了增加堆积重量，一般都使塑压粉粒化，这样还可提高粉体的松散性和耐磨性。同时，烧成制品的性能也能得到改善：增加体积重量和机械强度，减小烧缩率。但是，应选择最佳压块压力。颗粒过密和过硬，难以形成致密均匀的半成品。构成的“粒状”结构影响成品的质量，尤其会降低它的绝缘强度。许多厂家经试验研究证实，粉体的压块压力应为制品单位压制压力的50%~70%。

2.3.6.2 松散性

塑压粉的松散性是待压材料的一项重要性能。较高的松散性有助于将需用量的粉体快速连续地供入压模内，尤其是在压制以及在填装成形复杂形状制品和薄胎制品用的压模时显得更为重要。应该指出的是，由喷雾干燥器制得的塑压粉虽然具有较高的松散性，但在压制性能方面却逊于经压块法获取的塑压粉。

2.3.6.3 粒度组成

塑压粉的粒度组成在压制工艺中起着重要的作用。在选择粒度组成时，应遵循获得最大颗粒堆积密度的原则。粒度组成决定达到给定密度所需要的压制压力、成品的烧结收缩率和物理机械性能。塑压粉应具有良好的松散性，用其压成的制品应有稳定的尺寸。两种或三种粒度组成的塑压粉可以达到最致密堆积。对于两种粒度的组成来说，当细粒度的颗粒含量为28.3%、粗粒度的颗粒含量为71.7%时，可以达到理论上的最佳堆积。在批量生产过程中，一般采用两种粒度的塑压粉，其组成大致如下：粗粒度颗粒占60%~70%，细粒度颗粒占30%~40%。

应该指出的是，在制备塑压粉时，应特别注意检验粉状粒度的数量含量，采用液压机压制时其量不得超过10%，最好为5%~6%；采用液压机压制微型陶瓷制品时，其量不得超过2%~4%。之所以限制粉状粒度的含量，是因为在构成压制压力时塑压粉的松散性、流动性和透气性会随其含量的增加而降低。此外，增加粉状粒度的数量还会加大在压模填料空间形成拱体的概率，从而使压件的缺陷量上升。

2.3.6.4 改性粉体的压制成形性质

某些陶瓷粉体改性后，粉体表面由多羟基结构变为有机长键单分子吸附膜，极性改变，粉体间的作用力减小，硬团聚消除；有机膜的减摩润滑作用减小了粉体在压制过程中的摩擦作用和机械咬合作用，避免了拱桥效应，提高了粉体在成形时的流动性，大幅度提高了坯体和制品的均匀性及致密度，制品的强度显著提高。强度可超过冷静压成形制品甚至单晶。这种改性粉体利用传统的压制成形方法即可获得高质量、高可靠性、高性能的陶瓷产品，实现高性能陶瓷制品的低成本制造。

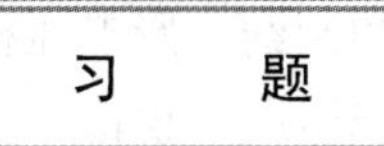

1. 粉体的几何特征包括哪些内容？
2. 简述等径球形颗粒的规则堆积与随机堆积。
3. 简述粉体致密度理论与经验。
4. 简述粉体的压缩机理。
5. 粉体的应力是怎么分布的？

6. 简述粉体的压缩性与成形性。
7. 粉体压制成形的影响有哪些?

参考文献

[1] 邓建国 . 粉体材料 [M]. 成都：电子科技大学出版社，2007.
[2] 李月明 . 粉末材料工艺学 [M]. 北京：化学工业出版社，2022.

3　粉体的制备方法

本章提要与学习重点

本章重点介绍了利用固相法、液相法、气相法如何进行粉体的制备。其中固相法包括：热分解反应法、固相化学反应法、自蔓延高温燃烧合成法、固态置换方法、机械粉碎法；液相法包括：沉淀法、络合沉淀法、水热法、水解法、溶剂热法、溶胶-凝胶法、微乳液法、喷雾热分解法、还原法、冷冻干燥法；气相法包括：等离子体法、化学气相沉积法、气相中蒸发法。每种方法具有其使用的条件和特点。

3.1　粉末制备方法概述

粉末冶金制品的生产工艺流程是从制取原料—粉末开始的。这些粉末可以是纯金属，也可以是化合物。生产上制取粉末的方法很多，采用哪种方法制取粉末，不仅要求技术上有可能使用这些方法（如还原、研磨、电解），还由于粉末及其制品质量，如粉末的颗粒大小、形状、松装密度、化学成分、压制性、烧结性等都取决于制粉方法。所以我们在生产中选择制粉方法主要考虑以下两个因素。一是较低的成本；二是能在此基础上制备出性能良好的粉末。

随着粉体工业的发展，对粉体材料的精细化及组分的均匀性要求越来越高。传统的机械法制备的粉体，难以使颗粒达到微观尺度上的均匀混合，而化学法可以解决这个问题。化学法是由离子、原子、分子通过化学反应（电化学反应），形成新物质的晶核，晶核进一步长大，形成超细粉体。化学制粉方法的突出特点是超细粉体纯度高、粒度可控、均匀性好，并可实现颗粒在分子级水平上的复合、均化。化学制粉的方法很多，按照合成反应所用原始物质所处的物理状态，可划分为固相法、液相法和气相法。

3.2　固　相　法

固体原料混合物以固态形式直接反应是制备多晶形固体最为广泛应用的方法。有些情况下，在室温下经历一段合理的时间，固体并不相互反应。为使反应以显著速度发生，必须将它们加热至很高温度（通常 1000～1500℃）。这表明热力学与动力学两种因素在固态反应中都极为重要：热力学通过考查一个特定反应的自由焓变化来判定该反应能否发生；动力学因素决定反应发生的速率。例如，从热力学考虑 MgO 与 Al_2O_3 反应能生成 $MgAl_2O_4$，实际上在常温下反应极慢。当温度超过 1200℃时，开始有明显反应，但必须在 500℃下将粉体混合物加热数天，反应才能完全，由此可见动力学因素对反应速率的影响。

对于液相或气相反应来说，其反应速率与反应物浓度的变化存在一定的函数关系，但对有固体物质参与的固相反应来说，固态反应物的浓度是没有多大意义的。因为参与反应的组分的原子或离子不是自由地运动，而是受晶体内聚力的限制，它们参加反应的机会是不能用简单的统计规律来描述的。对于固相反应来说，决定反应的因素是固态反应物质的晶体结构、内部的缺陷、形貌（粒度、孔隙度、表面状况）以及组分的能量状态等。另外，一些外部因素也影响固相反应的进行，例如反应温度、参与反应的气相物质的分压、电化学反应中电极上的外加电压、射线的辐照、机械处理等。需要注意的一点是，有时外部因素也可能影响甚至改变内在的因素。例如，对固体进行某些预处理时，如辐照、掺杂、机械粉碎、压团、加热，在真空或某种气氛中反应等，均能改变固态物质内部的结构和缺陷状况，从而改变其能量状态。

与气相或液相反应相比较，固相反应的机理是比较复杂的。固相反应过程中，通常包括下列几个基本的过程：

（1）吸着现象，包括吸附和解吸；

（2）在界面上或均相区内原子进行反应；

（3）在固体界面上或内部形成新相的核，即成核反应；

（4）物质通过界面和相区的输运，包括扩散和迁移。

3.2.1 热分解反应法

固体热分解反应法是典型的局部化学反应法，固体原料发生分解、经化学反应形成新物相的晶核，从而生长成新的晶相颗粒。新的晶相颗粒大小因成核数量的不同而异；同时核的生长速度受到分解温度与分解气体压力的极大影响。通常在较低温度下，随温度升高，成核速率增大，但随温度继续升高，核的生长速度增大，而成核速率却减小。因此，为了获得粒径细小的粉体，必须在最大成核速率的温度下进行热分解。不同盐类的热分解温度不同，其热分解温度通常由阴离子的种类决定。例如，用热分解稀土柠檬酸或酒石酸配合物，可获得一系列稀土氧化物纳米颗粒。制备工艺如下：称取一定量的稀土氧化物，用盐酸溶解，调节溶液的酸度后，加入计算量的柠檬酸或酒石酸，加热溶解、过滤、蒸干，取出研细后放入瓷坩埚内，于一定的温度下煅烧一段时间，即可得到所需的稀土纳米颗粒。化学反应式如下：

$$2Ln(COO)_3C_3H_4OH(s) + 9O_2 \longrightarrow Ln_2O_3(s) + 5H_2O + 12CO_2 \qquad (3\text{-}1)$$

用柠檬酸盐热分解制得的稀土氧化物纳米颗粒均为多晶，对比实验观察到，重稀土氧化物的纳米颗粒的粒径较轻稀土氧化物小。另外，加热分解氢氧化物、草酸盐、硫酸盐而获得氧化物固体粉料，通常按如下方程式进行：

$$A(s) \longrightarrow B(s) + C(g) \qquad (3\text{-}2)$$

热分解分两步进行，先在固相 A 中生成新相 B 的核，然后新相 B 核开始成长。通常，热分解率与时间的关系呈现 S 形曲线。例如，$Mg(OH)_2$ 的脱水反应，按如下反应方程式生成 MgO 粉体，是吸热型的分解反应：

$$Mg(OH)_2(s) \longrightarrow MgO(s) + H_2O(g) \qquad (3\text{-}3)$$

热分解的温度和时间，对粉体的晶粒生长和烧结性有很大影响，气氛和杂质的影响也是很大的。为获得超细粉体，希望在低温和短时间内进行热分解，方法之一是采用金属化合物的溶液或悬浮液喷雾热分解。为防止热分解过程中晶核生成和长大时晶粒的团聚，需使用各种方法予以克服。例如在制备针状 γ-Fe_2O_3 超细粉体时，为防止针状粉体间的团聚而添加 SiO_2。

盐类的热分解方法对制备一些高纯度的单组分氧化物粉体比较适用。在热分解过程中最重要的是分解温度的选择，在热分解进行完全的基础上温度应尽量低。还应注意，一些有机盐热分解时常伴有氧化，故尚需控制氧分压。另外一点，要注意对有害成分的控制。例如，用硫酸铝铵 $(NH_4)_2Al(SO_4)_2 \cdot 18H_2O$ 制备高纯度 Al_2O_3 粉体，其分解过程为：

$$(NH_4)_2Al(SO_4)_2 \cdot 18H_2O(s) \longrightarrow Al_2O_3(s) + 4SO_3(g) + 19H_2O + 2NH_3 \quad (1000℃) \tag{3-4}$$

在这个反应过程中会产生大量 SO_3 有害气体，造成环境污染。为此，近来有人提出了用碳酸铝铵（$NH_4AlO(OH)HCO_3$）热分解来制备 Al_2O_3 粉体，其分解过程为：

$$2NH_4AlO(OH)HCO_3(s) \longrightarrow Al_2O_3(s) + CO_2(g) + 3H_2O + 2NH_3 \quad (1100℃) \tag{3-5}$$

3.2.2 固相化学反应法

固相化学反应法一般是按以下两个通式进行化学反应的：

$$A(s) + B(s) \longrightarrow C(s) \tag{3-6}$$

$$A(s) + B(s) \longrightarrow C(s) + D(g) \tag{3-7}$$

它可表示为两种或两种以上的固体粉体经混合后，在一定的热力学条件和气氛下反应而成为复合物粉体。制备由多种成分组成的陶瓷粉体时。通常将含有多种成分元素的氧化物或碳酸盐粉体配制混合后，在高温下使其反应。需要注意的是，通过固相反应制备粉体，最好是让反应在尽可能低的温度和尽可能短的时间内完成，这是因为高温下长时间加热会使反应物或生成物的颗粒长大并逐渐烧结，从而使固体间的反应活性降低。

按此观点，为了使反应尽快完成，我们希望颗粒越小越好。颗粒越细小，扩散距离越短，并且每单位体积的异种离子接触点数增加，从而使反应开始点变多。对于粒度的分布，特别要注意那些大颗粒，由于反应以扩散形式进行，所以为了让大颗粒全部反应，需要相当长的时间。在许多反应中，去除原料中大颗粒或尽可能使其变细是必要的。通过成形加压，粉体致密填充，会增加颗粒间的接触程度，所以需要提高填充性，以使内部不形成大的气孔。特别是加压填充时，不同填充部位的填充密度不同，必须加以注意。另外，不同材料颗粒间的混合状态对固相反应也起着重要作用。例如，碳化硅及钛酸钡粉体的合成就是典型的固相化学反应，如下所示：

$$SiO_2(s) + 2C(s) \longrightarrow SiC(s) + CO_2(g) \tag{3-8}$$

$$BaCO_3(s) + TiO_2(s) \longrightarrow BaTiO_3(s) + CO_2(g) \tag{3-9}$$

固相化学反应法制备陶瓷粉体早在 19 世纪末就已用于 SiC 粉的制备。其中有一种方法叫碳热还原法，这是制备非氧化物超细粉体的一种廉价工艺过程。例如，20 世纪 80 年代有人曾用 SiO_2、Al_2O_3 在 N_2 或 Ar 下同碳直接反应制备了高纯超细 Si_3N_4、AlN 和 SiC 粉体。以 Si_3N_4 的碳热还原为例，反应式为：

$$3SiO_2(s) + 2N_2(g) + 6C(s) \longrightarrow Si_3N_4(s) + 6CO(g) \tag{3-10}$$

此反应实际是分四步完成的。首先 SiO_2 与 C 反应生成 SiO 和 CO，生成的 CO 与 SiO_2 反应，生成 SiO 和 CO_2；CO_2 与 C 反应生成 CO，进一步促进了第二步反应：CO 和 SiO 进

一步与 N_2 反应生成 Si_3N_4。具体反应如下：

$$SiO_2(s) + C(g) \longrightarrow SiO(g) + CO(g) \tag{3-11}$$

$$SiO_2(s) + CO(g) \longrightarrow SiO(g) + CO_2(g) \tag{3-12}$$

$$CO_2(s) + C(s) \longrightarrow 2CO(g) \tag{3-13}$$

$$3SiO(g) + 2N_2(g) + 3C(s) \longrightarrow Si_3N_4(s) + 3CO(g) \tag{3-14}$$

$$3SiO(g) + 2N_2(g) + 3CO(g) \longrightarrow Si_3N_4(s) + 3CO_2(g) \tag{3-15}$$

3.2.3 自蔓延高温燃烧合成法

自蔓延高温燃烧合成法又称为 SHS 法。它是利用物质反应热的自传导作用，使不同的物质之间发生化学反应，在极短的瞬间形成化合物的一种高温合成方法。反应物一旦引燃，反应则以燃烧波的方式向尚未反应的区域迅速推进，放出大量热（可达到 1500～4000℃的高温），直至反应物耗尽。根据燃烧波的蔓延方式，可分为稳态和不稳态燃烧两种。一般认为反应绝热温度低于 1527℃的不能自行维持。1967 年，苏联科学院物理化学研究所 Borovingskaya 等开始用过渡金属与 B、C、N_2 等反应，至今已合成了几百种化合物，其中包括各种氮化物、碳化物、硼化物、硅化物等。不仅可利用改进的 SHS 法合成超细粉体乃至纳米粉体，而且可使传统陶瓷制备过程简化，可以说是对传统工艺的突破与挑战。SHS 法可以精简工艺、缩短过程，成为制备先进陶瓷材料，尤其是多相复合材料如梯度功能材料的一种崭新的方法。相比于常规生产方法，这种合成方法具有许多优点：

（1）节能省时。反应物一旦引燃就不需外界再提供能量，因此耗能较少，而且反应速率快，一般持续几秒或几分钟，设备也比较简单。

（2）反应过程中燃烧波前沿的温度极高，可蒸发掉挥发性的杂质，因而产物通常是高纯度的。

（3）升温和冷却速度很快，易于形成高浓度缺陷和非平衡结构，生成高活性的亚稳态产物。

这些优点是十分显著的，因而这种方法近年来在国际上日益受到重视，迅速发展起来。

3.2.4 固态置换方法

1994 年美国加利福尼亚大学一些人提出用固态置换法制备陶瓷粉体，反应式如下：

$$MX(s) + AN(s) \longrightarrow MN(s) + AX(s) \tag{3-16}$$

式中，MX 代表金属卤化物；AN 代表碱性金属氮化物。反应通常在氮气气氛下进行，反应生成物通过洗涤方法而与碱的卤化物副产品分离，通过添加像盐一类的惰性添加物来控制产物结晶。如反应的活化能低的话，则可局部加热使反应开始，以自燃烧方式进行直至生成产物。文献指出，通过选择合适的前驱体，可以在几秒以内很容易生成结晶的 BN、AlN 以及 TiB_2-TIN-BN 超细粉体，从而证实这是一条合成非氧化物粉体的有效途径。

3.2.5 机械粉碎法

机械粉碎是靠压碎、击碎和磨削等作用，将块状金属或合金粉碎成粉末的。它既是一种独立的制粉方法，又是某些制粉方法不可缺少的补充工作。如氧化物还原的海绵块，雾化粉末或电解粉末的二次研磨。对粉末冶金来说，主要关心的和有重要经济意义的是材料的研磨。实践表明，机械研磨比较适用于脆性材料，而塑性金属和合金的研磨主要是旋涡研磨，冷气流粉碎等。这里我们仅介绍机械研磨法。研磨的任务是减小或增大粒度（后者类似造粒），使粉末机械合金化，完成固态混料并改善、转变或改变材料的性能。

3.2.5.1 机械粉碎法研磨规律

通常研磨是粉末冶金工艺中时间最长，生产效率最低的工序之一。所以研究研磨过程及其强化机理是十分必要的。但目前对于粉碎的详细机理并未认识清楚。

研磨时颗粒材料上的作用力包括冲击、摩擦、剪切、压缩。冲击是一个颗粒体被另一个颗粒瞬时的碰撞，两个颗粒体可以同时都在运动，或者一个颗粒体是静止的；摩擦会使粉末产生磨损碎片或颗粒，这些碎片和颗粒是由两个颗粒之间的摩擦作用而引起的；剪切是由颗粒的切割或解理所构成，促使被破损的颗粒断裂成为极细小的单个颗粒；压缩是缓慢施加压力于物体上（压碎或挤压颗粒材料）。

研磨时球体的运动形式如图 3-1 所示。研磨时（指球磨机运动时）球体的运动形式主要有滑动制度、滚动制度、自由下落制度和贴壁运动四种形式。滑动制度是球磨机的载荷和转速都不大，则当圆筒转动时，只会发生研磨体的滑动。这时物料的研磨只发生在圆筒和球体的表面；滚动制度是当载荷比较大时，球体随圆筒一起上升并沿着倾斜表面滚下，即发生的是滚动研磨；自由下落制度是指随转速的提高，球体与圆筒壁一起上升到一定高度，然后落下。这时物料的研磨是球体冲击作用的结果；贴壁是指在一定的临界速度下，球体受离心力的作用一直紧贴在圆筒壁上，以致不能跌落，这时物料就不会被磨碎。而此时的转速就是临界转速 $n_{临界}$。

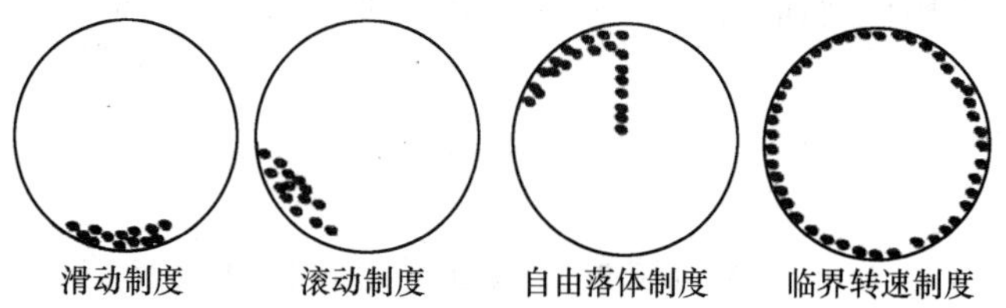

图 3-1 研磨时球体的运动形式示意图

应该指出，球体的滚动和自由下落是最有效的研磨制度。粉末的细磨只有在滚动制度下才能实现。因为只有几个微米大小的粉末颗粒是不会在球体的冲击作用下粉碎的。欲使球体起冲击作用，圆筒转速应该为 $(0.7\sim0.75)n_{临界}$。

3.2.5.2 影响球磨的尺寸因素

影响球磨的尺寸因素主要有球磨筒的尺寸、球磨机的转速、球体直径、装球量、球料比、研磨介质与研磨时间。

（1）球磨筒尺寸的选择。当研磨硬而脆的材料时，选择球筒直径 D 与长度 L 之比即 $D/L>3$ 的球磨机，使球体有冲击作用。式中，D 为球磨机圆筒直径。

（2）球磨机转速的选择。当研磨较细的物料时采用 $0.6n_{临界}$；若物料较粗，性脆，选用 $(0.7\sim0.75)n_{临界}$，使球体有冲击作用。

（3）球体直径的选择。球体直径若太小，球体重量轻，则对物料的冲击力弱；但是球体的直径大，则装球个数太少，因而使球体对物料的撞击次数少，磨削面积减小，使球磨效率降低。一般是把大小不同的球配合使用。球的直径小，其选择范围是：$d \leqslant (1/18 \sim 1/24)D$（通常物料的原始粒度愈大，材料愈硬，则选用的球愈大，如球磨铁粉选用 10~20mm 的钢球，球磨硬质合金混合料选用 51~10mm 的硬质合金球）。

（4）装球量的选择。当转速固定时，装球量过少，球在倾斜上主要是滑动，使研磨效率降低，但装球量过多，球层之间干扰大，破坏球的正常循环，研磨效率也会降低。装球量的多少是随球磨的容积而变化。装球体积与球筒体积之比，叫作装填系数。一般球磨机的装填系数以 0.4~0.5 为宜。随着转速增大，可略有增加。

（5）球体与被研磨物料的比例（即球料比）的选择。如果装料太少，则球与球之间的碰撞加快，磨损太大；若装料过多，则磨削面积不够，不能很好磨细粉末，需要延长研磨时间，能量消耗增大。同时，球与物料装得过满，使球磨筒剩余空间太小，球的运动发生阻碍使球磨效率反而降低。一般在球体的装填系数为 0.4~0.5 时，装料量应该以填满球之间的空隙，稍掩盖住球体表面积为原则，为方便起见，取装料量为球筒容积的 20%。

（6）研磨介质的选择。研磨介质的作用是，物料除在空气介质中干磨外，还可以在液体（如水、酒精、汽油、丙酮等）中进行湿磨，这种液体可以加强粉碎作用，也可以作为一种保护介质。湿磨的优点是：可以减少金属的氧化；防止金属颗粒的再聚集和长大（介电常数上升，原子引力下降）；并可减少粉料的成分偏析，有利于成形剂的均匀分散；当加入表面活性物质时可以促进粉碎作用；同时可减少粉末飞扬，改善劳动环境。

（7）研磨时间的选择。研磨时间对物料的粉碎遵循如下规律：

$$\ln[(S_m - S_0)/(S_m - S)] = kt \tag{3-17}$$

式中，k 为分散速度常数；t 为研磨时间；S_m 为物料极限研磨的比表面积；S_0 为物料研磨前的比表面积；S 为物料研磨后的比表面积。

研磨时间决定于物料的种类以及所有上述因素。通常研磨时间最多不超过 100h，在实际中根据经验确定。

3.2.5.3 强化球磨

球磨粉碎物料是一个很慢的过程，特别是要粉碎很细的粒度时，需要研磨很长时间，因此为提高研磨效率，需要进行强化球磨。强化球磨机的内部结构如图 3-2 所示。

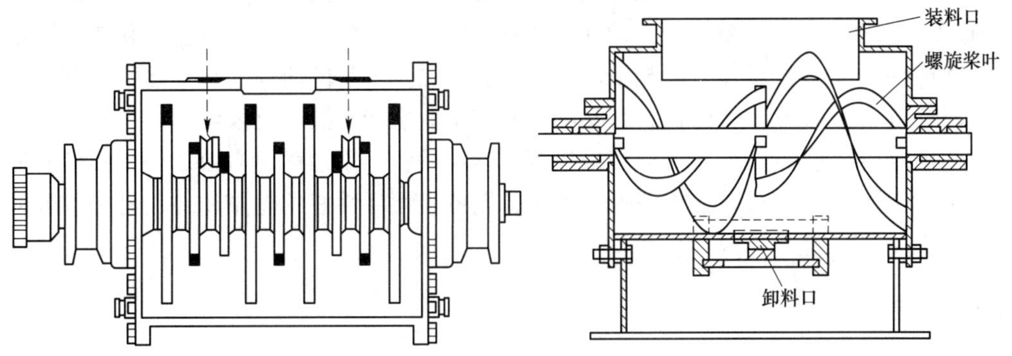

图 3-2 强化球磨机的内部结构

A 振动球磨——在振动球磨机上进行

振动球磨主要是惯性式，有偏心轴旋转的惯性使筒体发生振动，球体的运动除整体运动外，每个球还有自转运动。随振动频率的增高，一方面，各球层之间的相对运动增加；另一方面，球层空隙增大，使球处于悬浮状态，使球体在内部也会脱离球筒发生抛射，因而对物料产生冲击力。

提高频率是提高研磨效率的有效方法，若研磨极细粉末，应用高频率，小振幅。若研磨稍粗粉末，应用低频率，大振幅。不过振动球磨机的装填系数较高，可达0.8。

缺点：弹簧在高频率振动下易于疲劳，振幅小，进料粒度不能很大。

B 行星球磨——以提高滚动球磨的研磨效率

基本结构：四个滚动球磨筒对称地安排于两个圆盘之间，球磨筒自转并同时绕着圆盘轴公转，其运动状况类似于行星，故称行星球磨。研磨时，当两个圆盘高速旋转时，球磨筒同时也以足够的速度旋转。这时，一方面，圆盘转动所产生的离心力使球体和物料向圆盘圆周方向流动。另一方面，球磨筒转动所产生的离心力又使其向圆盘轴心方向滚动，从而产生研磨作用。

应该指出，行星球磨滚筒转动所产生的离心力必须小于圆盘转动所产生的离心力，否则不能产生研磨作用。

C 搅动球磨——研磨作用强烈且研磨很均匀

搅动球磨机的结构是用水冷却的固定筒，内装硬质合金球或镍球，球体由模具钢制成的转子搅动，转子表面镶有硬质合金或钴基合金。转子搅动球体使其产生相当大的加速度传给物料，因而对物料有强烈的研磨作用；同时球体的旋转运动在转子中心轴的周围产生漩涡作用，对物料产生强烈的环流，使粉末研磨得很均匀。

搅动球磨的特点，首先是含氧量较上述两种强化球磨低，杂质低。其次可用于机械合金化生产弥散强化粉末金属陶瓷粉末。另外还可以进行硬质合金混合料的研磨。

3.3 液 相 法

由于固相法制备粉体是以固态物质为起始原料，原料本身可能存在不均匀性，而原料颗粒大小及分布、颗粒的形状、颗粒的聚集状态等对最后生成的粉体的特性有很大影响。一般而言，固相法制备的粉体存在微观上的不均匀性，颗粒形状难以控制，粉体有团聚现象，特别是对制备超细粉体，固相法难以完成。经过几十年的研究，目前液相法制粉的多种技术日趋成熟，成本大大降低，在实际研究和工业生产中被广泛采用。

液相法的主要技术特征：可以精确控制化学组成；可添加微量有效成分，制备多种成分均一的超细粉体；应进行表面改性或处理，制备表面活性好的超细粉体；易控制颗粒的形状和粒度；工业化生产成本相对较低。

3.3.1 沉淀法

沉淀法多用于金属氧化物超细粉的制备，它是利用各种在水中溶解的物质经反应生成不溶性的氢氧化物、碳酸盐、硫酸盐、醋酸盐等，再将沉淀物加热分解，得到最终化合物产品。根据最终产物的性质，也可不进行热分解工序，但沉淀过程必不可少。沉淀法广泛用来合成单一或复合氧化物超细粉体。该方法的突出优点是反应过程简单，成本低，便于推广到工业化生产。

众所周知，向含某种金属盐的溶液中加入适当的沉淀剂，当沉淀离子浓度的乘积超过该条件下该沉淀物的溶度积时，就会有沉淀析出。这时，生成的沉淀物可作为制备粉体材料的前驱体。将此沉淀物前驱体进行煅烧就可形成微粉，这就是利用沉淀法制备粉体的一般过程。沉淀的形成一般要经过晶核形成和晶核长大两个阶段。当沉淀剂加入含有金属盐的溶液中，离子通过相互碰撞聚集成微小的晶核。晶核形成后，溶液中的结晶向晶核表面扩散，并沉积在晶核上，晶核就逐渐长大形成沉淀微粒，从过饱和溶液中生成沉淀。根据沉淀方式不同，可分为如下三种方法。

3.3.1.1 直接沉淀法

在溶液中加入沉淀剂，反应后所得的沉淀物经洗涤、干燥、热分解而获得所需的氧化物微粉，也可仅通过沉淀操作直接获得所需的氧化物。沉淀操作包括加入沉淀剂或水解。沉淀剂通常使用氨水等，来源方便，经济合算，不引入杂质。如 ZnO 粉体的制备：

$$ZnCl_2 \cdot 2H_2O + (NH_4)_2CO_3 \longrightarrow Zn_5(OH)_6(CO_3)_2 \downarrow \longrightarrow ZnO\text{ 粉体} \tag{3-18}$$

3.3.1.2 均匀沉淀法

直接沉淀法存在不均匀沉淀的倾向，而均匀沉淀法则是改变沉淀剂的加入方式，可以消除直接沉淀法的这一缺点。这是因为均匀沉淀法使用的沉淀剂不是从外部加入，而是在溶液内部缓慢均匀地生成，从而使沉淀反应平稳地发生。所用的沉淀剂多为尿素 $CO(NH_2)_2$。它在水溶液中加热至70℃发生水解反应生成 NH_4OH，即：

$$CO(NH_2)_2 + 3H_2O \longrightarrow 2NH_4OH + CO_2 \tag{3-19}$$

NH_4OH 在溶液内部均匀生成，一经生成立即被消耗，尿素继续水解，从而使 NH_4OH 一直处于平衡的低浓度状态。用该方法制备的沉淀物纯度高，体积小，过滤洗涤操作容易。尿素水解法能得到 Fe、Al、Sn、Ga、Th、Zr 等氢氧化物或碱式盐沉淀，也可形成磷酸盐、草酸盐、硫酸盐、碳酸盐的均匀沉淀。在不饱和溶液中，均匀沉淀的方法有以下两种：

（1）溶液中的沉淀剂发生缓慢的化学反应，导致氢离子浓度变化和溶液 pH 值的升高，使产物溶解度逐渐下降而析出沉淀。

（2）沉淀剂在溶液中反应释放出沉淀离子，使沉淀离子的浓度升高而析出沉淀。

采用该方法制备粉体颗粒时，溶液的酸度、浓度，沉淀剂的选择及释放过程、速度，沉淀的过滤、洗涤、干燥方式及热处理等均影响微粒的尺寸大小。现以尿素法制备铁黄（FeOOH，作为颜料使用）为例加以说明。基本原理是在含 Fe^{3+} 的溶液中加入尿素，并加热至90~100℃，尿素发生分解反应，随着反应的进行，溶液 pH 值的升高，Fe^{3+} 与 OH^- 反应形成铁黄颗粒，尿素的分解速率将直接影响铁黄颗粒的粒度。另外，溶液中负离子对沉淀物的性质也有显著的影响。对于上述反应，共沉淀负离子为 Cl^- 时，可得到容易过滤、洗涤的 γ-FeOOH；当负离子为 SO_4^{2-} 时，可得到 α-FeOOH；当负离子为 NO_3^- 时，则得到无定形沉淀物。后面讲的共沉淀法制备 Al_2O_3 时，也存在类似的情况。例如 Y_2O_3 粉体的制备：

$$Y_2O_3 + HNO_3 \longrightarrow Y^{3+} \tag{3-20}$$

$$CO(NH_2)_2 + 3H_2O \longrightarrow 2NH_4OH + CO_2 \tag{3-21}$$

$$Y^{3+} + OH^- + CO_2 \longrightarrow Y(OH)CO_3 \cdot H_2O \downarrow (\text{煅烧}) \rightarrow Y_2O_3 \text{ 粉体} \quad (3\text{-}22)$$

3.3.1.3 共沉淀法

在制备复合氧化物粉体时，需使两者或两者以上的金属离子同时沉淀下来。该方法可以制备高纯度、超细、组成均匀、烧结性能好的粉体，又因制备工艺简单实用，价格低廉，所以在工业生产中应用很广。如电子陶瓷用的 $BaTiO_3$ 粉体，结构陶瓷用的 Y-TZP/Al_2O_3、ZTM 等粉体均可用共沉淀法来制备。其基本过程为：混合金属盐溶液→沉淀剂→均匀的混合沉淀→洗涤、干燥→煅烧→复合氧化物粉体。

由于各种金属离子的沉淀条件不尽相同，用一般的共沉淀法要保证各种离子共沉淀下来并非易事。通常沉淀的生成受溶液的酸度、浓度、化学配比、沉淀物的物理性质等因素的影响。金属离子与沉淀剂的反应，通常是受沉淀物的溶度积控制。

一般来说，不同的氢氧化物的溶度积相差很大，沉淀物形成前后过饱和溶液的稳定性各不相同。所以，溶液中的金属离子很容易发生分步沉淀，导致合成的超细粉体材料的组成不均匀。因此要保证获得组成均匀的共沉淀粉体，首先其前驱体溶液必须符合一定的化学计量比，并且还要通过选择适宜的沉淀剂，使两种金属一起沉淀下来。例如 $SrAl_2O_4$ 粉体的制备：

$$NH_4Al(SO_4)_2 + Sr(NO_3)_2 + NH_4HCO_3 \longrightarrow Al(OH)_3\downarrow + SrCO_3\downarrow \longrightarrow \text{洗涤} \longrightarrow$$
$$\text{干燥}(80℃) \longrightarrow \text{焙烧}(1100\sim1200℃, 2h) \longrightarrow \text{球形 } SrAl_2O_4 \text{ 粉体} \quad (3\text{-}23)$$

3.3.2 络合沉淀法

严格地讲，络合沉淀法应属于沉淀法中的一种，而单列出来是因为其反应原理与以上三种沉淀法不同。在络合沉淀法中，金属盐不是直接和沉淀剂反应，而是先与络合剂反应生成络合物，然后络合物再与沉淀剂反应生成沉淀。络合物转化成沉淀是整个反应的控制步骤，因而不会造成溶液中反应物浓度的局部过高。形成晶核的离子均匀地分布在溶液的各个部分，因此，能够确保在整个溶液中均匀地生成沉淀。对同一种金属离子而言，络合剂与其形成的络合物越稳定，最后形成的金属氧化物粉体的粒径越大。这是因为络合物越稳定，则络离子转化为沉淀的速率越慢，这时沉淀物的晶核的成长速率占优势，最后形成的晶粒就越大。例如，在制备 CuO 粉体时，可以选用氨水、柠檬酸、乙二胺三种络合剂分别与 $Cu(CO_3)_2$ 反应生成 $Cu(NHS)_4^{2+}$、$CuCit^-$、$Cu(En)^{2+}$络离子，它们的稳定常数 $\lg K_{稳}$ 分别为 12.86、18.0、21.0。实验结果表明，最后所得的纳米氧化铜粉体的粒径随着络合物的稳定性增加而增大。

3.3.3 水热法

水热法是指在密闭体系中，以水为溶剂，在一定温度和水的自身压力下，原始混合物进行反应制备微粉的方法。由于在高温、高压水热条件下，特别是当温度超过水的临界温度（647.2K）和临界压力（22.06MPa）时，水处于超临界状态，物质在水中的物性与化学反应性能均发生很大变化，因此水热化学反应大于常态。一些热力学分析可能发生的、在常温常压下受动力学的影响进行缓慢的反应，在水热条件下变得可行。这是由于在水热条件下，可加速水溶液中的离子反应和促进水解反应、氧化还原反应、晶化反应等的进行。例如，金属铁在潮湿空气中的氧化非常慢，但是，把这个氧化反应置于水热条件下就非常快。在98MPa、400℃的水热条件下，用1h就可以完成氧化反应，得到粒度从10~100nm左右的四氧化三铁粉体。

一系列中温、高温高压水热反应的开拓及在此基础上开发出来的水热合成方法，已成为目前众多无机功能材料、特种组成与结构的无机化合物以及特种凝聚态材料（如超细颗粒、溶胶与凝胶、无机膜和单晶等）愈来愈广泛且重要的合成途径，因而水热法目前在国际上已得到迅速发展。日本、美国和我国一些研究单位正致力于开发全湿法冶金技术、水热加工技术制备各种结构和功能的陶瓷粉体。

相比于其他制粉方法，水热法制备的粉体具有良好的性能，粉体晶粒发育完整，晶粒小且分布均匀，无团聚或低团聚倾向，易得到合适的化学计量物和晶体形态，可以使用较便宜的原料，不必高温煅烧和球磨，从而避免了杂质和结构缺陷等。水热法制备的粉体在烧结过程中表现出很强的活性，采用水热法制备的粉体不仅质量好，产量也高。该方法可以制备单一的氧化物粉体，如ZrO_2、Al_2O_3、SiO_2、Cr_2O_3、Fe_2O_3、MnO_2、TiO_2等，也可以制备多种氧化物混合体，如$ZrO_2 \cdot SiO_2$、$ZrO_2 \cdot HfO_2$等，以及复合氧化物$BaZrO_3 \cdot PbTiO_3 \cdot CaSiO_3$、羟基化合物，还可制备复合材料粉体$ZrO_2$-C、$ZrO_2$-$CaSiO_3$、$TiO_2$-C、$ZrO_2$-$Al_2O_3$等。

（1）TiO_2纳米粉体的制备：

$$Ti + 3H_2O_2 + 2OH^- \longrightarrow TiO_4^{2-} + 4H_2O \tag{3-24}$$

钛的过氧化物在不同的介质中进行水热处理，可制备出不同晶型的TiO_2纳米粉体。

（2）SnO_2粉体的制备：

$$Sn + 2HNO_3 \longrightarrow \alpha\text{-}H_2SnO_3 + NO + NO_2 \tag{3-25}$$

对溶胶α-H_2SnO_3进行水热处理可制得5nm的SnO_2粉体。

（3）Fe_3O_4粉体的制备：

在高压釜内放入$FeSO_4$、$Na_2S_2O_3$、蒸馏水，缓慢滴加NaOH溶液，不断搅拌，反应温度为140℃，12h后冷却至室温，得到黑灰色沉淀，经过滤、热水和无水乙醇洗涤，在70℃下真空干燥4h，可得到粒径为50nm的准球形多面体Fe_3O_4纳米粉体。

3.3.4 水解法

水解法是利用金属盐（醇盐）水解产生均匀分散的颗粒。一般常用的有金属盐水解法和醇盐水解法。

3.3.4.1 金属盐水解法

金属盐水解法是将金属的明矾盐溶液、硫酸盐溶液、氯化物溶液、硝酸盐溶液等，在高温下进行较长时间的水解，可以得到氧化物超细粉。使用该方法必须严格控制条件，条件的微小变化会导致颗粒的形态和大小产生很大的改变。这些条件主要包括：金属离子、酸的浓度、温度、陈化时间、阴离子。用水解法制备Y_2O_3-ZrO_2微粉的工艺（图3-3），只需水解YCl_3-$ZrCl_4$溶液，并控制溶液的pH值，能得到粒度小、均匀、易分散的超细颗粒，且产量高。该方法较方便易行，利于工业化生产。

TiO_2粉体的制备：$TiCl_4$在95℃下通过水解反应可生成TiO_2粉体颗粒。相关的反应方程式为：

$$TiCl_4 + H_2O \longrightarrow TiOH^{3+} + H^+ + 4Cl^- \quad (3\text{-}26)$$

$$TiOH^{2+} + H_2O \longrightarrow TiO^{2+} + H^+ \quad (3\text{-}27)$$

$$TiO^{2+} + H_2O \longrightarrow TiO_2(s) + 2H^+ \quad (3\text{-}28)$$

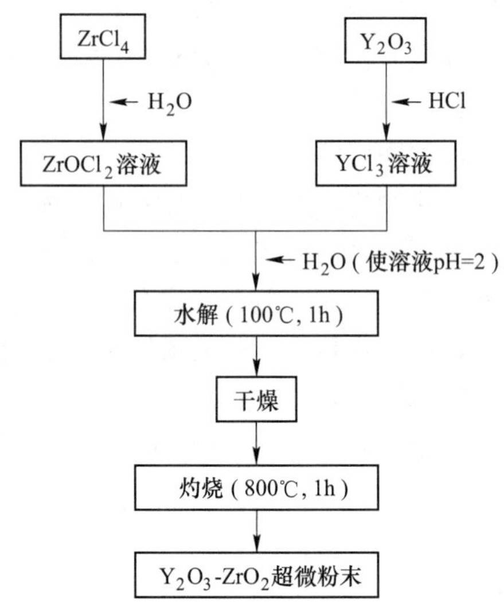

图 3-3　Y_2O_3-ZrO_2 微粉的制备工艺

3.3.4.2　醇盐水解法

醇盐水解法是合成超细粉体材料的一种新的方法，其水解过程不需要添加碱，因此不存在有害的负离子和碱金属离子。醇盐水解法的特点是反应条件温和、操作简单，可以获得高纯度、组分单一、均匀、粒度细且分布范围窄的粉体。但其缺点是成本高。

醇盐是用金属元素置换醇羟基中氢一类金属有机化合物，其通式为 M(OR)，其中 M 是金属，R 是烷基或丙烯基等。严格地说，金属醇盐与常说的有机金属化合物是不同的概念。醇盐是金属与氧的结合，生成 M—O—C 键；而有机金属化合物是指烷基直接与金属结合，生成具有—C—M 键的化合物（如作催化剂的丁基锂）。金属醇盐的合成与金属的电负性有关，碱金属、碱土金属或稀土元素可以与乙醇直接反应，生成金属醇盐。反应通式如下：

$$M + nROH \longrightarrow M(OH)_n + n/2H_2 \quad (3\text{-}29)$$

金属醇盐容易水解，产生构成醇盐的金属氧化物、氢氧化物或水合物沉淀。沉淀经过滤、氧化物经干燥、氢氧化物或水合物经脱水均可制成超细粉体。其中，稀土醇盐是一种活泼的金属有机化合物，当有水存在时不易得到，因此需要无水氯化物作为原料。用无水稀土氯化物与醇钠发生置换反应可得到稀土醇盐。反应如下：

$$ReCl_3 + 3NaOC_2H_5 \longrightarrow Re(OC_2H_5)_3 + 3NaCl \quad (3\text{-}30)$$

稀土醇盐经水解析出氢氧化物：

$$Re(OC_2H_5)_3 + 3H_2O \longrightarrow Re(OH)_3(s) + 3C_2H_5OH \quad (3\text{-}31)$$

再经过滤、洗涤、烘干，即成 Re(OH) 微粉。进一步灼烧脱水，可得到 Re_2O_3 微粉。反应式如下：

$$2Re(OH)_3(s) \longrightarrow Re_2O_3(s) + 3H_2O \quad (3\text{-}32)$$

醇盐水解法制备的超细粉体不但具有较高的活性，而且颗粒通常呈单分散状态，在成形体中表现出良好的填充性，因此具有良好的低温烧结性能。例如 $LiAlO_2$ 粉体的制备是将铝、锂复合醇盐水解后的凝胶真空干燥 12h，在 550℃下把粉体放入马弗炉中煅烧 2h，自然冷却至室温得到相应的 $LiAlO_2$ 粉体。

3.3.5 溶剂热法

溶剂热法就是将有机溶液替代水作溶剂，采用类似水热合成的原理制备粉体。非水溶剂在该过程中，既是传递压力的介质，也起到矿化剂的作用。以非水溶剂代替水，不仅扩大了水热技术的应用范围，而且由于溶剂处于近临界状态，能够实现通常条件下无法实现的反应，并能生成具有亚稳态结构的材料。以 Ti 和 H_2O_2 生成的 $TiO_2 \cdot XH_2O$ 干凝胶，再以 CCl_4 作溶剂在 90℃的温度下制备超细 TiO_2 的结果证明，使用非水溶剂热合成技术能减少或消除硬团聚。

中国科学技术大学的钱逸泰院士领导的研究小组先后利用非水溶剂热合成了一系列的Ⅲ-Ⅴ主族纳米颗粒，在这一领域做出了突出贡献。他们先合成了 InP 纳米颗粒，并测定了其量子效应。随后，他们采用苯热合成技术，即用苯作溶剂，在 280℃下合成了 30nm 的 GaN 纳米颗粒，具体的反应是：

$$GaCl_3 + Li_3N \longrightarrow GaN(s) + 3LiCl \tag{3-33}$$

由于苯具有稳定的共轭结构，对 $GaCl_3$ 的溶解能力较强，是最佳溶剂。这一研究成果在 *Science* 上发表，审稿人对此给予了高度评价。后来，他们又合成出了砷化铟、磷化镓纳米材料。钱逸泰院士另一个重大的研究成果是用金属钠还原四氯化碳，在 700℃下的高压釜中合成了金刚石纳米颗粒，被美国化学与工程新闻评价为“稻草变黄金”。

3.3.6 溶胶-凝胶法

溶胶-凝胶法（Sol-Gel）是 20 世纪 60 年代中期发展起来的制备玻璃、陶瓷材料的一种工艺，现已被广泛地用来制备超细粉体。Sol-Gel 所用的前驱物为无机盐或金属醇盐，主要反应步骤是前驱物溶于溶剂（水或有机溶剂）中形成均匀的溶液，溶质与溶剂产生水解或醇解反应生成溶胶，后者经蒸发干燥转变为凝胶。

3.3.6.1 水解反应

Sol-Gel 所用前驱物既有无机化合物又有有机化合物，它们的水解反应有所不同，下面分别介绍。

A 无机盐的水解

金属盐的阳离子在水溶液中与水分子形成水合阳离子 $M(H_2O)_x$，这种溶剂化的离子强烈地倾向于放出质子而起酸的作用。

水解产物下一步发生聚合反应而得到多金属产物，例如羟基锆络合物的聚合：

$$M(H_2O)_x^{n+} \longrightarrow M(H_2O)_{x-1}(OH)^{(n-1)+} + H^+ \tag{3-34}$$

$$M + nROH \longrightarrow M(OR)_n + n/2H_2\uparrow \tag{3-35}$$

多金属聚合物的形成除了与溶液的 pH 值有关外，还与温度、金属阳离子的总浓度、阴离子的特性有关。多金属阳离子的稳定性通常用下述平衡常数 *K* 来表述：

$$qM^{n+} + pH_2O \longrightarrow M_q(OH)_p^{(nq-p)+} + pH^+ \tag{3-36}$$

$$K = \frac{[M_q(OH)_p^{(nq-p)+}][H^+]^p}{[M^{n+}]^q[H_2O]^p} \tag{3-37}$$

B 金属醇盐的水解

a 金属醇盐的性质

金属醇盐具有的 M—O—键是氧原子与金属离子电负性的差异，导致 M—O 键发生很强的极化而形成。醇盐分子的这种极化程度与金属元素 M 的电负性有关。像硫、磷、锗这类电负性强的元素所构成的醇盐，共价性很强，其挥发特性表明了它们几乎全是以单体存在。另外，像碱金属、碱土金属元素、镧系元素这类正电性强的物质，所构成的醇盐因离子特性强而易于结合，显示出缩聚物性质，醇盐挥发性增加。金属醇盐的挥发性有利于自身的提纯及其在化学气相沉积法、溶胶-凝胶法中的应用。金属醇盐具有很强的反应活性，能与众多溶剂发生化学反应，尤其是含有羟基的试剂。在溶胶-凝胶法中，通常是将金属醇盐原料溶解在醇溶剂中，它会与醇发生作用而改变其原有性质。

b 金属醇盐的合成

一般来说，正电性很强的碱金属、碱土金属、镧系元素，较容易与醇直接反应生成醇盐。但也有例外，如对于 Mg、Ba、Al 及镧系金属中正电性相对较弱的金属，要使反应进行，必须加入催化剂 I_2、Hg 或 $HgCl_2$ 才能使反应顺利进行。

例如醇钇盐的制备：

$$2Y + 6C_3H_7OH \longrightarrow 2Y(OC_3H_7)_3 + 3H_2 \tag{3-38}$$

此外，电化学合成法也是制备醇盐的一种方法。该方法是以惰性元素电极——铂电极或石墨电极为阴极，以欲制备的金属醇盐为牺牲阳极，在醇溶液中添加少量电解质载体，通电使阴极和阳极间发生电解反应以制备金属元素的醇盐。现已能用该方法工业生产 Ti、Zr 醇盐和实验室制备 Y、Se、Ge、Ga、Nb、Ta 等元素的醇盐。

金属醇盐（除铀醇盐外）均极容易水解。因此，在醇盐的合成、保存和使用过程中要绝对避免潮湿。

C 醇盐的水解

金属醇盐的水解再经缩聚得到氢氧化合物或氧化合物的过程，其化学反应可表示为（M 代表四价金属）：

$$\equiv MOR + H_2O \longrightarrow \equiv MOH + ROH \tag{3-39}$$

$$\equiv MOH + \equiv MOR \longrightarrow \equiv M—O—M \equiv + ROH \tag{3-40}$$

$$2 \equiv MOH \longrightarrow \equiv M—O—M \equiv + H_2O \tag{3-41}$$

$$MR_n + n/2O_2 \longrightarrow M(OR)_n \tag{3-42}$$

可见，金属醇盐水解法是利用无水醇溶液加水后 OH 取代 OR 基进一步脱水而形成 ≡M—O—M≡键，使金属氧化物发生聚合，按均相反应机理最后生成凝胶。

在 Sol-Gel 中，最终产品的结构在溶液中已初步形成，而且后续工艺与溶胶的性质直接相关，所以制备的溶胶质量是十分重要的，要求溶胶中的聚合物分子或胶体颗粒具有能满足产品性能要求或加工工艺要求的结构和尺寸。因此制备的溶胶分布要均匀，外观澄清透明，无混浊或沉淀，能稳定存放足够长的时间，并且具有适宜的流变性能等。醇盐的水解反应和缩聚反应是均相溶液转变为溶胶的根本原因，故控制醇盐水解缩聚的条件是制备高质量溶胶的前提。

由金属醇盐水解而产生的溶胶颗粒的形状以及由此形成的凝胶结构，还受体系酸度的影响。另外，水解温度还影响水解产物的相变化，从而影响溶胶的稳定性。一个典型的例子是 Al_2O_3 溶胶的制备。由于低于80℃的水解产物与高于80℃的产物不同，在水解温度低于80℃时，难以用 $Al(OR)_3$ 制取稳定的 Al_2O_3 溶胶。两种情况下的反应如下：

$$Al(OR)_3 + 2H_2O \longrightarrow AlOOH(\text{晶态}) + 3ROH \tag{3-43}$$

$$Al(OR)_3 + 2H_2O \longrightarrow AlOOH(\text{无定形}) + 3ROH \tag{3-44}$$

晶态的勃姆石在陈化过程中不会发生相变化，但无定形的AlOOH在低于80℃的水溶液中却向拜尔石转变：

$$AlOOH(\text{无定形}) + H_2O \longrightarrow Al(OH)_3(\text{晶态}) \tag{3-45}$$

大颗粒拜尔石不能被胶溶剂胶溶，因而难以形成稳定的溶胶。实验表明，提高温度对醇的水解速率总是有利的。对水解活性低的醇盐（如硅醇盐），为了缩短工艺时间，可在加温下操作，此时制备溶胶的时间和胶凝时间会明显缩短。

3.3.6.2 Sol-Gel 工艺

由于溶胶-凝胶法操作容易、设备简单，并能在较低的温度下制备各种功能材料或前驱体，故受到人们的广泛重视。下面简单介绍几类有关的重要工艺。

A 传统型 Sol-Gel 工艺（有机工艺）

以纳米 α-Fe_2O_3 的制备工艺为例，来说明传统型Sol-Gel工艺制备粉体的过程。用适量的 $FeCl_3 \cdot 6H_2O$ 和无水乙醇配制成三氯化铁醇溶液，往溶液中缓慢通入氨气，则发生如下的反应：

$$FeCl_3 + 3C_2H_5OH \longrightarrow Fe(OC_2H_5)_3 + 3HCl \tag{3-46}$$

$$NH_3 + HCl \longrightarrow NH_4Cl\downarrow \tag{3-47}$$

滤掉 NH_4Cl 沉淀物，即得金属醇盐 $Fe(OC_2H_5)_3$ 的乙醇溶液。然后用渗析法以除去溶液中未反应的 Fe^{3+} 以及残余的 NH_4 和 Cl^-。在渗析的同时，水分子通过半透膜进入溶液，使 $Fe(OC_2H_5)_3$ 发生水解反应：

$$Fe(CO_2H_5)_mOH_n + mH_2O \longrightarrow Fe(CO_2H_5)_{m-1}OH_{n+1} + C_2H_5OH + (m-1)H_2O \tag{3-48}$$

式中，$m \geqslant 0$，$n \geqslant 0$，且 $m+n=3$。该水解反应的同时，出现如下的缩聚反应：

$$\rangle FeOC_2H_5 + HO\text{—}Fe\langle \longrightarrow Fe\text{—}O\text{—}Fe\langle + C_2H_5OH \tag{3-49}$$

$$\rangle Fe\text{—}OH + HO\text{—}Fe\langle \longrightarrow Fe\text{—}O\text{—}Fe\langle + H_2O \tag{3-50}$$

$$\rangle FeOC_2H_5 + C_2H_5O\ Fe\langle \longrightarrow Fe\text{—}O\text{—}Fe\langle + (C_2H_5)_2O \tag{3-51}$$

通过水解-缩聚过程产生了相应的溶胶，将溶胶在100℃干燥48h，溶胶中的有机溶剂和水的蒸发导致胶体进一步缩聚，形成交联度更高的凝胶，凝胶进一步干燥成为干凝胶。这时的干凝胶为非晶相的 $Fe(OH)_3$，$Fe(OH)_3$ 干凝胶再经研磨及在360℃的温度热处理2h，即转化为 α-Fe_2O_3 晶相的纳米粉体。

B 配合物型 Sol-Gel 工艺

这也是一种较为常用的工艺。在溶液中加入有机配体（络合剂），使有机配体（络合剂）与金属离子形成金属-有机配合（络合）物，从而得到溶胶和凝胶，然后经高温处理，便可得到理想粉体。所用的络合剂常为柠檬酸、酒石酸等，因为这些有机物含有羧基与羟基，极易和金属离子配位形成络合物前驱体。例如，王宝兰用该方法制备超细粉体 $SmFeO_3$ 的工艺是将 Sm_2O_3 用硝酸溶解，将 $Fe(NO_3)_3 \cdot 9H_2O$ 用去离子水溶解，将两种溶液混合后加入柠檬酸，在80℃左右搅拌成溶胶，蒸发成为凝胶，再真空干燥使之成为干凝胶，然后高温煅烧6h，取出产品，冷却至室温后研磨即得超细 $SmFeO_3$ 粉体。又如，靳建华等以酒石酸作为络合剂，类似于以上 $SmFeO_3$ 的制备方法，合成出了 $LaFeO_3$ 纳米晶。

C 无机工艺

溶胶-凝胶工艺以金属醇盐为原料的称为有机工艺；若以无机金属盐溶液为原料，则称为无机工艺。在无机工艺中主要包括四个步骤：溶胶制备、溶胶-凝胶转化、干燥、凝胶-粉体转化。无机工艺中的溶胶制备和溶胶-凝胶转化与有机工艺中的不同点如下：在无机工艺中制备溶胶是先生成沉淀，再使之胶溶，就是粉碎松散的沉淀，并让颗粒表面的双电层产生排斥作用而分散，使溶胶向凝胶转化，就是胶体分散体系解稳。为了提高溶胶的稳定性，可增加溶液的pH值（加碱胶凝）。由于增加了 OH^- 的浓度，降低了颗粒表面的正电荷，降低了颗粒之间的静电排斥力，溶胶自然发生凝结，形成凝胶。除了加碱胶凝外，脱水胶凝也能使溶胶转变为凝胶。

例如，无机溶胶-凝胶工艺合成TiO-PbO干凝胶。以高纯 $TiCl_4$ 和 $Pb(NO_3)_2$ 为原料，将 NH_4OH 加入 $TiCl_4$ 中使之生成 $TiO(OH)_2$ 沉淀。再用 HNO_3 溶解沉淀，并与 $Pb(NO_3)_2$ 溶液混合。在所得到的混合盐溶液中加入 NH_4OH，得到 $TiO(OH)_2$ 和 $Pb_2(CO_3)(OH)_2$ 的共沉淀。将沉淀过滤分离出来后再分散到pH值为7.0~9.0的溶液中，借助机械搅拌形成稳定的水溶胶。水溶胶经60~70℃蒸发脱水得到含水量90%的新鲜凝胶，将新鲜凝胶在50℃下陈化，得到 TiO_2-PbO干凝胶。

溶胶-凝胶法与其他化学合成法相比具有许多独特的优点：

（1）高度的化学均匀性。这是因为溶胶是由溶液制得，胶体颗粒间以及胶体颗粒内部化学成分完全一致。

（2）由于在溶液中经过反应步骤，很容易均匀定量地掺入一些微量元素，实现分子水平上的均匀掺杂。

（3）与固相反应相比，化学反应较容易进行，而且仅需要较低的合成温度。一般认为，溶胶-凝胶体系中组分的扩散是在纳米范围内，而固相反应时组分扩散是在微米范围内，因此反应容易进行，温度较低。

（4）选择合适的条件可以制备各种新型材料。

（5）不仅可制得复杂组分的氧化物陶瓷粉体，而且可以制备多组分的非氧化物陶瓷粉体。

但溶胶-凝胶法也存在某些问题：（1）目前所使用的原料价格比较昂贵，有些为有机物，对健康有害；（2）整个溶胶-凝胶过程所需的时间较长，通常需要几天或几周；（3）凝胶中存在大量微孔，在干燥过程中将会逸出许多气体及有机物，并产生收缩。

3.3.7 微乳液法

微乳液是由油（通常为烃类化合物）、水、表面活性剂（有时存在助表面活性剂）组成的透明、各向同性、低黏度的热力学稳定体系。微乳液法是利用在微乳液的液滴中的化学反应生成固体来得到所需粉体的。可以通过微乳液液滴中水体积及各种反应物浓度来控制成核、生长，以获得各种粒径的单分散纳米颗粒。制备过程是取一定量的金属盐溶液，在表面活性剂如十二烷基苯磺酸钠或硬脂酸钠（$C_{17}H_{35}COONa$）的存在下加入有机溶剂，形成微乳液。再通过加入沉淀剂或其他反应试剂生成微粒相。分散于有机相中。除去其中的水分即得化合物微粒的有机溶胶，再加热一定温度以除去表面活性剂，则可制得超细颗粒。使用该方法制备粉体时，影响超细颗粒制备的因素主要有以下方面。

3.3.7.1　微乳液组成的影响

对一个确定的化学反应来说，要选择一个能够增溶有关试剂的微乳体系，显然，该体系对有关试剂的增溶能力越大越好，这样有望获得较高收率。另外，构成微乳体系的组分，如油相、表面活性剂和助表面活性剂，应不和试剂发生反应，也不应该抑制所选定的化学反应。例如，为了得到 α-Fe_2O_3 超细微粒，当用 $FeCl_3$ 水溶液作为试剂时就不宜选择 AOT 等阴离子表面活性剂，因为它们能和 Fe^{3+} 反应产生不需要的沉淀物。为了选定微乳体系，必须在选定组分后研究体系的相图，以求出微乳区。胶束组成的变化将导致水核的增大或减小，而水核的大小直接决定了超细颗粒的尺寸。一般来说，超细颗粒的直径比水核直径稍大，这可能是由胶束间快速的物质交换导致不同水核内沉淀物的聚集所致。

3.3.7.2　反应物浓度的影响

适当调节反应物的浓度，可使制备颗粒的大小受到控制。Pileni 等在 AOT/异辛烷 HRO 反胶束体系中制备 CdS 胶体颗粒时，发现超细颗粒的直径受 Cd^{2+}/S^{2-} 浓度比的影响，当反应物质一过量时，生成较小的 CdS 颗粒。这是由于当反应物质量过剩时，成核过程较快，生成的超细颗粒粒径也就偏小。

3.3.7.3　微乳液滴界面膜的影响

选择合适的表面活性剂是进行超细颗粒合成的第一步。为了保证形成的反胶束或微乳液颗粒在反应过程中不发生进一步聚集，选择的表面活性剂成膜性能要合适，否则在反胶束或微乳液颗粒碰撞时表面活性剂所形成的界面膜易被打开，导致不同水核内的固体核或超细颗粒之间的物质交换，这样就难以控制超细颗粒的最终粒径了。合适的表面活性剂应在超细颗粒一旦形成就吸附在颗粒的表面，对生成的颗粒起稳定和保护作用，防止颗粒的进一步生长。

例如，微乳液化法制备 Y_2O_3-ZrO_2 微粉将含有 3%（摩尔分数）Y_2O_3 的 $ZrO(NO_3)_2$ 溶液逐渐加入含有 3%（体积分数）乳化剂的二甲苯溶剂中，不断搅拌并经超声处理形成乳液。在这种乳液中，盐溶液以尺寸为 10~30μm 的小液滴凝胶化。然后将凝胶放入蒸馏瓶中进行非均相的共沸蒸馏处理。将经过蒸馏处理的凝胶进行过滤，同时加入乙醇清洗，目的是尽可能洗去剩余的二甲苯和乳化剂。滤干凝胶放在红外灯下烘干，最后在 700℃ 条件煅烧 1h 即得到 Y_2O_3-ZrO_2 粉体。其工艺流程如图 3-4 所示。

这种方法能制备出平均晶粒尺寸为 13~14nm 的四方相 Y_2O_3-ZrO_2 粉体。生成的纳米级尺寸的晶粒可以团聚成形状较为规则，甚至是球形的二次颗粒；采用非均相共沸蒸馏法排除了凝胶中残留的水分，避免了粉体中硬团聚体的形成，所制备的粉体中的团聚属于软团聚现象。

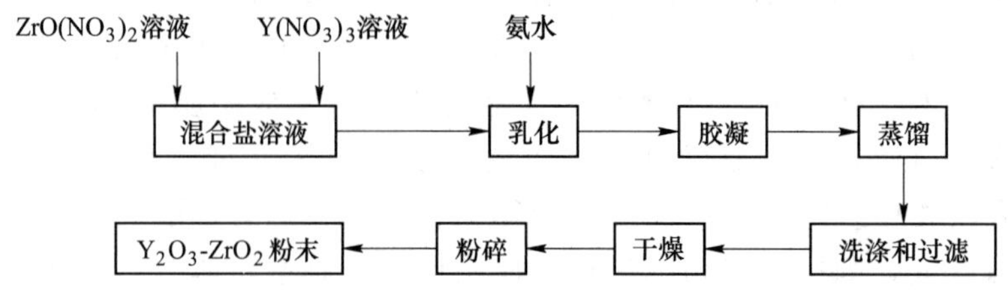

图 3-4 Y_2O_3-ZrO_2 粉体制备的工艺流程

3.3.8 喷雾热分解法

喷雾热分解法是制备超细粉体的一种较为新颖的方法，最早出现于 20 世纪 60 年代初。先以水-乙醇或其他溶剂将原料配制成溶液，通过喷雾装置将反应液雾化并导入反应器内，溶液在其中迅速挥发，反应物发生热分解，或者同时发生燃烧和其他化学反应，生成与初始反应物完全不同的具有新化学组成的无机纳米颗粒。此方法起源于喷雾干燥法，也派生出火焰喷雾法，即把金属硝酸盐的乙醇溶液通过压缩空气进行喷雾的同时，点火使雾化液燃烧并发生分解，制得超细粉体（如 NiO 和 $CoFeO_3$），这样可以省去加温区。当前驱体溶液通过超声雾化器雾化，由载气送入反应管中，则称为超声喷雾法。通过等离子体引发反应发展成等离子喷雾热解工艺，雾状反应物送入等离子体尾焰中，使其发生热分解反应而生成纳米粉体。热等离子体的超高温、高电离度大大促进了反应室中的各种物理化学反应。等离子体喷雾热解法制得的粉体粒径可分为两级：一是平均粒径为 20~50nm 的颗粒；二是平均尺寸为 1μm 的颗粒，颗粒形状一般为球状。

喷雾热分解法制备纳米颗粒时，溶液浓度、反应温度、喷雾液流量、雾化条件、雾滴的粒径等都影响到粉体的性能。例如，以 $Al(NO_3)_3 \cdot 9H_2O$ 为原料配成硝酸盐水溶液，反应温度在 700~1000℃得到活性大的非晶态氧化铝微粉，在 1250℃条件煅烧 1.5h 即可转化为 α-Al_2O_3，颗粒小于 70nm。

喷雾热分解法的优点如下：

（1）干燥所需的时间极短，每一个多组分细微液滴在反应过程中来不及发生偏析，从而可以获得组分均匀的纳米颗粒。

（2）由于原料是在溶液状态下均匀混合，所以可以精确地控制所合成化合物的组成。

（3）易于通过控制不同的工艺条件来制得各种具有不同形态和性能的超细粉体。此方法制得的纳米颗粒表观密度小，比表面积大，粉体烧结性能好。

（4）操作过程简单，反应一次完成，并且可以连续进行，有利于生产。

该方法的缺点是生成的超细颗粒中有许多空心颗粒，而且分布不均匀。

3.3.9 还原法

还原法包括化学还原法和电解还原法。早期的化学还原法用于从贵金属的盐溶液中制备超细 Ag、Au、Pt。最近报道用此方法制备 Fe-Ni-B 非晶超细粉体，直径为 3~4nm。具体操作如下：将 $FeSO_4$ 和 $NiCl_2$ 按不同比例配制成总浓度为 0.1mol/L 的溶液，然后将

0.5~1mol/L 的 KBH_4 或 $NaBH_4$ 滴入上述溶液中，同时激烈搅拌，制备过程中要注意控制溶液的 pH 值和温度。反应结束后立即将溶液过滤，并迅速将滤纸中的黑色粉体清洗并干燥保存。

例如，银粉的制备：取 2.4g $AgNO_3$ 溶解在 15mL 蒸馏水中，得 1mol/L 的 $AgNO_3$ 溶液，再取 4.25mL $NH_3 \cdot H_2O$ 使之和 15mL $AgNO_3$ 溶液混合，形成 $(Ag(NH_3)_2)^+$ 溶液；取 15mL H_2O_2 注入锥形瓶中，把锥形瓶放入大烧杯中进行冰浴，将 $(Ag(NH_3)_2)^+$ 溶液缓慢滴加到锥形瓶中，然后放到电磁搅拌器上，在搅拌条件下反应，直至无气体放出；静置 2h 后有灰黑色沉淀生成，用离心沉淀器分离出固相物，并用去离子水和无水乙醇洗涤数遍，然后在烘箱中低真空干燥，即可得到黑色的纳米银粉体样品。

电解还原法是一种较为常见的电化学制粉法，主要包括水溶液电解法、熔盐电解法、有机电解质电解法和液体金属电解法，其中以水溶液电解法为主。水溶液电解法既可以生产 Cu、Fe、Co、Ni、Ag、Cr 等金属粉体，还可以制备许多种类的合金粉体。电解粉体的特点是纯度较高、形状为树枝状、压制性较好。在水电解制粉中生产量最大的是铜粉，因此下面就以电解铜粉的制备过程为例来讨论水溶液中电解制粉的基本内容。

3.3.9.1 电解法生产铜粉原理

电化学体系包括：阳极（纯 Cu 板）；电解液（$CuSO_4 \cdot H_2O$）；阴板（Cu 粉）。发生的电化学反应有阳极反应：金属失去电子变成离子而进入溶液，$Cu-2e^- \rightarrow Cu^{2+}$；阴极反应：金属离子放电而析出金属，$Cu^{2+}+2e^- \rightarrow Cu$（粉体）。电解法生产铜粉如图 3-5 所示。

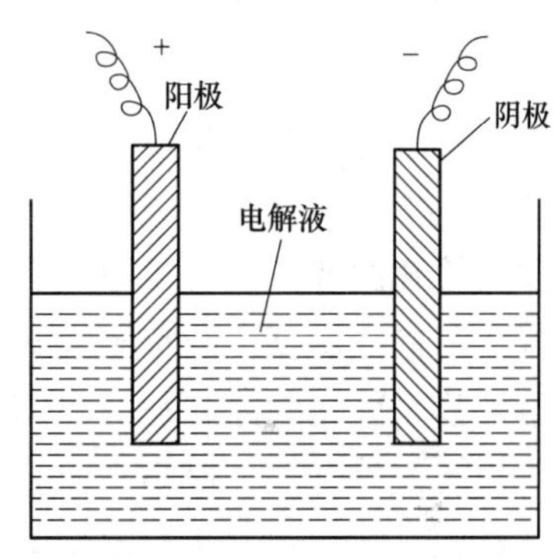

图 3-5 电解过程示意图

3.3.9.2 影响电解过程和粉体粒度的因素

电解时，粉体形成是电化学沉积过程，驱动这一过程的动力就是外加直流电流，因此电流密度是电解制粉最重要的影响因素。同时，电解液温度、电解液浓度等条件也会影响电解过程的进行。这些影响因素可概括如下：

（1）电流密度。电解制粉的电流密度比致密金属电解精炼时的电流密度高得多。在能够析出粉体的电流密度范围内，电流密度越高，粉体越细。因为电流密度愈大，在阴极上单位时间内放电的离子数愈多，形成的晶核愈多，所以粉体愈细。

（2）金属离子浓度。电解制粉的金属离子浓度比电解精炼时的金属离子浓度低得多。金属离子浓度越低，向阴极扩散的金属离子数量越少，粉体颗粒长大趋势越小，而形成松散粉体。

（3）氢离子浓度。氢离子浓度愈高，氢愈易于析出，愈有利于松散粉体的形成。

（4）电解液温度。温度升高时，电解粉体变粗。

生产中可以根据以上原理，选择工艺参数，或者调整工艺参数以保证粉体粒度。

3.3.10 冷冻干燥法

冷冻干燥法是由 Landsberg 和 Schnettler 等开发出来的，它是近年来发展起来用于制备各类新型无机材料的一种很有前途的方法。

冷冻干燥法的基本原理是：先使干燥的溶液喷雾在冷冻剂中冷冻，然后在低温低压下真空干燥，将溶剂升华除去，就可以得到相应物质的超细粉体。如果从水溶液出发制备超细粉体，冻结后将冰升华除去，直接可获得超细粉体。如果从熔融盐出发，冻结后需要进行热分解，最后得到相应的超细粉体。

冷冻干燥法首先要考虑的是制备含有金属离子的溶液，在将制备好的溶液雾化成微小液滴的同时迅速将其冻结固化。这样得到的冻结液滴经升华后，冰水全部汽化，制成无水盐。将这类盐在较低的温度下煅烧后，就可以合成相应的各种超细粉体。下面介绍以水为溶剂进行冷冻干燥的情况，从而给出冷冻干燥法制备纳米粒子的物理机制。图 3-6 给出了盐水溶液的 T-p 关系。

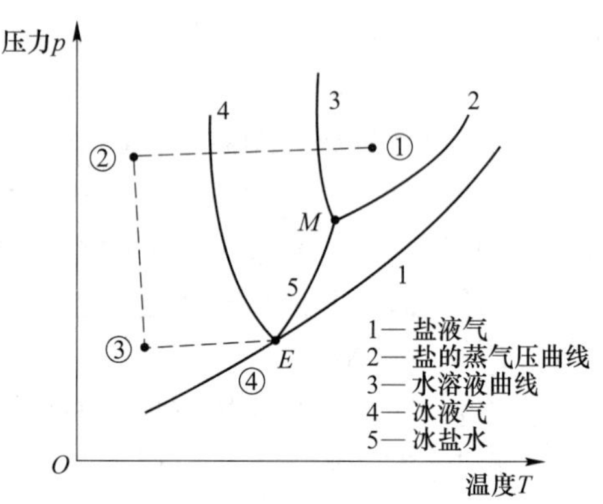

图 3-6　盐水溶液的 T-p 图

图中 E 点处为冰、盐、溶液、蒸气四相共存点，由相律分析知道，E 点的自由能为零。由 E 点出发引出冰+溶液+气相、冰+盐+溶液、冰+盐+气相、盐+溶液+气相四条曲线。可以看出，在这些曲线上相数为 3，自由度为 1。从 E 点出来的四条线所包围的各区域自由度为 2，相数为 2。由于水溶液一般能在大气压、室温下制备，所以在相图上可用点来表示被冰的熔化曲线和蒸气压曲线所围的水的液相区域。设该点为①，那么在该状态下溶液的蒸气压与同一温度下纯水蒸气压相等。若将①点状态的溶液急剧冷冻，溶液就向②点变化，溶液物系就变为冰与盐的固体混合物。将该混合物减压至物系的四相平衡点 E 以下的压力之后再缓慢升温，使物系向盐+蒸气的区域移动，即物系在相图上发生②→③→④的变化。在状态④将蒸气相排出物系，只剩盐的存在。

采用冷冻干燥法合成了 Y-Ba-Cu-O 体系的高温超导纳米粒子。该体系的组分接近于 $YBa_2Cu_3O_9$。首先是按 Y∶Ba∶Cu∶O 的名义组分为 0. 45∶0. 55∶1. 3 的比例将 $Y(NO_3)_3$、$Ba(NO_3)_3$、$Cu(NO_3)_2$ 配制成总金属离子浓度为 0. 6mol/L 的水溶液，然后利用喷雾器将该混合水溶液直接喷入液氮中，待冷冻物料与液氮分离后，将其放入升华干燥装置中进行干燥处理，待空气干燥后，将硝酸盐混合物加热分解，抽去氮氧化物，最后制得了 $YBa_2Cu_3O_9$ 超导纳米粒子。

研究发现，液滴的冻结过程对粒子的最终形成有重要影响。事实上溶解于溶液中的盐很容易发生解离，因此，应对溶液喷雾过程加以控制，最好能将溶液雾化为细小的液滴粒子，以加快其冻结速度。此外，选择适当的冷冻剂也是一个非常重要的制约因素。冷冻干燥法用途比较广泛，特别是以大规模成套设备来生产微细粉末时其相应成本较低，具有实用性。从上述介绍也可以发现，通过控制可溶性盐的均匀性、控制冻结速率以及金属离子在溶液中的均匀性都可以明显地改善生成纳米粒子的组分、均匀性及纯度。此外，经冻结干燥可生成多孔性、透气性良好的干燥体，在煅烧时生成的气体易于排放，因此粒子粉碎性好。

3.4 气 相 法

气相法是指物质在气态下通过化学反应来合成粉体颗粒的方法，常见的方法有下列几种。

3.4.1 等离子体法

1879 年英国物理学家克鲁斯在研究了放电管中“电离气体”的性质之后，首先指出物质存在第四态。这一新的物质存在形式是经气体电离产生的由大量带电颗粒（离子、电子）和中性颗粒（原子、分子）所组成的体系，因总的正、负电荷数相等，故称为等离子体。将其继固、液、气三态之后列为物质的第四态——等离子态。把等离子体视为物质的又一种基本存在的形态，是因为它与固、液、气三态相比无论在组成还是在性质上均有本质的区别，与气体之间也有明显的差异。第一，气体通常是不导电的，等离子体则是一种导电流体，又在整体上保持电中性。第二，组成颗粒间的作用力不同，气体分子间不存在静电磁力，而等离子体中的带电颗粒间存在库仑力，并由此导致带电颗粒群的种种特有的集体运动。第三，作为一个带电颗粒系，等离子体的运动行为明显地会受到电磁场的影响和约束。需要说明的是，并非任何电离气体都是等离子体，只有当电离度达到一定程度，使带电颗粒密度达到所产生的空间电荷足以限制其自身运动时，体系的性质才会从量变到质变，这样的“电离气体”才算转变成为离子体。

这里所说的等离子体法制备粉体就是将物质注入超高温等离子体中，此时多数反应物和生成物成为离子或原子状态，然后使其急剧冷却，获得很高的过饱和度，这时晶核颗粒就会析出，这样就有可能制得与通常条件下形状完全不同的粉体颗粒。

等离子体按其产生方式一般可分为直流等离子体和高频等离子体（感应耦合等离子体）。典型的等离子体喷射结构如图 3-7 所示。

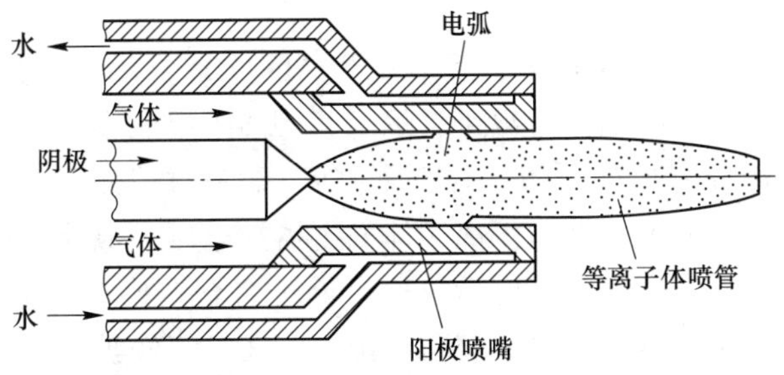

图 3-7　直流等离子喷管的典型电极结构

喷管内阴极和阳极间放电形成电弧，借助气体（惰性）的作用从喷嘴中吹出，形成高速高能电磁流体（惰性气体被电离形成等离子体）。

以等离子体作为连续反应器制备纳米颗粒时，大致分为三种方法：

（1）等离子体蒸发法。此方法即把一种或多种固体颗粒注入惰性气体的等离子体中，使之通过等离子体之间时完全蒸发，通过火焰边界或骤冷装置使蒸气凝聚制得超细粉体。常用于制备含有高熔点金属或金属合金的超细粉体，如 Nb-Si、V-Si、W-C 等。

（2）反应性等离子体蒸发法。这是一种在等离子体蒸发所得到的超高温蒸气的冷却过程中，引入化学反应的方法。通常在火焰后部导入反应性气体，如制造氮化物超细粉体时引入 NH_3。常用于制造 ZrC、TaC、WC、SiC、TiN、ZrN 等。

（3）等离子体气相合成法（PCVD）。通常是将引入的气体在等离子体中完全分解，所得分解产物之一与另一气体反应来制得超细粉体。例如，将 SiC 注入等离子体中，在还原气体中进行热分解，在通过反应器尾部时与 NH_3 反应并同时冷却制得超细粉体。为了不使副产品 NH_4Cl 混入，故在 250～300℃ 时捕集，这样可得到高纯度的 Si_3N_4。常用于制备 TiC、SiC、TiN、AlN、Al_2O_3-SiO_2 等。

等离子体制粉法是一种很有发展前途的超细粉体制备新工艺。该方法原材料广泛，可以是气体、液体，还可以是固体，产品十分丰富，包括金属氧化物、金属氮化物、碳化物等各种重要的粉体材料。其规模生产前景广阔，已引起工业界的极大重视。

例如，等离子体法制备镍粉，生产工艺如下：金属镍原料→等离子体（电弧枪）加热蒸发→冷凝成粒→收集→钝化处理→密封包装。其方法是将镍置于坩埚内，在等离子枪喷射出的等离子体的加热下镍原料蒸发，镍蒸气在制粉室内遇冷后凝聚成微粉。由于镍微粉表面活性很高，遇空气后极易氧化成氧化镍，因此需在处理室内对裸粉进行钝化处理（见图 3-8）。

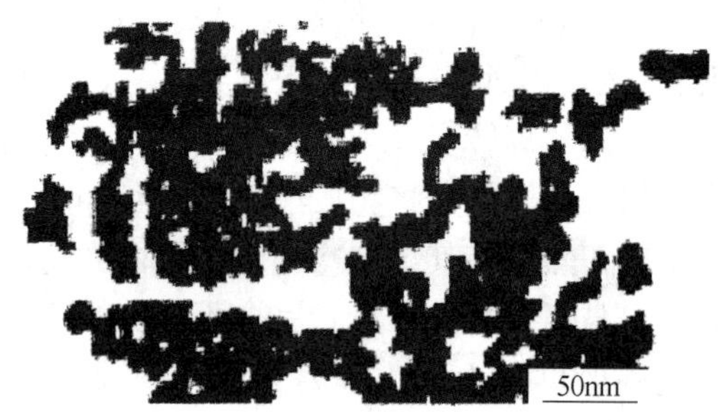

图 3-8 等离子体法制得的纳米镍粉图

又如，等离子体法制备 AlN 粉体，反应式为 $Al+1/2N_2 \rightarrow AlN$。其装置如图 3-9 所示，主要有直流电弧等离子体发生器、等离子火焰炬、等离子反应室、反应气体瓶、反应冷凝装置、送料装置、旋风分离装置、真空尾气通道等。制备过程如下：

首先由氧气引弧，然后通过调节等离子体发生器的电压、电流，在保持火焰稳定条件下加入一定量的氮气、氢气，在直流电弧氮等离子气氛条件下，通过高纯氮气将液态的金属铝粉加入等离子火焰中心区，金属铝被高温蒸发和在氢气保护下与氮等离子反应，经成核胀大形成氮化铝团聚体，之后经较高的温度梯度骤冷后，旋风分离，可得氮化铝粉体。

3.4.2 化学气相沉积法

气相沉积法是利用气态物质在一固体表面上进行化学反应，生成固态沉积物的过程。化学气相沉积（CVD）是一种常见的化学制粉方法，在粉体材料的科学研究中经常使用。制粉过程是通过某种形式的能量输入使气体原料发生化学反应，生成固态金属或陶瓷粉体。

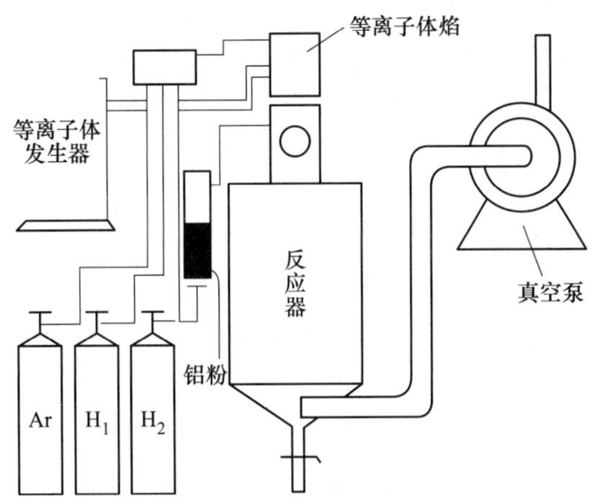

图 3-9 等离子体法制备氮化铝粉体装置图

3.4.2.1 化学气相沉积制粉原理

化学气相沉积的反应类型有分解反应：

$$aA(g) \longrightarrow bB(s) + cC(g) \tag{3-52}$$

化合反应：

$$aA(g) + bB(g) \longrightarrow cC(s) + dD(g) \tag{3-53}$$

这两种类型的制粉过程均包括四个步骤：化学反应、均匀成核、晶粒生长、团聚。

A 化学反应

对于以上的化学反应体系，判断其能否进行的热力学根据如下：

分解反应：

$$\Delta G = \Delta G^{\ominus} + RT\ln \frac{p_D^d}{p_A^a p_B^b} \leqslant 0 \tag{3-54}$$

化合反应：

$$\Delta G = \Delta G^{\ominus} + RT\ln \frac{p_C^c}{p_A^a} \leqslant 0 \tag{3-55}$$

由以上两式可以看出，化学气相沉积反应的控制因素包括反应温度、气相反应物浓度和气相生成物浓度。

B 均匀成核

气相反应发生后的瞬间，在反应区内形成产物蒸气，当反应进行到一定程度时，产物蒸气浓度达到过饱和状态，这时产物晶核就会形成。由于体系中无晶种或晶核生成基底，因此反应产物晶核的形成是个均匀成核的过程。假设晶核为球形，半径为 r^*，则形成一个晶核体系自由能的变化可表示为：

$$\Delta G = 4/3\pi r^3 \Delta G_V + 4\pi r^2 \sigma \tag{3-56}$$

式中，ΔG_V 为固气相的体积自由能差；σ 为晶核的表面能。根据上式可以得出晶核半径与体系自由能的变化规律，如图 3-10 所示。ΔG-r 曲线上有一个最大值，对应的晶核半径为 r^*。当 $r<r^*$ 时，晶核生长将导致体系的自由能增加，晶核处于一个非稳定状态，能自发缩

小或消失；当$r>r^*$时，晶核生长则体系的自由能降低，此时晶核才能稳定保持并自发生长。r^*被称为临界成核半径，对应r^*大小的晶核被称为临界晶核。如果将气相产物的成核过程认为是蒸发气相的冷凝过程，就可以得出以下关系式：

$$r=\frac{2\sigma V}{RT\ln\frac{p}{p^0}} \tag{3-57}$$

式中，p为产物的气相分压；p^0为产物的饱和蒸气压；p/p^0为过饱和度。

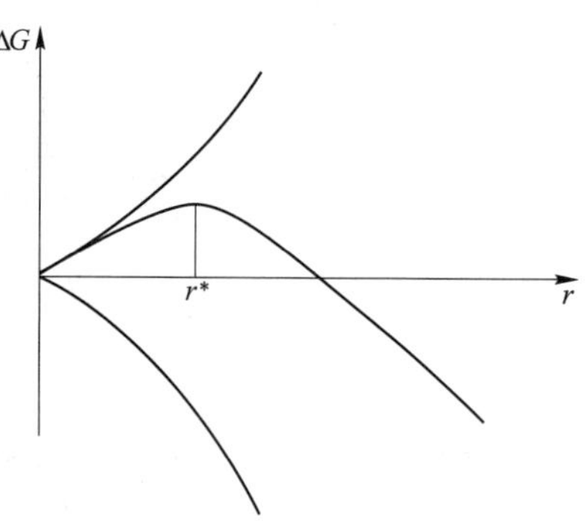

图 3-10 晶核半径与自由能的关系

由上式可以看出，温度越高，过饱和度越大，则生成的晶核越小。晶核越小，晶核形成的自由能越低，对晶核生长越有利。

C 晶粒生长

均相晶核形成以后，稳定存在的晶核便开始晶粒生长过程。小晶粒通过对气相产物分子的吸附或重构，使自身不断长大。理论和实践都表明，晶粒生长过程主要受产物分子从反应体系中向晶粒表面的扩散迁移速率所控制。

D 团聚

由于存在着较弱的吸附力作用，主要包括范德华力、静电吸力等，颗粒之间会发生聚集，颗粒越小，则聚集效果越明显，这一现象被称为团聚。对于超细粉体，团聚是一个普遍存在且不容忽视的问题，在实际使用超细粉体时，如果不能有效地解决团聚问题，则粉体就可能失去或降低其特有的性质。因此，研究粉体的团聚问题，一直是粉体科研工作者面临的重要课题。

3.4.2.2 化学气相沉积类型

按化学反应，化学气相沉积分为三种方法：

（1）热分解法。如$CH_4(g) \rightarrow C(s)+2H_2(g)$就是一个热分解反应。热分解法制备粉体中，最为典型的反应就是羰基物的热分解反应，它是一种由金属羰基化合物加热分解制取粉体的方法。如羰基镍的热分解：

$$Ni(CO)_4(g) \longrightarrow Ni(s) + 4CO(g) \tag{3-58}$$

另外，该方法还可以用于制备氧化物粉体，如醇盐的热分解可制取氧化物粉体。

（2）气相还原法。该方法分为气相氢还原法和气相金属热还原法。还原剂是氢气或者具有低熔点、低沸点的金属，如 Mg、Ca、Na 等；反应物则选用低沸点的金属卤化物且以氯化物为主。两类方法相比，气相氢还原法应用更普遍些。气相氢还原法的反应通式可表示为：

$$2MCl + H_2 \longrightarrow 2M + 2HCl \tag{3-59}$$

（3）复合反应法。该方法是一种重要的制取无机化合物，包括碳化物、氮化物、硼化物和硅化物的方法。这种方法可以制备各种陶瓷粉体，也可以进行陶瓷薄膜的沉积。所用的原料是金属卤化物（以氯化物为主），在一定温度下，以气态参与化学反应。例如：

$$3TiCl_4(g) + C_3H_8(g) + 2H_2(g) \longrightarrow 3TiC(s) + 12HCl(g) \tag{3-60}$$

$$2MoCl_5(g) + 4SiCl_4(g) + 13H_2(g) \longrightarrow 2MoSi_2(s) + 26HCl(g) \tag{3-61}$$

3.4.2.3 化学气相沉积法的特点

原料金属化合物因具有挥发性、容易精制，而且生成物不需要粉碎、纯化，因此所得超细粉体纯度高；生成微颗粒的分散性好；控制反应条件易获得粒径分布狭窄的纳米颗粒；有利于合成高熔点的无机化合物超细粉体；除能制备氧化物外，只要改变介质气体的种类，还可以用于合成直接制备有困难的金属、氮化物、碳化物和硼化物等非氧化物。

3.4.2.4 应用举例

气相沉积法制备钨粉，其实验工艺如图 3-11 所示。

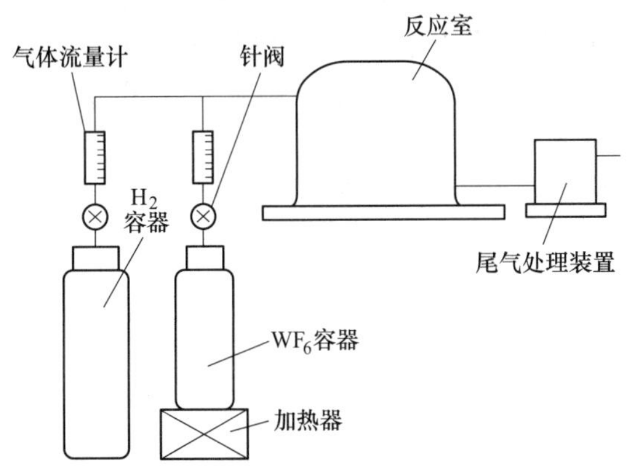

图 3-11 气相沉积法制备钨粉实验工艺示意图

将反应室中的模具加热到沉积温度，并将 WF_6 经加热器加热到沸点以上汽化后通入反应室，同时按比例通入 H_2 进行化学气相沉积。化学反应式为：

$$WF_6 + 3H_2 \longrightarrow W + 6HF \tag{3-62}$$

H_2、WF_6 流量由针阀及气体流量计来控制，以热电偶测量和调控反应室温度，沉积温度范围为 400~900℃，WF_6 与 H_2 比例范围为 1∶1~1∶4。反应产物 HF 用 CaO 加以吸收，沉积过程结束后将基体在真空炉中熔化即可获得沉积钨粉体。

3.4.3 气相中蒸发法

气相中蒸发法是制备超细粉体以及纳米级粉体的一种早期的物理方法。蒸发法是在惰性气体中将金属、合金或陶瓷等原料加热、蒸发、汽化，使之与情性气体冲突、冷却、凝聚，生成极微细的粉体颗粒。气相中蒸发法主要制备金属粒子、难熔氧化物、复合粒子。

气相中蒸发法将蒸发出来的气体金属原子不断与环境中的惰性气体原子发生碰撞，既降低动能又得到冷却，本身成为浮游状态，从而有可能通过互相碰撞而长大。气相中蒸发法根据加热热源的不同可分为电阻加热法、高频感应加热法、离子体加热法、电子束加热法、激光加热法、加热蒸发法、爆炸丝法。

气相中蒸发法的基本原则：蒸发温度既要保证物质加热所需要的足够能量，又要使原料蒸发后快速凝结，要求热源温度场分布空间范围尽量小、热源附近的温度梯度大，这样才能制得粒径小、粒径分布窄的超细粉体。惰性气体的压力参数影响超细粉体的形成及其形成后的粒径。

最早研究蒸发法制备金属纳米颗粒的是东京大学名誉教授上田良二先生。大约在20世纪40年代初，上田良二教授采用真空蒸发法制备了Zn纳米粉。随后许多研究者开始对气体蒸发法制备纳米颗粒技术进行研究，并在此基础上改进制备方法，开发了多种技术手段制备各类超细粉体颗粒。1963年由Ryozi Uyeda通过在纯净的惰性气体中的蒸发和冷凝过程得到较干净的超细粉体颗粒。1984年Gleiter等用气相中蒸发法制备具有清洁表面的超细粉体，基本过程如图3-12所示，真空室抽至真空（约10^{-6} Pa），通入惰性气体，压力保持约10^{-6}Pa蒸发源蒸发金属，惰性气体流将蒸发源附近的超微粒子带到液氮冷却的冷凝器上形成10nm左右的细粉颗粒。通过调节蒸发温度场、气体压力以控制尺寸，可以制备出粒径为2nm的细粉颗粒。蒸发结束后，再将真空室抽至高真空，把纳米颗粒刮下，通过漏斗接收在与真空室相连的成形装置中，在室温和70MPa～1GPa压力下将粉末压制成形，从而得到所需的纳米材料。1987年，Siegles等采用该法又成功地制备了纳米级TiO_2陶瓷材料。气相中蒸发法制备超细粉体颗粒具有如下特征：

（1）高纯度；

（2）粒径分布窄；

（3）良好结晶和清洁表面；

（4）粒度易于控制。

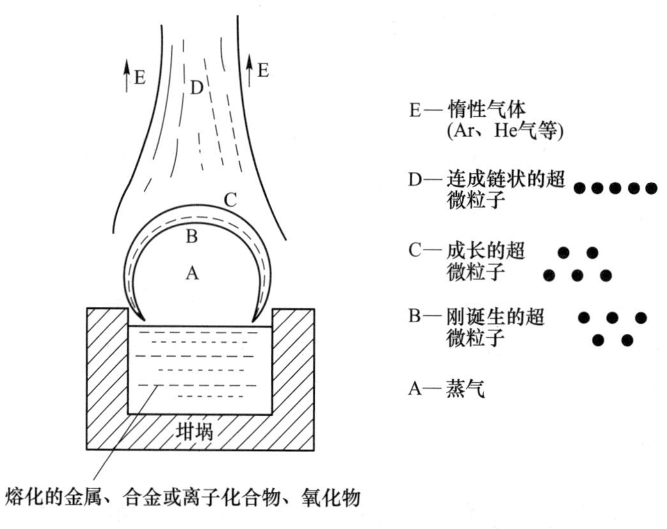

图3-12 气相中蒸发法制备超细粉体的模型

气相中蒸发法在理论上适用于任何被蒸发的元素以及化合物。但是，该方法成本高，不适合大规模生产。应该注意的是，惰性气体中的氧含量对产物颗粒的粒径和形貌有重要影响，需要仔细控制。例如制备金属铜，痕量氧减慢其生长，少量氧的存在将改变颗粒形貌，防止团聚。

气相中蒸发法是采用物理方法制备超细粉体的一种典型方法。该法的基本原理是在真空蒸发室内充入低压惰性气体（氮气、氦气、氢气等），通过蒸发源的加热作用（可采用电阻、等离子体、电子束、激光、高频感应等加热源），使待制备的金属、合金或化合物气化或形成等离子体，与惰性气体原子碰撞而失去能量，然后骤冷使之凝结成超细粉体颗粒，颗粒的粒径可通过改变气体压力、加热温度、惰性气体种类以及惰性气体流速等进行控制，凝聚形成的超细粉体颗粒，将在冷阱上沉积起来，用刮刀（可选用聚四氟乙烯）刮下并收集起来。合金超细粉体可通过同时蒸发两种或数种金属物质得到。氧化物超细粉体颗粒可在蒸发过程中或制成粉体后于真空室内通以纯氧使之氧化得到。若欲获取金属超细粉体颗粒，可于真空室内通以甲烷为粉体包覆碳“胶囊”。

气相中蒸发法的优点是所制备的超细粉体颗粒表面清洁，可以原位加压进而制备块体材料，超细粉体颗粒的粒径可以通过调节加热温，压力和气氛等参数在几纳米至500nm范围内调控。缺点是结晶形状难以控制，生产效率低，在实验研究上较常用。

3.4.3.1 电阻加热法

电阻加热法装置如图3-13所示，蒸发源采用通常的真空蒸发使用的螺旋纤维或舟状的电阻发热体。由于蒸发材料通常放在W、Mo、Ta等螺线状的载样盒上，所以有两种情况下不能使用这种方法进行加热和蒸发，分别是：两种材料（发热体与蒸发原料）在高温熔融后形成合金；蒸发原料的蒸发温度高于发热体的软化温度。

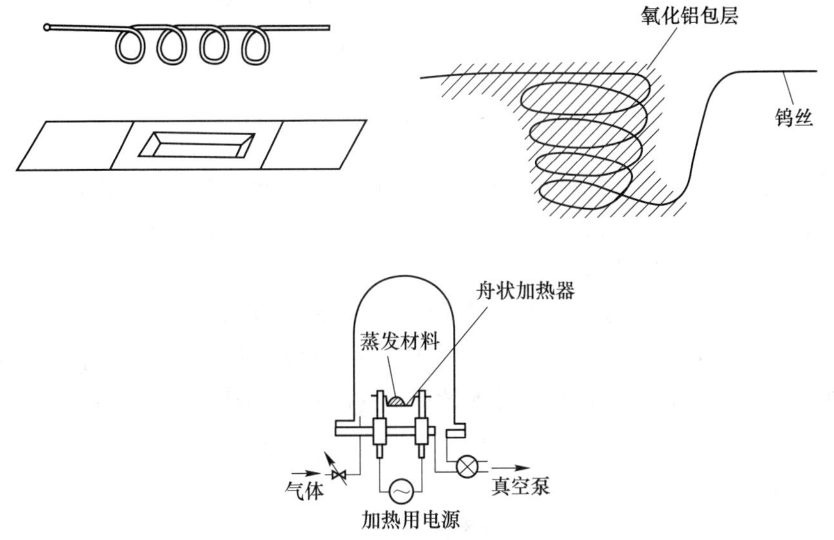

图3-13 电阻加热法装置

目前使用这一方法主要是进行Ag、Cu、Au等低熔点金属的蒸发。如采用惰性气体蒸发法制备纳米铜粉。具体实验如图3-14所示，步骤如下：

（1）检查设备的气密性，检查循环冷却系统各部位是否畅通。

（2）打开机械泵，对真空室抽气，使其达到较高的真空度，关闭真空计。关闭机械泵，并对机械泵放气。

（3）打开氩气和氢气管道阀，向真空室中充入低压的纯净氩气，并控制适当的比例。关闭管道网，关闭气瓶减压阀及总阀。

（4）开通循环冷却系统。

（5）打开总电源及蒸发开关，调节接触调压器，使工作电压由0V缓慢升至100V，通过观察窗观察真空室内的现象；钼舟逐渐变红热，钼舟中的铜片开始熔化，接着有烟雾生成并上升。

(6) 制备过程中密切观察真空室压力表指示，若发现压力有明显增加，要查明原因，及时解决。

(7) 当钼舟中的铜片将要蒸发完毕时，通过接触调压器将工作电压减小到 50V，然后启动加料装置，往钼舟中加入少量铜片。再将工作电压升至 70V，继续制备。

(8) 重复步骤 (7)，直至加料装置中的铜片制备完毕。

(9) 制备结束后，关闭蒸发电源区总电源。待设备完全冷却后，关闭循环冷却系统。打开真空室，收集纳米粉。

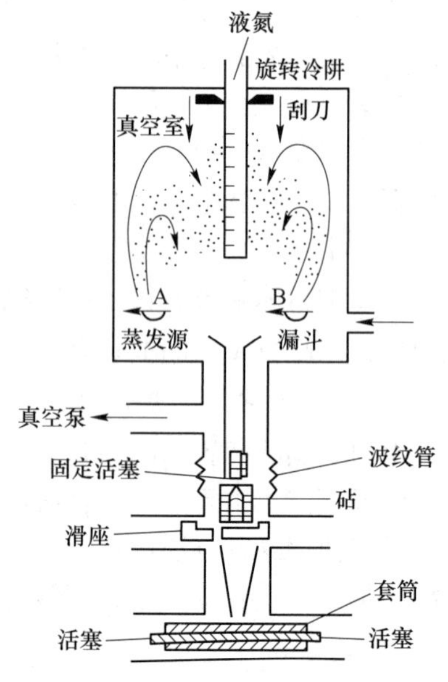

图 3-14 气相中蒸发法制备超细铜粉的实验

3.4.3.2 高频感应加热法

高频感应加热蒸发法制备超细粉体颗粒是 20 世纪 70 年代初开发的一种新方法。这种方法的原理是利用高频感应的强电流产生的热量使金属物料被加热、熔融、再蒸发而得到相应的超细粉体颗粒。利用这种方法，同样可以制备各种合金超细粉体颗粒。在高频感应加热过程中，由于电磁波的作用，熔体会发生由坩埚的中心部分向上、向下以及边缘部分的流动，使熔体表面得到连续搅拌，这使熔体温度保持相对均匀。

高频感应加热蒸发法制备超细粉体实验如图 3-15 所示。在高频感应加热是利用金属材料在高频交变电磁场中产生涡流的原理，通过感应的涡流对金属工件内部直接加热，因而不存在加热元件的能量转换过程而转换效率低的问题；加热电源与工件不接触，因而无传导损耗；加热电源的感应线圈自身发热量极低，不会因过热毁损线圈，工作寿命长；加热温度均匀，加热迅速，工作效率高。

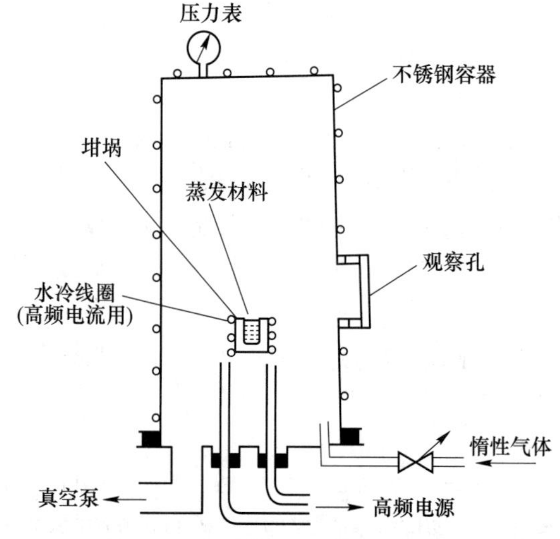

图 3-15 高频感应加热蒸发法制备超细粉体实验

采用高频感应加热蒸发法制备超细粉体颗粒具有很多优点，如生成颗粒粒径比较均匀、产量大、便于工业化生产等。

3.4.3.3 等离子体加热法

等离子体加热蒸发是利用等离子体的高温而实现对原料加热蒸发的。一般等离子体焰流温度高达2000K以上，存在大量的高活性原子、离子。当它们以100~500m/s的高速到达金属或化合物原料表面时，可使其熔融并大量迅速地溶解于金属熔体中，在金属熔体内形成溶解的超饱和区、过饱和区和饱和区。这些原子、离子或分子与金属熔体对流与扩散使金属蒸发。同时，原子或离子又重新结合成分子从金属熔体表面溢出。蒸发出的金属原子经急速冷却后收集，即得到各类物质的纳米粒子，如图3-16所示。

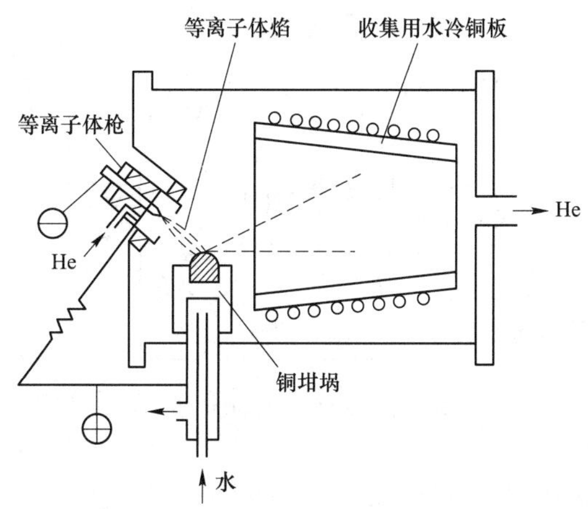

图3-16 等离子体加热蒸发法制备超细粉体实验1

采用如图3-17所示的等离子体加热蒸发法，可以制备出金属、合金或金属化合物纳米粒子。其中金属或合金可以直接蒸发、急冷而形成原物质的纳米粒子，制备过程为纯粹的物理过程；而金属化合物，如氧化物、碳化物、氮化物的制备，一般需经过金属蒸发和化学反应急冷，最后形成金属化合物纳米粒子。

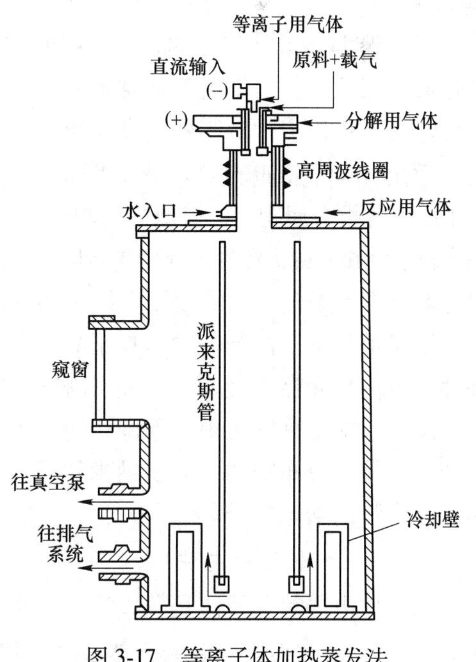

图3-17 等离子体加热蒸发法制备超细粉体实验2

采用等离子体加热蒸发法制备纳米粒子的优点在于产品收率大，特别适合制备高熔点的各类超微粒子。但是，等离子体喷射的射流容易将金属熔融物质本身吹飞，这是工业生产中应解决的技术难点。

3.4.3.4 电子束加热法

电子束加热通常用于熔融、焊接、溅射以及微细加工等方面。利用电子束加热各类物质，使其蒸发、凝聚，同样可以制备出各类纳米粒子。电子束加热蒸发法的主要原理如

图 3-18 所示。在加有高速电压的电子枪与蒸发室之间产生差压，使用电子透镜聚焦电子束于待蒸发物质表面，从而使物质被加热、蒸发，凝聚为细小的纳米粒子。用电子束作为加热源可以获得很高的投入能量密度，特别适合于用来蒸发 W、Ta、Pt 等高熔点金属，制备出相应的金属、氧化物、碳化物、氮化物等纳米粒子。

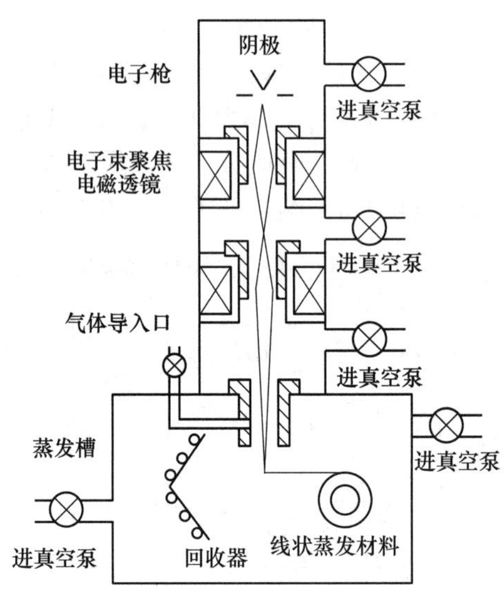

图 3-18　电子束加热蒸发法制备超细粉体实验

3.4.3.5　激光加热法

作为光学加热方法，激光法制备纳米粒子是一种非常有特色的方法。激光法是采用大功率激光束直接照射于各种靶材，通过原料对激光能量的有效吸收使物料蒸发，从而制备各类纳米粒子。一般 CO_2 和 YAG 大功率激光器的发射光束均为能量密度很高的平行光束，经过透镜聚焦后，功率密度通常提高到 $10^4 W/cm^2$ 以上，激光光斑作用在物料表面区域温度可达几千摄氏度。对于各类高熔点物质，可以使其熔化蒸发，制得相应的纳米粒子。

激光法制备超细粉体的实验如图 3-19 所示。采用 CO_2 和 YAG 等大功率激光器，在惰性气体中照射各类金属靶材，可以方便制得 Fe、Ni、Cr、Ti、Zt、Mo、Ta、W、Al、Cu 以及 Si 等纳米粒子。在各种活泼性气体中进行同样的激光照射，也可以制备各种氧化物、碳化物和氮化物等陶瓷纳米粒子。同样，通过调节蒸发区的气氛压力，可以控制纳米粒子的粒径。

激光加热蒸发法制备纳米粒子具有很多优点，如激光光源可以独立地设置在蒸发系统外部，可使激光器不受蒸发室的影响；物料通过对入射激光能量的吸收，可以迅速被加热；激光束能量高度集中，周围环境温度梯度大，有利于纳米粒子的快速凝聚，从而制得粒径小、粒径分布窄的高品质纳米粒子。此外，激光加热法还适合于制备各类高熔点的金属和化合物的纳米粒子。

3.4.3.6　电弧放电法

电弧放电加热蒸发法是蒸发法制备纳米粒子的一种新尝试。电弧放电法制备超细粉的实验如图 3-20 所示，以两块块状金属为电极，使之产生电弧，从而使两块金属的表面熔融、蒸发，产生相应的纳米粒子。这种方法特别适合于制备 Al_2O_3 一类的金属氧化物纳米

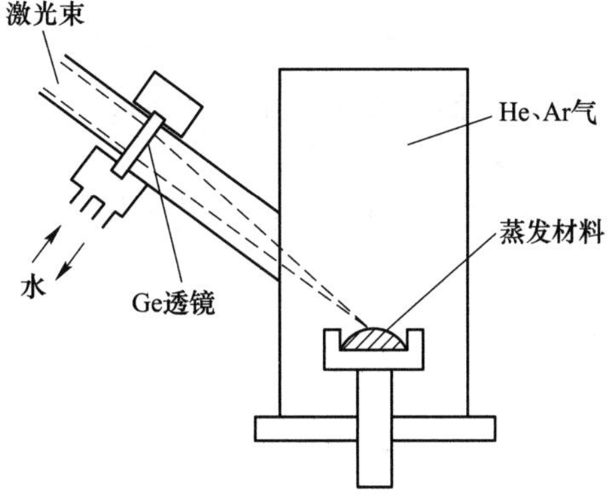

图 3-19 激光法制备超细粉体的实验

粒子，因为将一定比例的氧气混于惰性气体中更有利于电极之间形成电弧。采用电弧放电法制得 Al_2O_3 纳米粒子的实验表明，粒子的结晶非常好。即使在 1300℃的高温下长时间加热 Al_2O_3，其粒子形状也基本不发生变化。

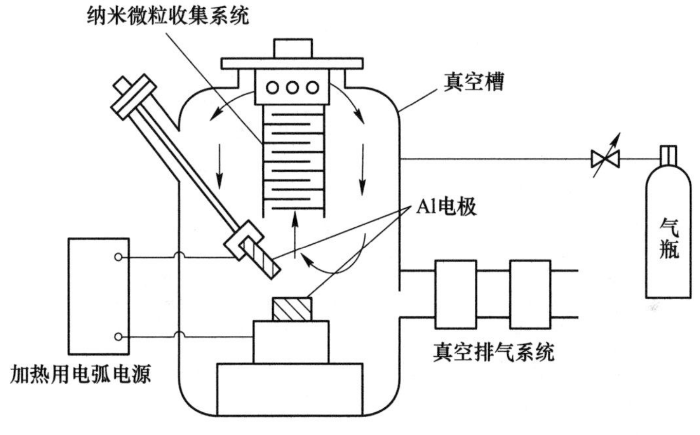

图 3-20 电弧放电法制备超细粉的实验

习 题

1. 粉末的制备方法有哪些？
2. 相比于其他生产方法，自蔓延高温燃烧合成方法的优点是什么？
3. 机械粉碎法中影响球磨的尺寸因素有哪些？
4. 简述沉淀法的过程，其可以分为几类？
5. 采用水热法如何制备 TiO_2 纳米粉体？
6. 溶胶-凝胶法可制取哪些粉末，其优点如何？
7. 制取 Al_2O_3 粉的主要方法有哪些？比较其优缺点。
8. 电解还原法制取铜粉的过程机理是什么？影响铜粉还原过程和铜粉质量的因素有哪些？
9. 简述化学气相沉积制粉的原理及其优点。

参 考 文 献

[1] 李月明．粉体材料工艺学［M］．北京：化学工业出版社，2022.
[2] 陈文革，王发展．粉末冶金工艺及材料［M］．北京：冶金工业出版社，2011.
[3] 姜奉华，陶珍东．粉体制备原理与技术［M］．北京：化学工业出版社，2019.

4 粉体的性能表征

本章提要与学习重点

本章重点介绍了粉末的性能表征方法，主要为比表面积计算和测量方法，包括气体吸附和透过测量方法，重点归纳了金属粉末的松装密度和振实密度测量方法，并且介绍了粉末的自燃性、爆炸和毒性等特性。

4.1 粉末的比表面积

比表面积指单位质量粉末所具有的表面积（单位为 m^2/g）。分析粉末体比表面积主要有气相吸附法和气相渗透法两种方法。

粉末比表面积属于粉末体的一种综合性质，是由单颗粒性质和粉末体性质共同决定的。同时，比表面积还是代表粉末体粒度的参数，同平均粒度一样，能给人以直观、明确的概念。所以用比表面积法测定粉末的平均粒度称为单值法，以区别上述分布法。比表面积与粉末的许多物理、化学性质（如吸附、溶解速度、烧结活性等）直接有关。

粉末比表面积定义为质量为 1 g 的粉末所具有的总表面积，用 m^2/g 或 cm^2/g 表示；致密体的比表面积，也用单位 m^2/cm，称体积比表面积 S。粉末比表面积是粉末的平均粒度、颗粒形状和颗粒密度的函数。测定粉末比表面积通常采用吸附法和透过法。1969 年比表面积测定国际会议推荐的方法有气体容量吸附法、气体质量吸附法、气体或液体透过法、液体或液相吸附法、润湿热法及尺寸效应法等。

4.1.1 比表面积的计算

对于直径为 d 的球形颗粒，单位体积的比表面积为：

$$\frac{S}{V}=\frac{\pi d^2}{\frac{1}{6}\pi d^3}=\frac{6}{d} \tag{4-1}$$

式中，V 为粉末的体积；S 为粉末的总表面积。

单位质量的比表面积等于 $6/(d\rho)$，其中 ρ 为材料的理论密度。当颗粒直径 d 的单位为 μm，密度 ρ 的单位为 g/cm^3 时，以单位 cm^3/g 表示的比表面积等于 $6\times10^4/(d\rho)$。与直径相同的球形颗粒相比，不规则颗粒有较大的比表面积。基于此，可将大于 1 的形状因子 θ 插入上述关系式，从而不规则粉末的比表面积变为：

$$\frac{6\theta}{d\rho}\times 10^4 \quad cm^2/g \tag{4-2}$$

表 4-1 中列出了一些测量粉末粒度和比表面积的方法，这些方法在粉末冶金中是最常用的。

表 4-1 粒度和比表面积的常用测量方法及其应用范围

种　类	方　法	有效的大致尺寸范围/μm
筛分析法	使用筛子	45~800
	机械振动筛分微孔筛	5~50
显微镜法	可见光	0.5~100
	扫描电子显微镜	0.1~1000
	透射电子显微镜	0.001~50
斯托克斯定律方法	沉降	2~300
	比浊仪	0.5~500
	淘析	5~50
电解电阻法	Coulter 计数器	5~800
光遮蔽法	HIAC	1~9000
光散射法	Microtrac	2~100
气体透过法	费氏亚筛析粒度仪	0.2~50
比表面积法	气相的 BET 吸附	0.01~20

粉末比表面积与其粒度之间的关系表示可以用比表面积的测量来确定粒度。实际上，这一关系已得到广泛应用。表 4-2 为几种工业用金属粉末的典型比表面积。

表 4-2 几种工业用粉末的典型比表面积

粉　末	比表面积/$cm^2 \cdot g^{-1}$
还原铁粉	5160
细粉，粒度小于 45μm 占 79%——正常合批	1500
粗粉，粒度小于 45μm 占 19%	516
海绵铁粉——一般合批粉	800
雾化铁粉——一般合批粉	525
电解铁粉——一般合批粉	400
羰基铁粉（7μm）	3460
还原钨粉（0.6μm）	5000
沉淀镍粉（6μm）	3000

由于与铸锭冶金生产的金属相比，金属粉末具有较大的表面积，所以与气体、液体和固体反应的倾向性很大。同样地，比表面积大的细金属粉比粗粉具有更高的反应活性。

较重要的是，细粉的比表面积大使细粉具有高的表面能，而表面能是解释烧结机理的基本概念。表面原子能量较高是由于表面原子与晶体内部原子的化学键差异造成的。晶体内部的原子被其他原子围绕着，并且在它们之间形成化学键。但在自由表面上，表面原子的近邻原子少，化学键不完整。缺少正常的键合是晶体材料产生表面能的基础。键合程度越低，表面能的数值就越大。

表面曲率对晶体点阵中键合程度的影响如图 4-1 所示，图中表示的是很不规则的点阵。在这个二维的点阵中，晶体内的原子有 6 个最近邻原子，在平面上的原子失去 2 个近邻原子，在角上的原子失去 4 个近邻原子，在不规则表面上的原子失去 1~3 个近邻原子，表面越凸，最近邻原子数越少。表面越粗糙，平均表面能就越大。

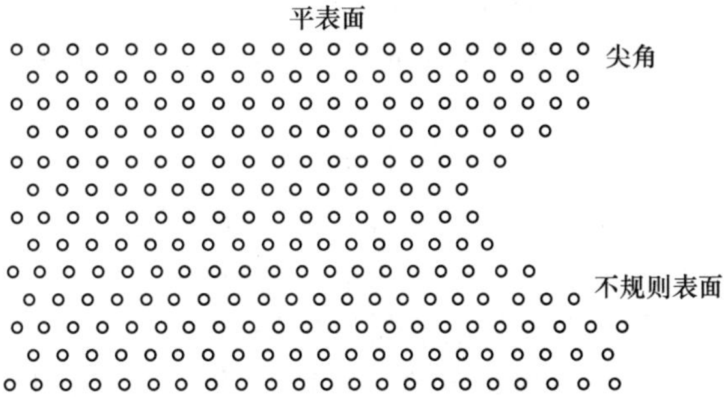

平表面
尖角
不规则表面

图 4-1 与各种类型晶体外部表面相关的局部键合的二维示意图

4.1.2 气体吸附法（BET 法）

测量比表面积的 BET 法是一种基于测量以单分子层吸附在粉末表面上的气体数量来测量粉末比表面积的方法，吸附气体一般用氮气。气体数量可以由等温吸附过程测量，即测量在恒温下吸附气体的数量与压力的关系。这个方法广泛应用于催化剂领域，但对金属粉末仅用于非常细的粉末，参见国家标准 GB/T 13390—1992。

原来的 BET 法需要进行一系列测量来确定氮气在吸附剂上等温吸附的各个点，并需要使用氦气的校准测量来测定样品室的全部空间，非常费时。后来工业上开发了一种改进的方法，其使用的是氮气和氦气的混合气体的连续流动。

用气体透过法（费氏粒度仪）测量的粉末的比表面积值可与用 BET 法（吸附法）测量的比表面积值进行比较。如果粉末颗粒是多孔性的，则 BET 法的数值高于费氏粒度仪的数值，因为气体能够吸附在内部孔隙的表面上，但内部孔隙不会影响粉末床的气体透过性。

4.1.3 气体透过法

气体流过粉末床的透过率或受到的阻力与粉末的粗细或比表面积的大小有关。粉末越细，比表面积越大，对气体的阻力也就越大，单位时间内透过单位面积粉末床的气体量就越少。因此，根据气体的透过率或流量与粉末比表面积的定量关系，就可以通过测量气体的透过率或流量得到粉末的比表面积。

费歇尔微粉粒度分析仪，简称费氏粒度仪，是一个简单而又不贵的仪器，可用于测量在给定压力下，单位时间内流过具有给定的横截面积和高度的粉末床的空气的体积，再根据粉末床的透过性与孔隙度推算出粉末的比表面积。用气体透过法得出的比表面积主要是粉末颗粒的外表面积，但不包括颗粒内部孔隙的表面积。

尽管称为粒度分析仪，但费氏粒度仪测量的不是粒度，而是比表面积。粒度值是根据下面的尺寸相同的球形粉末的关系式，由测量的粉末比表面积与孔隙度换算出来的：

$$S = \frac{6 \times 10^4}{\rho d} \tag{4-3}$$

式中，S 为粉末的比表面积，cm^2/g；ρ 为密度，g/cm^3；d 为颗粒直径，μm。

用费氏粒度仪测量的粒度只适用于颗粒大小相同的球形粉末，对于其他颗粒形状的粉末不适用。虽然费氏粒度仪测出的粒度用 μm 表示，但其与用上述其他方法测出的实际粒度无关。因此，费氏粒度仪只用于对两批粉末进行比较，而不是用于测定亚筛析级粉末的粒度分布。

图 4-2 为费氏粒度仪的示意图。其操作过程为：将粉末装入样品管，样品管装在空气流过的管线上，使干燥的空气在恒定压力下流过粉末床。空气流的速率决定仪器压力计的液面位置。当这个液面位置稳定时，将指针对齐压力计液面，从曲线图上就可读出费氏粒度。这个仪器所测量的费氏粒度范围为 0.2~50μm。测量费氏粒度的方法已标准化，见 GB/T 11107—1989、ASTM B330 和 MPIF 标准 32。费氏粒度很容易转换成比表面积值。

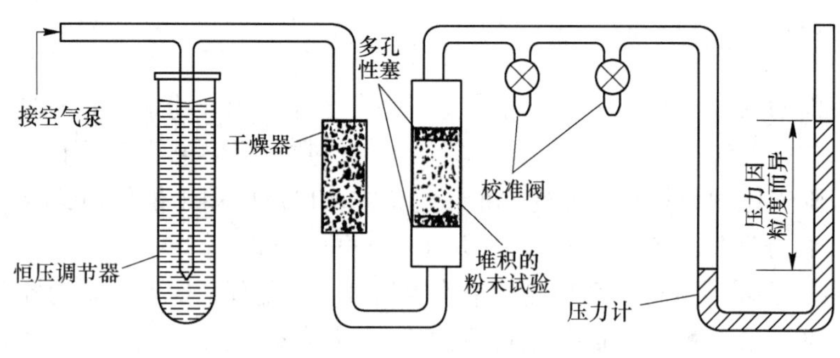

图 4-2　费氏粒度仪的示意图

4.2　金属粉末工艺性能

4.2.1　松装密度与流动性

制造粉末冶金零件的最常见方法是在自动压机中将粉末压制成形。在压制过程中，粉末从装粉靴流入模具型腔中将型腔充满。在每一个压制循环中，粉末充填型腔的一致性和重复性是非常重要的。为此，粉末必须能自由地流入型腔中，同时充满型腔的粉末必须质量相同。这意味着必须同时控制粉末的松装密度与流动性。

粉末的松装密度是指粉末自然地充满规定的容器时单位容积的粉末质量，即在不受重力之外的其他任何力作用下松散粉末的密度。它等于粉末的质量除以粉末的总体积，粉末的总体积包括任何内孔以及团聚颗粒之间的孔隙。因此，松装密度小于固体金属的真实密度。流动性是指 50g 粉末从标准流速计漏斗流出所需的时间，单位为 s/50g。

金属粉末松装密度的测定方法见 GB/T 1479—1984、ASTM B212 及 MPIF 标准 04。流动性的测定方法见 GB/T 1482—1984、ASTM B213 及 MPIF 标准 03。用于测定松装密度和流动性的装置为 Hall 流速计，大致如图 4-3 所示。测定流动性时，操作者用一个手指将漏斗底部的孔堵住，然后将 50g 粉末倒入漏斗中。将手指移开时，粉末从漏斗中流出，与此同时启动秒表开始计时。当所有粉末从漏斗流出时停止秒表。粉末流出的这一段时间即流动性。

测定松装密度时，将一个量杯放在 Hall 漏斗正下方，量杯的容积为 $25cm^3$。然后将粉末倒入漏斗中，粉末从漏斗中自然流出充填量杯。当量杯充满后，将漏斗移开，用刮刀贴着量杯顶部将多出的粉末刮平。注意在粉末充填量杯和刮平粉末的过程中不要使量杯振动。用天平称出量杯中粉末的质量，除以 25 即得到粉末的松装密度，以 g/cm^3 表示。

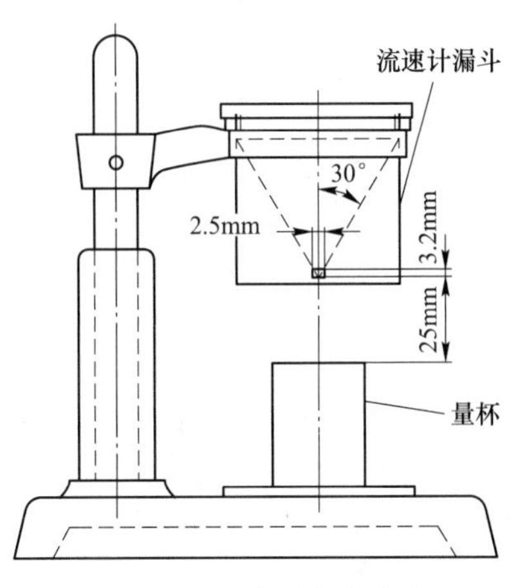

图 4-3 测定粉末松装密度和流动性的 Hall 流速计

流动性和松装密度都受颗粒与漏斗壁或量杯壁之间摩擦力的影响，这些摩擦力都限制颗粒的运动。摩擦力大小取决于表面粗糙度以及表面积与体积之比。因此，减小粉末的粒度和减小粉末颗粒的球形度一般都减小粉末松装密度并增大流动性。

在理想的紧密堆积结构中，单一粒度球形颗粒的松装密度是固体物质密度的 74%。在这种堆积结构中，在一个平面上每个球周围有 6 个近邻球。每个平面与其上面和下面的平面错开，使每个球落在上、下平面中 3 个近邻球形成的凹坑中。将两种不同粒度的球形颗粒混合在一起排列能增大球形颗粒的松装密度，选择的较小颗粒的尺寸和数量必须使其正好填充在较大颗粒形成的间隙中。

粉末冶金中使用的大多数金属粉末具有不规则的颗粒形状，其松装密度都比球形颗粒的低，一般为相应普通金属密度的 25%~40%。但是，即使是不规则形状的颗粒，大小颗粒混合在一起的松装密度也能超过单一粒度较大颗粒的松装密度。一般地，随着粒度的减小，松装密度减小，流动性增大。亚筛析级粉末，即粒度小于 44μm 的粉末不能流动。片状颗粒的粉末也不能流动并且松装密度很小。

使用标准 Hall 流速计测定松装密度有一些缺点。它仅适用于从 Hall 流速计中容易流出的粉末，而有些粉末不能从其中流出，特别是混入润滑剂的粉末。这些粉末能够很好地充填自动压机上模具的型腔，因为粉末从装粉靴流入型腔是在装粉靴往复运动的帮助下完成的。克服这一困难的方法是使用所谓的 Carney 漏斗，它与 Hall 漏斗相似，但小孔的直径为 5.08mm。这种测定方法已标准化，见 ASTM B417 和 MPIF 标准 28。这种方法适用于不能从 Hall 漏斗流出的粉末。根据这些标准，可用手拿一根金属丝从漏斗的小孔中将不能自由流出的粉末捅出，从而使粉末流出。

克服 Hall 流速计测定松装密度的缺点的另一种方法是使用 Arnold 测试仪。这种方法测定松装密度已标准化，见 ASTM B703 和 MPIF 标准 48。这种仪器的示意图如图 4-4 所示。一淬硬钢块中有一个容积为 $20cm^3$ 的圆孔，将其放在一张蜡光纸上。将一装满粉末的青铜套从孔上滑过，然后将孔中收集的粉末取出并称重。将粉末的质量除以孔的体积即得出松装密度。用粉末充满 Arnold 测试仪的方法与粉末冶金压机中装粉靴充填型腔的动作相同。因此，用 Arnold 测试仪测量的松装密度大于 Hall 流速计测量的松装密度，但和用于自动模具充填装置的混合粉末的密度很接近。

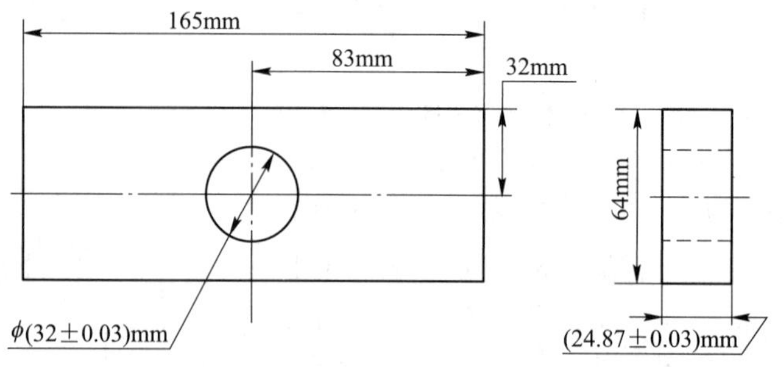

图 4-4 测量粉末松装密度的 Arnold 测试仪的钢模具尺寸

难熔金属粉末的松装密度，诸如钨粉和钼粉，通常用 Scott 容量计测量。使用这一仪器的测定方法已标准化，见 GB/T 5060—1985 和 ASTM B329。测定难熔金属粉末松装密度的 Scott 容量计的示意图如图 4-5 所示。Scott 容量计包括上漏斗、一系列玻璃挡板形成的挡板箱和下漏斗，容积为 16. 39cm^3 的方形量杯或 25cm^3 的圆柱形量杯，以及适当的支架与底座。将适量的粉末倒入上漏斗中，使之通过其中的筛网、挡板箱和下漏斗流入量杯。粉末应完全装满量杯直到从量杯的边缘溢出。然后将漏斗和挡板箱从量杯上方移开，在不振动量杯的条件下用刮刀沿量杯顶部将粉末刮平。再将量杯轻轻振动，使粉末下沉，然后将粉末倒出称重。松装密度等于量杯中粉末的质量除以量杯的容积。

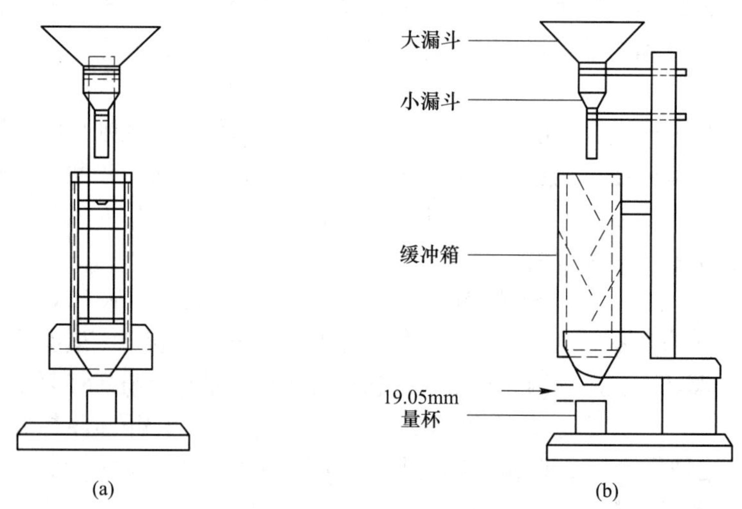

图 4-5 测定难熔金属粉末松装密度的 Scott 容量计的示意图
（a）左视图；（b）右视图

4. 2. 2 振实密度

粉末的振实密度是指松散粉末经一定方式振动后的密度。经振动后粉末的密度增大（体积减小）。测定振实密度的仪器和标准操作方法见 GB/T 5061—1998、ASTM B527、MPIF 标准 46 和 ISO 3953。

测定振实密度时，将标准质量的粉末倒入清洁、干燥、带刻度的玻璃量筒中，注意保持粉末上表面水平。通过机械或人工振动使粉末振实。如果使用机械振动，则将装有粉末的量筒安装在振动装置上进行振动，直到粉末的体积不再减小为止。如果采用人工振动，则在一块硬橡胶垫上垂直振动量筒，直到粉末体积不再减小为止。振动过程中必须小心，防止粉末试样的顶层松散。从带刻度的量筒上读出完全振实的粉末试样的体积，用粉末试样的质量除以读出的体积值即振实密度。

表 4-3 中列出了振实后粉末密度的增大幅度。分析这些数据，可以得出松装密度与振实密度之间的关系如下：

（1）对于给定粉末，当松装密度减小时，振实密度也减小；

（2）振实后密度增大的百分数随松装密度的减小而增大；

（3）对于松装密度较低的粉末，振实后密度增大的百分数可能相当大，通常为 20%~80%。

振实密度有时作为金属粉末的控制规范，或在其他工业应用中作为衡量容器中粉末充填程度的实际尺度。

表 4-3　不同粉末的松装密度和振实密度

粉末种类		松装密度/$g \cdot cm^{-3}$	振实密度/$g \cdot cm^{-3}$	增大幅度/%
铜粉（粒度相同）	球状的	4.50	5.30	18
	不规则状的	2.30	3.14	35
	片状的	0.40	0.70	75
铝粉	雾化铝粉	0.98	1.46	49
铁粉（74~150μm）	电解铁粉	3.31	3.75	13
	雾化铁粉	2.66	3.26	23
	海绵铁粉	2.29	2.73	19
还原铁粉	7μm	3.20	4.40	38
羰基铁粉	8μm	3.20	4.00	25
	7μm	2.70	3.50	30
	5μm	2.20	3.20	46
	3μm	1.20	2.20	83
镍	8μm	2.70	3.50	30
	7μm	2.00	2.60	30
	5μm	1.90	2.40	26
	3μm	1.80	2.30	28
还原钴粉	5.5μm	2.00	3.30	65
	5.0μm	1.80	3.00	67
	1.2μm	0.60	1.40	133

4.3 自燃性、爆炸性及毒性

4.3.1 自燃性与爆炸性

如果金属粉末在正常环境温度下能与空气反应并点燃，则认为此金属粉末具有自燃性。金属粉末是否具有自燃性取决于金属的化学反应性以及粉末的比表面积。金属的化学反应性可以用其点燃温度表征，即金属在块体状态下点燃的温度。但是，与块体金属相比，粉末可以在更低的温度点燃，因为金属粉末暴露出更大的表面积与空气反应。点燃温度与粉末的比表面积有关。确定比表面积的基本因素是粉末的粒度，但颗粒形状对表面积和自燃性具有更大的影响。例如，当某种金属一定粒度的球形粉末不能自燃时，而同种金属相同粒度的片状粉末可以自燃。比表面积如此重要的原因在于，颗粒表面的原子与空气中的氧发生反应。氧化反应的放热增大了粉末颗粒的温度。在细粉中，表面原子的数量很大，当氧化产生的热量超过向环境的散热时，粉末的温度加速升高，并且可以达到块状金属的点燃温度。

如果自燃粉末的燃烧速度充分提高，可以引起金属颗粒在空气中的悬浮，在燃烧面前形成尘云。在适当条件下，尘云能点燃和爆炸。根据煤粉标准样品已经形成了评价金属粉末点燃和爆炸性的半定量系统。根据金属粉末的点燃敏感性和爆炸严重性已经将“爆炸性指数”列成表。相对爆炸性是衡量粉末空气燃烧浓度以及启动燃烧所需点燃能量的指标。表4-4中列出了一些数据。试验表明，虽然几乎所有金属粉末都具有爆炸性，但铝、镁、锆和钛具有严重爆炸性的相对等级。

表4-4 粉末的自燃性和爆炸性

粉 末	粒度/μm	点燃温度①/℃		最小爆炸浓度②/kg	爆炸性指数③
铝雾化		云	层		
Al-Mg合金	-44	650	760	0.045	>10
镁	-44	430	480	0.020	>10
锆	-74	620	490	0.040	>10
钛	3	260	20	0.080	>10
钍	3	20	190	0.045	>10
铀	3	20	20	0.060	>10
氢化钍	10	330	510	0.045	>10
氢化铀	7	270	280	0.075	>10
氢化锆	10	20	1002	0.060	>10
羰基铁	-44(98%)	350	270	0.085	3.7
硼	-74	320	310	0.105	1.6
铬	-44	470	400	约0.100	0.8
锰	-44(98%)	580	400	0.230	0.1
钽	-44	460	240	0.125	0.1

续表 4-4

粉 末	粒度/μm	点燃温度①/℃		最小爆炸浓度②/kg	爆炸性指数③
铝雾化		云	层		
锡	-44	630	300	约 0. 200	0. 1
铅	-53(96%)	630	430		0. 1
钼	-53	710	270		<0. 1
钴	-74	720	360		<0. 1
钨	-44	760	370		<0. 1
铍	-74(99%)	730	470		<0. 1
铜	1	910	540		<0. 1
粉末	-44(98%)	700			

①这些数据是由较粗粉末（-74μm）得到的，而不是亚微米粉末。

②在此测试中所用粉末少于 1g；较多粉末将自燃。

③爆炸性指数=点燃敏感性×爆炸严重性。爆炸性指数大于 10 为严重，1~10 为强，0. 1~1 为中，小于 0. 1 为弱。

4. 3. 2 毒性

金属粉末另一个潜在的危险是它们对个人健康的影响，因为皮肤暴露在粉末中或呼吸时会吸入粉末。除了放射性金属之外的金属粉末，吸入是最大的危害。如同爆炸性一样，最细的粉末沉降得非常慢，具有最大的危害性。在工作环境中以及生物暴露的限制中，得出了化学性物质和物理性试剂（包括金属粉末在内）的“阈限值”（TLV）。表 4-5 列出一些物质的毒性。

表 4-5 职业环境中（8h/d）一些物质的最大允许浓度

物 质	浓度/μg · m^{-1}	物 质	浓度/μg · m^{-1}
钚	0. 0001	钍	110. 0
铍	2. 0	铅	150. 0
羰基镍	7. 0	砷	500. 0
铀	80. 0	氧化锆	5000. 0
镉	100. 0	氧化铁	15000. 0
氧化铬	100. 0	氧化钛	15000. 0
汞	100. 0	氧化锌	15000. 0

注：各种金属粉末的自燃性、爆炸性和毒性可以从提供金属粉末的制造商处获得。

习 题

1. 什么是粉末的比表面积？粉末比表面积怎么计算？
2. 气体吸附法和气体透过法有何区别？
3. 什么是粉末的粒度和粒度分布？常用的测试方法有哪些？
4. 粉末的比表面积常用的测试方法有哪些？

5. 什么是粉末的松装密度和流动性？它们受哪些因素影响？
6. 讨论粉末形状和粒度对振实密度与松装密度比值的影响。
7. 粉末的自燃和爆炸如何预防？

参考文献

[1] 韩凤麟．粉末冶金手册［M］．北京：冶金工业出版社，2012.
[2] 黄培云．粉末冶金原理［M］．北京：机械工业出版社，2012.

5 粉体的预处理

本章提要与学习重点

本章介绍了粉体的预处理技术，阐明了粉体的分散机理，重点介绍了粉体的分散方法，包括物理分散方法和化学分散方法。特别是粉体的表面改性技术，包括物理涂覆、化学包覆、沉积改性、机械力化学改性、微胶囊改性、高能表面改性，能够有效提高粉末的使用性能。此外，根据粉末冶金工艺特点，重点介绍了粉体成形前的预处理，包括粉体退火、粉体混合、粉体制粒、加润滑剂。

5.1 粉体的分散机理

由于产品最终性能的需要或者改善粉末的成形过程的要求，粉末原料在成形之前要经过预处理。包括分级、合批、粉末退火、筛分、混合、制粒、加润滑剂、加成形剂等主要步骤。

混合一般是指将两种或两种以上不同成分的粉末混合均匀的过程。混合也是制备用于成形的粉末-黏结剂原料的第一步。混合物各组分质量的分布均匀至关重要，因为混料不均匀在后续工艺中是无法调整的。然而要制成均匀一致，特别是微观均匀的混合物存在一些困难。在粉末冶金成形中所有的混合物都要求粉末颗粒和黏结剂混合均匀。有时候，为了需要也将成分相同而粒度不同的粉末进行混合，这一过程称为合批。粉末混合的机制是扩散、对流、剪切。为了得到不同粒度分布的混合物，混合和合批是必需的步骤。烧结过程中不同成分的粉末将生成新的合金。添加润滑剂改善粉末压缩性能，添加黏结剂改善粉末成形性能等都需要经过混合或合批过程。

其他的成形工艺如粉浆浇注、粉末注射，也要求将黏结剂均匀地混合到粉末中。混合有机物润滑剂的粉末较易实现注射工艺成形。对于部分硬度较高的粉末（如氧化物、碳化物或金属间化合物）混合黏结剂有利于增加压坯的强度，特别是在压制陶瓷粉末时，这种增加压坯强度的作用必不可少。粉末冶金中最重要的材料体系——硬质合金在成形时，就必须在粉末中加入成形剂，以保证压坯在转运操作或初加工时具有足够的强度。润滑剂和黏结剂一般在烧结过程中蒸发或分解。通常在制备粉末过程中超细粉末会发生团聚，因为小颗粒具有较大的比表面能，而且小颗粒之间具有较大的摩擦力，具有自动聚集成团的趋势，与此同时，流动性得到改进，因此，粉末团聚有利于自动机械装置的操作。

在粉末的制备和处理过程中有可能对粉末造成污染或形成结构缺陷，导致粉末脏化或产生加工硬化。因此需要去除粉末表面污染和减少粉末结构缺陷。常采用的方法是还原表面氧化物和进行退火处理。在粉末还原退火时，为了避免颗粒之间发生烧结，一般采用较低的还原温度和还原能力较高的氢气进行还原退火。

上述是粉末压制前预处理的主要步骤，中间有些步骤是和粉末的制备过程同时进行的。

随着粉体加工技术的发展，物理法制备超细粉体的粒度越来越小，表面能与比表面积急剧增加，导致颗粒团聚；超细粉体颗粒粒度从微米到纳米粒级的量变，引起颗粒性质的质变。化学法制备的纳米颗粒彼此之间极易产生自发凝并和团聚现象，形成粒径较大的二次颗粒，从而影响了纳米粉体的应用。因此，防止超细粉体团聚是粉体技术发展的重大技术难题。

5.1.1　粉体的团聚

小颗粒因发生聚集而导致粉末冶金工艺难度提高。粉末表面对液体具有吸附力使得粉末容易发生聚集，这会增加粉末填充、流动、混合、压制和烧结的困难。避免粉末聚集可以通过研磨分散和表面处理来实现。对小粒度粉末来说，最好的选择是在颗粒之间添加极性分子层，使颗粒间产生排斥力。特别是纳米粉末，表面非常发达，表面静电作用会导致颗粒间相互结合，使颗粒实际粒度增加，使获得烧结纳米材料的困难增加。

粉末团聚的发生主要是因为粉末发达的表面积和弱的物理力的作用，物理力通常是指范德华力、静电作用、毛细管张力和磁场力。范德华力的作用范围一般是100μm，对于粒度低于0.05μm的粉末颗粒有较强的作用力。采用球磨混合时，在颗粒的接触表面发生冷焊，易导致颗粒发生团聚。在退火过程中，小颗粒发生烧结性黏结也会导致粉末颗粒产生团聚。引起团聚发生的另一个不可避免的原因是粉末表面较高的蒸气压。

粉末颗粒表面润湿液体的量与大气的湿度以及粉末颗粒的曲率有关。在粉末颗粒的接触处，润湿液形成毛细管桥接，如图5-1所示。润湿液将粉末颗粒黏结起来形成团聚。颗粒间的相互吸引力 F 和润湿液的量关系不大，主要受气-液界面能 γ_{L_V} 和颗粒直径 D 的影响，其关系式为：

$$F = 5\gamma_{L_V} D \tag{5-1}$$

但是颗粒的质量又取决于颗粒的尺寸，因此对小颗粒来说团聚力与质量的比值就很大。团聚强度 σ 可用下式表达：

$$\sigma = \frac{7S\gamma_{L_V}(1 - \theta)}{D\theta} \tag{5-2}$$

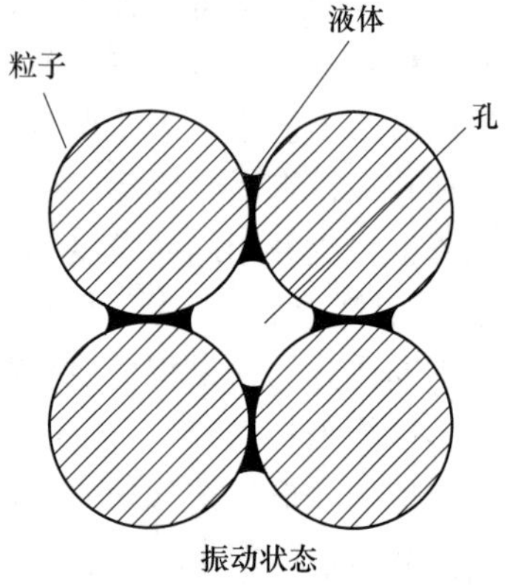

图5-1　颗粒接触处液体作用产生粉末团聚

式中，S 为润湿液的饱和度；θ 为孔隙度；D 为颗粒的直径。因此毛细管张力对粒度在100μm以下的颗粒有明显的影响。

颗粒聚集时产生的聚集力一般都较小，但因为聚集力是作用在点上，所以应力非常高。这种聚集力的存在，使得联结应力能阻止滑移和变形。为了将粉末分开，必须克服颗粒间的聚集力。

颗粒剪切强度是影响粉末混合、流动性和填充性的关键因素。松装粉末在相对较低的剪切应力下流动，形成一个剪切面。可以通过松装粉末的自然坡度角大致测量粉末颗粒间的剪切强度。松装粉末的自然坡度角随黏附力的增加而增加，较小和不规则粉末颗粒的自然坡度角比较大，球形粉末颗粒的自然坡度角比较小。较大的球形粉末颗粒的自然坡度角大约是 30°，如果自然坡度角超过 45°，那么可以认为该粉末具有较强的黏着性。

填充后的粉末强度取决于粉末的松装密度。液体会增加粉末颗粒间的黏附力，提高粉末颗粒间的剪切强度。粉末颗粒间的剪切强度可用粉末的松装密度和粒度来表达，即：

$$\sigma = \frac{K f N_C F_C}{D^2} \tag{5-3}$$

式中，σ 为抗拉强度；K 为与颗粒形状有关的影响因子；f 为粉末的松装密度；N_C 为装填关联系数；F_C 为颗粒间的黏着强度；D 为颗粒的直径。松装密度是指粉末颗粒的实际密度与粉末材料理论密度的比值，随着松装密度增加，强度也随着增加。

粉末颗粒的粒径较小是产生团聚的主要原因，但如果粉末颗粒的粒度分布范围较宽，粒度较小的颗粒对大颗粒又有较明显的影响。

在干燥的气氛中对发生团聚的粉末颗粒进行适度研磨，是消除团聚的一种简单方法，如图 5-2 所示。采用球形、柱形和棒形的研磨体在合适的条件下对粉末进行研磨，目的是要产生足够的剪切力以破坏粉末颗粒间的团聚，而不会对粉末颗粒本身造成不必要的破碎和形变。破除团聚的速率取决于单位时间内研磨体的碰撞次数。

图 5-2 粉末颗粒研磨后发生明显的解团聚，形状发生改变

（a）研磨前；（b）研磨后

对较小的粉末颗粒来说，一种有效的手段是采用表面活性物质来增加粉末颗粒间的排斥力。常用的添加剂有聚乙烯醇、硬脂酸、甘油和油酸，通过增加粉末颗粒表面的润滑来减少粉末颗粒间的摩擦。通常粉末颗粒的流动和填充都需要添加适当的表面活性剂。为了增加亚微米级颗粒的流动性，可在粉末颗粒中添加极性分子层，以便粉末分散，例如粉浆浇注方面的应用，一般都需要添加极性分子，以便充分分散粉末颗粒。

5.1.2 粉体的分散机理

在自然界和人们日常生活中，常常遇见一种或几种超细粉体分散在液体介质中的分散体系。例如，颜料在水、非水介质中分散制成涂料、油漆或油墨，煤粉在水中分散制成水煤浆等。通常情况下，把被分散的物质称为分散质，另一种分散物质称为分散介质。对于超细粉体在液体介质中的分散体系，按照分散质和分散介质的性质大致可将分散体系分为4类：(1) 亲水性分散质与亲水性分散介质体系；(2) 亲水性分散质与疏水（亲油）性分散介质体系；(3) 疏水（亲油）性分散质与亲水性分散介质体系；(4) 疏水（亲油）性分散质与疏水（亲油）性分散介质体系。对超细粉体在空气中的分散体系来说，只有粉体与气体介质分散体系。

超细粉体是由超细粉体本身与空气介质两部分组成的。工业悬浮体系由分散相和液体分散介质两部分组成。在固液悬浮体系中，水、有机极性介质和有机非极性介质是自然界中存在的三大类型液体介质的典型代表，也是我们日常生活和工业实践中运用最广泛的液体介质，它们是具有不同组成、结构和极性的物质，典型代表是水、乙醇和煤油。分散相的种类较多，具有代表性的分散相有无机盐、氧化物、硅酸盐、无机粉体及金属粉体等。表5-1是典型分散介质和分散相及其悬浮液的常见组合。

表5-1 典型的分散介质与分散相

<table>
<tr><th colspan="2">分散介质</th><th>分散相</th><th>备注</th></tr>
<tr><td colspan="2">水</td><td>大多数无机盐、氧化物、硅酸盐、无机粉体、金属粉体等</td><td rowspan="4">二氧化钛，铅白，氧化锌（锌白），锌钡白，石墨，铁黑，炭黑，苯胺黑，铁黄，铁红，铁黑，铬黄、铬绿，铁蓝；联苯胺黄，耐光黄，镍偶氮黄，酞菁蓝，酞菁绿，大红粉，钡白，碳酸钙，硅酸钙，瓷土，云母，氢氧化铝，滑石粉，硅石，锌粉，铝粉，黄铜粉，二氧化钛包覆的鳞片状云母，鱼鳞，碱式碳酸铅，氧氯化铋；掺杂有活性剂的硫化锌或硫化镉，如ZnS/Cu，ZnS/Ag；掺有铑或钍等放射性元素的硫化物，红丹，云母片，玻璃鳞片等</td></tr>
<tr><td>有机极性液体</td><td>乙二醇、乙醇、环己醇、甘油、丙酮等</td><td>无机粉体、金属粉体等</td></tr>
<tr><td>有机非极性液体</td><td>环己烷、二甲苯、四氯化碳、煤油、烷烃类油等</td><td>大多数疏水粉体</td></tr>
<tr><td colspan="2">气体</td><td>大多数无机盐、氧化物、硅酸盐、无机粉体、金属粉体（大多数疏水粉体）等</td></tr>
</table>

分散剂是分散体系的重要组成部分，是指极少量能显著改变物质表面或界面性质的表面活性剂。它有两个基本特性：一是很容易定向排列在物质表面或两者界面上，从而使表面或界面性质发生显著变化；二是分散剂在溶液中的溶解度，即以分子分散状态的浓度较低，在通常使用浓度下大部分以胶团（缔合体）状态存在。分散剂的表（界）面张力和表面吸附润湿、乳化、分散、悬浮、团聚、起（消）泡等界面性质及增溶催化、洗涤等实用性能均与上述两个基本特性有直接或间接的关系。

分散剂分子包含两个组成部分，一个较长的非极性基团，称为疏水基；一个较短的极性基团，称为亲水基。分散剂是一个双亲性分子，例如十二烷基硫酸钠（$C_{12}H_{25}OSO_3Na$）分子中，烷基（$C_{12}H_{15}$—）是亲油基，硫酸钠（—OSO_3Na）是亲水基。通常情况下，分散剂可大体上分为无机电解质、表面活性剂和有机高聚物3种。分散剂按溶于水是否电离分为离子型和非离子型两大类，其中离子型又分为阴离子型、阳离子型和两性离子型。分散剂按分子大小可分为小分子分散剂和高分子分散剂等。

A 颗粒表面的不饱和性

物质粉碎时总是沿着结合力最弱的方向断裂，形成断裂面。断裂面一般平行于晶格密度最大的面网、阴阳离子电性中和的面网、两层同号离子相邻的面网或者平行于化学键力最强的方向。

对离子型 $BaSO_4$ 等晶体颗粒而言，其断键虽然有强弱之分，但是本质上均属于强不饱和键的范畴。表面上断键属于弱分子键，如石墨，主要是沿着层面平行方向｛001｝断裂，尽管层内为共价键键合，可是层面却为分子键键合，所以暴露出弱的不饱和分子键。金刚石和石墨是碳元素的两个同质多相变体。石墨的断裂面为分子不饱和键，而金刚石沿着｛111｝或｛100｝断裂面断裂却为强共价键。因此，颗粒表面上不饱和键的强弱直接取决于颗粒的晶体化学特征，如晶格类型、断裂面的方向等。

由于在表面层的分布和位置的不同，离子的饱和程度不同，加之表面离子的遮盖作用等，即使都是离子键，也可以表现出不同的强弱程度。另外，某些离子-共价键断裂后，颗粒表面可能发生相互补偿作用。表面上相邻的原子（离子）相互作用使断键获得一定程度的补偿。补偿现象的发生往往导致表面疏水性的相对增加，硫化物的表面均发生这种现象。

B 颗粒表面的表面能

随着超细颗粒的变细，完整晶面在颗粒总表面上所占的比例减少，键力不饱和的质点（原子、分子）占全部质点数的比例增多，从而提高颗粒的表面活性。断裂的立方晶格角上的配位数比饱和时少 3 个，在棱边上少 2 个，面上少 1 个。因此在颗粒表面上的台阶、弯折、空位等处的质点所具有的表面能一定大于平面质点的表面能。

颗粒的粒度变细后，颗粒的表面积与表面能将大大增加，表 5-2 为氯化钠颗粒的表面积、表面能等性质与其粒度的变化情况。由表 5-2 可见，将 1g 立方体连续地分为较小的立方体时，比表面积、比表面能迅速增大，而且颗粒细分到小于 1μm 时，棱边能也变得较大。

表 5-2 氯化钠颗粒大小对其比表面能的影响

边长/cm	立方体数目	总表面积/cm^2	表面能/$10^{-4}J \cdot kg^{-1}$	棱边能/$10^{-4}J \cdot kg^{-1}$
0.77	1	3.6	540	2.8×10^{-5}
0.1	460	28	4.2×10^{3}	1.7×10^{-3}
0.01	4.6×10^{5}	280	4.2×10^{4}	0.17
0.001	4.6×10^{8}	2.8×10^{3}	4.2×10^{5}	17
10^{-4}	4.6×10^{11}	2.8×10^{4}	4.2×10^{6}	1.7×10^{3}
10^{-6}	4.6×10^{17}	2.8×10^{6}	4.2×10^{8}	1.7×10^{7}

C 分散体系的流变性

分散体系的流变性是分散体系的一个重要特性，典型的分散体系包括涂料、油漆油墨、水泥浆、钻井泥浆等。由于分散体系在工业中的广泛应用，对分散体系的流变学研究一直是人们研究的重点之一，所有分散体系的黏度剪切速率曲线可以用图 5-3 表示，它包含了许多特性，比如低剪切时的第一牛顿区、中等剪切时的幂率特征和第二牛顿区等。在合适的情况下，固体颗粒悬浮液在第二牛顿区会出现黏度随剪切速率增加而增加的现象。而在某些情形下，第一牛顿区黏度非常高而不容易测得，经常用表观屈服应力来描述这种低剪切行为。

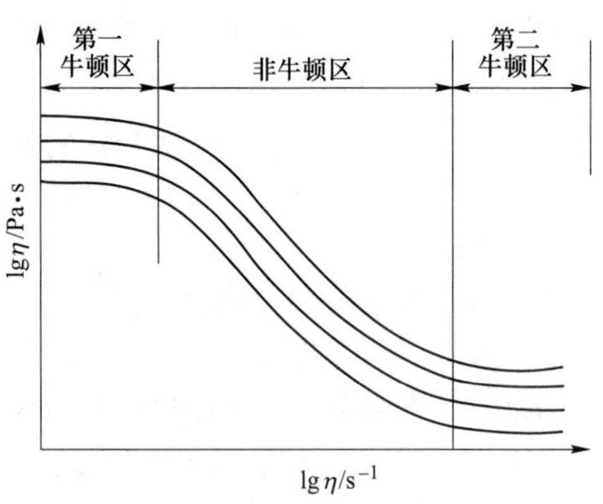

图 5-3 非牛顿分散体系黏度值的典型曲线

稀分散体系的黏度与固相所占体积分率 φ 的关系是：

$$\eta=\eta_0(1+2.5\varphi) \tag{5-4}$$

若粉体密度为 ρ_s(g/cm^3)，粉体的比容积为 V，分散体系浓度为 C，因 $\rho_s\varphi=C$，$V=1/\rho_s$，所以

$$\eta=\eta_0(1+2.5C/\rho_s)=\eta_0(1+2.5VC) \tag{5-5}$$

浓分散体系的黏度随粉体的固相分率的增加而增加。浓度很小时，这种变化呈线性规律；浓度较大时，则呈非线性变化，继续增加浓度，则黏度剧增，到某一固相浓度时，黏度直线上升，趋向无穷大。

5.2 粉体的分散方法

现今，粉体技术已朝着纳米化、窄粒径分布的方向发展，但是由于超细粉体的表面积较大、表面能较高，粉体颗粒之间会发生互相吸引，极易引发粉体团聚，从而严重影响制品的性能。因此，分散问题越来越成为超细粉体研究中的一个关键核心技术。

依照粉体团聚形成的原因，可将粉体的聚团现象大致分成软团聚和硬团聚两大类。粉体的软团聚是粉体颗粒间的静电力和范德华力共同作用形成的，较容易分散；而硬团聚经过很多科学工作者的研究认为，它主要是由化学键作用形成的，所以较难分散。

针对超细粉体团聚现象，可以把粉体的分散方法分成物理分散方法和化学分散方法两大类。其中物理分散方法主要解决粉体的硬团聚，主要有超声分散方法、机械分散方法、静电分散方法、干燥分散方法等。而化学分散对粉体的软团聚起到了明显的改善作用，方法主要有分散剂法、表面改性法。总体而言，超声法用于超细粉体的分散虽然可以获得理想的分散效果，但是，其分散液的分散稳定性多半较差，并且超声分散能耗较大，因成本因素不易大规模应用，目前仅在实验室中使用。

5.2.1 物理分散方法

5.2.1.1 机械分散

机械搅拌分散是指通过强烈的机械搅拌方式引起液流强湍流运动而使粉体聚团碎解悬浮。这种分散方法几乎在所有的工业生产过程中都要用到。机械搅拌分散的必要条件是机械力（指流体的剪切力及压应力）应大于粉体间的黏着力。

聚团碎解这一过程发生的总体概率 P_T 可分为两部分：一是聚团进入能够发生碎解的有效区域的概率 P_t；二是当聚团在有效区域内时，存在的能量密度能够克服原生粉体聚团在一起的作用力的概率 P_ε。

对于悬浮体系 V_T，只有一部分体积 V_{eff}能够在分散机械力作用下，对进入其中的聚团产生碎解作用。则超细粉体聚团的碎解总概率：

$$P_T = P_t P_\varepsilon = \frac{N_d}{N_n} = (1 - e^{-k\frac{V_{eff}}{V_T}t})(1 - e^{-\frac{aE_n}{\sigma V}}) \tag{5-6}$$

式中，N_d 为在某一时刻已破碎的团聚数；N_n 为在某一时刻团聚总数；V_T 为悬浮体系的体积，m^3；V_{eff}为部分体积，m^3；k 为常数；t 为时间，s；σ 为聚团的张力，N/m；E_n 为传输给聚团的能量，J；a 为能量效率因子，无因次常数，其值代表能量输入聚团的碎解，a 越大，能量传输给聚团的效率越高。

超细粉体聚团的碎解概率与超细粉体所处衡算有效区域的体积分数、输入体系的能量及其有效效率和聚团的张力强度大小有密切关系。

超细粉体被部分浸湿后，用机械的力量可使剩余的聚团碎解。浸湿过程中的搅拌能增加聚团的碎解程度，从而也就加快了整个分散过程。事实上，强烈的机械搅拌是一种碎解聚团的简便易行的方法。机械分散离开搅拌作用，外部环境复原，它们又可能重新团聚。因此，采用机械搅拌与化学分散方法结合的复合分散手段通常可获得更好的分散效果。

5.2.1.2 超声分散

频率大于 20kHz 的声波，因超出了人耳听觉的上限而被称为超声波。超声波因波长短而具有束射性强和易于提高聚焦集中能力的特点，其主要特征和作用是：(1) 波长短，近似于直线传播。传播特性与处理介质的性质密切相关。(2) 能力容易集中，因而可形成很大的强度产生剧烈的振动。并导致许多特殊作用（如悬浮波中的空化作用等），其结果是产生机械、热、光、电化学及生物等各种效应。超声调控就是利用超声的能力作用于物质，改变物质的性质或状态。在超细粉体分散中，超声调控主要用于固体超细粉体悬浮液的分散，如在测量粉体粒度时，通常使用超声分散预处理。超细粉体在液体介质中的分散涉及超细粉体分散在液体中的多相反应，其反应速率仍将取决于可能参与的反应面积与物质传质。超声处理促进超细粉体分散。研究表明，粉体的超声分散主要由超声频率及粉体粒度的相互关系决定。

超声波在超细粉体分散中的应用研究较多，特别是对降低纳米粉体团聚更为有效，利用超声空化时产生的局部高温、高压或强冲击波和微射流等，可较大幅度地弱化纳米粉体间的作用能，有效地防止纳米粉体团聚而使之充分分散，但应避免使用过热超声搅拌，因为随着热能和机械能的增加，粉体碰撞的概率也增加，反而导致粉体进一步的团聚。因此，应选择最低限度的超声分散方式来分散纳米粉体。粒径为 25nm 的纳米氧化锆粉体经过不同超声时间（每超声 30s，停 30s，整个过程为一个周期）测得的平均粉体尺寸列于表 5-3。结果表明，适当的超声时间可以有效地改善超细粉体的团聚状况，降低超细粉体的平均粒径尺寸。

表 5-3 超声时间对纳米粉体平均粒径的影响

超声次数	0	1	2	3	4	5
平均粒径/nm	896.3	808.9	594.3	454.1	371.6	423.8

将平均粒径 10nm 的纳米 $CrSi_2$ 粉体加入丙烯腈-苯乙烯共聚物的四氢呋喃溶液中，经超声分散可得到聚合物包覆的纳米晶体。利用超声分散技术将 ZnO_2 粉体分散到电镀液中以制备金属基功能复合涂层。

超声波的第一个作用是在介质中产生空化作用所引起的各种效应，第二个作用是在超声波作用下悬浮体系中各种组分（如集合体、粉体等）的共振而引起的共振效应。介质可否产生空化作用，取决于超声的频率和强度。在低声频的场合易于产生空化效应，而高声频时共振效应起支配作用。

5.2.1.3 干燥分散

在潮湿空气中，粉体间形成的液桥是粉体团聚的主要原因，因此杜绝液桥产生或消除已经形成的液桥作用是保证超细粉体分散的主要手段。干燥是将热量传给含水物料，并使物料中的水分发生相变转化为气相而与物料分离的过程。固体物料的干燥包括两个基本过程，首先是对物料加热并使水分汽化的传热过程，其次汽化的水扩散到气相中的传质过程。对于水分从物料内部借扩散等作用输送到物料表面的过程则是物料内部的传质过程。因此，干燥过程中传热和传质是同时存在的，两者既相互影响又相互制约。在几乎所有的有关生产过程中都采用加温干燥预处理。例如，超细粉体在干式分级前，加温至 200℃ 左右除去水分，保证超细粉体的松散。干燥处理是一种简单易行的分散方法。

5.2.1.4 静电分散

根据库仑的同性电荷相排斥、异性电荷相吸引原理，静电已在静电喷涂、静电分选及静电除尘等工业领域得到了广泛应用。为了解决超细粉体制备技术中存在的粉体团聚难题，提出了静电分散设想。

静电分散过程中可调控电压是一个重要因素。它的大小直接影响静电分散时的电流和分散效果。

电压对电流、碳酸钙和滑石粉体静电分散效果的影响如图 5-4 所示。静电分散法对碳酸钙和滑石粉在空气中均具有良好的分散作用。碳酸钙和滑石粉体在不用静电分散处理时，其分散指数为 1，随电压的升高，电流迅速增大，碳酸钙和滑石粉体的分散效果提高。电流与粉体的分散效果具有很好的对应关系，即电流增大，粉体的分散效果提高；电流减小，分散效果降低。电压为 25kV，电流达 1.16mA；电压增大到 29kV 时，碳酸钙和滑石粉体的分散指数分别可达到 1.430 和 1.422，分散指数分别提高了 0.430 和 0.422，说明静电分散效果显著。静电分散对粒径 2~25μm 范围粉体的作用最强，对小于 2μm 粉体的分散性不太有效。

5.2.2 化学分散方法

化学分散法是指在含有纳米粉末的悬浮液中加入适当的分散剂，并使分散剂被吸附在纳米颗粒的表面，从而改变颗粒表面的性质，改善颗粒间的相互作用，以达到使粉体材料分散的目的。常用的分散剂有偶联剂、高分子聚合物（如阿拉伯树胶、明胶、鲱鱼油等）、

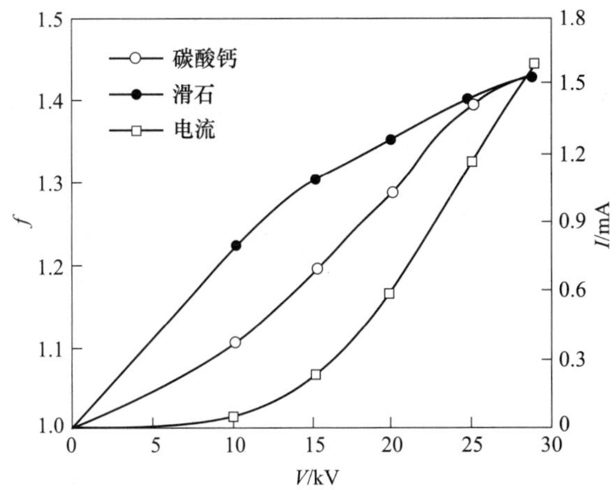

图 5-4　电压对超细粉体分散指数的影响

表面活性剂和无机聚合物或电解质。其中高分子聚合物分散剂的应用非常广泛，因其分子量很大，当它被吸附在纳米颗粒表面时，其分子长链在悬浮液中舒展成一定厚度的吸附层，通过位阻作用来阻止纳米颗粒间的相互聚集。

另一种是对粉体颗粒进行表面改性，将与液相溶剂具有较好相容性的有机分子通过化学反应嫁接在粉体颗粒表面，以改变粉体表面性质，达到稳定分散的效果。相对于物理方法来说，化学法通常具有更好的分散稳定性。在实际生产中，物理方法和化学方法经常结合使用，利用物理方法解团聚，然后使用化学方法来稳定浆料，可以实现更好的分散效果。

5.3　粉体的表面改性

5.3.1　物理涂覆

这是利用高聚物或树脂等对粉体表面进行处理而达到表面改性的工艺，如用酚醛树脂或呋喃树脂等涂敷石英砂以提高精细铸造砂的黏结性能。这种涂抹后的铸造砂既能获得高的熔模铸造速度，又能保持在模具和模芯生产中得到高抗卷壳和抗开裂性能；用呋喃树脂涂抹的石英砂用于油井钻探可提高油井产量。物理涂敷是一种对粉体表面进行简单改性的工艺。

以用树脂涂敷石英砂为例，表面涂敷改性工艺可分为冷法和热法两种。在涂敷处理前应对石英砂进行冲洗、擦洗和干燥。

冷法涂覆膜砂是在室温下制备。工艺过程为先将粉状树脂与砂混匀，然后加入溶剂（工业酒精、丙酮或糠醛），溶剂加入量根据混砂机能否封闭而定。能封闭者，酒精用量为树脂用量的 40%~50%；不能封闭者，酒精用量为树脂用量的 70%~80%。再继续混碾到挥发完，干燥后经粉碎和筛分即得产品。该法用有机溶剂量大，仅适用于少量生产。热法覆膜是将砂子加热进行覆膜。工艺过程是先将石英砂加热到 140~160℃，而后与树脂在混砂机中混匀（其中树脂用量为石英砂用量的 2%~5%）。这时树脂被热炒软化，包覆在砂粒表面，随着温度降低而变黏，此时加入乌洛托品，使其分布在砂粒表面，并使砂激冷（乌洛托品作为催化剂可在壳模形成时使树脂固化）。再加硬脂酸钙（防止结块），混数秒后出砂，然后粉碎、过筛、冷却后即得产品。此法工艺效果较好，适合大量生产；但工艺控制较复杂，并需要专门的混砂设备。表 5-4 为涂敷树脂砂配方实例。

表 5-4　涂敷树脂砂配方实例

用途（芯砂名称）	敷膜方法	成分配比						性能	
		原砂	酚醛树脂	乌洛托品	水和乌洛托品比	硬脂酸钙	工业酒精	抗拉强度 $/10^5N\cdot m^{-2}$	熔点 /℃
发动机缸体缸筒砂芯	热法	(S100/200)100	6	1	1∶1	0.35	—	>42	90~104
用于细而长的砂芯	热法	(S50/100)(70/140)100	6	0.9	1∶1	0.2~0.3	—	25~35	—
进排气管的砂芯	热法	100	6.5	1.3	3∶1	0.3	3.6	—	—

影响表面涂敷处理效果的主要因素有颗粒的形状、比表面积、孔隙率、涂敷剂的种类及用量、涂敷处理工艺等。

对于球形颗粒，涂层的厚度 t 与涂敷层的质量分数 x、颗粒（内核）的直径 r_1、颗粒密度 ρ_1、涂敷层的密度 ρ_2 以及颗粒（内核）的质量分数（$1-x$）有关，其关系式为：

$$t=\left[\frac{xr_1^3\rho_1}{(1-x)\rho_2}+r_1^3\right]-r_1 \tag{5-7}$$

图 5-5 为用式（5-7）计算的颗粒（内核）及涂敷层（高聚物）的密度分别为 $1500kg/m^3$ 和 $1000kg/m^3$，不同粒径颗粒的涂层厚度与涂敷层质量之间的关系。

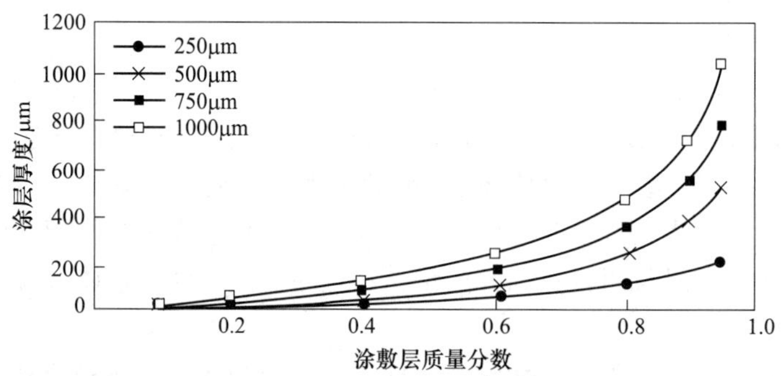

图 5-5　涂敷层质量分数对不同直径颗粒涂层厚度的影响

对于非球形颗粒可用式（5-8）估算涂层厚度 t：

$$t=\frac{x\rho_1r_3}{3(1-x)\rho_2} \tag{5-8}$$

式中，r_3 为颗粒（内核）的当量球体直径。

上述模型只适用于没有孔隙的颗粒，对于有孔隙的颗粒，还要考虑孔隙率的影响。

5.3.2　化学包覆

化学包覆是利用有机物分子中的官能团在无机粉体表面的吸附或化学反应对颗粒表面进行包覆使颗粒表面改性的方法。除利用表面官能团改性外，这种方法还包括利用游离基反应、螯合反应、溶胶吸附等进行表面包覆改性。

表面化学包覆改性所用的表面改性剂种类很多，如硅烷、钛酸酯、铝酸酯、锆铝酸盐、有机铬等各种偶联剂，高级脂肪酸及其盐，有机铵盐及其他各种类型表面活性剂，磷酸酯，不饱和有机酸，水溶性有机高聚物等，因此，选择的范围较大。具体选用时要综合考虑无机粉体的表面性质、改性后产品的质量要求和用途、表面改性工艺以及表面改性剂的成本等因素。

表面化学包覆改性工艺可分为干法和湿法两种。干法工艺一般在高速加热混合机或捏合机、流态化床、连续式粉体表面改性机、涡流磨等设备中进行。在溶液中湿法进行表面包覆改性处理一般采用反应釜或反应罐，包覆改性后再进行过滤和干燥脱水。

影响无机粉体物料表面有机物化学包覆改性效果的主要因素如下。

5.3.2.1　粉体的表面性质

粉体的比表面积粒度大小和粒度分布、比表面能、表面官能团的类型、表面酸碱性、表面电性、润湿性、溶解或水解特性、水分含量、团聚性等均对有机物化学包覆改性效果有影响，是选择表面改性剂配方、工艺方法和设备的重要因素。

在忽略粉体孔隙率的情况下，粉体的比表面积与其粒度大小呈反比关系。即：粒度越细，粉体的比表面积越大。在要求一定单分子层包覆率和使用同一种表面改性剂的情况下，粉体的粒度越细，比表面积越大，表面改性剂的用量也越大。比表面能大的粉体物料，一般倾向于团聚，这种团聚体如果不能在表面改性过程中解聚，就会影响表面改性后粉体产品的应用性能。因此，团聚倾向很强的粉体最好在与表面改性剂作用前进行解团聚。

粉体的表面物理化学性质，如表面电性、润湿性、官能团或基团、溶解或水解特性等直接影响其与表面改性剂分子的作用，从而影响其表面改性的效果。因此，表面物理化学性质也是选择表面改性工艺方法的重要考量因素之一。

粉体表面官能团的类型，影响有机表面改性剂与无机颗粒表面作用力的强弱，能与有机表面改性剂分子中极性基团产生化学键合或化学吸附的无机颗粒表面，表面改性剂在颗粒表面的包覆较牢固；仅靠物理吸附与无机颗粒表面作用的表面改性剂，与表面的作用力较弱，在颗粒表面包覆不牢固，在一定条件下（如剪切、搅拌、洗涤）可能脱附。所以，选择表面改性剂时也要考虑无机颗粒表面官能团的类型。例如，对石英粉、黏土、硅灰石、水铝石等酸性矿物，选用硅烷偶联剂效果较好；对不含游离酸的碳酸钙等碱性矿物填料，用硅烷偶联剂效果欠佳。这是因为硅烷偶联剂分子与石英表面官能团的作用较强，而与碳酸钙表面官能团的作用较弱。颗粒表面的酸碱性也对颗粒表面与表面改性剂分子的作用有影响。在用表面活性剂对无机颜料或填料进行表面化学包覆改性时，颜料或填料粒子表面与各种有机官能团作用的强弱顺序大致是：当表面呈酸性时（如 SiO），胺>羧酸>醇>苯酚；当表面呈中性时（Al_2O_3、FeO_3 等），羧酸>胺>苯酚>醇；当表面呈碱性时（MgO、CaO 等），羧酸>苯酚>胺>醇。

无机颗粒表面的含水量也对颗粒与某些表面改性剂的作用产生影响，例如单烷氧基型钛酸酯的耐水性较差，不适合于含湿量（吸附水）较高的无机填料或颜料；而单烷氧基焦磷酸酯型和螯合型钛酸酯偶联剂则能用于含湿量或吸附水较高的无机填料或颜料，如陶土、滑石粉等的表面改性。

5.3.2.2　表面改性剂的配方

粉体的表面化学包覆改性在很大程度上是通过表面改性剂在粉体表面的作用来实现的，因此，表面改性剂的配方（品种、用量和用法）对粉体表面的改性效果和改性后产品的应用性能有重要影响。

A　表面改性剂的品种

表面改性剂的品种是实现粉体表面改性预期目的的关键，具有很强的针对性。从表面改性剂分子与无机粉体表面作用的角度来考虑，应尽可能选择能与粉体颗粒表面进行化学反应或化学吸附的表面改性剂，因为物理吸附在其后应用过程中的强烈搅拌或挤压作用下容易脱附。但是，在实际选用时还必须考虑其他因素，如产品用途、产品质量标准或要求、改性工艺以及成本、环保等。

产品的用途是选择表面改性剂品种最重要的考虑因素。不同的应用领域对粉体应用性能的技术要求不同，如表面润湿性分散性、pH、电性、耐候性、光泽、抗菌性等，这就是要根据用途来选择表面改性剂品种的原因之一。例如，用于各种塑料、橡胶、胶黏剂、油性或溶剂型涂料的无机粉体（填料或颜料）要求表面亲油性好，即与有机高聚物基料有良好的亲和性或相容性，这就要求选择能使无机粉体表面疏水亲油的表面改性剂；在选择用于包覆电缆绝缘材料填料的煅烧高岭土时，还要考虑表面改性剂对其介电性能及体积电阻率的影响；对于陶瓷坯料中使用的无机颜料不仅要求其在干态下有良好的分散性，而且要求其与无机坯料的亲和性好，能够在坯料中均匀分散；对于水性漆或涂料中使用的无机粉体（填料或颜料）的表面改性剂则要求改性后粉体在水相中的分散性、沉降稳定性和配伍性好。同时，不同应用体系的组分不同，选择表面改性剂时还须考虑与应用体系组分的相容性和配伍性，避免因表面改性剂而导致体系中其他组分功能的失效。此外，选择表面改性剂品种时还要考虑应用时的工艺因素，如温度、压力以及环境因素等。所有的有机表面改性剂都会在一定的温度下分解，如硅烷偶联剂的沸点因品种不同在100~310℃变化。因此，所选择的表面改性剂的分解温度或沸点最好高于应用时的加工温度。

改性工艺也是选择表面改性剂品种的重要考虑因素之一。目前的表面改性工艺主要采用干法和湿法两种。对于干法工艺不必考虑其水溶性的问题，但对于湿法工艺要考虑表面改性剂的水溶性，因为只有能溶于水才能在湿法环境下与粉体颗粒充分地接触和反应。例如碳酸钙粉体干法表面改性时可以用硬脂酸（直接添加或用有机溶剂溶解后添加均可），但在湿法表面改性时，如直接添加硬脂酸，不仅难以达到预期的表面改性效果（主要是物理吸附），而且利用率低，过滤后表面改性剂流失严重，滤液中有机物排放超标。其他类型的有机表面改性剂也有类似的情况。因此，对于不能直接水溶而又必须在湿法环境下使用的表面改性剂，必须预先将其皂化、胺化或乳化，使其能在水溶液中溶解和分散。

最后，选择表面改性剂还要考虑价格和环境因素。在满足应用性能要求或应用性能优化的前提下，尽量选用价格较便宜的表面改性剂，以降低表面改性的成本。同时要注意选择不对环境造成污染的表面改性剂。

B 表面改性剂的用量

理论上在颗粒表面达到单分子层吸附所需的表面改性剂用量为最佳用量，该用量与粉体原料的比表面积和表面改性剂分子的截面积有关，但这一用量不一定是100%覆盖时的表面改性剂用量，实际最佳用量要通过改性试验和应用性能试验来确定，这是因为表面改性剂的用量不仅与表面改性时表面改性剂的分散和包覆的均匀性有关，还与应用体系对粉体原料的表面性质和技术指标的具体要求有关。

对于湿法改性，表面改性剂在粉体表面的实际包覆量不一定等于表面改性剂的用量，因为总是有一部分表面改性剂未能与粉体颗粒作用，在过滤时被流失掉了。因此，表面改性剂实际用量要大于达到单分子层吸附所需的用量。

进行化学包覆改性时，表面改性剂的用量与包覆率存在一定的对应关系，一般来说，在开始时，随着用量的增加，粉体表面包覆量提高较快，但随后增势趋缓，至一定用量后，表面包覆量不再增加。因此，表面改性剂用量过多是不必要的，从经济角度来说表面改性剂用量过多增加了生产成本。

C 表面改性剂的使用方法

表面改性剂的使用方法是表面改性剂配方的重要组成部分之一，对粉体的表面改性效果有重要影响。好的使用方法可以提高表面改性剂的分散程度和对粉体的表面改性效果；反之，使用方法不当就可能使表面改性剂的用量增加，改性效果达不到预期的目的。

表面改性剂的用法包括配制、分散和添加方法以及使用两种以上表面改性剂时的加药顺序。

表面改性剂的配制方法要依表面改性剂的品种、改性工艺和改性设备而定。

不同的表面改性剂需要不同的配制方法，例如，对于硅烷偶联剂，与粉体表面起键合作用的是硅醇，因此，要达到好的改性效果（化学吸附）最好在添加前进行水解。对于使用前需要稀释和溶解的其他有机表面改性剂，如钛酸酯、铝酸酯、硬脂酸等要采用相应的有机溶剂，如无水乙醇、异丙醇、甘油、甲苯、乙醚、丙酮等进行稀释和溶解。对于在湿法改性工艺中使用的硬脂酸、钛酸酯、铝酸酯等不能直接溶于水的有机表面改性剂，要预先将其皂化、胺化或乳化为能溶于水的产物。

添加表面改性剂的最好方法是使表面改性剂与粉体均匀和充分地接触，以达到表面改性剂的高度分散和表面改性剂在粒子表面的均匀包覆。因此，最好采用与粉体给料速度联动的连续喷雾或滴（添）加方式，当然只有采用连续式的粉体表面改性机才能做到连续添加表面改性剂。

由于粉体表面，尤其是无机填料或颜料表面性质的不均性，有时混合使用表面改性剂较使用单一表面改性剂的效果要好。例如，联合使用钛酸酯偶联剂和硬脂酸对碳酸钙进行表面改性，不仅可以提高表面处理效果，而且还可减少钛酸酯偶联剂的用量，降低生产成本。但是，在选用两种以上的表面改性剂对粉体进行处理时，加药顺序对最终表面改性效果有一定影响。在确定表面改性剂的添加顺序时，首先要分析两种表面改性剂各自所起的作用和与粉体表面的作用方式（是物理吸附为主还是化学吸附为主）。一般来说，先加起主要作用以化学吸附为主的表面改性剂，后加起次要作用和以物理吸附为主的表面改性剂。

5.3.2.3　表面改性工艺

表面改性剂配方确定以后，表面改性工艺是决定表面化学包覆改性效果最重要的影响因素之一。表面改性工艺要满足表面改性剂的应用要求或应用条件，对表面改性剂的分散性好，能够实现表面改性剂在粉体表面均匀且牢固的包覆；同时要求工艺简单、参数可控性好、产品质量稳定，而且能耗低、污染小。因此，选择表面改性工艺时至少要考虑以下因素：

（1）表面改性剂的特性，如水溶性、水解性、沸点或分解温度等。

（2）前段粉碎或粉体制备作业是湿法还是干法，如果是湿法作业可考虑采用湿法改性工艺。

（3）改性工艺条件，如反应温度和反应时间等。为了达到良好的表面化学包覆效果，一定的反应温度和反应时间是必须的。选择温度范围应首先考虑表面改性剂对温度的敏感性，以防止表面改性剂因温度过高而分散、挥发。但温度过低不仅反应时间较长，而且包覆率低。对于通过溶剂溶解的表面改性剂来说，温度过低，溶剂挥发不完全，也将影响化学包覆改性的效果。反应时间影响表面改性剂在颗粒表面的包覆量，一般随着时间的延长，开始时表面改性剂包覆量迅速增加，然后逐渐趋缓，到一定时间达到最大值，此后，继续延长反应时间，表面改性剂包覆量不再增加甚至还有所下降（因强烈机械作用，如剪切或冲击导致部分解吸附）。

5.3.2.4　表面改性设备

在表面改性剂配方和表面改性工艺确定的情况下，表面改性设备就成为影响粉体表面化学包覆改性的关键因素。

表面改性设备性能的优劣，不在其转速的高低或结构复杂与否，关键在于以下基本工艺特性：

（1）对粉体及表面改性剂的分散性；

（2）使粉体与表面改性剂的接触或作用的机会；

（3）改性温度和停留时间；

（4）单位产品能耗和磨耗；

（5）粉尘污染；

（6）设备的运转状态。

高性能的表面改性设备应能够使粉体及表面改性剂的分散性好、粉体与表面改性剂的接触或作用机会均等，以达到均匀的单分子层吸附，减少改性剂用量；同时，能方便调节改性温度和反应或停留时间，以达到牢固包覆和使溶剂或稀释剂完全蒸发（如果使用了溶剂或稀释剂）；此外，单位产品能耗和磨耗应较低，无粉尘污染（粉体外溢不仅污染环境，恶化工作条件，而且损失物料，增加了生产成本），设备操作简便，运行平稳。

5.3.3　沉积改性

这是通过无机化合物在颗粒表面的沉淀反应，在颗粒表面形成一层或多层“包膜”，以达到改善粉体表面性质，如光泽、着色力、遮盖力、保色性、耐候性，电、磁热性和体相性质等目的的表面改性方法。这是一种“无机/无机包覆”或“无机纳米/微米粉体包覆”的粉体表面改性方法。沉淀反应是无机颜料表面改性最常用的方法之一，如用氧化铝或二氧化硅处理一氧化钛（钛白粉），通过金属氧化物（氧化钛、氧化铁、氧化铬等）在白云母颗粒表面的沉淀反应包膜于云母颗粒表面而制取珠光云母，用氧化钴沉淀包膜 $\alpha\text{-}Al_2O_3$ 粉体等。

用沉淀反应方法对粉体进行表面改性，一般采用湿法工艺，即在分散的一定固含量浆料中，加入需要的无机表面改性剂，在适当的 pH 值和温度下使无机表面改性剂以氢氧化物或水合氧化物的形式在颗粒表面进行均匀沉淀反应，形成一层或多层包膜，然后经过洗涤、过滤、干燥、焙烧等工序使包膜牢固地固定在颗粒表面。这种用作粉体表面沉淀反应改性的无机表面改性剂一般是金属氧化物、氢氧化物及其盐类等。

以二价金属离子（用 Me^{2+} 表示）为例，在分散有粉体的浆料中，存在以下几种反应：

（1）水解：

$$Me^{2+} + H_2O \longrightarrow MeOH^+ + H^+ \tag{5-9}$$

$$Me^{2+} + 2H_2O \longrightarrow Me(OH)_2 + 2H^+ \tag{5-10}$$

$$Me^{2+} + 3H_2O \longrightarrow Me(OH)_3^- + 3H^+ \tag{5-11}$$

$$Me^{2+} + 4H_2O \longrightarrow Me(OH)_4^{2-} + 4H^+ \tag{5-12}$$

$$2Me^{2+} + H_2O \longrightarrow Me_2(OH)^{3+} + H^+ \tag{5-13}$$

$$4Me^{2+} + 4H_2O \longrightarrow Me_4(OH_4)^{4+} + 4H^+ \tag{5-14}$$

$$Me^{2+} + 2H_2O \longrightarrow Me(OH)_{2(S)} + 2H^+ \tag{5-15}$$

其中，$Me(OH)_{2(S)}$ 为固态金属氢氧化物。

（2）与粉体表面的反应。设 SOH 代替粉体表面，其可能的反应类型如下：

$$SOH + Me^{2+} \longrightarrow SOMe^+ + H^+ \tag{5-16}$$

$$SOH + 2Me^{2+} + 2H_2O \longrightarrow SOMe_2(OH)_2^+ + 3H^+ \tag{5-17}$$

$$SOH + 4Me^{2+} + 5H_2O \longrightarrow SOMe_4(OH)_5^{2+} + 6H^+ \tag{5-18}$$

$$SOH + Me^{2+} + 2H_2O \longrightarrow SOH + 2H^+ + Me(OH)_{2(S)} \tag{5-19}$$

$$SOH + Me^{2+} + H_2O \longrightarrow SOMeOH + 2H^+ \tag{5-20}$$

$$2SOH + Me^{2+} \longrightarrow (SO)_2Me^+ + 2H^+ \tag{5-21}$$

$$SOH + 4Me^{2+} + 3H_2O \longrightarrow SOMe_4(OH)_3^{4+} + 4H^+ \tag{5-22}$$

其中，式（5-19）为表面沉淀反应。对于 Co^{2+} 与 $\alpha\text{-}Al_2O_3$ 粉体表面的作用，其表面沉淀反应和多核配位基吸附反应的模型如图 5-6（a）（b）所示。

粉体颗粒表面在浆液中也可能发生某些水解反应，以 $\alpha\text{-}Al_2O_3$ 为例，其可能的反应如下：

$$Al^{3+} + H_2O \longrightarrow Al(OH)^{2+} + H^+ \tag{5-23}$$

$$Al^{3+} + 2H_2O \longrightarrow Al(OH)_2^+ + 2H^+ \tag{5-24}$$

$$Al^{3+} + 3H_2O \longrightarrow Al(OH)_3^- + 3H^+ \tag{5-25}$$

$$Al^{3+} + 4H_2O \longrightarrow Al(OH)_4^- + 4H^+ \tag{5-26}$$

粉体表面溶解及共沉淀反应模型如图 5-7 所示。这些水解产物可与水合金属氧化物反应，如 CoO_2 在粉体表面共沉淀反应。

表面沉淀反应改性一般在反应釜或反应罐中进行。影响沉淀反应改性效果的因素较

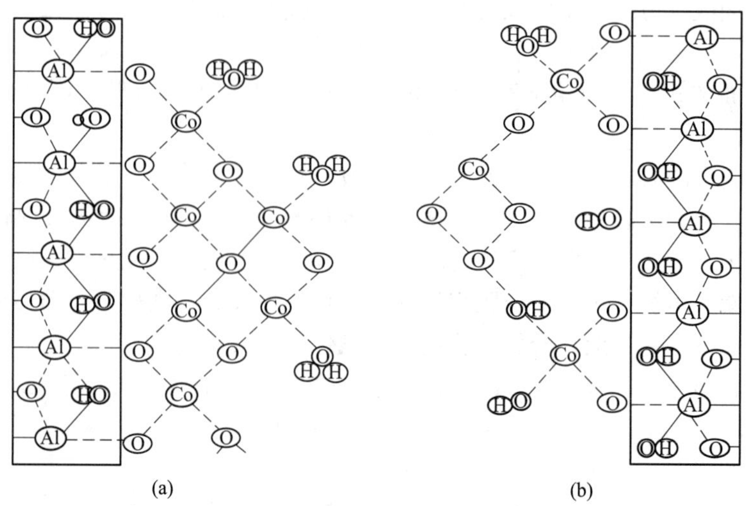

图 5-6　Co^{2+}在 α-Al_2O_3 表面的沉淀反应和多核配位基吸附反应模型

（a）沉淀反应；（b）多核配位基吸附反应

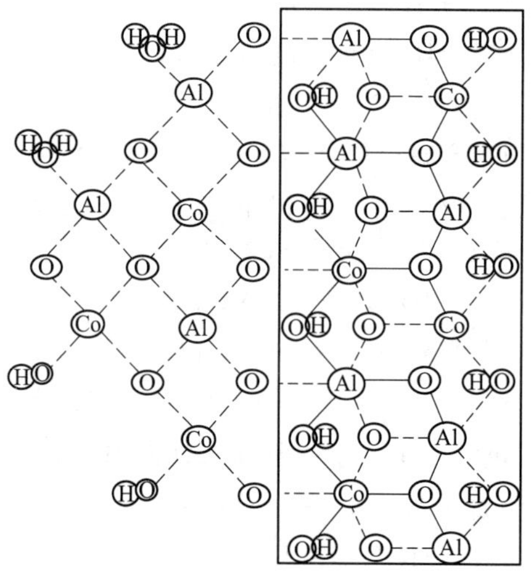

图 5-7　粉体表面溶解及共沉淀反应模型

多，主要有原料的性质，如粒度大小和形状、表面官能团；无机表面改性剂的品种；浆液的 pH 值、浓度；反应温度和反应时间；后续处理工序，如洗涤、脱水、干燥或焙烧等。其中浆液 pH 值浓度及反应温度等因直接影响无机表面改性剂在水溶液中的水解产物，是沉淀反应改性最重要的影响因素之一。

无机表面改性剂的种类和沉淀反应的产物及晶型往往决定表面改性后粉体材料的功能性和应用性能。因此，要根据粉体产品的最终用途或性能要求来选择沉淀反应的无机表面改性剂。这种表面改性剂一般是最终包膜产物（金属氧化物）的前驱体（盐类）或水解产物。

5.3.4 机械力化学改性

机械力化学改性是利用超细粉碎及其他强烈机械作用有目的地对粉体表面进行激活，在一定程度上改变颗粒表面的晶体结构、溶解性能（表面无定形化）、化学吸附和反应活性（增加表面活性点或活性基团）等。显然，仅仅依靠机械激活作用进行表面改性目前还难以满足应用领域对粉体表面物理化学性质的要求。但是，机械化学作用激活了粉体表面，可以提高颗粒与其他无机物或有机物的作用活性；新生表面产生的游离基或离子可以引发苯乙烯、烯烃类进行聚合，形成聚合物接枝的填料。因此，如果在无机粉体粉碎过程中的某个阶段或环节添加适量的表面改性剂，那么机械激活作用可以促进表面改性剂分子在无机粉体表面的化学吸附或化学反应，达到在粉碎过程中使无机粉体表面改性的目的。此外，还可在种无机非金属矿物的粉碎过程中添加另一种无机物或金属粉，使无机核心材料表面包覆金属粉或另一种无机粉体，或进行机械化学反应生成新相，如将 ZnO 和 Al_2O_3 一起在高速行星球磨机中强烈研磨 4h 以后，即有部分物料生成新相 $ZnAl_2O_4$（尖晶石型构造）；将石英和方解石一起研磨时生成 CO_2 和少量 $CaOSiO_2$ 等。

对粉体物料进行机械激活的设备主要是各种类型的球磨机（旋转筒式球磨机、行星球磨机、振动球磨机、搅拌球磨机、砂磨机等）、气流粉碎机、高速机械冲击磨机及离心磨机等。

影响机械激活作用强弱的主要因素是粉碎设备的类型、机械作用的方式、粉碎环境（干、湿、气氛等）、助磨剂或分散剂的种类和用量、机械力的作用时间以及粉体物料的晶体结构、化学组成、粒度大小和粒度分布等。

粉碎设备的类型决定了机械力的作用方式，如挤压、摩擦、剪切、冲击等。除气流粉碎机主要是冲击作用外，其他用于机械激活的粉碎设备一般都是多种机械力的综合，如振动球磨机是摩擦、剪切、冲击等机械作用力的综合；搅拌球磨机是摩擦挤压和剪切作用的综合；旋转筒式球磨机是摩擦、冲击作用力的综合；高速机械冲击磨机则是冲击和剪切等作用力的综合。机械力的作用时间或粉碎时间的长短是影响机械化学反应强弱的一个主要因素之一，机械能作用的时间越长，机械化学效应就越强烈。

许多研究表明，多数情况下在同一设备，如振动球磨机中，同样的粉碎时间，干式超细粉碎对无机粉体的机械激活作用（晶格扰动、表面无定形化等）较湿式超细粉碎要强烈。再有，在添加助剂或表面改性剂的机械粉碎操作中，机械化学效应或机械化学反应与这些添加剂有关，这些添加剂往往参与表面吸附，降低系统的黏度和减轻颗粒的团聚。

5.3.5 微胶囊改性

胶囊化改性指在粉体颗粒表面上覆盖一层均质且有一定厚度薄膜的一种表面改性方法。粉体的胶囊化改性主要指微小颗粒胶囊化。这种微小胶囊一般是一至几百微米的微小壳体。这种壳体的壁膜（外壳、皮膜、保护膜）通常是连续又坚固的薄膜（其厚度从几分之一微米到几微米）。微小颗粒胶囊化改性不仅能制备无机-有机复合胶粒，还可以利用胶囊的缓释作用将固体药粉胶囊化，粉体的胶囊化改性可以说是因为后者而发展起来的。

在粉体表面形成胶囊的方法很多，这些方法大致可分为三类、十四种。有些方法与前面介绍的表面化学包覆和沉淀反应包膜相似。现简单介绍如下。

（1）化学方法：

1）界面聚合法（界面聚合反应）。

2）局部聚合法（表面或界面化学反应法）。

3）在液相中硬化覆盖层法。

（2）物理化学方法：

1）水溶液的相分离法（单纯凝聚或复合凝聚法）。

2）有机溶液的相分离法（界面析出、界面浓缩、温度变化法等）。

3）液相干燥法（界面沉淀法、界面硬化反应法、二次胶乳法等）。

4）溶解分散冷却法（喷雾凝固造粒、凝固造粒）。

5）内包物交换法。

6）粉粒床法（液滴法、凝胶法、乳胶法）。

（3）机械物理方法：

1）气相悬浮覆盖法。

2）无机物表面胶囊化（摩擦研磨法、胶体法、加热硬化法）。

3）真空镀膜覆盖法。

4）静电法。

5）喷雾凝固干燥法。

粉体微小胶囊化改性的应用领域很多，技术方法也不尽相同，因此，影响因素很多。

5.3.6 高能表面改性

高能表面改性是指利用紫外线、红外线、电晕放电、等离子体照射和电子束辐射等方法对粉体进行表面改性的方法。如用 ArC_3H_6 低温等离子处理 $CaCO_3$，可改善 $CaCO_3$ 与 PP（聚丙烯）的界面黏结性。这是因为经低温等离子处理后的 $CaCO_3$ 离子表面存在非极性有机层作为界面相，可以降低 $CaCO_3$ 的极性，提高与 PP 的相容性。电子束辐射可使石英、方解石等粉体的荷电量发生变化。

此外，化学气相沉积（CVD）和物理沉积（PVD），无机酸、碱、盐处理也可用于粉体的表面改性，将这些方法与前述各种改性方法并用效果更好。但是，目前高能改性方法技术较复杂，成本较高，还难以实现大规模工业化生产。

5.4 粉体成形前的预处理

5.4.1 粉体退火

粉体的退火可使氧化物还原，降低碳和其他杂质的含量，提高粉末的纯度，同时还能消除粉末的加工硬化，稳定粉末的晶体结构。用还原法、机械研磨法、电解法、喷雾法以及差离解法所制得的粉末通常都要退火处理。退火温度根据金属粉末的种类不同而不同，通常为该金属熔点的 0.5~0.6 倍。有时为了进一步提高粉末的纯度，退火温度也可以超过此值。一般来说，电解铜粉的退火温度约为 300℃，电解铁粉或电解镍粉约为 700℃，一般不会超过 900℃。退火通常在还原性气氛中进行，有时也可用惰性气氛或真空。在要求清除杂质和氧化物，即进一步提高粉末的纯度时，要采用还原性气氛（氢、分解氨、转化天然气或煤气等）或真空退火；为了消除粉末的加工硬化或者使细粉末粗化防止自燃时，就可以采用惰性气体作为退火气氛。

5.4.2 粉体混合

如前所述，混合和合批是压制前两个常用的预处理步骤，它们的共同点是将粉末混合均匀。不同点是，合批是指将成分相同而粒度不同的粉末或不同生产批次的粉末进行均匀混合，保持产品的同性；而混合是指将成分不同的粉末均匀混合，得到新成分的材料。通过合批可以达到控制粉末粒度分布的目的。如常将小颗粒和大颗粒混合以改善粉末的烧结性能，粗大的粉末颗粒具有较好的压缩性、较差的烧结强度。大小颗粒的适当搭配，改善了粉末的填充性质，提高了粉末的压缩性。

粉末混合后组成新的成分，在烧结过程中经过均匀扩散形成新的合金或各相组织分布均匀的假合金和复合材料，或者在粉末中添加陶瓷增强相、增强纤维等来改善制品的力学性能。由于预合金粉具有较高的硬度和加工硬化速率，所以预合金粉比单元素粉末混合粉更难以破碎加工。如采用预合金粉制备铜合金，需要较大的压制压力，也可采用铜粉和锡粉的混合粉制备铜合金，这种铜锡混合粉的硬度较低，在压制时不会产生加工硬化，因此制备工艺较易实现。混合粉在烧结阶段完成均匀化过程，如 Fe-C-Cu-Ni 和 Al-Si-Mn-Co 等混合粉体系。

粉体混合的目的和意义是多种多样的。例如玻璃生产可视为两个混合过程，包括配料粉体的混合和熔融玻璃的黏性流体混合。熔化中玻璃液存在的小气泡或过多的漂物一般是由于配合料的均匀性不佳所造成的；玻璃中可见的条纹和结石等也都可能与配料中固体颗粒混合不好有关。陶瓷原料的均化为固相反应和获得均质的制品创造了条件；在耐火材料的生产中，为了获得所需的强度，需要制备有最紧密填充状态的颗粒配料；水泥工业中原料的预均化和半成品的进一步均化对扩大原料的利用、有利于化学反应和提高产品的质量均有重要的意义。

粉体均化的方式和途径多种多样但均化过程的原理是基本相同的，归纳起来，主要有以下三种：

（1）移动均化（对流均化）。颗粒团块从物料中的一处移动到另一处，类似于流体的对流。

（2）扩散均化。分离的颗粒分散到不断展现的斜面上。如同一般的扩散作用那样，互相掺和、渗透而得到均化。

（3）剪切均化。在物料团块（堆）内部，颗粒之间的相对移动，在物料中形成若干滑移面，就像薄层状的流体相互混合和掺和。

由于固体颗粒的混合过程复杂，迄今为止，对固体颗粒混合的研究远不及对流体搅拌的研究。以粒度相同的两种等量固体 A 粒和 B 粒的混合为例，如果 A 与 B 的密度相同，如图 5-8（a）所示，理论上达到完全混合的状态，应该是十分简单的。只要能使 A 和 B 相互交错排列，即达到了相异颗粒在四个方向都相互间隔的理想完全混合，如图 5-8（b）所示。若 A 是 B 的两倍，则必须由两个 A 颗粒与一个 B 颗粒排列在一起。若 A 与 B 的密度不同，B 为 A 的两倍，就必须一个 A 颗粒与两个 B 颗粒并列。这种绝对均匀化的完全理想状态在工业生产中是不大可能出现的。工业上的混合最佳状态是无序的、不规则的排列。混合过程是一种随机事件，工业混合也称为概率混合，所能达到的最佳程度称为随机完全混合，如图 5-8（c）所示。

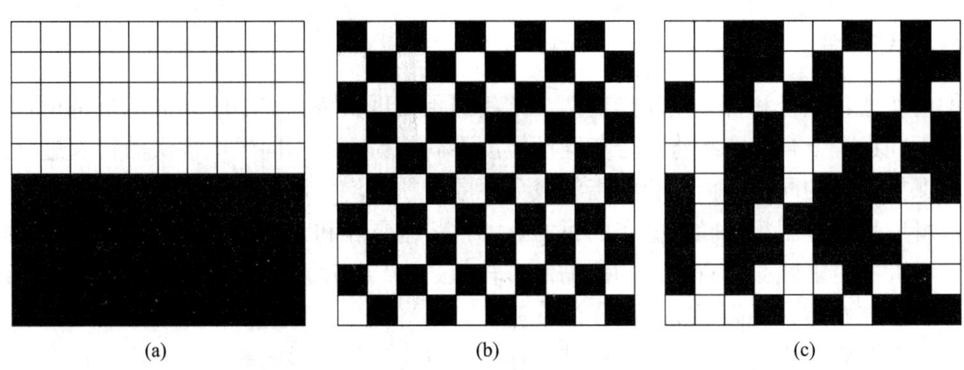

图 5-8 几种典型混合状态

（a）原始态；（b）理想完全态；（c）随机完全态

而实际混合问题要比上述情况复杂得多。不仅颗粒的大小不均匀，密度也不相同，影响固体颗粒混合的粉料特性远不止粒度与密度这两项。例如在混合机内（料堆内）的混合作用，就是给予物料以外力（包括重力与机械力等）使其各部分颗粒发生运动，或者加速，或者减速，还包括运动方向、运动状态的改变。这种使各部分物料都发生相互变换位置的运动越是复杂，也就越有利于混合。而上述这些外力的性质、大小与数量取决于混合的方式、混合机工作部件的结构、混合速度以及物料量等。混合过程一般如图 5-9 所示。在混合前期，混合的速度较快，颗粒之间迅速混合。达到最佳混合状态后，不但均化速度变慢，而且向反方向变化，使均化状态变劣，即混合与反混合作用一正一反，使混合过程再也不能达到最佳混合状态，尤其是较细的粉体。由于粉体的凝聚以及静电效应的原因，产生了逆均化的现象称为反混合，也称为偏析。偏析是指颗粒由于具有某些特殊性能而优先地占据了该系统中的若干部位。显然，偏析会阻碍随机完全混合，因为只有当任何一个颗粒都有相同的概率去占据该系统中的任一位置时才能完成完全混合。

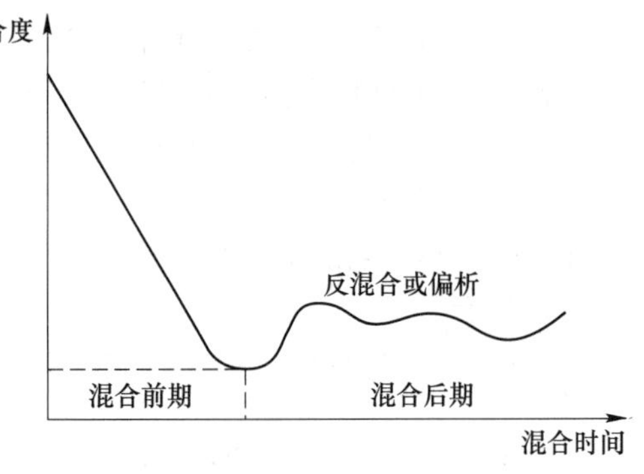

图 5-9 混合过程

混合状态是粉料与混合之间的平衡。平衡的建立乃基于一定的条件。适当地改变这些条件就可使平衡向着有利于混合的方面转化，从而改善混合作业。

5.4.3 粉体制粒

粉体制粒是将小颗粒的粉末制成大颗粒或团粒的工序，常用于改善粉末的流动性。在硬质合金生产中，为了便于自动成形，使粉末能顺利充填型腔必须先制粒。小而硬的粉末如陶瓷（如 Al_2O_3）、金属间化合物（如 NiAl）、难熔金属（如 W 和 Mo）以及其他的化合物（如 WC、TiB）不能自由流动，而且具有较低的松装密度，这样的粉末是很难压制的，尤其是粒子间摩擦力大而颗粒细小使之处理起来更为困难。因此，需要制成大颗粒增加其流动性。方法是先将这样的粉末与有机试剂和易挥发试剂调制成料浆，然后制粒，其过程如图 5-10 所示。料浆经雾化或者离心雾化成细小液滴后，由于表面张力作用而形成球形颗粒，在自由降落过程中加热，使易挥发试剂蒸发，得到硬而密实的颗粒。

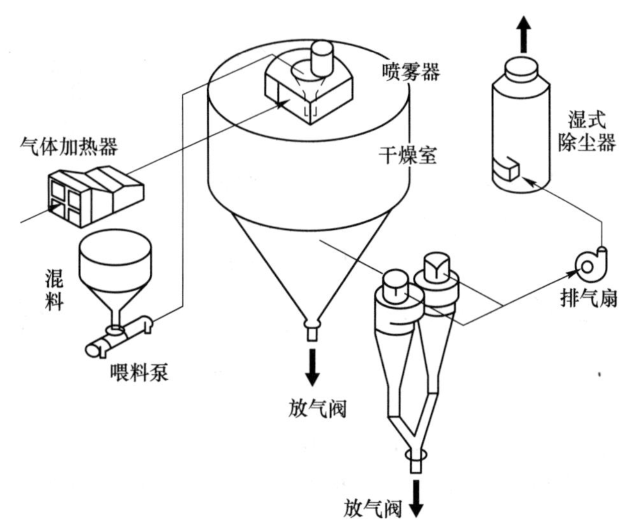

图 5-10 粉末制粒过程

造粒或粒化是指将很细的粉状物料添加结合剂做成流动性好的固体颗粒的操作，为了区别于粉料的原始颗粒，常把加工成球状的颗粒称为团粒。近 20 年发展起来的微囊化（Microencapsulation），将固体或液体（通称囊心物）制备成直径 1~5000μm 的微小胶囊，是粒化技术的新发展。

聚乙烯醇、纤维素或聚乙二醇溶液是最常用的制粒材料。制粒后的粒度一般为 200μm。通常使用的制粒设备有圆筒制粒机、圆盘制粒机和擦筛机等，有时，也用振动筛来制粒。目前，较先进的工艺是喷雾干燥制粒。它是将液态物料雾化成细小的液滴后与加热介质（N_2 或空气）直接接触后，液体快速蒸发而干燥制粒的过程。喷雾干燥常用于产量大的造粒设备，其缺点是有机黏结剂需在烧结过程中除去。这种粒径大且呈球形的颗粒流动性好。喷雾法将干燥和造粒相结合，它不是采用粉末黏结剂浆料喷射的方法，而是通过不停地搅拌使易挥发试剂在加热过程中被除去。

5.4.3.1 粒化机理

粉颗粒对水来说是浸润体，其表面能够吸收和附着水分。在粒化机中喷撒液态黏结剂后，表面很快吸足水分，并在相邻颗粒间形成如弯月面的液体拱桥（Arch Bridge），称这种并不十分紧密的凝聚体结构（图 5-11）为粒化核。由于碰撞作用，这些粒化核将黏结成为更大的凝聚体。由于粒化机的转动，粉料与凝聚体随升降产生的落差被逐渐压实，强度得到提高。当供给粒化机的水分停止后，颗粒在粒化机中继续反复升降并不断滚动，液体在颗粒间隙中的毛细作用加强，产生负压将颗粒相互间拉得更紧。最后颗粒表面的液体全部被外层的干粉料所吸收，颗粒将不再继续变大。

5.4.3.2 粒化形成过程

粒化的形成过程是经过粒化核的产生（图 5-11（a））、凝聚物的长大（图 5-11（b））和颗粒的球化整粒阶段（图 5-11（c）），使细粉料成为具有一定大小与强度的颗粒。再经干燥处理后，即成为粒化料，也称固结成形。

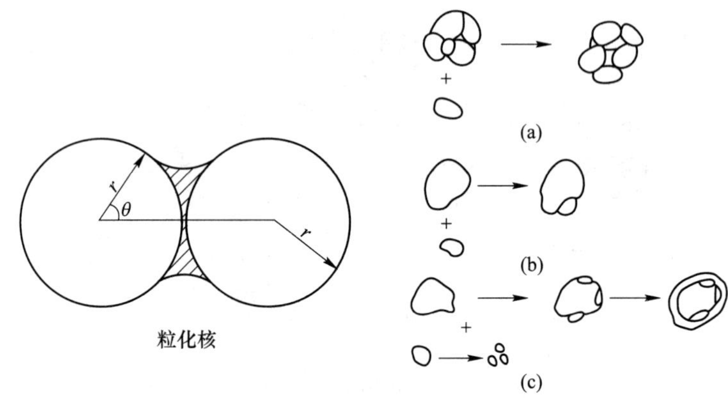

图 5-11 粒化核及粒化过程

（a）粒化核的产生；（b）凝聚物的长大；（c）颗粒的球化整粒阶段

当固体粉末被润湿时，因加入液体的量不同会出现以下几种情况（图 5-12）。图 5-12（a）表示液体较少时呈摆动态；图 5-12（b）表示液体量增加，液体环连接起来呈网状，呈索状态；图 5-12（c）表示液体更多，颗粒间所有空隙都充满液体，呈毛细管态；图 5-12（d）表示液体多，以致形成液滴，此时主要靠液体的表面张力而结合在一起。当湿颗粒干燥后，由于范德华力及静电力作用而使颗粒固结；另外，颗粒间的固体桥（Solid Bridge）对固结也起重要作用。固体桥主要由以下情况形成：（1）可溶性成分因溶剂蒸发而在相邻颗粒间结晶，将相邻的颗粒结合起来；（2）黏合剂在颗粒间固化；（3）可能有某些成分在颗粒间熔融，随后凝固。

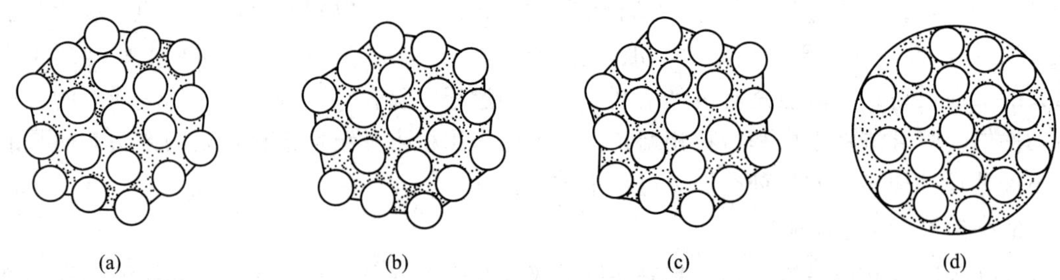

图 5-12 湿颗粒黏合机理示意图

（a）摆动态；（b）索状态；（c）毛细管态；（d）颗粒在液滴中

在压制粒化时，因压缩使颗粒间的距离接近，颗粒因范德华力、表面自由能等作用而固结。

5.4.3.3 造粒方法

造粒方法见表 5-5。

表 5-5 造粒方法分类

造粒方法	主要设备形式			方法概述及其特点
	(1)	(2)	(3)	
滚动造粒	圆盘 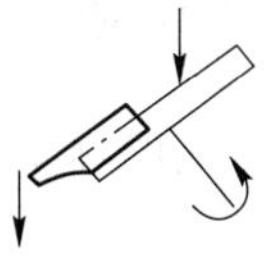	旋转圆筒 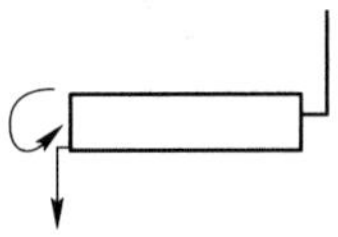	旋转截头圆锥 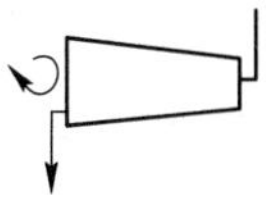	(1) 粉体与黏结剂在倾盘中团聚，借助筛析作用长大，边缘排出；(2) 粉体与黏合剂于圆筒中滚动、凝结造粒；(3) 截头缀有旋转滚动凝结作用，同时筛析分级
流动床造粒	流化床 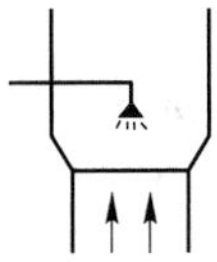	喷动床 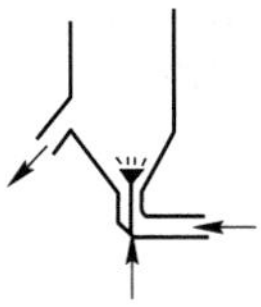	喷流床 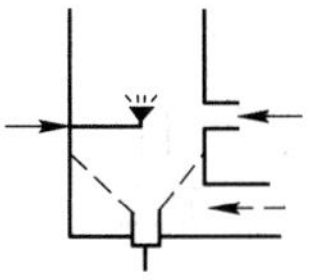	(1) 热风使粉体流态化，将黏结剂喷射雾化于粉体上，凝结造粒；(2) 从锥底部流化粉体，黏结剂喷在流层中；(3) 将水溶液、胶体等喷于流动粉体层上，一边干燥，一边包覆造粒
搅拌法造粒	捏磨机 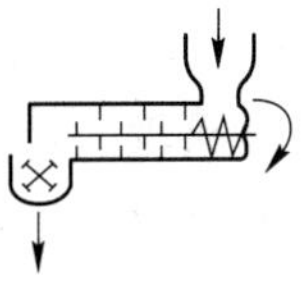	高速混合 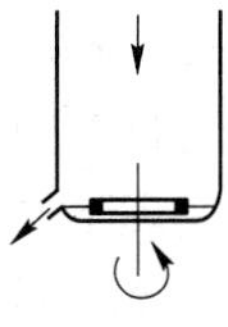	旋转搅拌叶 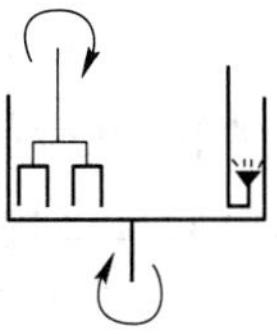	(1) 粉体与黏合剂混炼，聚结出口处挤碎造粒；(2) 粉体与黏合剂高速搅拌混合，生成细粒凝聚体；(3) 黏合剂逐渐加入设备中的粉体上，借助旋转及搅拌叶片的混合，黏结成粒
压缩法造粒	对辊压制机 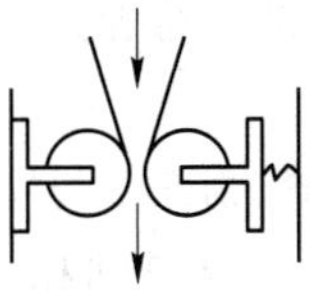	对辊压丸机 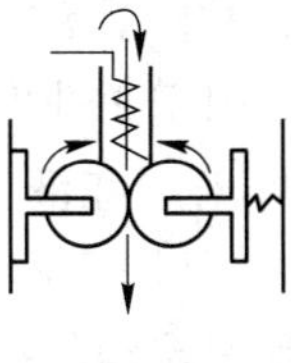	压片机 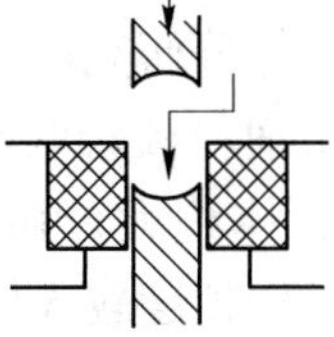	(1) 将适量黏合剂混于粉体，经压缩辊子形成片状，由后续工序破成粒；(2) 流动性差的物料，经给料螺旋加入旋转碾子模槽内，压缩制块；(3) 将粉体置于槽中，在上下杆之间，将其压缩成形，制成锭片
挤压造粒	螺旋挤压机 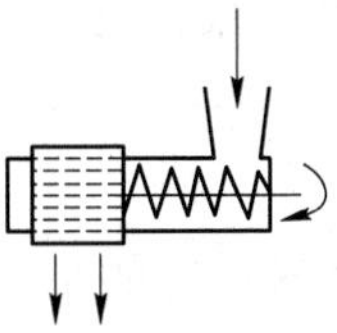	螺旋切块机 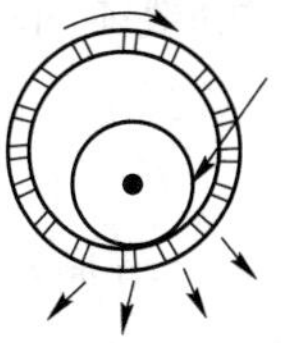	螺旋叶片机 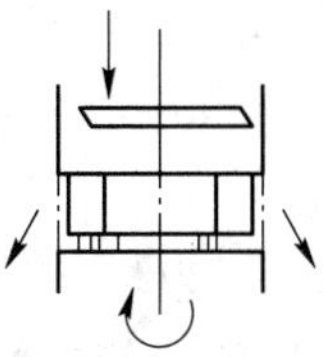	(1) 螺杆输送低湿粉体，并从圆筒中的模槽挤压出颗粒体；(2) 低湿粉体于旋转螺模与辊子之间，辊子再将粉体从模孔中挤出成团粒；(3) 低湿粉体于圆筒状模内，旋转桨叶挤压粉体，从模孔排出成团粒
熔化造粒	造粒塔 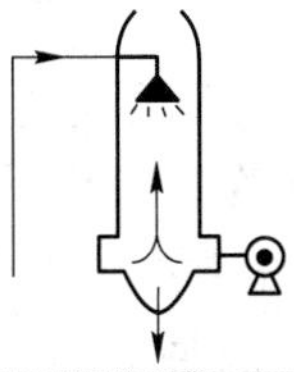	喷流层 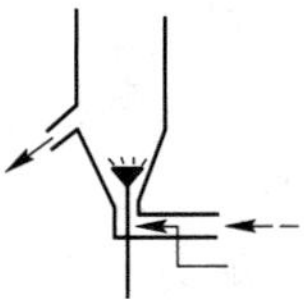	循环带 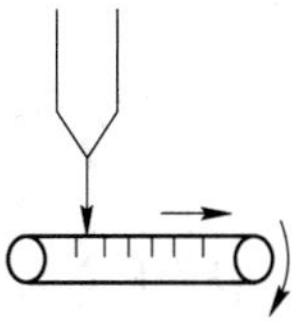	(1) 将熔融液雾化，雾滴下落过程遇冷风固化；(2) 将熔融物向上喷，与冷空气流并流冷却固化；(3) 熔化液滴落在冷却钢带上，冷却固化

续表 5-5

造粒方法	主要设备形式			方法概述及其特点
	(1)	(2)	(3)	
热法造粒	移动炉烧结机 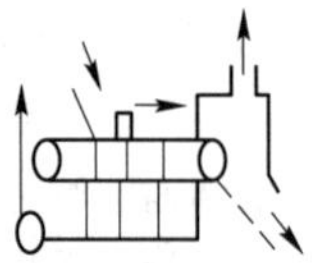	竖炉 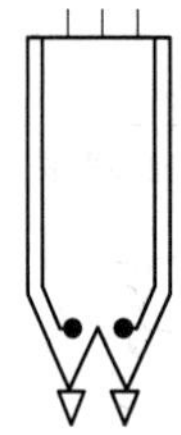	鼓室刨片机 	(1) 矿石细粉、燃料、矿渣润湿成球，在水平炉箅上灼烧形成烧结物；(2) 原矿石经过热处理逸出水分与挥发分而固化；(3) 浆状、膏状物在热金属鼓上干燥成薄膜，用刮刀刮下成片、屑粒状
液中造粒	选择性凝聚器 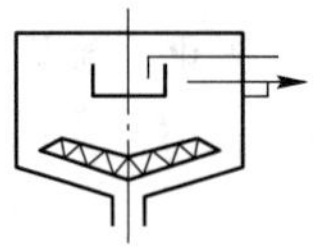	渗透分离筒 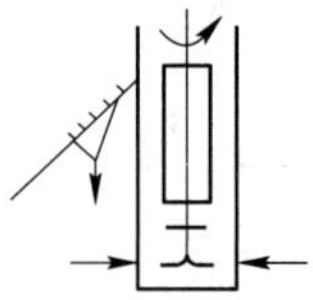	泥浆脱水鼓 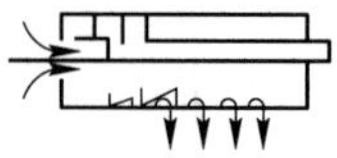	(1) 搅拌使水油分散，包上油膜的细粉相互黏结；(2) 含炭黑粉粒洗液中，炭黑被油黏结成密实的颗粒；(3) 絮凝剂在前端加入，形成絮状物后，滚动密实成块

在表 5-5 所示的各种造粒方法中，液中造粒是最新发展起来的新技术。所谓液中造粒，即直接对分散在液体中的固体颗粒造粒成团。通过液中造粒，可实现液体中固体微粒的增径，简化固液分离过程，也可通过选择性造粒实现不同性质颗粒的分离。因此，液中造粒技术的研究引起选矿、洗煤、水处理及制药等领域的广泛重视。早在 1903 年，Cattermole 就提出了液中造粒的设想。以后相继出现了特伦特制团法、相转换制团法等。进入 20 世纪 60 年代，Puddington I E、Capes C E 等开始液中造粒的基础研究。迄今为止，此研究已涉及广泛的工业领域，部分研究成果已应用于工业实践。

某些干的细粉及液体中的超细粉极难收集，可采用在液体中凝聚以增大粒径的方法。普通絮凝作用产生的黏结力小，体积大，强度低，可用于净化悬浮液得到相对纯净的液体。在液体中凝聚造粒是为了得到粒度较大的密实颗粒，包括生产粒状物以及从混合物中进行一种或几种组分的选择性凝聚分离。

在液体中造粒可分为两种情况：一种是在非互溶液体内选择性凝聚，另一种是在液体中分散制粒。

A 非互溶液体内选择性凝聚

在悬浮固体颗粒的液体（第一液体，一般为水）中加入与之不相溶的第二液体（称架桥液或结合剂），第二液体应具备能使颗粒表面润湿的性质。为了改善第二液体对颗粒表面的润湿性，往往需加入某种药剂对颗粒表面进行处理（第一液体为水的场合，加入的药剂为表面活性剂）。

在一定的搅拌条件下，具有能被架桥液润湿表面的颗粒，可以相互结成造粒体。造粒体中架桥液体的分布状态如图 5-13 所示，即摇动状、锁链状和毛细管充满状。图中粒子 1 为表面可被架桥液体润湿的颗粒，粒子 2 为表面可被第一液体润湿的颗粒。粒子 1 形成造粒体，而粒子 2 仍悬浮于第一液体中。当架桥液体添加量过大时，两种液体便发生分离，架桥液体呈悬浮状。两种颗粒依表面润湿性的不同，而分别悬浮分散到第一液体或第二液体中。

该造粒方法中较重要的应用为煤粉凝聚。由于煤的天然风化、机械采煤、低品位煤利用等，细煤粉量急剧增加。煤粉凝聚过程一般包括选择性凝聚、凝聚块收集脱水、干燥等环节。许多油类都可用作煤粉的凝聚剂，使无机杂质灰分留在悬浮液中被排弃掉。造粒过程中搅拌可使油相分散，从而使包上油膜的煤粉相互黏结，搅拌强度和时间随油及煤的特性、粉粒浓度油用量等的不同而不同。图 5-14 为从油气化器洗涤液中制备密实炭黑粒的设备。

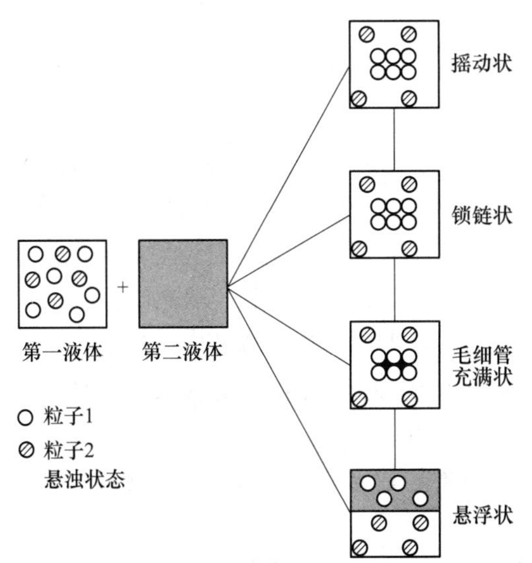

图 5-13 造粒产物中架桥液体的分布状态

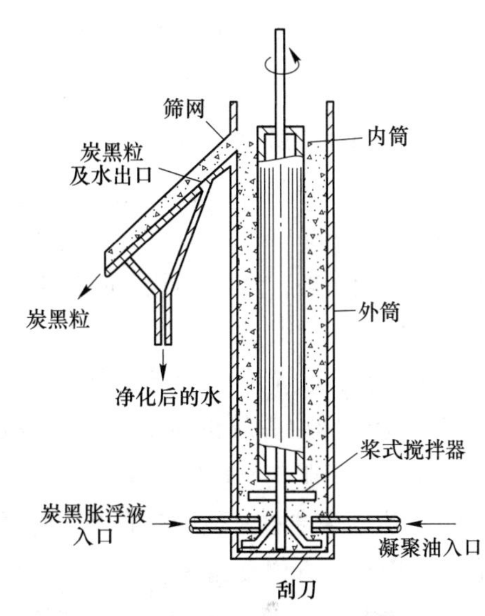

图 5-14 叶片搅拌型造粒机

B 在液体中分散制粒

在液体中分散制粒是指将固体转为液相并分散在液体中固化为粒状产品。此类方法很多，如在高温下熔化后在造粒塔中降落冷却固化；将粉体在高于其熔点的液相中搅拌成液滴，然后骤冷制成粗粒度固体；利用结晶学原理，在液相中，采用一定的方式使溶液中的溶质结晶析出形成超细颗粒；在溶胶凝胶过程中，将物料细粉制成水溶胶，随后在有机溶剂中凝胶凝为密实颗粒等。

在液体中分散制粒的应用也很多，如在原子能发电的核燃料处理中，用于生产直径为 100~300μm 的二碳化铀颗粒。将某种铀化物水溶液加入四氯化碳，搅拌成滴状溶胶，后加入有机相（萃取剂），如异丙醇，使溶胶脱水成为密实凝聚粒。然后经反应、热硬化处理，制成一定粒度的碳化铀颗粒燃料。

在液体中造粒的设备包括转筒形造粒机（图 5-15）、盘形造粒机（图 5-16）和叶片搅拌型造粒机（图 5-14）。

转筒形造粒机适用于高分子凝聚剂造粒。回转筒内部分成造粒部、分离部及脱水部三部分。在造粒部，污泥在转动中块状化，成为易与水分离的状态；在分离部，块状凝聚体与水分离；在脱水部，靠离心力作用，进一步脱除凝聚体中的水分，形成饼块。

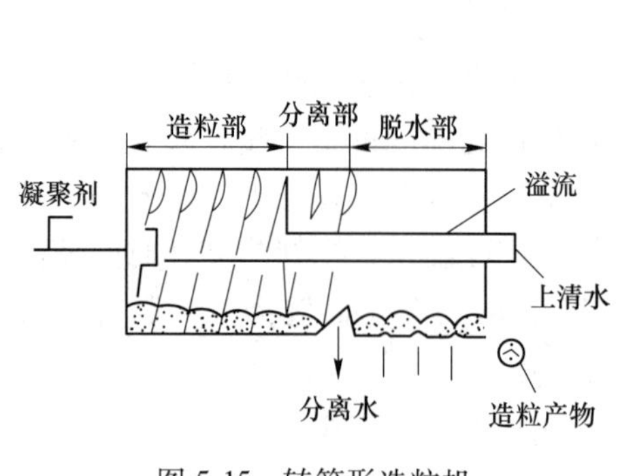

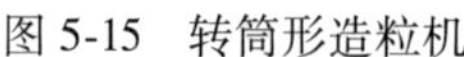
图 5-15 转筒形造粒机

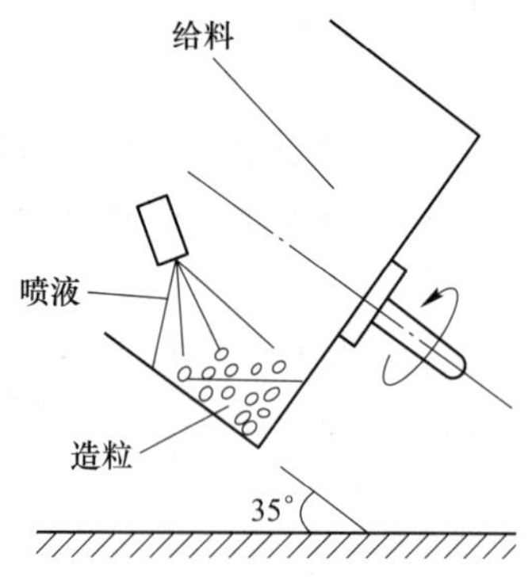

图 5-16 盘形造粒机

盘形造粒机的构造与干式造粒机相似；不同之处是其盘的倾角比干式造粒机要小得多，而且盘的外缘较高。

叶片搅拌型造粒机为超高速造粒装置，为壳牌石油公司开发，故称 SPS（Shellpelletizing Separator）。在该装置下部，叶片激烈搅拌，使油在悬浊液中充分分散，并使微粒均匀化造粒，在沿环状空间带上升的过程中，造粒体生长成粒径均匀、强度较大的球形造粒体。与此装置相似的还有卧式叶片搅拌型造粒机，造粒产物用分离筛回收。

各种造粒方法都有其特点，根据造粒特点可以确定不同造粒方法的应用范围：

（1）滚动造粒。球粒强度低，常需要进一步硬化；对给料变化不敏感，处理量也较大。主要应用于肥料、矿物、黏土、多种化学品的造粒。

（2）流动床造粒。造粒过程与干燥同时进行，有形成多层次结构颗粒的倾向。常用于洗涤剂、染料、方便食品等。

（3）搅拌法造粒。颗粒形状不规则，粒径分布较宽。主要用于烧结给料、多种肥料粒化、压制给料等。

（4）压缩法造粒。压缩所制的团块较大，但负荷不均匀。适于湿敏物料，应用于多种矿石、煤、焦炭、混合肥及多种化学品、药品。

（5）挤压造粒。物料在剪切应力作用下成塑性混合物，可添加各种添加剂。适用于黏性、内聚力大的物料造粒。

（6）熔化造粒。仅适于低熔点且熔化时不分解的物料，如尿素、硝铵、压缩饲料、树脂等。

（7）热法造粒。使用移动炉烧结机，烧结物形状不规则。主要应用于铁与非铁矿石、固体废料。使用竖炉造粒，颗粒粒度较均匀，强度好。

（8）液中造粒。主要应用于煤粉回收，从水中清除烟灰和油。

5.4.3.4 制粒技术

对同种材料，也可以选择不同的造粒方式，如在医药片剂制造工艺中就可以选择湿法制粒、干法制粒以及流化喷雾制粒等技术。

颗粒的粒度越小，流动性越差。为了保证复方制剂的均匀度并有良好的流动性和可压性等，需将各原料都粉碎为 150~178μm 的细粉末后混合均匀，再用适宜方法制成颗粒后压片。制粒方法有以下几种：

A　湿法制粒

湿法制粒即先制成软材，过筛而制成湿颗粒，湿颗粒干燥后再经过整粒而得。具体步骤如下：

（1）制备软材。在已混合均匀的粉末状原料中加入适宜的润湿剂或黏合剂溶液，用混合机均匀混合形成软材。软材的干湿程度应适宜，黏合溶液或润湿剂的用量与原料的理化性质及黏合剂溶液的黏度等有关。原料的颗粒小，比表面积大，则黏合剂的用量大。黏合剂的用量以及加入黏合剂后的湿混合条件对制成颗粒的密度和硬度都有影响。黏合剂的用量多，则湿混合的强度大；湿混合时间长，则颗粒的硬度大。

（2）制湿颗粒。粉末制成颗粒后再压片的主要目的是解决粉末的流动性不好、片重差异大以及可压性不好的问题。在工厂生产中使用颗粒机，使软材通过筛网而成颗粒，例如摇摆式颗粒机制粒。

（3）湿颗粒干燥。经过筛制备的湿颗粒应立即干燥，以免结块或受压变形，干燥温度由原料性质决定，一般为50~60℃；对湿及热稳定者，干燥温度有时可适当增高。干燥程度应适宜，以保证颗粒有适宜的含水量，含水量大多易发生黏结，含水量太低也不利于压片。

（4）整粒。湿颗粒干燥后，需过筛整粒以将黏结成块的颗粒破碎开来，加入润滑剂后压片。

B　流化喷雾制粒

本法可将混合、制粒、干燥等在一套设备中完成，又称一步制粒法。将原料粉末置于流化室内，流化室底部的筛网较细（150~250μm），外界空气滤净并加热后经筛网进入流化室，使粉末处于流化状态。将黏合剂溶液输入流化室并喷成小的雾滴，粉末被润湿而聚结成颗粒，继续流化干燥到颗粒中有适宜的含水量即可。一步制粒简化了工序和设备，节省厂房，生产效率较高；制成的颗粒大小分布较窄，外形圆整，流动性好，压片的质量也较好。但是当复方制剂中各成分的密度差异较大时，流化时有可能分离并致使片剂的均匀度不好。

还可将制粒的各种原料、辅料以及黏合剂溶液混合，制成含固体量为50%~60%的混合浆，不断搅拌使之处于均匀混合状态，然后输入特殊的雾化器使在喷雾干燥器的热气流中雾化成大小适宜的液滴，干燥得到细小的近球形颗粒并落于干燥器的底部。此法进一步简化了操作。一般使用离心式雾化器，通过转速控制液滴（颗粒）的大小。

C　干法制粒

对于一些遇湿热不稳定的药物，可用干法制粒，即将药物（必要时加入稀释剂等混匀）用适宜的设备压成块，然后再破碎成大小适宜的颗粒。常用的压块方法有滚压法和重压法。

5.4.4　加润滑剂

压制过程的基本问题之一是模壁与粉末之间存在摩擦力，随着压制压力的增大，粉末压坯从模壁中挤压出来变得更加困难。因此，添加润滑剂可以降低模壁的摩擦而使粉末压坯容易脱模。润滑方法主要有模壁润滑和粉末润滑两种。理论上模壁润滑更好，但是它不容易与自动压制设备配合，因此，通常把润滑剂与金属粉末的混合作为压制前的最后一道工序。

常用润滑剂的添加量为0.5%~1.5%（质量分数）。对于金属粉末，经常采用Al、Zn、Li、Mg和Ca的硬脂酸盐作为润滑剂。硬脂酸分子链包括12~22个碳原子，这些碳链表面活性好，而且熔化温度相对较低，硬脂酸盐通常是雾化法制备的球形颗粒，粒度通常在10~30μm之间。部分常用润滑剂的特性如表5-6所示，除硬脂酸盐以外，其他的润滑剂还包括石蜡和纤维素，在形变过程中，润滑剂组成的流体通过产生一层高黏度聚合物膜而降低了摩擦力。低黏度流体由于易被粉末压制时产生的高压排挤出摩擦接点而润滑效果不好。

表5-6 一些常用粉末冶金润滑剂的特性

润滑剂	氧化物	质量分数/%	软化温度/℃	熔化温度/℃	密度/g·cm^{-3}
硬脂酸锌	ZnO	14	100~120	130	1.09
硬脂酸钙	CaO	9	115~120	160	1.03
硬脂酸锂	Li_2O	5	195~200	220	1.01

用水雾化法制备的100目不锈钢粉的润滑效果如图5-17~图5-20所示。这些粉末在一定混合时间内添加三种不同含量的硬脂酸锂。图5-17所示试验的条件是：双锥混合槽60%的填充率，转速50r/min，硬脂酸锂的质量分数为0.50%~1.00%，由图5-17可以看出润滑剂质量分数大的混合粉末的松装密度小，这是因为密度很低的润滑剂占据了较多的体积。从图5-18可以看出润滑剂质量分数大时流动时间（霍尔流量计，50g样品）减少，添加润滑剂可以降低压坯强度。图5-19给出了还原铁粉在不同压制压力下，压坯密度随润滑剂质量分数的变化情况。压坯密度是压坯强度的重要因素，低的压坯密度意味着低的压坯强度。图5-19表明随着压制压力的增大，最大压坯密度对应于低的润滑剂添加量，这是因为尽管润滑作用增强了压力传输效果，但润滑剂占据了较多空间，降低了金属粉末的实际填充率。最后脱模压力与润滑剂用量的关系如图5-20所示，脱模压力（用以将粉末压块推出模腔的力）由于润滑剂的作用而显著降低，因此降低了模具的磨损。在实际生产中，润滑剂的用量要综合考虑颗粒间的摩擦力、压坯强度、压坯密度和脱模压力等多方面因素。如果粉末较硬或者模壁摩擦力较大（比如钨粉）就要增大润滑剂的用量。

粉末压制中最终相对密度f决定了可添加润滑剂的最大用量。过多的润滑剂将占据压制空间，从而妨碍获得所需密度，润滑剂的质量分数W_L就可以根据相对密度和理论密度计算出，即：

$$W_L = \frac{(1-f)P_L}{P_L(1-f) + P_P f} \tag{5-27}$$

例如，硬脂酸锌（密度为1.09g/cm^3）被用作压制需达85%理论密度铜粉的润滑剂，那么最大润滑剂用量的质量分数为2.1%。

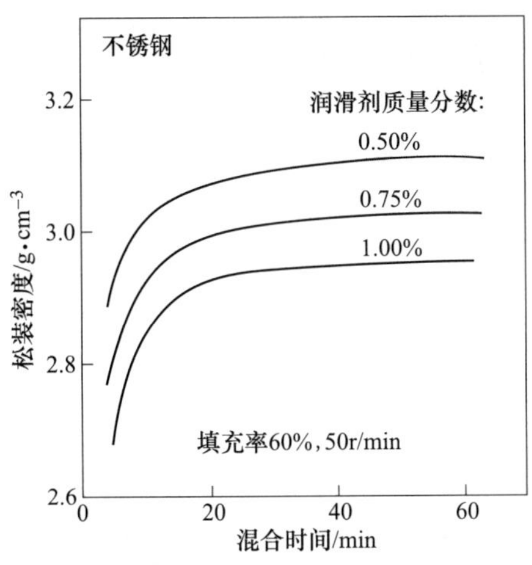

图 5-17　润滑后的水雾化不锈钢粉的松装密度与混合时间和润滑剂质量分数的关系

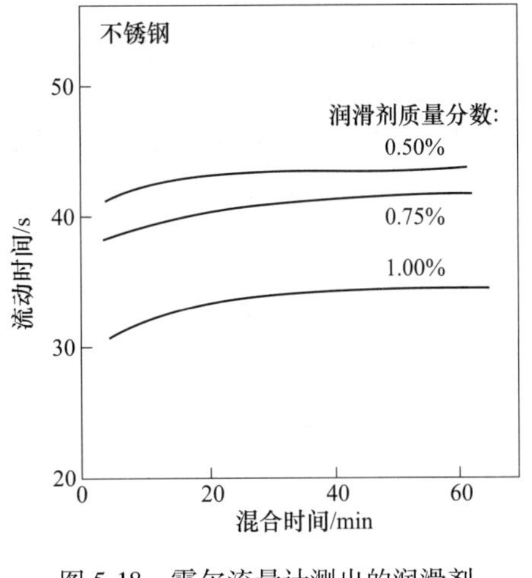

图 5-18　霍尔流量计测出的润滑剂质量分数对流动时间的影响

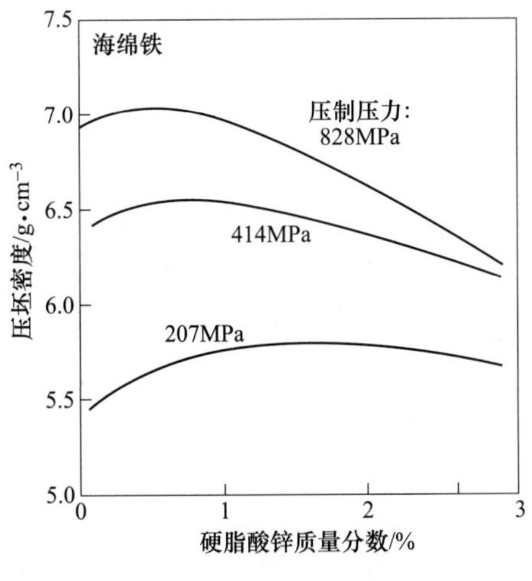

图 5-19　润滑剂含量对压坯密度的影响

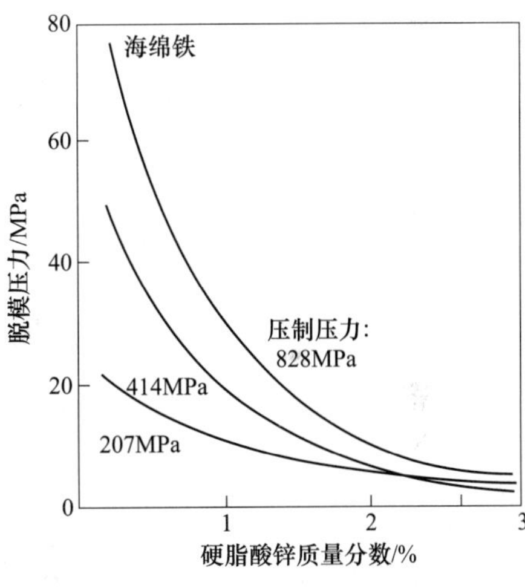

图 5-20　脱模压力与润滑剂用量的关系

习　　题

1. 试述粉体材料为什么要进行分散处理。
2. 试述润滑剂的有害作用。
3. 粉体预处理的基本步骤有哪些？
4. 添加硬脂酸作润滑剂后，理论密度等于 2.6g/cm^{3}的银粉末被压制到 85%的理论密度，如果孔隙饱和度小于 75%，润滑剂加入的最大量是多少？
5. 如何区分成形剂与润滑剂？

参考文献

[1] 阮建明，黄培云．粉末冶金原理［M］. 北京：机械工业出版社，2012.
[2] 盖国胜．粉体工程［M］. 北京：清华大学出版社，2009.
[3] 张永林．粉体表面改性［M］. 北京：中国建材工业出版社，2003.

6 粉体的成形

本章提要与学习重点

本章阐述了粉末压制成形过程中的规律，介绍了粉体材料经过压制成形的过程，压制过程中受力分析、压制压力与压制密度的关系、压坯密度及分布。重点介绍了成形工艺，包括成形剂的选择，压制工艺参数，总结了压制成形缺陷。系统介绍了最新的成形方法，包括模压、冷等静压、温压、注射成形、挤压成形、金属粉末轧制、粉浆浇注、高速压制。

6.1 粉末压制成形过程中的规律

用粉末冶金生产结构零件的第一个重要工序一般是压制。在压制过程中，用一个或几个模冲将阴模中的粉末颗粒压缩在一起。如果阴模和模冲是仿形的，则得到的粉末压坯就具有最终零件的几何形状特征。对于大多数实际应用，压坯在烧结之前强度低，不能直接使用。但是，压制这一重要工序不仅制成了零件的几何形状，还将影响零件的烧结、零件的最终强度以及压坯尺寸在烧结过程中是否发生明显变化。鉴于上述原因，以及为了理解压制工艺的一些局限性，因此学习压制是很重要的。

6.1.1 压制成形过程

压模压制是指松散的粉末在压模内经受一定的压制压力后，成为具有一定尺寸、形状和一定密度、强度的压坯。当对压模中粉末施加压力后，粉末颗粒间将发生相对移动，粉末颗粒将填充孔隙，使粉末体的体积减小，粉末颗粒迅速达到最紧密的堆积。

粉末压制时出现的过程有：

(1) 颗粒的整体运动和重排；

(2) 颗粒的变形和断裂；

(3) 相邻颗粒表面间的冷焊；

(4) 颗粒主要沿压力的作用方向运动。

颗粒之间以及颗粒与模壁之间的摩擦力阻止颗粒的整体运动，并且有些颗粒也阻止其他颗粒的运动。最终颗粒变形，首先是弹性变形，接着是塑性变形。塑性变形导致加工硬化，削弱了在适当压力下颗粒进一步变形的能力。与被压制粉末对应的金属或合金的力学性能决定塑性变形和加工硬化的开始。例如，压制软的铝粉时的颗粒变形明显早于压制硬的钨粉时的颗粒变形，最后颗粒断裂形成较小的碎片。而压制陶瓷粉时通常发生断裂而不是塑性变形。

随着压力的增大，压坯密度提高。不同粉末压制压力与压坯密度之间存在一定的关系。然而，至今没有得到令人满意的压坯密度与压制压力之间的关系。建立在实际物理模型基础上的一些关系，仍然是经验性的，因为其中使用了与粉末性能无关的调节参数。更准确地应当使用给定粉末的压制压力与压坯密度之间关系的图形或表格数据。

6.1.2　压制过程中受力分析

压制是一个十分复杂的过程。粉末体在压制中之所以能够成形，其关键在于粉末体本身的特征。而影响压制过程的各种因素中，压制压力又起着决定性的作用。上述压制压力都是指的平均压力。实际上作用在压坯断面上的力不都是相等的，同一断面内中间部位和靠近模壁的部位，压坯的上、中、下部位所受的力都不是一致的。除了正应力之外，还有侧压力、摩擦力、弹性内应力、脱模压力等，这些力对压坯都将起到不同的作用。压制压力作用在粉末体上之后分为两部分。一部分用来使粉末产生位移、变形和克服粉末的内摩擦，这部分力称为净压力，以 p_1 表示；另一部分用来克服粉末颗粒与模壁之间的外摩擦，这部分力称为压力损失，以 p_2 表示。因此，压制时所用的总压力 p 为净压力与压力损失之和，即：

$$p = p_1 + p_2 \tag{6-1}$$

6.1.2.1　侧压力

粉末体在压模内受压时，压坯会向周围膨胀，模壁就会给压坯一个大小相等、方向相反的反作用力，这个力就叫侧压力。由于侧压力的存在，当粉末体在压制过程中相对于模壁运动时，便必然产生摩擦力。因此，侧压力对压制过程和压坯质量具有重要意义。此外，正确地计算压模零件的强度必须有侧压力的数据。

（1）侧压力与压制压力的关系。为了研究侧压力与压制压力的关系，可取一个简化的立方体压坯在压模中受力的情况来分析，如图 6-1 所示。

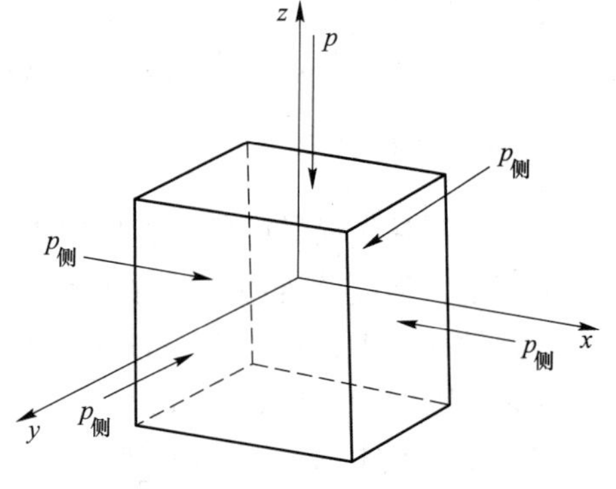

图 6-1　压坯受力示意图

当压坯受到正压力 p 作用时，它力图使压坯在 x 轴方向产生膨胀，此膨胀值 ΔL_x 与材料的泊松比 ν 和正压力 p 成正比，与弹性模量 E 成反比：

$$\Delta L_{x1} = \nu p/E \tag{6-2}$$

同样，沿 y 轴方向的侧压力也力图使压坯沿 x 轴方向膨胀，其膨胀值为：

$$\Delta L_{x2} = \nu p_{侧}/E \tag{6-3}$$

但是沿 x 轴方向的侧压力却使压坯沿 x 轴方向压缩，其压缩值为：

$$\Delta L_{x3} = \nu p_{侧}/E \tag{6-4}$$

事实上，立方体压坯在压模内不能向侧向膨胀，因此在 x 轴方向膨胀值的总和应该等于其压缩值，即：

$$\Delta L_{x1} + \Delta L_{x2} = \Delta L_{x3} \tag{6-5}$$

将前述各式代入上式可得到侧压系数：

$$\xi = p_{侧}/p = \nu/(1-\nu) \tag{6-6}$$

同样，沿 y 轴也可推导出类似公式。

（2）侧压系数与压坯密度的关系。侧压力的大小受粉末体各种性能及压制工艺的影响。在上述公式的推导中，只是假定在弹性变形范围内有横向变形，既没有考虑粉末体的塑性变形，也没有考虑粉末特性及模壁变形的影响。这样把仅适用于固体的虎克定律应用到粉末压坯中来，从而按照公式计算出来的侧压力只能是一个估计的数值。还应特别指出，上述侧压力是一种平均值。由于压力损失的影响，侧压力在压坯的不同高度上是不一致的，即随着高度的降低而逐渐下降。例如，在压坯上层附近测得的侧压力，平均为压制压力的38%，而在压坯下层附近测得的侧压力值比顶层小40%~50%。

目前还需要继续进行关于侧压力理论的实验研究，其重要性如前所述。侧压系数的研究也吸引了众多学者的注意，有学者曾建议把侧压系数当泊松比一样看待，其值取决于压坯孔隙度的大小。试验表明，泊松比 ν 随铁粉压坯孔隙度的增加而减小。研究得出，粉末体的侧压系数 ξ 和压坯密度 ρ 有如下关系：

$$\xi = \xi_{最大}\rho \tag{6-7}$$

用铁粉做实验表明，当压力在160~400MPa范围时，侧压力与压制压力之间具有如下线性关系：

$$p_{侧} = (0.38 \sim 0.41)p \tag{6-8}$$

图6-2表示压制压力与侧压系数的关系。由图可知，侧压系数随侧压力的增加而增加。当侧压力沿着压坯高度逐渐减小时，侧压系数也随之减小。侧压力在压制过程中的变化是很复杂的，它对压坯的质量有直接的影响，但又不易直接测定，因而在设计压模时，一般采用侧压系数 $\xi=0.25$。

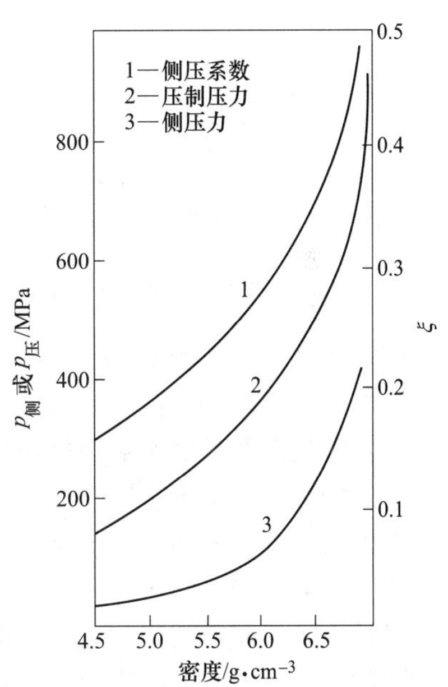

图6-2 压制压力与侧压系数的关系

6.1.2.2 外摩擦力

实践中可以发现，长期使用的压模，其模控尺寸会渐渐地变大。特别是在压坯最终成形的部位压模会磨损得更加厉害。这表明在粉末体的压制过程中，运动的粉末体与模壁之间存在着摩擦现象。

（1）外摩擦力与压制压力的关系。当粉末体受到压力作用时，粉末体将相对于模壁产生一种运动。由于侧压力的作用，粉末体与模壁之间将产生摩擦压力 $p_{摩擦}$，其方向与压制方向相反（单向压制时），其大小等于侧压力与粉末同模壁之间的摩擦系数 μ 的乘积：

$$p_{摩擦} = \mu p_{侧} \tag{6-9}$$

外摩擦力有时又称为摩擦压力损失，可用下式表示：

$$p' = p\exp(-4H\mu\xi/D) \tag{6-10}$$

式中，p 为压制压力；H 为压坯高度；D 为压坯直径。

研究表明，当其他条件一定时，粉末体与模壁间的摩擦系数 μ 和压制压力之间有如下关系：在小于 98MPa 的低压区，μ 值随压制压力增加而增大；在高压区，对塑性金属粉末，压力在 98~196MPa 时，μ 值便不随压制压力而变化；对于较硬的金属粉末，当压力达 196~294MPa 以上时，μ 值也不随压制压力而变化。

实验证明，在一个很宽的压力范围内，ξ 值和 μ 值的关系为：

$$\xi\mu = 常数 \tag{6-11}$$

（2）摩擦压力损失与压坯尺寸的关系。当压坯断面尺寸一定时，若采用恒压单向压制，则压坯的高度越大，压坯的上下密度差越大。而且，当 H/D 值由 1 增加到 3 时，为了达到同样的压坯密度，所需的单位压制压力几乎要增加一倍。这是由于存在摩擦压力损失的缘故。

对于不同尺寸的压坯，虽然材质完全相同，而所用的压制压力或单位压制压力也不应该是同一数值。否则，压坯会出现分层裂纹等缺陷。

表 6-1 列出了压坯尺寸与单位压制压力的关系。由表 6-1 可知，为了获得密度大致相同的压坯，2 号试样所用的单位压力比 1 号试样几乎小了三分之一。由此可得出，随着压坯尺寸的增加，所需的单位压制压力也相应地减小。

表 6-1 压坯尺寸与单位压制压力的关系

试样编号	压坯尺寸 /mm×mm	计算压力		实用压力 /kN	实用单位压力 /MPa	烧结块尺寸 /mm×mm	收缩率/%	
		单位压力 /MPa	总压力 /kN				外径	内径
1	$\phi_{外}$ 47 × $\phi_{内}$ 28	196	219.2	8898	80~88	$\phi_{外}$ 36 × $\phi_{内}$ 22	23.4	21.4
2	$\phi_{外}$ 81 × $\phi_{内}$ 48	196	434.2	176~196	53~59	$\phi_{外}$ 62 × $\phi_{内}$ 35	23.5	20.5

注：1. 压坯高度均为外径的一半左右，成形剂为硬脂酸酒精溶液。1、2 号产品烧结后各项物理力学性能基本一致。

2. 计算压力指用 ϕ10 的试样在研究时采用的单位压力和总压力。

假设压坯是一个理想的正方体，而粉末颗粒也是一些小立方体，如图 6-3 所示。图 6-3 表示压坯的边长为 2 个单位，若每一个粉末颗粒的边长恰好是一个单位长度，那么图 6-3（a）中的全部 8 个粉末颗粒都与模壁接触，受到外摩擦力的影响。在图 6-3（b）中，压坯边长增加一个单位。这时便有一个粉末颗粒不与模壁接触，即有 1/9 的粉末颗粒不受外摩擦力的影响。图 6-3（c）中，当压坯边长增加到 4 个单位时，便有 1/4 的粉末颗粒不受外摩擦力的影响。图 6-3（d）（e）的情况便分别有 9/25 和 16/35 的颗粒不与模壁接触。由此可见，当压坯截面积与高度之比为一定值时，尺寸越大，则与模壁不发生接触的粉末颗粒数越多，即不受外摩擦力影响的粉末颗粒百分数便越大。所以压坯尺寸越大，消耗于克服外摩擦的压力损失便相应减小。由于总的压制压力是消耗于粉末颗粒的位移、变形以及粉末颗粒的内摩擦和摩擦压力损失，所以对于大的压坯来说，由于压力损失相对减小，因而所需的总的压制压力和单位压制压力也会相应地减小。

表 6-2 是从压坯比表面积的角度说明上述规律。由表可知，随着压坯尺寸的增加，压坯的比表面积相对减小，即压坯与模壁的相对接触面积减小，因而消耗于外摩擦的压力损失便相应减小。所以对于尺寸大的压坯所需的单位压制压力比小压坯的要相应减小。

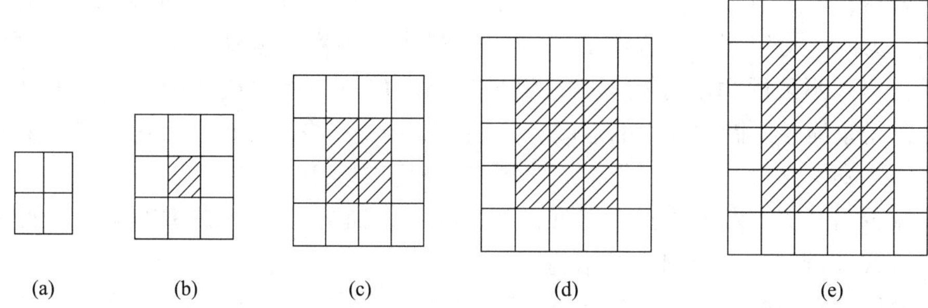

图 6-3 粉末压坯与模壁接触的断面示意图

表 6-2 压坯尺寸与压坯比表面积的关系

压坯边长/cm	总表面/cm^2	体积/cm^3	比表面积/$cm^2 \cdot cm^{-3}$
1	6	1	6
2	24	8	3
3	54	27	2
4	96	64	1.5
5	150	125	1.2

(3) 摩擦力对压制过程及压坯质量的影响。图 6-4 为压制不锈钢粉时，下模冲的压力 p'与总压制压力 p 的关系。

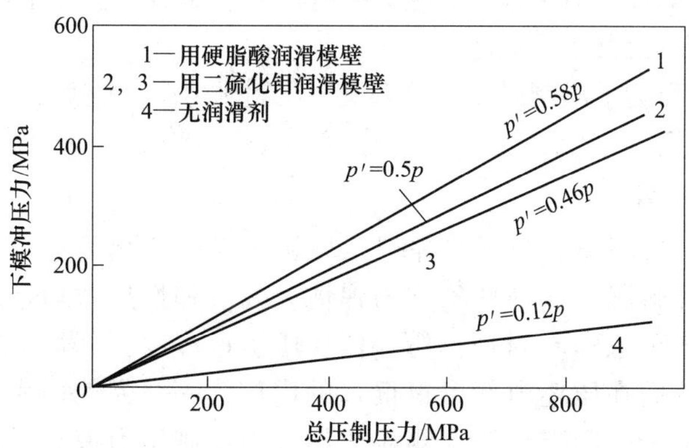

图 6-4 下模冲的压力 p'与总压制压力 p 的关系

由图 6-4 可知，在无润滑剂情况下进行压制时，外摩擦的压力损失为 88%。当使用硬脂酸四氯化碳溶液润滑模壁时，由于摩擦力的减小，外摩擦的压力损失会降低至 42%。在用 300～600MPa 的压力压制铁粉和铜粉时，也得出了 $p'=Kp$ 的类似关系，因此可以得出结论，外摩擦的压力损失是很大的。在没有润滑剂的情况下，损失可达 60%～90%，这就造成了压坯密度沿高度分布的不均匀。

由此可以看出，在压制过程中，外摩擦力对压制过程会有一系列的影响。由于外摩擦力的方向与压制压力的方向相反，所以它的存在实际上是无益地损耗了一部分压力。为此，为了要达到一定的压坯密度，相应地必须增加一定的压制压力。外摩擦力的存在，将引起压制压力的不均匀分布。特别是当 H/D 值较大、阴模壁表面质量不高（如硬度较低或较粗糙）以及不采用润滑方式等时，沿压坯高度的压力降将会十分显著。摩擦力的存在，将阻碍粉末体在压制过程中的运动，特别是对于复杂形状制品，摩擦力的存在将严重影响粉末体顺利填充那些棱角部位，而使压制过程不能顺利完成。

为了减少因摩擦而发生的压力损失，可以采用添加润滑剂、提高模具光洁度和硬度、改进成形方式（例如双向压制）等措施。

摩擦力对于压制虽然有不利的方面，但也可以利用它来改善压坯密度的均匀性。例如带摩擦芯杆或浮动压模的压制。

6.1.2.3　脱模压力

为了把压坯从阴模内卸出，所需要的压力称为脱模压力。脱模压力同样受到一系列因素的影响，其中包括压制压力、压坯密度、粉末材料的性质、压坯尺寸、模壁的状况，以及润滑条件等。

脱模压力与压制压力的关系，主要取决于摩擦系数和泊松比。如压制铁粉时，$p_{脱}=0.13p$；当压制硬质合金一类制品时，$p_{脱}=0.3p$。由此可以说明，脱模压力与压制压力成线性关系，即：

$$p_{脱} \leqslant \xi\mu p_{压} \tag{6-12}$$

但是，对氧化镁进行压制过程的研究，得出脱模压力与压制压力的关系并不是一种简单的线性关系。它与压制压力虽然有关，但是粉末的特性、压坯的尺寸、模壁的特征均对其发生影响。成形剂的加入对脱模压力也有影响。实验证明，润滑性能良好的成形剂，往往可使脱模压力成倍甚至几十倍地降低。

在小压力和中等压力下压制时，一般来说，压制压力小于或等于 300~400MPa 时，脱模压力一般不超过 $0.3p$。

6.1.2.4　弹性后效

在压制过程中，当卸掉压制压力并把压坯从压模中压出后，由于弹性内应力的作用，压坯将发生弹性膨胀，这种现象称为弹性后效。弹性后效通常以压坯胀大的百分数来表示。弹性膨胀现象的原因是：粉末体在压制过程中受到压力作用后，粉末颗粒发生弹塑性变形，从而在压坯内部聚集很大的内应力——弹性内应力，其方向与颗粒所受的外力方向相反，力图阻止粉末颗粒变形。当压制压力消除后，弹性内应力便要松弛，改变颗粒的外形和颗粒间的接触状态，这就使粉末压坯发生膨胀。如前所述，压坯的各个方向，其受力大小不同，弹性内应力也就不同。所以，压坯的弹性后效就有各向异性的特点。由于轴向压力比侧压力大，因而沿压坯高度的弹性后效比横向的要大一些。压坯在压制方向的尺寸变化可达 5%~6%；而垂直于压制方向上的变化为 1%~3%。不同粉末在轴向上的弹性后效或径向上的弹性后效与压制压力的关系如图 6-5、图6-6 所示。

影响弹性后效大小的因素很多，如粉末的种类及其粉末特性（粒度和粒度组成、粉末颗粒形状、粉末硬度等）、压制压力大小、加压速度、压坯孔隙度、压模材质和结构以及成形剂等。图 6-7 为不同方法制取的铁粉和铜粉的弹性后效。

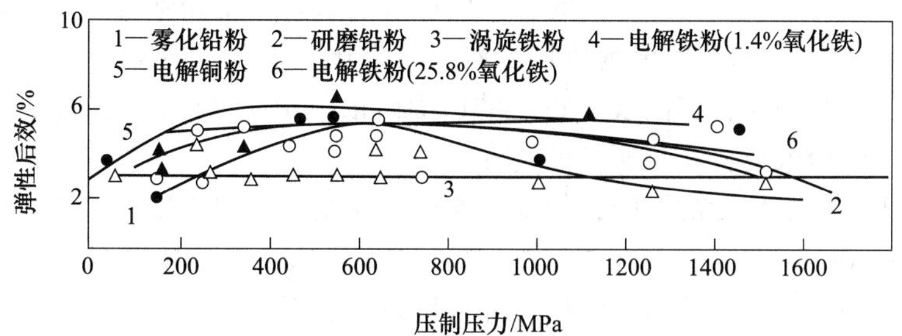

图 6-5 各种粉末的轴向弹性后效与压制压力的关系

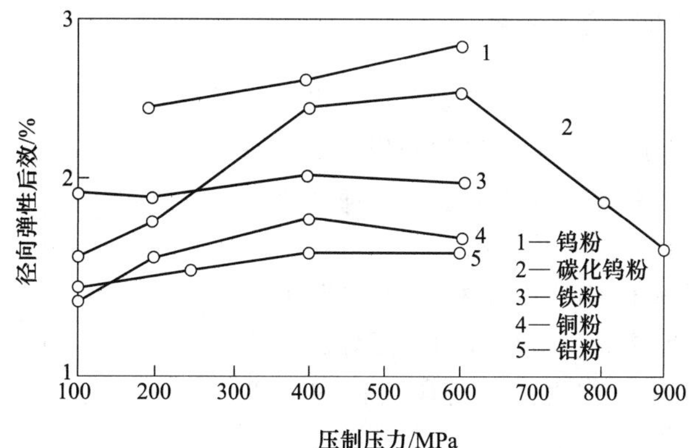

图 6-6 径向弹性后效与压制压力的关系

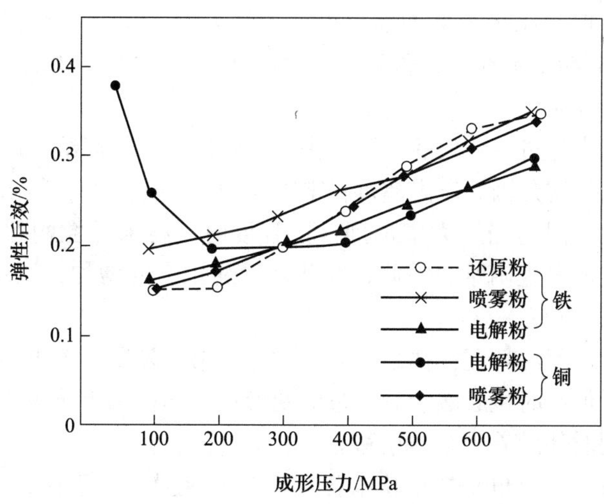

图 6-7 各种粉末的弹性后效

由图 6-7 可知，各种铁粉因其颗粒的表面形状、内部结构和纯度不同对其塑性的影响不同，因而应力的消除或弹性应变的回复就不同，弹性后效也就不同。电解铁粉、还原铁粉和雾化铁粉由于压制性能依次降低，所需压制压力依次加大，因而弹性后效依次加大。雾化铜粉的弹性后效随着成形压力的升高而增大。在电解铜粉的弹性后效曲线上出现拐点是由于电解铜粉是树枝状结构，加压时容易崩坏，粉末间产生松弛现象。因此，在弹性后效曲线转折点的前段（左侧）出现压坯膨胀，如果压力增加，随着粉末颗粒的崩坏和松弛，弹性后效达到极小点；在曲线转折点的后面阶段，由于弹性应变的回复而出现膨胀。此转折点可以看成粉末集合体与压坯的转变点。

弹性后效还受粉末粒度的影响，如果还原铁粉粒度小，则弹性后效大。电解铜粉在成形压力为100~300MPa时，则与此相反。另外，压坯形状不同也有影响，轴套状和片状压坯的弹性后效不同。压模的材质和结构对弹性后效也有影响。

压坯和压模的弹性应变是产生压坯裂纹的主要原因之一。由于压坯内部弹性后效不均匀，所以脱模时会在薄弱部分或应力集中部分出现裂纹。

6.1.3 压制压力与压制密度的关系

6.1.3.1 金属粉末压制时压坯密度的变化规律

粉末体在压模中受压后发生位移和变形，随着压力的增加，压坯的密度出现有规律的变化，通常将这种变化假设为如图6-8所示的三个阶段。

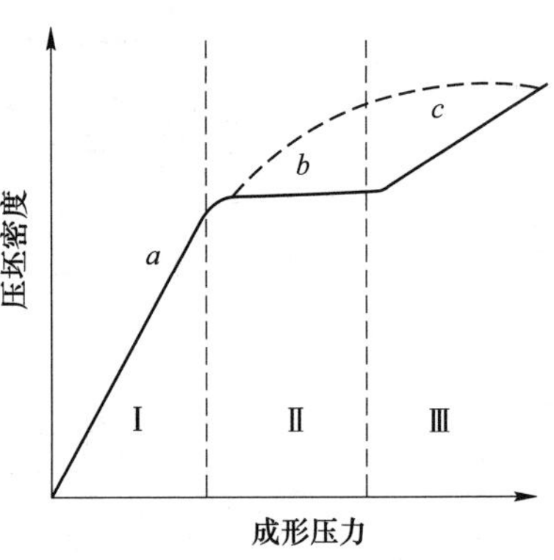

图6-8 压坯密度与成形压力的关系

第Ⅰ阶段：在此阶段内，由于粉末颗粒发生位移，填充孔隙，因此当压力稍有增加时，压坯的密度增加很快，所以此阶段又称为滑动阶段（曲线 *a* 部分）。

第Ⅱ阶段：压坯经第Ⅰ阶段压缩后，密度已达一定值。这时粉体出现了一定的压缩阻力。在此阶段内压力虽然继续增加，但是压坯密度增加很少（曲线 *b* 部分）。这是因为此时粉末颗粒间的位移已大大减小，而其大量的变形尚未开始。

第Ⅲ阶段：当压力超过一定值后，压坯密度又随压力增加而继续增大（曲线 *c* 部分），随后又逐渐平缓下来。这是因为压力超过粉末颗粒的临界应力时，粉末颗粒开始变形，而使压坯密度继续增大。但是当压力增加到一定程度时，粉末颗粒剧烈变形造成的加工硬化，使粉末进一步变形发生困难。因此，在此之后随压力的增加，压坯密度的变化不大，逐渐平缓下来。

应该指出，实际过程的情况往往是很复杂的。在第Ⅰ阶段，粉末体的致密化虽然以粉末颗粒的位移为主，但同时也必然会有少量的变形；同样在第Ⅲ阶段，致密化是以粉末颗粒的变形为主，而同时伴随着少量的位移。

另外，第Ⅱ阶段的情况也是根据粉末各类而有所差异。对于铜、铅、锡等塑性材料，压制时，第Ⅱ阶段很不明显，往往是第Ⅰ、Ⅲ阶段互相连接；对于硬度很大的材料，则要使第Ⅱ阶段表现出来就要相当高的压力。图6-9是实际条件下的压坯密度与压制压力的关系。

6.1.3.2 压制压力与压坯密度的定量关系

从理论上寻求一个方程来描述粉末体在压制压力作用下压坯密度增高的现象，是一个

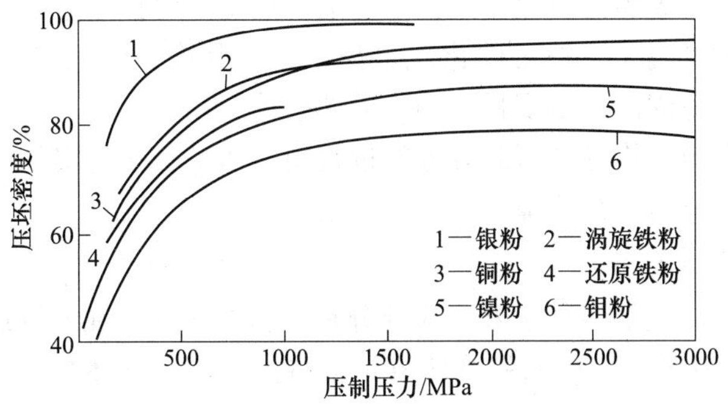

图 6-9 压坯密度与压制压力的关系

受人关注的问题。因此，人们在这方面曾进行了大量的研究工作。目前已经提出的压制压力与压坯密度的定量关系式（包括理论公式和经验公式）有几十种之多。

虽然提出的公式很多，但无十分理想的公式。这是由于多数理论都把粉末体作为弹性体来处理，有的未考虑到粉末在压制过程中的加工硬化，有的未考虑到粉末之间的摩擦，并且粉末颗粒之间各不相同，这些都将影响到压制理论的正确性和使用范围。进一步探索和研究出符合实践，并能起指导作用的压制理论是今后有待解决的重要课题。

下面简单介绍几个有代表性的压制理论。

A 巴尔申压制方程

巴尔申认为在压制金属粉末的情况下，压力与变形之间的关系符合虎克定律。如果忽略加工硬化因素，经数学处理后可以得到：

$$\lg p = \lg p_{\max} - L(\beta - 1) \tag{6-13}$$

式中，$p_{\max}$ 为相对于压至最紧密状态（$\beta = 1$）时的单位压力；L 为压制因素；β 为压坯的相对体积。

巴尔申压制方程经许多学者的验证，表明此方程仅在一定的场合中才是正确的。压制因素 L 取决于粉末粒度和粒度组成。由式（6-13）可知，压坯相对体积 β 与压制压力的对数值 $\lg p$ 成直线关系。但实际的压制曲线不是直线。并且随着压制压力的增加，压制因素是变化的，它随压力的增加而增大，临界应力值也发生变化。图 6-10 为巴尔申方程压制图。

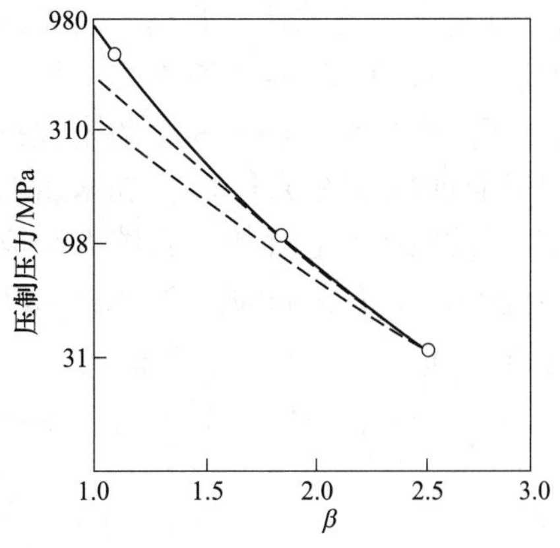

图 6-10 巴尔申方程压制图

巴尔申方程与实际情况不大一致。首先是由于该方程将粉末体当作理想弹性体看待，将虎克定律运用于压制过程。但实际上，虎克定律并不适用于粉末体的压制过程。在压制初期，较小的压力就可以使粉末体发生很大的塑性变形，压制终了时，这种塑性变形可达到 70%以上。因此，一些学者提出应把粉末体看作弹塑性体。其次，该方程未考虑摩擦力的影响。在压制过程中，粉末颗粒之间或粉末与模壁之间存在着摩擦，从而必然出现压力损失。再次，巴尔申假定粉末变形时无加工硬化现象，事实上，加工硬化在此过程中必然会出现。并且粉末越软，压制压力越高，则加工硬化现象越严重。其次，巴尔申未考虑压制时间的影响。最后，他也没有考虑或忽略了粉末的流动性质等。

综上所述，巴尔申在推导其压制方程的过程中，作了一些与实际情况有较大出入的假设，因此该压制理论只有在某些情况下才能应用。

B 川北公夫压制理论

日本的川北公夫研究了多种粉末（大部分是金属氧化物）在压制过程中的行为。采用受压面积为 $2cm^2$ 的钢压模，粉末粒度 74μm 左右，粉末装入压模后在压机上逐步加压，最高压力达 0.1MN。然后测定粉末体的体积变化，做出各种粉末的压力-体积曲线，并得出有关经验公式：

$$C = \frac{V_0 - V}{V_0} \times 100\% = \frac{abP}{1 + bP} \times 100\% \tag{6-14}$$

式中，C 为粉末体积减小率；a、b 为系数；V_0 为无压时的粉末体积；V 为压力为 P 时的粉末体积。

粉末体积减小率和压力之间的关系如图 6-11 所示。

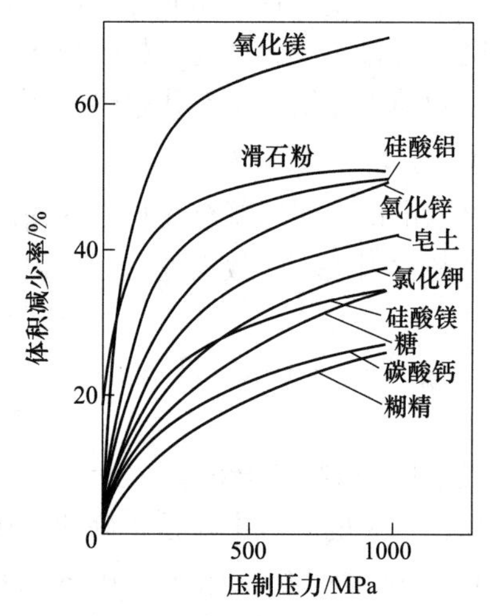

图 6-11 粉末体积减少率和压力之间的关系

川北在研究压制过程时做了一些假设：(1) 粉末层内各点的压力相等。(2) 粉末层内各点的压力是外力 P 和粉末体内固有的内压力之和，这种内压力可以根据粉末的聚集力或吸附力来考虑，并与粉末的屈服值有密切关系。(3) 粉末层各断面上的外压力与各断面上粉末的实际断面承受的压力总和保持平衡状态。外压如增加，粉末体便收缩。因此，在各断面上粉末颗粒的实际接触断面积增加，于是重新又处于平衡状态。(4) 每个粉末颗粒仅能承受它所固有的屈服极限。(5) 粉末压缩时各个颗粒位移的概率和它邻接的孔隙大小成正比，粉末层所承受的负荷和颗粒位移概率成反比。

C 黄培云压制理论方程

黄培云对粉末压制成形提出一种新的压制理论公式：

$$\lg\ln \frac{(\rho_m - \rho_0)\rho}{(\rho_m - \rho)\rho_0} = n\lg p - \lg M \tag{6-15}$$

式中，ρ_m 为致密金属密度；ρ_0 为压坯原始密度；ρ 为压坯密度；p 为压制压强；M 为压制模数；n 为硬化指数的倒数，$n=1$ 时无硬化出现。

用等静压法对各种软、硬粉末如锡、锌、铜、黄铜、铁、镍、钴、铜、铬、钨、碳化钨和碳化钛等在 0~600MPa 范围内进行压形试验，以及用普通模压法对铝、铜、铁、钨等粉末进行压制实验都证实了上述规律的正确性。表明双对数压制方程不仅适用于等静压制，也适用于一般单向压制。

比较上述各压制方程可以看出，在多数情况下，黄培云的双对数方程不论硬、软粉末使用效果都比较好。巴尔申方程用于硬粉末比软粉末效果好。川北公夫方程则在压制压力不太大时较为优越。

应该指出，在粉末冶金界一直比较流行的是巴尔申压制方程。这一方面是由于其提出的年代较早，另一方面是由于后来所提出的一些方程无论在理论上还是在实践上都没有明显优于巴尔申方程。上述各方程虽各有其明显的弱点，但指明了压制理论的研究方向，所以至今仍在流行着。

6.1.4 压坯密度及分布

压制过程的主要目的之一是要求得到一定的压坯密度，并力求密度均匀分布。但是实践表明，压坯密度分布不均匀却是压制过程的主要特征之一。因此改进压制过程，使压坯密度均匀分布是很重要的。

6.1.4.1 压坯密度分布规律

由于模壁与粉末之间摩擦力的存在，即使是压制方向上厚度相等的零件，压坯密度也是不均匀的。在粉末中加入润滑剂，将减小粉末之间以及粉末与模壁之间的摩擦力，使压坯密度趋于均匀。而且，上、下模冲同时施加压力将改善压坯密度分布，如图 6-12 所示。在给定压力下压制的圆柱压坯，其压坯密度和密度分布取决于模冲横截面积与模壁面积之比，这一比例越大，密度越高，密度分布越均匀。换句话说，短粗压坯比细长压坯更容易致密。

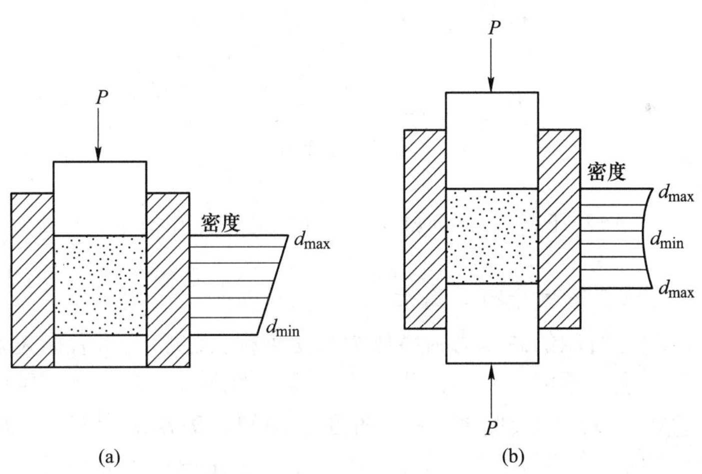

图 6-12 高压坯的密度分布

（a）仅通过上模冲加压；（b）上、下模冲同时加压

在测定压坯密度分布的方法中，一种比较麻烦的方法是将压坯沿径向和轴向切成小片，再测定每一片的密度。一种较简单的测定密度分布的方法是在压坯的抛光截面上测量宏观硬度，例如洛氏硬度。这种硬度的测量对孔隙度敏感。为了得到必需的硬度与密度之间的关系，以递增的压力压制一系列较薄的、密度均匀的压坯，压坯的密度是递增的。测量这些薄压坯密度与硬度，得到的读数作为密度与硬度关系的标准，用于测定较大压坯的

密度分布。

图 6-13 表示用硬度方法测定的镍粉压坯（直径 20mm，高 17.5mm，压制压力 710MPa）的密度分布。这是单向压制压坯的典型密度分布。最高的密度出现在外圆周的顶部，在此处模壁摩擦导致粉末颗粒间最大的相对运动。圆周上的密度从顶部到底部很快下降，在底部的角上达到最低密度。在压坯中心线，模壁与粉末间的摩擦最小，密度分布比较均匀。中心线上密度的最大值出现在压坯高度的一半左右。

参看图 6-13，在压坯的高度方向以及在横截面上都存在密度差。这些差异是由于模冲作用在粉末上的应力不均匀传递造成的。应力中不但包括压应力，也包括剪切应力和拉伸应力。通过在模冲及模套上使用应变测量计对这些应力的方向和大小进行了测定。图 6-14 中表示出了 690MPa 压制的不同高径比圆柱铜压坯的等应力线。可以看出，在这些仅从顶部压制的压坯中，随着高径比的增大，压坯底部的压力越来越小。而且从压坯的圆周到中心线传递的压力大小也有差异。

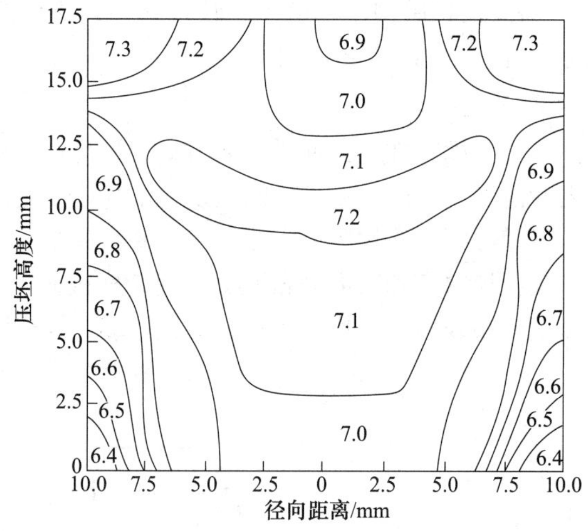

图 6-13　仅通过上模冲加压压制的镍圆柱压坯中的密度分布

6.1.4.2　影响压坯密度分布的因素

由上所述，压制时所用的总压力为净压力与压力损失之和。压力损失是模压中造成压坯密度分布不均匀的主要原因。实验证明，增加压坯的高度（H）会使压坯各部分的密度差增大；而加大直径（D）则会使密度的分布更加均匀。H/D 之比越大，压坯密度差就越大。为了减小密度差别，应降低压坯的高径比 H/D。采用模壁表面粗糙度低的压模，并在模壁上涂润滑油，能够降低摩擦系数，改善压坯的密度分布。另外，压坯中密度分布的不均匀性，在很大程度上可以用双向压制来改善。在双向压制时，与上、下模冲接触的两端密度较高，而中间部分的密度较低（图 6-14）。

图 6-15 表示电解铜粉压坯密度沿高度的分布。由图 6-15 可知，单向压制时，压坯各截面平均密度沿高度直线下降（直线 1）；在双向压制时，尽管压坯的中间部分有一密度较低的区域，但密度的分布状况已有了明显的改善（折线 3）。此外，由图中的直线 2 可以看出，添加的石墨起到了润滑剂的作用，大大减小了摩擦力的损失，使压坯密度分布明显改善。

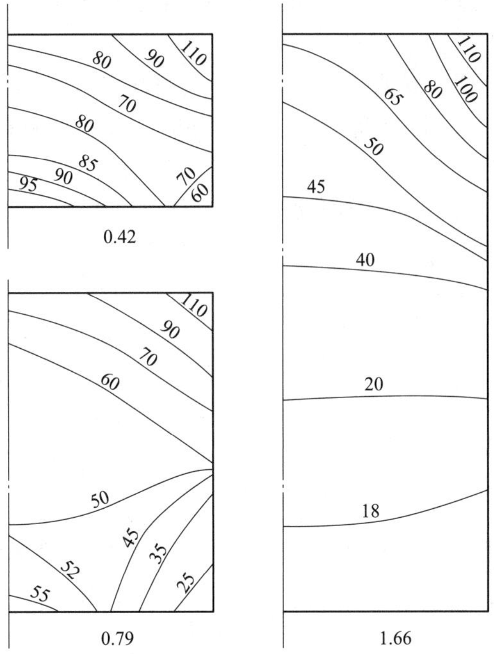

图 6-14　不同高径比铜压坯中等应力线的分布

（高径比为 0.42、0.79 和 1.66，压制压力为 690MPa）

实践中，为了使压坯密度分布得更加均匀，除了采用润滑剂和双向压制外，还可采取利用摩擦力的压制方法。虽然外摩擦是密度分布不均匀的主要原因，但在许多情况下却可以利用粉末与压模零件之间的摩擦来减小密度分布的不均匀性。例如，套筒类零件（如汽车钢板销衬套、含油轴套、气门导管等）就应在带有浮动阴模或摩擦芯杆的压模中进行压制。因为阴模或芯杆与压坯表面的相对位移可以引起与模壁或芯杆相接触的粉末层的移动，从而使压坯密度沿高度分布得均匀一些，如图 6-16 所示。

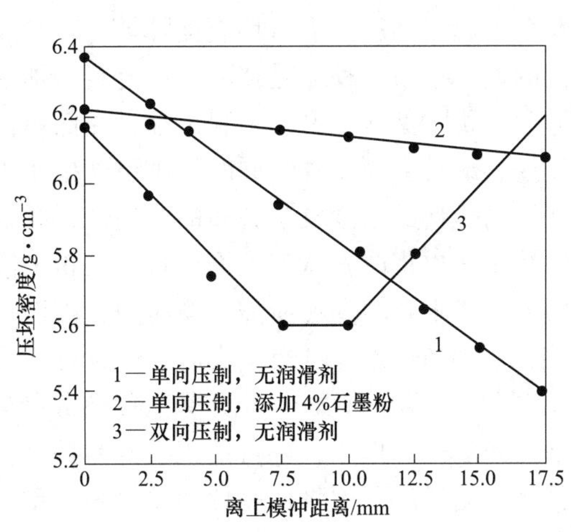

图 6-15　电解铜粉压坯密度随高度的变化

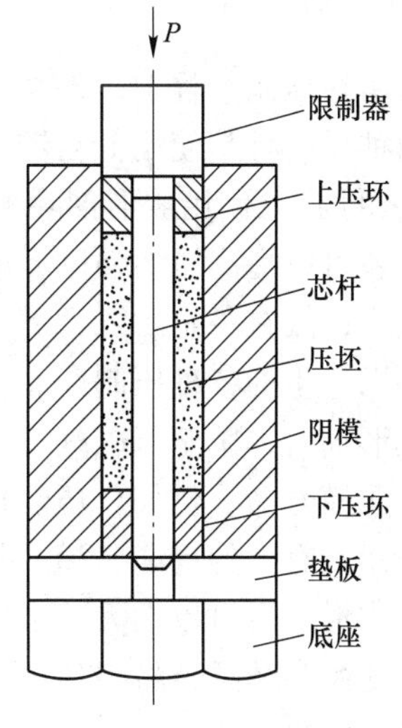

图 6-16　带摩擦芯杆的压模

用带摩擦芯杆的压模进行压制时，如只润滑可动芯杆，则出现密度沿高度方向急剧降低的现象（图 6-17 中的曲线 1）。这时，粉末与阴模壁的摩擦，会引起压坯密度随高度的降低，而经过润滑后的芯杆因摩擦力极小，就不会引起粉末层的移动。只润滑模壁时情况相反（图 6-17 中的曲线 2），没有润滑的芯杆运动时，会带动粉末颗粒向下移动。这使得压坯密度随着距上模冲端面距离的增加而增大。不采用润滑剂（图 6-17 中的曲线 3）时，密度分布得比较均匀；而对芯杆和阴模都进行润滑时，密度沿高度的变化最小（图 6-17 中的曲线 4），这是由于内外层粉末颗粒自由移动所致的。

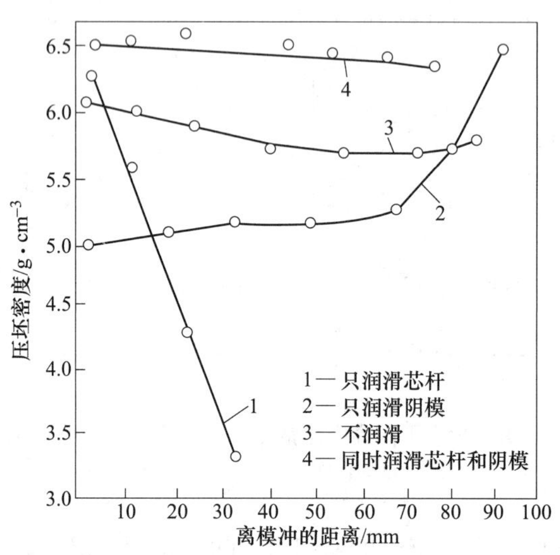

图 6-17 套管压坯密度沿高度的变化

6.2 成形工艺

6.2.1 成形剂

粉末体在压制过程中，外摩擦力的存在会引起压制压力沿压坯高度降低。减少摩擦的方法有两种：一种是使用低粗糙度和高硬度的模具；另一种就是在粉末混合料中加入成形剂（或润滑剂）。使用成形剂除了可以促进粉末颗粒变形、改善压制过程、降低单位压制压力外，还可以提高压坯强度，减少粉尘飞扬，改善劳动条件。同时，由于摩擦压力损失大幅度减少，故在一定的压力下，便可显著提高压坯的密度及其分布的均匀性，并且可以减少由此而产生的各种压制废品。摩擦力的减小，也将改善压坯表面质量。在粉末混合料中加入成形剂后，由于可以减小摩擦压力损失和粉末颗粒变形所需的净压力，因而还可以明显提高压模寿命。例如，压制镍粉时，当采用 0.5%的苯甲酸作成形剂时，对不同材质压模的寿命均有大的提高，模具钢阴模寿命提高 16 倍，硬质合金阴模寿命提高 35%。另外，加入成形剂后可以大大减少粉末与模壁之间的冷焊作用，也可使压模寿命提高。因为冷焊造成的黏模结果，将损坏压模表面的精度和粗糙度，这将使摩擦现象更为严重，压模寿命明显缩短。

成形剂对压模寿命的影响见表6-3。

表6-3 成形剂对压模寿命的影响

阴模材料	压坯数量	
	不加成形剂	加0.5%苯甲酸
碳素钢	100	1800
硬质合金	700000	950000

选择成形剂的原则有以下几方面：

（1）成形剂的加入不会改变混合料的化学成分。成形剂在随后的预烧或烧结过程中能全部排除，不残留有害物质。所放出的气体对人体无害。

（2）成形剂应具有较好的分散性能，即少量的润滑剂就可达到较满意的效果，具有适当的黏性和良好的润滑性，并且易于和粉末料混合均匀。

（3）对混合后的粉末松装密度和流动性影响不大。除特殊情况外（如挤压），其软化点应当高，以防止混合过程中的温升而熔化。

（4）烧结后对产品性能和外观等没有不良影响。

（5）成本低，来源广。

实践中，不同的金属粉末必须选用不同的物质作成形剂。铁基粉末冶金制品经常使用的成形剂有硬脂酸、硬脂酸锌、硬脂酸钡、硬脂酸锂、硬脂酸钙、硬脂酸铝、硫黄、二硫化钼、石墨粉和机油等。硬质合金经常使用的成形剂有合成橡胶、石蜡、聚乙烯醇、乙二脂和松香等。在粉末冶金压制过程中使用的成形剂还有淀粉、甘油、凡士林、樟脑以及油酸等。

这些成形剂有的直接以粉末状态与金属一起混合；有的则先要溶于水、酒精、汽油、丙酮、苯以及四氯化碳等液体中，再将溶液加入粉末中。液体介质在混合料干燥时能挥发掉。

成形剂的加入量与粉末种类、粒度大小、压制压力以及摩擦表面有关，并与成形剂本身的性质有关。一般来说，细颗粒粉末所需的成形剂加入量比粗粒度粉末所需的加入量要多一些。例如，粒度为20~50μm的粉末，每1kg混合料中加入3~5g表面活性成形剂，方能使每个颗粒表面形成一层单分子层薄膜；而粒度为0.1~0.2mm的粗粉末，则只需加入1g就足够了。实践表明，压制铁粉零件时，硬脂酸锌的最佳含量为0.5%~1.5%；压制硬质合金时，橡胶或石蜡的加入量一般为1%~2%。如使用聚乙烯作成形剂，其用量仅为0.1%左右。

成形剂的加入量随压坯形状因素的不同而不同（图6-18）。所谓形状因素，是指摩擦表面积与横截面积之比。由图可知，成形剂的加入量与形状因素成正比。当横截面一定时，压坯的高度越高，所需成形剂的量越多。如压制较长的汽车用铁基钢板销轴套或气门导管时，需加入1%硬脂酸锌；而压制较短的含油轴套时，加入0.3%~0.5%就足够了。

成形剂的加入量还会影响到铁粉的压坯密度和脱模压力，如图6-19所示。

成形剂的加入量对粉末流动性和松装密度的影响如图6-20所示。图中还给出了成形剂粒度的影响。因此在选择成形剂时需要综合考虑成形剂的数量及其粒度大小。

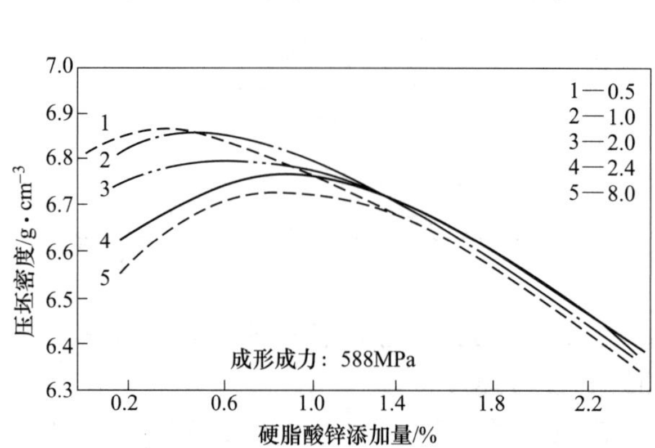

图 6-18 形状因素对成形剂加入量的影响

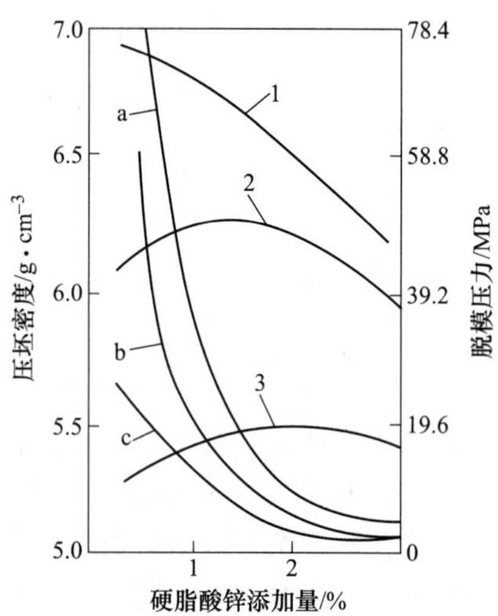

图 6-19 成形剂加入量对铁粉压坯密度和脱模压力的影响

（1—压制压力 823MPa；2—压制压力 421MPa；3—压制压力 206MPa；a，b，c—与上述压制压力对应的脱模压力）

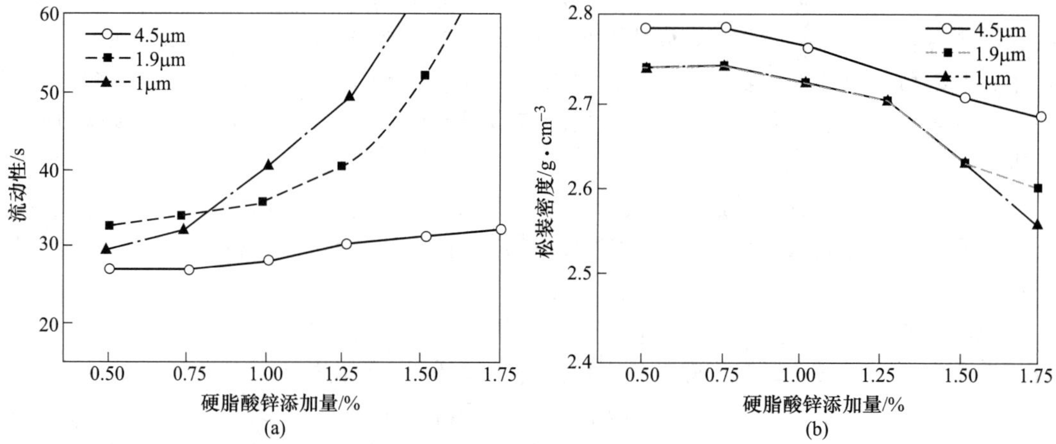

图 6-20 成形剂粒度对粉末流动性和松装密度的影响

（a）成形剂对流动性的影响；（b）成形剂对松装密度的影响

图 6-21 展示了成形剂对铁粉烧结体抗弯强度的影响。

由上面叙述可知，加入成形剂对压坯质量和烧结性能都有影响，所以应从多方面综合考虑正确地选择和使用成形剂。

上述成形剂都是直接加入粉末混合料的，而且大都起着润滑剂的作用。这种润滑粉末的成形剂虽然广泛地使用，但也有一些不足：

（1）降低了粉末本身的流动性，如图 6-20 所示。

（2）成形剂本身需占一定的体积，实际上使得压坯密度减小，不利于制取高密度的制品。

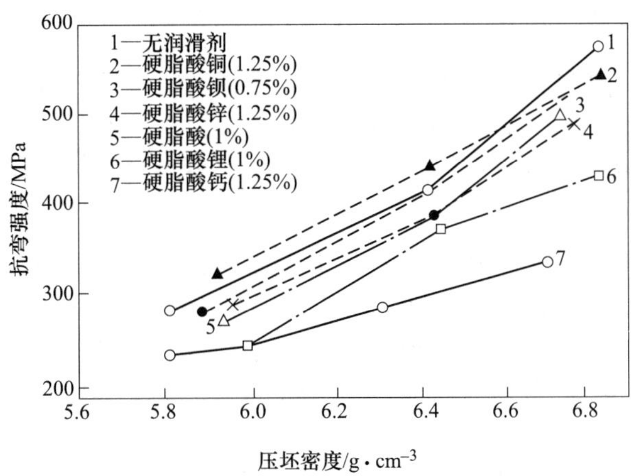

图 6-21 成形剂对铁粉烧结体抗弯强度的影响

（3）压制过程中因成形剂的阻隔，金属粉末之间的相互接触程度降低，从而降低了某些压坯的强度。

（4）成形剂在烧结前或烧结中排除，因而可能损伤烧结体的外观，排出的气体可能影响炉子的寿命，有时甚至污染空气。

（5）某些成形剂容易和金属粉末起作用，降低产品的力学性能。

由上分析，也可不把成形剂加入混合料中而直接润滑压模。常用润滑压模的润滑剂有：硬脂酸、硬脂酸盐类、丙酮、苯、甘油、油酸、三氯乙烷等。

图 6-22 为不同润滑方式对压坯密度的影响。由图可知，当成形压力比较低时，润滑粉末比润滑压模得到的压坯密度要高。然而，在高压时情况则相反。润滑压模时的脱模压力比润滑粉末时要小一些。实际生产中，成形剂有时常常兼作造孔剂。

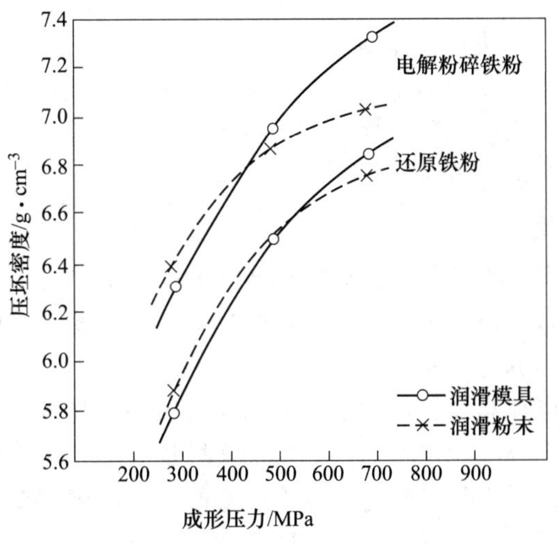

图 6-22 润滑方式对压坯密度的影响

6.2.2 压制工艺参数

在压制过程中，有两个参数需要选择，一是加压速度，二是保压时间。

加压速度指粉末在模腔中沿压头移动方向的运动速度，它影响粉末颗粒间的摩擦状态和加工硬化程度，影响空气从粉末间隙中排出，影响压坯密度的分布。压制原则是先快后慢。

保压时间指在压制压力下的停留时间。在最大压力下保持适当时间，可明显提高压坯密度，其原因一是使压力传递充分，有利于压坯各部分的密度均匀化；二是使粉末间空隙中的空气有足够的时间排除；三是给粉末颗粒的相互啮合与变形以充分的时间。

6.2.3 压制成形缺陷

压制废品大致可分为四种类型：物理性能方面存在的缺陷、几何精度方面存在的缺陷、外观质量方面存在的缺陷及开裂。

6.2.3.1 物理性能方面的缺陷

压坯的物理性能主要是指压坯的密度。压坯的密度直接影响到产品的密度，进而影响到产品的力学性能。产品的硬度和强度随着密度的增加而增加，若压坯的密度低了，则可能造成产品的强度和硬度不合格。生产上一般是通过控制压坯的高度和单重来保证压坯的密度。压坯的密度随着压坯的单重增加而增加，随着压坯高度的增加而减小。在生产工艺卡中，对压坯的单重和高度一般都规定了允许变化的范围。由于设备等精度较差，压坯的单重和高度变化范围变化较大，这样在极端情况下。合格的单重和高度却得不到合格的压坯密度。因此在实际生产中，应尽量使压坯单重和高度的变化趋势一致，要偏高都偏高，要偏低都偏低。

压坯单重的摆差随着压坯重量、精料和送料方式的变化而变化：

（1）压坯单重摆差的绝对值随着压坯单重的增加而增加，其相对百分率比较稳定。

（2）自动送料比手工刮料的摆差小。这是因为机械的动作比人工操作稳定性好。称料的稳定性对于生产效率具有决定性作用。

此外，对于压力控制，压力的稳定性直接影响到密度的稳定性。对于高度控制，料的流动性的好坏，将影响到密度的稳定性。

6.2.3.2 几何精度方面的缺陷

A 压坯尺寸精度缺陷

压坯的尺寸参数较多。大部分参数如压坯的外径尺寸等都是由模具尺寸确定的。对于这类尺寸，只要首件检查合格，一般是不易出废品的。一般易出现的废品多半表现为压制方向（如高度方向）上的尺寸废品。

由生产实践可知，压坯高度的尺寸变化范围随着压坯的高度及其控制方式的改变而改变。压坯高度的变化范围，随着压坯高度的增加而增加。对于压制压力，则随着压坯高度的增加而呈线性迅速增加，而且在任何高度下压力的变化幅度都要比高度的变化幅度大得多。对于压力控制的压坯，凡是影响压坯密度变化的因素都将影响高度的变化。

B 压坯形位精度的缺陷

当前生产所见考核中压坯形位精度有压坯的同轴度和直度两种。

（1）压坯同轴度。同轴度也可用壁厚差来反映。影响压坯同轴度的因素主要可分为两大类：一类是模具的精度，另一类是装料的均匀程度。模具的精度包括：阴模与芯模装配同轴度，阴模、模冲、芯模之间的配合间隙，芯模的直度和刚度。一般来说，模具上述同轴度好，配合间隙小，芯模直度好，刚度好，则压坯同轴度就好，否则就差。装料的均匀程度影响压坯密度的均匀性。密度差大的，一方面回弹不一，增加壁厚差；另一方面密度大，各面受力不均，也易于破坏模具同轴度，进而增加压坯壁厚差。影响装料均匀性的因素较多。对于手动模，装料不满模腔时，倒转压形，易于造成料的偏移，敲料振动不均易于造成料的偏移；对于机动模，人工刮料角度大，用力不匀易于造成料的偏移；对于自动模，自动送料，则模腔口各处因受送料器覆盖时间不一样，而造成料的偏移，一般是先接触送料器的模腔口一边装料多。零件直径越大，这种偏移现象也就越严重。

（2）压坯直度。压坯直度检查一般是对细长零件如气门导管而言的。影响压坯内孔直度的因素主要是芯模的直度、刚度和装料均匀性。因此，只要芯模直度好、刚度好、装料均匀性好，则压坯的内孔直度就好。压坯内孔直度的好坏，直接影响整坯直度的好坏，而且由于压坯内孔直度与外圆母线直度无关，故很难通过整形矫正过来。所以对于压坯内孔的直度，必须严加控制。

未压好主要是由于压坯内孔尺寸太大，在烧结过程中不能完全消失，使合金内残留较多的特殊孔洞。产生原因有料粒过硬、料粒过粗、料粒分布不均、压制压力低等。

6.2.3.3 外观质量方面的缺陷

压坯的外观质量缺陷主要表现为划痕、拉毛、掉角、掉边等。掉边、掉角属于人为或机械碰伤缺陷，下面主要讨论划痕和拉毛缺陷。

（1）划痕。压坯表面划痕将严重影响表面粗糙度，稍深的划痕通过整形工序也难以消除。产生划痕可能的原因是：

1）料中有较硬的杂质，压制时将模壁划伤。

2）阴模（或芯模）硬度不够，易于被划伤。

3）模具间隙配合不当，易于夹粉而划伤模壁。

4）由于脱模时在阴模出口处受到阻碍，局部产生高温，致使铁粉焊在模上，这种现象称为黏模，黏模使压坯表面产生严重划伤。

由于上面四种原因造成模壁表面状态被破坏，进而把压坯表面划伤。此外，有时模壁表面状态完好，而压坯表面被划伤，这是由于硬脂酸锌受热熔化后而黏于模壁上造成的，解决办法是进一步改善压形的润滑条件，或者采用熔点较高的硬脂酸盐，也可适当在料中加硫黄来解决。

（2）拉毛。拉毛主要表现在压坯密度较高的地方。其原因是压坯密度高，压制时摩擦生热大，硬脂酸锌局部溶解，润滑条件变差，从而使摩擦力增加，故造成压坯表面拉毛。实际上若进一步恶化，拉毛会造成划痕。

6.2.3.4 开裂

压坯开裂是压制中出现的一种比较复杂的现象，不同的压坯易于出现裂纹的位置不一样，同一种压坯出现裂纹的位置也在变化。

压坯开裂的本质是破坏力大于压坯某处的结合强度。破坏力包括压坯内应力和机械破坏力。

压坯内应力：粉末在压制过程中，外加应力一方面消耗在使粉末致密化所做的功上，另一方面消耗于摩擦力上转变成热能。前一部分功又分为压坯的内能和弹性能。因此，外加压力所做的有用功是增加压坯的内能，而弹性能就是压坯内应力的一种表现，一有机会就会松弛，这就是通常所说的弹性膨胀，即弹性后效。

应力的大小与金属的种类、粉末的特性、压坯的密度等有关，一般来说，硬金属粉末弹性大，内应力大；软金属粉末塑性好，内应力小；压坯密度增加，则弹性内应力在一定范围增加。此外，压坯尖角棱边也易造成应力集中，同时由于粉末的形状不一样，弹性内应力在各个方面所表现的大小也不一样。

机械破坏力：为了保证压制过程的进行，必须用一系列的机械相配合，如压力机、压形模等。它们从不同的角度，以不同的形式给压坯造成一种破坏力。

压坯结合强度：压坯之所以具有一定的强度，是由于两种力的作用，一种是分子间的引力，另一种是粉末颗粒间的机械啮合力。由此可知，影响压坯结合强度的因素很多，压坯密度高的强度高；塑性金属压坯的强度比脆性金属的压坯强度高；粉末颗粒表面粗糙、形状复杂的压坯比表面光滑、形状简单的压坯强度高；细粉末压坯比粗粉末压坯强度高；此外，对密度不均匀的压坯其密度变化越大的地方结合强度越低。

压坯裂纹可分为两大类：一是横向裂纹；二是纵向裂纹。

A 横向裂纹

横向裂纹是指与压制方向垂直的裂纹，对于衬套压坯，则表现在径向方向上。

影响横向裂纹的因素很多，凡是有利于增加压坯弹性内应力和机械破坏力以及降低压坯结合强度的因素都有可能造成压坯开裂。

（1）压坯密度。压坯的强度随着密度的增加而增加。因此，当受到较大机械破坏力时，压坯密度低的地方易于开裂。但是随着密度的增加，压坯弹性内应力也增加，而且在相对密度达到90%以上时，随着密度的增加，压坯弹性内应力的增加速度比其强度要快得多，因此，即使没有外加机械破坏力，压坯也易于开裂。

（2）粉末的硬度。塑性好的粉末压坯比硬粉末压坯颗粒间接触面积大，因而强度高，同时内应力小，不易开裂。凡是有利于提高粉末硬度的因素，都会加剧压坯的开裂。因此，氧含量高的铁粉和压坯破碎料的成形性都不好，易于造成压坯开裂。

（3）粉末的形状。表面越粗糙、形状越复杂的粉末压制时颗粒间互相啮合的部分多，接触面积大，压坯的强度高，不易开裂。

（4）粉末的粗细。细粉末比粗粉末比表面积大，压制时颗粒间接触面多，压坯的强度高，不易开裂。从压制压力来看，细粉末的比表面积大，所需压制压力大，但这种压力主要消耗在粉末与模壁的摩擦力上，对压坯的弹性内应力影响较小，因此，细粉末压坯比粗粉末压坯不易开裂。

（5）压坯密度梯度。压坯密度梯度是指压坯单位距离间密度差的大小。由于压坯弹性内应力随着密度变化而变化，如果在某一面的两边，密度差相差很大，则应力也就相差很大，这种应力差值就成了这一界面的剪切力，当剪切力大于这一界面的强度时，则就导致压坯从这一界面开裂。当压坯各处压缩比相差较大时，易于出现这种情况。

（6）模具倒销。它是指压坯在模腔内出口方向上出现腔口变小的情况。当阴模与芯模不平行时，腔壁薄的一方也出现倒销。由于倒销的存在，压坯在脱模时受到剪切力，易于造成压坯开裂。

（7）脱模速度。压坯在离开阴模内壁时有回弹现象，也就是说压坯在脱模时由于阴模反力消除而受到一种单向力，又由于各断面单向力大致相等，所以剪切力很小。如果脱模在压坯某一断面停止，此时一种单向力全部变成剪切力，如果压坯强度低于剪切力，则出现开裂。因为物体的断裂要经过弹性变形和塑性变形阶段，所以需要有一定的时间。如果脱模速度快，则压坯某断面处在弹性变形阶段时，其剪切力就已消失，则不会造成开裂。如果脱模速度慢，使某断面剪切力存在的时间等于或大于该断面上弹塑性变形直至开裂所需要的时间，则压坯便从该断面开裂。对于销度很小或者没有销度的模具，脱模速度太慢容易造成压坯开裂。

（8）先脱芯模。先脱芯模易于在压坯内孔出现横裂纹。压坯脱模时使压坯弹性应力降低或消除。随着弹性应力的降低，压坯颗粒间的接触面积减小，颗粒间的距离变大，进入稳定状态，因此压坯回弹时，只有向外回弹，才能使整个断面颗粒间的距离变大，应力得到降低。如果先脱芯模，则压坯在外模内，应力不能向外松弛，而力图向内得到松弛，若干粉末颗粒均匀向内回弹，虽然在直径方向粉末颗粒间的距离增大，应力降低，但在回弹方向粉末颗粒间的距离更加缩短，使弹性应力增加，这样总的弹性应力并未降低。因此只有个别粉末颗粒向轴向回弹，并且互相错位，才能使应力消除，进入稳定状态。粉末颗粒改变了压制时的排列位置而互相错开拉大距离，从而造成了压坯内孔表面裂纹。当然，如果颗粒间的接触强度大于弹性内应力，则内孔裂纹也不会产生。对于内外同时脱模的模具，若芯模比外模短，则也属于先脱芯模，容易使压坯内孔出现横向裂纹。当然，如果芯模比外模短得很小，或脱模速度很快，也可以不造成内孔裂纹。

B　纵向裂纹

压坯纵向裂纹通常不易出现，这是由于一方面压坯在径向的应力比轴向小，而在圆周方向颗粒间的应力比径向小；另一方面压坯在轴向的密度变化比径向大，在径向的密度变化比圆周方向的大，此外外加机械破坏力，正常情况下多数是径向剪切力。生产实践中，偶尔出现压坯纵向裂纹大的有如下几种情况：

（1）四周装粉不匀。有时模腔设计过高或料的松装密度很大，装粉后，料装不满模腔，在压制前翻转模具时，料偏移到一边，这样压制时料少的一边密度低，受脱模振动便产生纵向裂纹。

（2）粉末成形性很差。有时成形性差的料，由于别的条件很好，压制脱模后并不出现纵向裂纹，但稍一振动或轻轻碰撞都易出现纵向裂纹。这是由于尖角邻边应力集中，对于衬套压坯，开裂首先从端部开始。

（3）出口端毛刺。在正常情况下出口端不产生纵向裂纹，只有模腔出口端部有金属毛刺时，才可能出现纵向裂纹。

此外，在压制内孔有尖角的毛坯时，由于尖角处应力集中，也常常出现纵向裂纹。

C　分层

分层是在垂直压制方向平面上的裂纹，可以是非常细的头发丝状的裂纹，或者更严重的常常引起压坯部分或完全分离。分层的主要原因是压坯的弹性回复以及在压制结束后模具的弹性回复。图 6-23 表示分层是怎样发展的：（1）压制过程中形成扁平孔隙（图 6-23（a））；（2）当作用在压坯上的力去除后，孔隙由于弹性回复而膨胀（图 6-23（b））；（3）脱模过程中压坯的径向膨胀使几个扁平孔组合在一起（图 6-23（c））。

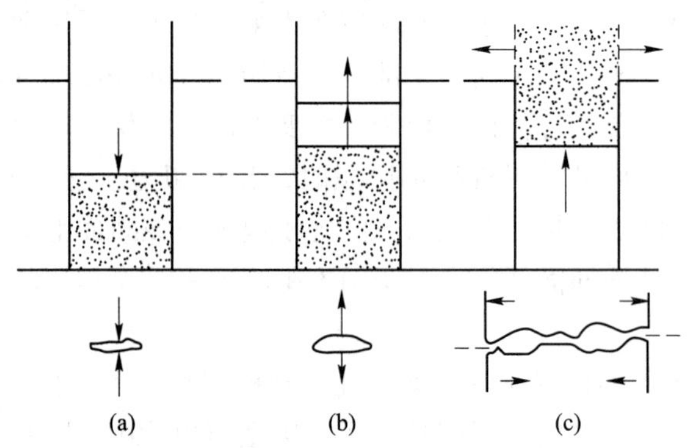

图 6-23 弹性回复形成分层的示意图
（a）压制过程中形成扁平孔隙；（b）压坯在模具中的轴向弹性回复形成分层核心；
（c）脱模过程径向回复形成分层

防止分层形成的措施包括：

（1）有效润滑，减小脱模过程中的摩擦力。

（2）脱模过程中在压坯上保持正压力。

（3）模具的靠上部分具有轻微的锥度，使压坯在脱模过程中逐渐膨胀。

（4）减小压制速率，避免空气的陷入。

（5）选择适当的粒度分布。

对于几何形状复杂的压坯，压坯强度过低、不恰当的润滑以及过大的脱模压力，可以造成脱模过程中压坯的破碎。

对于压制方向上的不等高零件，当形成不同台阶模冲的运动速率不能较好地同步时，台阶交界处可能出现剪切裂纹。

6.3 其他成形方法

6.3.1 模压

按照陶瓷粉体在成形时的状态，可将成形方法分成压制成形、可塑成形和胶态成形。压制成形又可分为模压成形和等静压成形。

模压成形是最常用的成形方法，就是将陶瓷粉体放在钢模模腔中，然后在一定的载荷下压制成形，陶瓷材料的成形压力一般为 40~100MPa，这样就可以将粉体压制成坯体。

粉体的特点是粒度小、可塑性差、含水量少，用这样的粉体进行压制，粉体颗粒之间、粉体与模壁之间存在着很大的摩擦力，加之颗粒之间的结合力很小，流动性差，所以不易压成坯件。即便被压成坯件，机械强度也很低（一碰就掉渣）。所以，在干压法成形之前，为增加粉体的可塑性和结合性，要对粉体进行造粒处理，需加入黏度比较高的黏合剂，翻合剂通常有聚乙烯醇、聚乙二醇、羧甲基纤维素等。造粒步骤如下，将黏合剂配制成质量分数为5%~10%的胶水，然后与陶瓷粉体按一定比例混合（胶水的用量为粉体干重的4%~15%（质量分数）），然后预压成块状，最后经粉碎、过筛得到具有一定大小的颗粒。

模压成形一般包括三个过程：模具装料、粉体压实和坯体脱模。

6.3.1.1 模具装料

工业生产中为了快速获得均匀的坯体，需要在模具装料时使用流动性良好的粉体，而超细粉体往往流动性不好，必须事先采用喷雾造粒技术从浆料中制备颗粒大小、形状及粒度分布一定的粉体。一般大于50μm并具有较窄粒度分布的球形粉粒具有较好的流动性。另外，粉粒本身较大的堆积密度、粉粒之间以及粉粒与模具之间较小的摩擦力也有利于获得良好的模具装料效果。通常粉体经过造粒后含有聚乙烯醇（PVA）黏合剂、聚乙二醇（PEG）增塑剂和硬脂酸锌润滑剂等。

6.3.1.2 粉体压实

粉体压实过程的初期主要是粉粒的滑移和重排，后期主要是通过颗粒的破碎而使小气孔减少。对于含有黏合剂的造粒粉体，压实时的塑性变形也将导致小气孔的减少。后期还存在弹性压缩，这往往会在坯体脱模时引起缺陷的形成。对粉体压实过程难以进行准确的理论分析，一般采用实验数据得到经验公式，即：

$$p = \alpha + \beta \ln\left(\frac{1}{1 - \rho}\right) \tag{6-16}$$

式中，p 为施加的压力；ρ 为坯体的相对密度；α 和 β 为依赖于粉体性质及其初始密度的常数。

模压成形的主要问题在于，由于粉体与模具存在摩擦力而导致外加压力的不均匀传递。当外加压力传到模具壁时，形成径向和切向应力，其中的切向应力在模具壁上反作用于外加压力，导致形成应力梯度。切向应力与径向应力之比值定义为粉体与模具壁之间的摩擦系数。这种应力梯度会引起坯体密度的波动，坯体边缘的密度不均匀性最突出。

6.3.1.3 坯体脱模

当外加压力释放后，坯体内储存的弹性能引起坯体膨胀，称其为应变回复。粉体的有机添加物较多和外应力较大时，一般会有较明显的应变回复。尽管少量的应变回复有利于坯体从模具上分离，但过量则会导致缺陷。由于坯体与模具壁之间存在的摩擦力通常需施加外力才能脱模，故适当添加润滑剂会有助于脱模操作。

模压成形可快速获得简单形状和准确尺寸的制品，且具有以下特点：

（1）操作简单，生产效率高，成本低。

（2）一般适用于形状简单、尺寸较小的部件，如圆片、圆环等。

（3）在干压法成形中，坯体的密度不是很均匀。

6.3.2 冷等静压

如前所述，刚性模单向压制的缺点在于应力分布不均匀以及密度分布不均匀。当这种粉末压坯烧结时应特别注意应力和密度分布的不均匀性，因为密度不均匀造成收缩不均匀，使烧结过程尺寸难以控制。

在等静压中，粉末装在封闭的柔性模具中，然后浸入流体中并施加压力，压力通过柔性模的外表面均匀地作用在粉末上。这种方法消除了粉末与模壁间的摩擦，这是传统压制中形成压坯应力分布不均匀的主要原因。当压力作用于流体时，压力通过柔性模传递到粉末上，从而完成粉末压制。在冷等静压中，橡胶用于制作粉末的柔性包套，压力通过流体介质传递。等静压也可以在高温下进行，即将压制与烧结结合在一起，这称为热等静压（HIP）。

6.3.3 温压

近些年，由于原料粉末以及零件制造技术的发展，可以制造形状复杂性和性能更高的零件，因此铁基粉末冶金工业在持续增长。原料粉末的进展包括高压缩性铁粉、预合金化钼钢粉、扩散合金化粉以及黏结剂处理的铁粉。这些新型的粉末以及预混合技术，为粉末冶金零件制造者在提高密度不大于 7.1g/cm^3 的制品的力学性能方面提供了较大的灵活性。但是，对于粉末冶金零件的最终用户，仍希望仅通过提高零件材料的密度来获得性能进一步提高的制品。传统的获得高密度的方法包括熔渗铜、二次压制/二次烧结和粉末锻造。但这些技术的操作过程明显增高了成本，削弱了粉末冶金技术节约成本的优势。而温压技术在一次压制过程中即可达到二次压制/二次烧结的密度和性能。

温压技术是将混有特殊有机聚合物的粉末与模具加热到 150℃左右，通过常规的压制过程获得高的压坯密度。粉末温压技术的实际生产应用是由 Hoeganaes 公司在 1994 年实现的，并命名为 Ancordense。温压技术具有以下特点：（1）密度高，压坯密度可达 7.4g/cm^3；（2）压坯强度高，压坯强度可达 15~30MPa，可以进行切削加工；（3）生产成本较低，若以常规压制的生产成本为 1，则粉末锻造成本为 2.0，复压/复烧成本为 1.5，渗铜工艺成本为 1.4，而温压工艺成本仅为 1.25；（4）材料性能高；（5）可制造高密度复杂形状零件；（6）脱模力小，密度均匀。

6.3.4 注射成形

金属粉末零件的注射成形是由塑料零件的注射成形发展而来的。塑料零件注射成形时，将粉末或粒状的热塑性树脂加热到某一温度获得所需黏度，接着注射到模具中。树脂在冷的模具中凝固后从模具中脱出，形成所需形状的塑料零件。

在注射成形金属粉末零件时，黏结剂可以是热塑性树脂或适当的蜡，它与金属粉末混合。将混合物注射到模具中，随后零件有足够的强度从模具中脱出。黏结剂在脱脂过程中去除，接着将零件烧结。

注射成形金属粉末零件，与塑料零件的传统注射成形相似，可以生产传统压制不能生产的高复杂形状的小零件。另外，注射成形的零件，在成形后含有相当多的黏结剂。当黏结剂去除后，零件是多孔的，密度约为理论密度的 60%。因此，为了达到铸造或锻造零件的密度，注射成形的零件需要烧结致密化。注射成形零件烧结时，通常的尺寸的收缩率约为 18%。而传统压制的零件在此条件下烧结时尺寸难以控制。但是，在注射成形中，金属粉末颗粒在成形步骤中没有发生塑性变形，零件的收缩非常均匀，烧结过程的尺寸变化是可以预测的。由于注射成形可以生产复杂形状的零件，因此这一技术的发展非常迅速。

6.3.5 挤压成形

虽然金属粉末与黏结剂混合后注射成形是一项较新的技术，但挤压混有增塑剂的金属粉末，作为生产钨丝的一种方法，出现的时间比较早。金属粉末挤压所用的黏结剂与注射成形的相似，步骤与注射成形相同：混合金属粉末与黏结剂，通过挤压嘴挤压，然后脱脂和烧结。

粉末增塑挤压成形技术对脆硬材质体系，尤其是硬质合金、钨基高密度合金等，是一项十分关键的新型成形技术，现已成为制取管、棒、条及其他异型产品的最有效的方法。其关键的工艺步骤主要包括黏结剂的设计与制备、粉末与黏结剂的混合、喂料挤压成形、挤压毛坯的脱脂与烧结。可以说粉末挤压成形技术是在塑料与金属加工的挤压工艺基础上演化而来的一种粉末冶金近净成形新技术。但它与挤压工艺存在本质的差异，粉末挤压成形技术的核心内容是黏结剂设计、制备与脱除及挤压流变过程分析与控制，它决定着该工艺的成败。20 世纪 80 年代以来，增塑粉末挤压成形中采用以螺杆挤压机为代表的连续挤压设备，其自动化程度、工艺过程控制精度都有大幅度的提高，并大量采用了光电子监控、计算机在线适时控制等智能化部件，从而使得新一代挤压设备功能更加完善，操作更为方便，生产能力大大提高。随着新一代挤压设备的开发成功，增塑粉末挤压工艺技术进一步得到开发。目前已能够挤出直径为 0.5～32mm 的棒材，壁厚小于 0.3mm 的管材，同时也生产出了各种形状、尺寸的蜂窝状横断面结构的陶瓷零件，产品有计算机打印针、印刷电路板钻孔的微型麻花钻等电子工业用精密部件；汽车尾废气净化器等汽车工业粉末冶金产品；作为工具使用的硬质合金棒材等传统应用领域的各种零部件等。

这种技术用于生产薄壁的管状以及其他细长形的硬质合金。如同注射成形一样，一个主要的问题是控制尺寸，因为挤压的制品烧结时将发生较大的收缩。多孔不锈钢管也采用此方法生产。不锈钢粉与增塑剂的混合物可以挤压成管，管的壁厚小于等静压生产的管。需要再次说明的是，脱脂和烧结过程中控制尺寸是主要问题。

6.3.6 金属粉末轧制

大多数压制金属粉末的方法生产的产品在长度和宽度尺寸方面都有一定的限制。粉末轧制是一种利用轧机将金属粉末连续成形的工艺，是生产长的和横截面不变的制品的一项重要粉末冶金工艺。在此工艺中，金属粉末从料斗中喂入一套成形轧辊，生产出连续的生带坯或薄板。然后经过烧结，如果需要，经过二次轧制，得到具有所需材料性能的最终产品。最终产品可以是全致密的，或者具有所需的孔隙度。粉末轧制已发展成为由金属粉末生产金属薄板、带材和箔材的主要粉末冶金工艺。

粉末轧制所需粉末的特性与模压成形所需粉末的性能相当，其中流动性对于保证最终产品的一致性非常重要；粉末颗粒的塑性以及形状的不规则性可提高生坯强度；粒度和粒度分布影响生坯密度。适合于粉末轧制的金属粉末包括元素粉、元素粉的混合粉以及元素和合金粉的混合粉（可以在烧结过程中均匀化）、含有非反应性以及常规熔铸过程不能生产的添加剂的混合粉、预合金雾化粉等。

6.3.7　粉浆浇注

粉浆浇注是广泛应用于陶瓷制品生产的一项技术。其基本过程是在室温下将陶瓷颗粒悬浮在液体中，然后浇注到多孔模具中，利用毛细管力或外部压力从多孔模具中去除溶剂使粉末固结，最后从模具中取出生坯。

金属粉末的粉浆浇注最早于 1936 年提出，此方法主要包括将金属粉末与水的悬浮液浇注到模具中。模具由石膏制成，并具有与成形产品相反的形状。石膏模从悬浮液中吸收水分。浆体具有足够低的黏度，以便容易地浇注到模具中。生坯应具有足够的强度，在从模具中脱出后保持其形状。图 6-24 是金属粉末的粉浆浇注示意图。粉浆浇注的两个最常见变化是排出浇注和实体浇注。排出浇注是将浆体浇注到模具中，经过预定时间之后，从模具中排出多余浆体，在模具内侧形成沉积层。再经过一定时间使生坯固化后，将生坯脱出模具，然后干燥、烧结。实体浇注类似于排出浇注，但浆体在脱水过程中处于模具内，最后在模具内形成实体生坯。

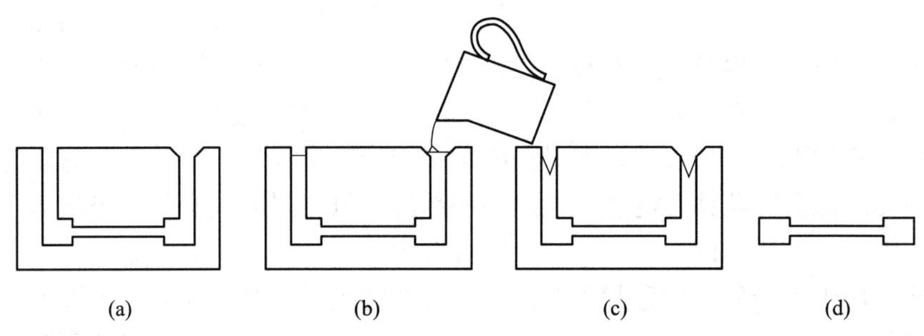

图 6-24　金属粉末的粉浆浇注示意图
（a）组装模具；（b）粉浆浇注；（c）吸收粉浆中的水；（d）从模具中取出并修整过的制品生坯

6.3.8　高速压制

压力浇注能缩短粉浆浇注时间，降低成本，提高生坯物理性能。但是，相应的基础研究比较薄弱。大多数工厂是在设备供应商建议的压力和循环周期下运行压力浇注机，对这些因素通常很少改动。

实际上，压力浇注是指对粉浆施加压力，以此提高浇注速率。原本上使用石膏模就有提高浇注速率的目的，但石膏模强度低，压力受限，因此开发了多孔塑料模。这些模具的开发可以使压力提高 10 倍。例如，对于某一陶瓷组成，当浇注压力从 0.025MPa 增大到 0.4MPa 时，浇注时间从 45min 减少到 15min。

目前有两种压力浇注系统：中压（0.3～0.4MPa）系统和高压（4MPa）系统。生产不同的产品采用不同的压力浇注系统，例如卫生洁具使用中压系统，餐具使用高压系统。

压力浇注具有以下优点：容易成形复杂形状，因为生坯质量提高，絮凝减少。而普通的粉浆浇注所用的石膏模过滤速率慢，从而需要大量模具，占用大量空间。压力浇注的循环周期缩短，减少人工支出并提高生产率。

习 题

1. 粉末的预处理有哪些，其作用是什么?
2. 压制压力、侧压力和摩擦力的相互关系及其对粉末压制的作用是什么?
3. 什么是压制过程的弹性后效现象?
4. 压制压力与压坯密度的一般关系是什么?
5. 压坯密度的分布规律是什么，其产生原因是什么? 有哪些方法可以改善压坯密度分布?
6. 压制横截面不同的复杂形状压坯时的原则是什么?
7. 成形剂的作用和选择原则是什么?
8. 压制零件可分为哪些类型，基本压制方法是什么?
9. 压坯缺陷有哪些，其成因是什么?
10. 影响压制的因素有哪些?
11. 获得高压坯密度的成形方法有哪些，其特点是什么?
12. 获得复杂形状生坯的成形方法有哪些，其特点是什么?

参 考 文 献

[1] 曲选辉. 粉末冶金原理与工艺 [M]. 北京：冶金工业出版社，2013.
[2] 陈文革，王发展. 粉末冶金工艺及材料 [M]. 北京：冶金工业出版社，2011.
[3] 吴成义，张丽英. 粉体力学成形原理 [M]. 北京：冶金工业出版社，2003.

7　烧结基本原理与工艺

本章提要与学习重点

本章阐述了金属和合金在烧结过程中的扩散、蠕变和再结晶，烧结过程的基本原理、基本规律，重点归纳了烧结技术，包括固相烧结、液相烧结、活化烧结，特别是最新发展的其他热固结方法，包括热压烧结、热等静压烧结、热挤压烧结、粉末锻造烧结、放电等离子烧结。

7.1　金属和合金的扩散、蠕变和再结晶

烧结是粉末压制（一般说来是成形）的压件所需要进行的一种操作，即把压件加热到其基本组元熔点以下的温度，是（0.7～0.8）$T_{绝对熔点}$，并在此温度下进行保温。烧结时，多孔体的物理-机械性能和尺寸大小将发生变化（大部分表现为收缩-尺寸的减小）。压件的收缩和性能变化是由于多孔体在加热时发生了一系列的物理和化学变化的结果。因此，在开始阐明烧结原理以前，先要相应地简述一下扩散、蠕变和再结晶过程的特点。如前所述，扩散、蠕变和再结晶等现象，在烧结时起着重要的作用，在讨论研究烧结规律时，必须引入扩散、蠕变和再结晶的概念。

7.1.1　金属和合金的扩散

根据近代的概念，在热平衡条件下的晶体点阵中，原子并没有占据所有的结点，而是在结点中存在着空位（孔），空位浓度可按下式计算：

$$c \cong e^{-\frac{U_b}{KT}} \tag{7-1}$$

式中，U_b 为空位形成能；K 为玻尔兹曼常数；T 为绝对温度。在熔点时，空位的平衡浓度通常不超过 10^{-3}～10^{-4}。

在弗兰克尔的扩散理论中，认为点阵中原子的迁移是由于原子连续置换空位的结果，并且扩散系数和空位浓度有下列关系：

$$D = cD' \tag{7-2}$$

式中，D' 为空位扩散系数，其大小为：

$$D' \cong e^{-\frac{U_a}{KT}} \tag{7-3}$$

式中，U_a 为原子或空位移动的激活能。

根据式（7-1）～式（7-3），扩散系数与温度的关系为：

$$D = D_0 e^{-\frac{U_a+U_b}{KT}} = D_0 e^{-\frac{U_0}{KT}} \tag{7-4}$$

式中，D_0 为与温度无关的数值；U_0 为扩散激活能。

因此，在空位扩散机构中，扩散激活能等于空位形成能和空位移动激活能的总和。实验结果基本上满意地证实了这种观点。

根据资料所得到的数据，对于大多数金属来说，U_a 相当于扩散激活能的三分之一。U_a 值可取等于晶界扩散激活能，因为在晶粒边界处空位浓度很高，所以 $U_a \sim 0$。这种情况大概是可以出现的，因为晶界扩散激活能等于（0.6~0.7）U_0。

表面扩散的规律，目前由于实验上的困难，研究得还很不充分。但是，根据已有的资料可知，表面扩散激活能大致等于或小于晶界扩散激活能。表面扩散系数其绝对值要比体积扩散系数大好几个数量级。

除空位扩散机构外，还可能有其他扩散机构：置换扩散，间隙扩散以及环式扩散。但是理论计算表明，在这些情况下的扩散激活能比空位扩散时以及实验观测到的数值都要大得多。对于空位扩散机构最有力的证明并不是依靠激活能的计算，而是实验的事实，如金属相互扩散时就会形成孔隙。

在一对金属 A-B 中，扩散孔隙的形成是由于偏扩散系数不相等所致（例如 $D_A > D_B$），因此引起扩散流也不相等 $\boldsymbol{j}_{A\to B} > \boldsymbol{j}_{B\to A}$。这样，在组元 A 中便形成剩余空位，空位集聚的结果就形成孔隙。除空位扩散机构以外，任何其他的扩散机构都不能解释形成孔隙的事实。

扩散孔隙现象在很大程度上是由 E. 柯肯德尔（E. O. Kirken-dal1）和 A. 斯米格尔斯卡斯（A. D. Smigelskas）的工作确定的。1947 年，他们发现在铜-黄铜相互扩散时，作为标记的金属丝发生了位移。原来，锌在铜中的扩散系数比铜在黄铜中的扩散系数大；由于扩散流不相等，位于铜-黄铜边界上的金属丝标记便向黄铜方面移动。

在文献中，这种现象称为柯肯德尔效应。之后，许多研究者也都发现过这种现象。在两种金属相互扩散时，占优势的扩散流方向可以利用文献提出的规则来确定。根据这种规则，占优势的扩散流是由具有较小蒸发热的组元形成的，并且在该组元中还发现有形成的孔隙。

偏扩散系数，即表征每种组元移动特点的系数，它与总扩散系数有一定的关系。在一对 A-B 组元中，可按达尔肯（Darken）公式来计算：

$$D = D_A c_B + D_B c_A \tag{7-5}$$

式中，c_A 和 c_B 为两种组元的相对浓度（$c_A + c_B = 1$）。既然 $D_A \neq D_B$，那么，D 就不可避免地会随着相对浓度的变化而改变。式（7-5）仅能用来估计 D_A 和 D_B 的大小，因为式（7-5）没有考虑扩散孔隙的形成，而扩散孔隙的存在却可以大大地影响扩散系数的大小。

格古津曾经研究过形成扩散孔隙的规律，在相互扩散的金属粉末混合物烧结时，扩散孔隙起着很重要的作用。固体扩散理论，目前还不能认为已达到了最完善的地步，但是，在扩散特性的计算方面：例如，式（7-4）中指数的因子激活能的计算以及在确定 D 与 T 间更一般更严格的关系等方面正进行着大量的研究工作。

研究得比较少的扩散问题之一是晶体结构缺陷对扩散过程的影响。这个问题对于金属粉末烧结理论来说是很重要的，因为在绝大多数情况下，烧结时的扩散过程是在有缺陷的物体中进行的。扩散研究的实验结果表明，在形变体和具有剩余空位浓度的缺陷结构中，扩散过程会强烈地加剧。根据空位扩散机构，存在剩余空位会促使扩散系数增大，并且使激活能降低。剩余空位的存在或是与晶体点阵的结构状态有关，或是与扩散退火以前形变时所产生的空位有关，或者就与扩散退火时所形成的空位有关。然而，在实际的缺陷体中，定量的扩散规律至今还没有充分和详细地阐明。

在解决各种不同的扩散问题时，常常应用菲克（Fick）方程。当浓度梯度为 $\frac{\partial c}{\partial x}$ 时，单位时间通过面积 S 的扩散物质量 m，根据菲克第一定律可以写成：

$$m = - DS\frac{\partial c}{\partial x} \tag{7-6}$$

式中，D 为扩散系数。负号表示扩散由高浓度向低浓度方向进行。单位时间内通过单位面积的空位或原子流可用下式表示：

$$\vec{j} = D\mathrm{grad}_x c \tag{7-7}$$

式中，$\mathrm{grad}_x c = \frac{\partial c}{\partial x}$。

表示浓度随时间变化的菲克第二定律是从菲克第一定律推导得到的，其形式为：

$$\frac{\partial c}{\partial t} = D\frac{\partial^2 c}{\partial x^2} \tag{7-8}$$

菲克第二定律的这种形式必须以扩散系数与浓度无关为前提。在扩散问题中，这是通常被利用的假设。

在具体的扩散问题中，式（7-8）可以在一定的边界条件下积分。在文献中已列举了解决各类不同问题的详细例子，其中的一部分是有关粉末烧结条件下的例子（例如，由一个球向另一个球的扩散，由点源的扩散等）。

为了说明扩散过程的特点，可以采用扩散原子位移的均方值 $\overline{x^2}$：

$$\overline{x^2} = 2Dt \tag{7-9}$$

式（7-6）~式（7-9）属于异扩散的规律，但是，如果存在浓度梯度时，这些公式也可以在自扩散中应用。在单一组元的多孔体烧结时，浓度梯度是由于存在内部界面而引起的。这些内部界面造成了在烧结体不同位置上的空位平衡浓度的差异。文献指出了多孔体中存在着空位定向迁移的可能性。根据致密体的球形孔隙与蒸发物质小滴间的相似性，皮涅斯指明：正如同小滴附近的平衡蒸气压提高一样，半径为 r 的孔隙附近的空位平衡浓度提高为 Δc：

$$\Delta c = \frac{2\sigma}{r}\frac{V_0}{KT}c_0 \tag{7-10}$$

式中，σ 为表面张力；V_0 为单位体积；c_0 为空位平衡浓度。

自然，在平的物体表面上 $\Delta c = 0$，空位平衡浓度梯度是在物体内部形成的，由孔隙到表面的空位流大小可由式（7-6）、式（7-7）来计算，而过程的速度则由式（7-8）来表达。这样，空位就好像是从孔隙表面流到试样的外表面，原子流则相应地反向运动，结果使得孔隙被原子填满。

但是，在实际的烧结条件下，空位向表面的流动较少。文献指出，这是由于在具有连通孔隙的多孔体中，具有正负曲率的区域可以相互替换，并且其间所产生的空位梯度促使孔隙形状平直化（物质从凸处向凹处迁移）。除此以外，空位的流动将朝着晶粒边界进行。文献指明，在孔隙表面和晶粒边界上的化学位是不同的，并且这可能引起空位由孔隙向晶粒间界流动。当引起空位朝滑移面的垂直方向迁移时，空位也可能被刃型位错吸收掉。为了描述收缩过程，在某些著作中曾应用了空位（晶粒间界和位错）的内部沟道的概念。也应该适当地叙述一下剩余空位的作用，这种剩余空位是在不均衡物体（辐照或形变过的晶体；电镀的金属）退火时出现的。文献指出，不平衡系统转变为较平衡的状态有三种可能：空位通过脱位原子的置换而消失，空位移动到试样表面以及空位集聚成孔隙。虽然从自由能的角度出发，前两种可能看来是有利的；但是从动力学的角度来看实际上占优势的是第三种方式剩余空位集聚成孔隙。这些孔隙大部分沿着晶粒边界分布。根据资料，图 7-1 为电镀铜退火时的显微组织变化。随着保温时间的延长，孔隙的尺寸增大；在元素相互扩散而产生剩余空位时，也发生这种现象。

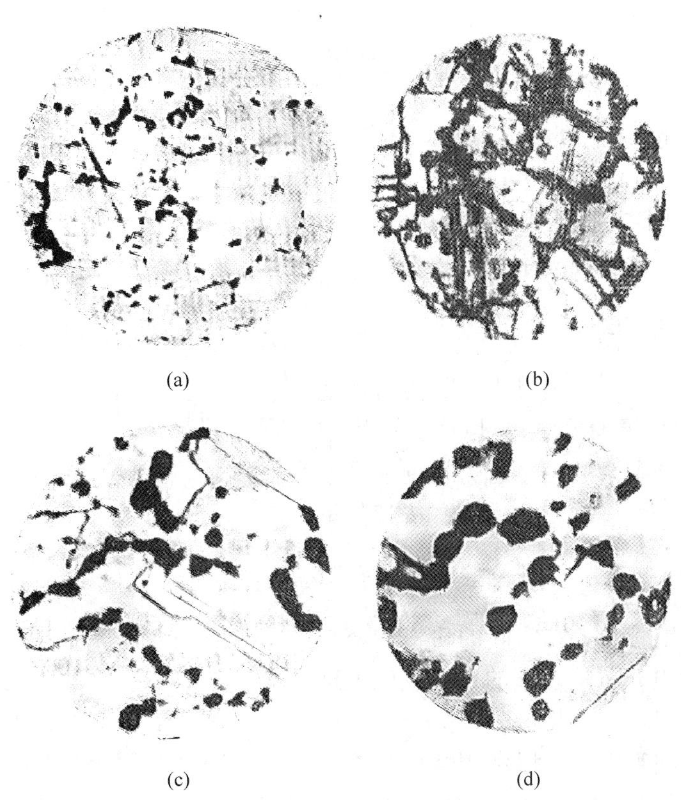

图 7-1 电镀铜试样真空退火后的显微组织
（a）5min；（b）30min；（c）90min；（d）900min
（退火温度为 1000℃）

文献研究了过饱和固溶体扩散分解的动力学问题。在具有剩余空位的晶体中，孔隙的长大是这类问题的个别情况。孔隙的长大分两个阶段进行。第一阶段，过饱和固溶体中出现晶核的起伏和晶核的长大（在这种情况下，孔隙平均半径大致按一般的平方规律（式（7-9））长大）。第二阶段，当孔隙已相当大，而空位过饱和度很小，这时就发生集聚过程——大孔隙“并吞”小孔隙的过程。孔隙的集聚过程是由于产生了空位梯度而引起的。根据式（7-10），空位梯度发生在不同曲率的孔隙表面。孔隙尺寸的变化由下式确定：

$$r^3 = \frac{4}{9}D'\alpha t \tag{7-11}$$

式中，$\alpha = \frac{2\sigma}{KT}V_0 c_0$。

孔隙的集聚过程在烧结的最后阶段出现，那时，密度的变化实际已停止。但是，由于孔隙大小的不同，孔隙仍然会继续朝大孔隙长大和小孔隙消失的方向变化。这种情况，已在研究铜压坯烧结后的显微组织变化中得到证明，铜压坯的烧结温度为 1000℃，保温1000 小时。式（7-11）也被研究岩盐和电镀铜试样的显微组织的实验所证实。

早已指出，对于直接与表面相接连的区域来说，剩余空位移动到试样表面是可能的。在这种情况下，当试样退火时，在试样的表面上生成了一层没有孔隙的“外壳”，其厚度可由下式计算：

$$\omega = 2(D'\alpha t)^{1/3}/Q_0^{1/2} \tag{7-12}$$

式中，ω 为无孔区域的宽度；Q_0 为起始过饱和度（空位加孔隙）。

在含有显微闭塞孔隙的 NaCl 晶体退火时，发现“外壳”的形成和长大与 $t^{1/3}$ 成正比。应当指出，式（7-11）、式（7-12）仅仅在 t 较长时才能应用。上述已研究过的例子还远不能全部说明扩散规律在描述烧结过程中的应用。还应指出，扩散规律也可以判断烧结的均匀化和其他现象。这些问题将在以后进行研究。

7.1.2 金属和合金的蠕变

为了了解烧结时的收缩过程，需要适当地简述一下在受力时晶体的蠕变规律。在烧结时，起作用的力是剩余的毛细管力，剩余毛细管力发生在固体和液体的凹凸面上，按其数量级其值为$\frac{\sigma}{r}$。图 7-2 表示在颗粒接触区和孔隙表面上出现的毛细管力。在实际的粉末冶金制品中，毛细管力的分布是复杂的，一般认为这些力的总合作用相当于施加的外压力。要估计出这种平均的毛细管力，可以利用烧结时外压力对收缩影响的研究结果来实现。这些试验的结果表明，对于毛细管力来说，外压力的作用是有加和性的。因此，向横坐标轴外推 $\frac{\Delta V}{V}=f(P)$ 曲线，就可以根据在横坐标轴上截取的截距数值来判断毛细管力的大小。用这种方法估计的平均毛细管力大约是 0.4～0.8MPa，如果取 $\sigma=$（1～2）N/m，r 约为 10^{-3}cm 时，那么，这数值与公式 $\frac{\sigma}{r}$ 计算的结果大体相符合。但是，局部地区的毛细管力可能是非常高的。为了阻止收缩，要求附加与毛细管力具有同样数量级的外力。实验已经表明：如果在烧结体中附加 0.1MPa 左右的拉

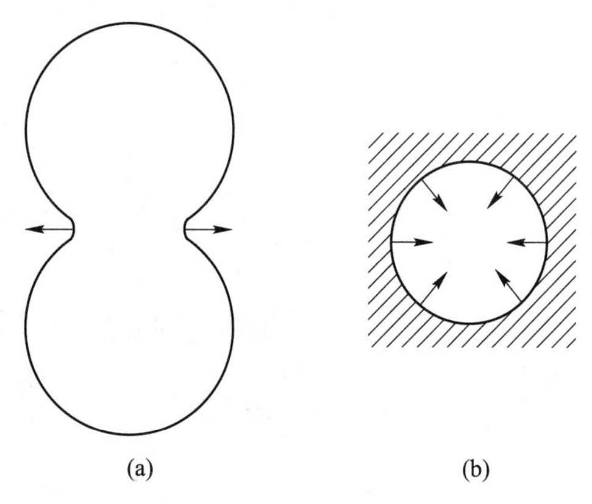

图 7-2 烧结时毛细管力的作用
（a）接触颗粒；（b）孤立的孔隙

力，那么，在烧结银压坯时（900℃），银压坯在拉伸方向的线收缩便会停止。在烧结钴金属时压坯时（1000℃），停止线收缩的载荷大约是 $10kg/cm^2$。

因此，在烧结时，材料的流动在比较小的载荷下就发生了。如果附加的外力与毛细管力一致，则会增加收缩。为了描述物质在烧结时的流动机构，一些学者曾提出了各种假设。弗兰克尔提出了晶体黏性流动的概念，黏性流动是以扩散方式，也就是原子或空位的定向迁移来实现的。在黏性流动时，形变和应力之间的关系可认为是线性关系：

$$\frac{\mathrm{d}l}{l\mathrm{d}t} = \frac{1}{\eta}P \tag{7-13}$$

式中，η 为黏性系数；P 为应力。

扩散系数和黏性系数之间的关系与非晶体的流动性相类似，为：

$$\frac{1}{\eta} = \frac{D\delta}{KT} \tag{7-14}$$

式中，δ 为点阵常数。

但是，进一步研究表明，在晶体中不能使用式（7-14），是有充分理由的。研究工作中，发展了金属的扩散变理论。根据这些概念，蠕变速度决定于引起 X 射线相干散射的晶格区域的线性大小，η 和 D 间有着下面的关系式：

$$\frac{1}{\eta} \approx \frac{D\delta^3}{KTL^2} \tag{7-15}$$

式中，L 为晶粒或晶块的大小。

扩散蠕变是由空位的定向迁移和相应原子的反向运动所形成的；而空位的迁移是从受力表面向自由表面（试样的外表面、晶块和晶粒的边界）进行的。

图 7-3 为多晶体试样受载时的扩散流示意图。原子的这种定向迁移会引起物体的宏观形变，而存在化学位梯度（或扩散流示意图缺陷的浓度梯度）是发生原子定向迁移的先决条件。处于压缩条件下的区域中，其空位比试样受张力的部分要少一些，因此，在载荷作用下，就引起受载物质的重新分布。分析这种情况，就像描述空位运动的情况一样。

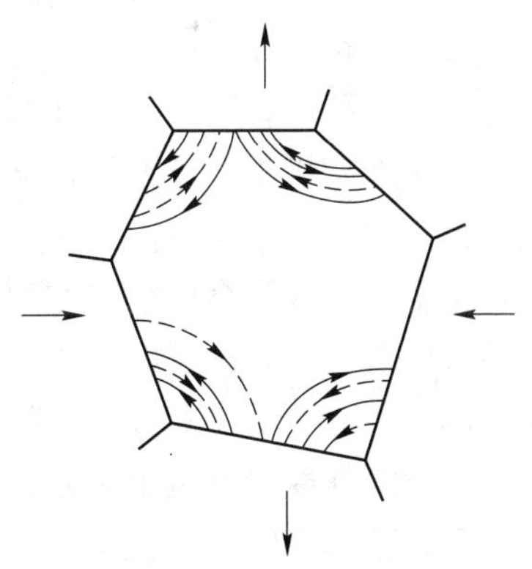

图 7-3　多晶体试样受载时的扩散流示意图
——空位流；----原子流

前面已阐述过的关于被原子扩散填满孔隙的看法，同样可以用物质的黏性流动观点来描述。因为根据式（7-10），缺陷浓度与毛细管力差是有联系的，即：

$$\Delta c = \Delta P \frac{V_0}{KT} c_0 \tag{7-16}$$

式中，ΔP 为毛细管力差。

因此，在小载荷时，晶体的黏性流动和依靠化学位梯度而引起的扩散物质的重新分布，这两种理论实质上是用相似的方法描述同样的过程。空位扩散机构则是这些过程的基础。

文献指出，固体中的扩散蠕变，在任何形式的应力状态下都会发生，但是在所有方向受压缩或所有方向受拉伸时却是例外，因为在这两种情况下，物体各点的化学位是相等的。

已阐明的关于扩散蠕变的概念，在研究小载荷下金属丝的蠕变实验中得到了验证。这些研究结果表明扩散蠕变理论的基本原理（形变速度和载荷间的线性关系；流动激活能和扩散激活能的近似性；尺寸对黏性系数的影响），在实验中已被完全证实，但是，在大多数情况下，这仅仅在长时间的保温（几十小时、几百小时）下，即在固定不变的条件下才是这样。对于烧结理论来说，在短时保温时，黏性系数与时间、载荷的关系，以及被观察到的形变速度要超过根据式（7-15）所计算的数值好几倍。

可以指出，下述情况对扩散蠕变时的形变也有作用，应力可能引起一定方向的位错运动，位错中的一部分起空位源作用，而另外一部分位错，对空位源来说就起沟道的作用；沿晶粒边界的黏性流动，在实验观察中是以一个晶粒相对于另一个晶粒的滑移形式出现的；由于空位的集聚，在晶界上产生孔隙，引起断面普遍的减弱。

一般说来，在比较高的温度下扩散蠕变应该是占主要的。随着温度的降低，扩散作用也将减小，而位错机构的作用将会增加。这些规律暂时还没有进行定量的研究。

因此，尽管前已指出，扩散蠕变已定性的得到了许多证据。但是，在小载荷时，实际多晶体的扩散蠕变，其定量的理论还是非常不完善的。

研究有关晶体结构缺陷对高温蠕变的影响是很重要的。许多研究工作表明，当存在晶格缺陷的试样时，蠕变速度增加，这种缺陷可以在预先形变时造成，也可以在不均衡的制取试样的条件下形成（例如，通电的金属中）。晶格缺陷的影响与不均衡试样退火时所形成的剩余空位有关，但是，缺陷高温蠕变的定量规律至今还未建立。

上述关于蠕变的概念是对于应力小于屈服极限时的情况来说的。如下所述，由于在烧结时，滑移型的塑性变形不会发生，因此，这里也就不讨论应力超过屈服极限时的蠕变规律。只是指至少在开始阶段，这种蠕变机构一般是与位错运动相联系出的，而且，形变速度在 $\eta = 4 \sim 5$ 范围内（式（7-13））与应力成比例。

应该强调指出，晶体结构缺陷对在蠕变过程的开始阶段和结束阶段的影响是不同的，晶格歪扭的存在使得位错的传布发生困难，并且提高在蠕变开始时的形变阻力。但是，当长期保温时，缺陷会使蠕变增加。试验指出，在 Fe-Ni-Ti 合金中的可逆马氏体转变时所发生的缺陷浓度，决定了合金在 700℃ 时的持久强度和短时强度。控制预先退火的温度（800~1100℃）可以调整试样中的缺陷含量，若缺陷含量越高，则由原子扩散运动所决定的持久强度值就越低。取决于滑移变形的短时强度，在低温退火时反而会提高，因为，存在未退火的缺陷会使得位错的传布发生困难。

因此，和扩散的情况一样，晶体结构缺陷大大地影响着高温载荷下晶体的行为。应当指出，上述有关蠕变本质的概念绝对不是唯一的。在文献中，这个问题被广泛地讨论着，并且存在着一些关于金属和合金在高温下的蠕变机构的观点。

7.1.3 金属和合金的再结晶

由上可以看出，晶粒边界在扩散和蠕变过程中起着重要的作用，因此，需要适当地简述一下晶粒边界的结构和再结晶的规律。根据近代的概念，晶粒边界是被破坏了的晶体结构的区域，碎坏的程度和界面能可由相邻晶体间的位向差角来决定。在位向差角很大时，晶粒边界像由单个的彼此联结的歪扭晶格区域组成。当位向差角很小时，晶粒间界可以看作一系列的刃型位错（图7-4）。某些金属和合金，进行适当的腐蚀，就可以明显地显示出刃型位错。沿晶粒边界的扩散速度取决于位向差角 θ，当 $\theta < 20°$ 和 $\theta > 70°$，沿晶粒边界的扩散（对于立方晶体来说）实际上和体积扩散没有区别。沿晶粒边界最大的扩散迁移相应于强烈取向的（$\theta \approx 45°$）晶粒。

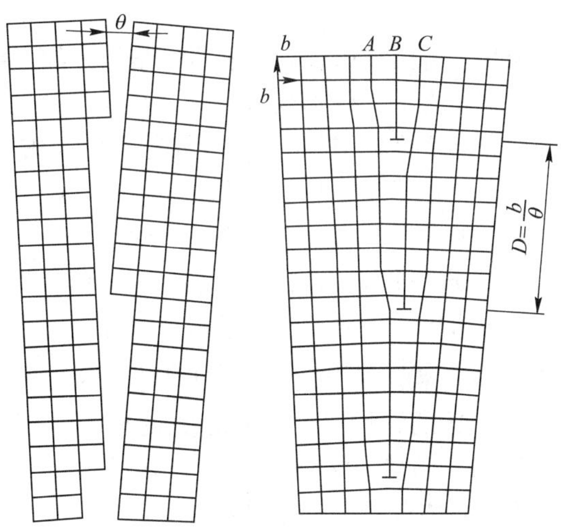

图7-4　晶粒边界的位错结构

D—位错间距（腐蚀坑）；θ—位向差角；b—点阵常数

在实际多晶体中，晶粒边界也是夹杂物集聚的地区。在研究粉末冶金铁制品的烧结时确定，晶间物质是一种熔点在1168℃附近含有钙、锰、铁和铝的硅酸盐。

晶间物质的来源是由落入金属中的杂质造成的，而这些杂质是在制取粉末冶金制品过程中带入的，或者直接从原材料中带入的。

最后，前已指出，晶粒边界是空位的沟道。在晶粒边界上，空位大部分“结晶”为孔隙，在这种情况下，晶粒边界起着杂质或衬底的作用。由结晶理论可知，这将降低生成晶核的自由能。沿晶粒边界的剩余空位是不是向外消失，它的消失机构如何，还是非常不清楚的。对剩余空位所形成的孔隙的行为已进行了大量的实验研究工作，这些研究指出，尽管存在着晶粒边界和位错，但是，这些孔隙是很稳定的，并且也不会消失。只是在个别的著作中，例如文献发现薄的黄铜片在退火时，由于锌的挥发，晶粒大小影响了细小的黄铜片的收缩。在细晶粒中（用0.004cm和0.054cm大小的晶粒比较时）发现在垂直于晶粒边界方向上（试样有着所谓竹节状结构），总孔隙度减少和收缩加剧。

这个结果指出，剩余空位的消失不是依靠空位沿着晶粒边界向外扩散来实现的，而是依靠很快的封闭显微孔隙或者使其转变为位错来实现的。但是，当把黄铜片的厚度从0.0015cm增加到0.0033cm时，晶粒大小相同的试样其尺寸变化和晶粒大小不同的试样的尺寸变化没有很大区别。因此，剩余空位的消失，其规律性仍然是很不清楚的。

在加热多晶体时，由于某些原因而歪扭的多晶体晶格会引起多晶体发生一系列的组织结构和性能变化的过程。在形变体退火时，会局部地回复形变体的物理性能，降低形变体的硬度、强度和电阻，提高形变体的塑性。消除弹性应力，不改变晶粒大小，而性能却发生变化的过程称为回复。继续进行退火时，变形体就会发生再结晶，再结晶是指晶粒大小和晶粒数目发生变化的过程。

再结晶一般有两种：仅存在于形变体中的加工再结晶以及聚集再结晶。根据 A. A. 博奇瓦尔规则，对于纯金属来说，再结晶的起始温度为 $0.35\sim0.4T_{绝对熔点}$。然而，由于再结晶的开始与形变的程度、退火时保温的时间、金属的纯度以及其他因素有关，因此，这个规则还有很多例外。

关于加工再结晶的机构存在着两种假说。一种假设是认为加工再结晶进行过程类似于液相的结晶，即按照形核（通常在最大的形变区域——晶粒和晶块的边界上）和随后晶核长大的方式进行的。另一种观点认为再结晶的晶核还在变形过程中就已形成，并且晶核就是亚晶或晶块，加工再结晶也就是亚晶或晶块的再结晶。

变形铜退火时，晶块长大的 X 线图相研究发现，开始阶段（$T=300\sim500$℃）发生了晶块尺寸的突然增大（从 0.2μm 增加到 2.5μm），随后，继续保温时，晶块尺寸就没有变化。这种现象可以用形成晶块边界的位错发生了迁移来解释。在更高的温度退火时，晶块的长大以 $L\approx\sqrt{Dt}$ 的规律表现出来，式中，L 为晶块尺寸。为了发展扩散蠕变理论，晶块再结晶规律的确定是很重要的，因为扩散蠕变的进行，主要决定于 L 的数值（式（7-15））。所指出的两种关于加工再结晶的观点，还不能十分完满地解释起始阶段的再结晶规律。加工再结晶的重要特点是在所谓临界形变后退火时，晶粒急剧地长大。大多数金属的临界形变只是百分之几（2%～12%）。聚集再结晶是指变形体和未变形体中晶粒的粗化。力图使系统转变为具有较小的边界总表面的平衡状态是聚集再结晶的动力。

为了阐述烧结过程的规律性，所引用的一些概念，其基本原理就是这些。从对形变、蠕变和再结晶还远没有完善的评述中可以看出，根据这些重要的固体物理问题建立起来的概念还是不完善的。说得远一点，也可以指出，烧结理论的发展在很大程度上是取决于缺陷物体中扩散和蠕变理论的研究。

7.2　烧结的基本原理

7.2.1　烧结在粉末冶金生产过程中的重要性

烧结是粉末冶金生产过程中最基本的工序之一。粉末冶金从根本上说，是由粉末成形和粉末毛坯热处理（烧结）这两道基本工序组成的，在特殊情况下（如粉末松装烧结），成形工序并不需要，但是烧结工序，或相当于烧结的高温工序（如热压或热锻）却是不可缺少的。

烧结也是粉末冶金生产过程的最后一道主要工序，对最终产品的性能起着决定性作用，因为由烧结造成的废品是无法通过以后的工序挽救的，烧结实际上对产品质量起着“把关”的作用。

从另一方面看，烧结是高温操作，而且一般要经过较长的时间，还需要有适当的保护气氛。因此，从经济角度考虑，烧结工序的消耗是构成产品成本的重要部分，改进操作与烧结设备，减少物质与能量消耗，如降低烧结温度、缩短烧结时间等，在经济上的意义是很大的。

7.2.2 烧结的概念与分类

烧结是粉末或粉末压坯，在适当的温度和气氛条件下加热所发生的现象或过程。烧结的结果是颗粒之间发生黏结，烧结体的强度增加，而且多数情况下，密度也提高。如果烧结条件控制得当，烧结体的密度和其他物理、机械性能可以接近或达到相同成分的致密材料。从工艺上看，烧结常被看作一种热处理，即把粉末或粉末毛坯加热到低于其中主要组分熔点的温度下保温，然后冷却到室温。在这过程中，发生一系列物理和化学的变化，粉末颗粒的聚集体变成为晶粒的聚结体，从而获得具有所需物理、机械性能的制品或材料。

由粉末烧结可以制得各种纯金属、合金、化合物及复合材料。烧结体系按粉末原料的组成可以分成：由纯金属、化合物或固溶体组成的单相系，由金属-金属、金属-非金属、金属-化合物组成的多相系。但是，为了反映烧结的主要过程和结构的特点，通常按烧结过程有无明显的液相出现和烧结系统的组成进行分类：

A 单元系烧结

纯金属（如难熔金属和纯铁软磁材料）或化合物（Al_2O_3、B_4C、BeO、$MoSi_2$ 等），在其熔点以下的温度进行的固相烧结过程。

B 多元系固相烧结

由两种或两种以上的组分构成的烧结体系，在其中低熔组分的熔点温度以下所进行的固相烧结过程。粉末烧结合金有许多属于这一类。根据系统的组元之间在烧结温度下有无固相溶解存在，又分为：

（1）无限固溶系。在合金状态图中有无限固溶区的系统，如 Cu-Ni、Fe-Ni、Cu-Au、Ag-Au、W-Mo 等。

（2）有限固溶系。在合金状态图中有有限固溶区的系统，如 Fe-C、Fe-Cu、W-Ni 等。

（3）完全不互溶系。组元之间既不互相溶解又不形成化合物或其他中间相的系统，如 Ag-W、Cu-W、Cu-C 等所谓“假合金”。

C 多元系液相烧结

以超过系统中低熔组分熔点的温度进行的烧结过程。由于低熔组分同难熔固相之间互相溶解或形成合金的性质不同，液相可能消失或始终存在于全过程，故又分为：

（1）稳定液相烧结系统如 WC-Co、TiC-Ni、W-Cu-Ni、W-Cu、Fe-Cu（Cu>10%）等。

（2）瞬时液相烧结系统如 Cu-Sn、Cu-Pu、Fe-Ni-Al、Fe-Cu（Cu<10%）、Re-Co 合金等。

熔浸是液相烧结的特例，这时，多孔骨架的固相烧结和低熔金属浸透骨架后的液相烧结同时存在。

对烧结过程的分类，目前并不统一。盖彻尔（Goetzel）是把金属粉的烧结分为：（1）单相粉末（纯金属、固溶体或金属化合物）烧结；（2）多相粉末（金属-金属或金属-非金属）固相烧结；（3）多相粉末液相烧结；（4）熔浸。他把固溶体和金属化合物这类合金粉末的烧结看为单相烧结，认为在烧结时组分之间无再溶解，故不同于组元间有溶解反应的一般多元系固相烧结。

7.2.3 烧结理论的发展

烧结的应用比近代粉末冶金的诞生年代早得多。由于当时对粉末烧结的本质和规律认识不多，在很长一个时期，烧结工艺几乎全凭经验。工业和技术的进步推动了烧结理论的建立和发展。最早的烧结理论仅研究氧化物陶瓷的烧结现象，以后才涉及金属和化合物粉末的固相烧结。

在粉末冶金学科内，烧结理论大致在20世纪20年代初产生，即近代粉末冶金诞生之后，而且同陶瓷烧结的理论研究紧密联系在一起，这反映在当时的许多研究成果总是发表在陶瓷学科的刊物上，而直到今天也不例外。

粉末冶金烧结理论研究的先驱是绍尔瓦德（Sauerwald），他从1922年起，发表了一系列研究报告或论文，并在1943年对烧结理论做了总结性的评述。同时代的许提也发表了许多十分有价值的研究报告。他们两人是在20世纪20年代至40年代烧结理论研究方面最有成就的代表。稍后，巴尔申、达维尔和赫德瓦尔（Hedvall）也陆续发表了许多理论述评和专著。这个时期烧结理论的发展，已由琼斯、施瓦茨柯勃（Schwarzkopt）、基费尔-霍托普（Kiffer-Hotop）、斯考彼（Skaupy）、巴尔申、盖彻尔等系统地总结在他们的许多著作中。

概言之，在1945年以前，烧结理论偏重于对烧结现象本质的解释，主要研究粉末的性能、成形和烧结工艺参数对烧结体性能的影响，也涉及烧结过程中起重要作用的原子迁移问题。这个时期烧结理论处于萌芽状态，但对烧结工艺和技术发展的贡献是重大的，并为建立后来的系统烧结学说积累了丰富的感性知识和大量的实验资料。

1945年费仑克尔（Френкель）发表黏性流动烧结理论的著名论文，这标志着烧结理论进入一个新的发展时期。他与库钦斯基（Kuczynski）创立的烧结模型研究方法，开辟了定量研究的新道路，对于烧结机构的各种学说的建立起着推动作用。从20世纪50年代开始，库钦斯基在烧结理论研究的领域内，长期占据重要地位。这个时期，无论就实验研究的范围，还是理论探索的深度，均是全盛的时代。但是，对于建立在单元系烧结基础上的烧结机构（黏性或塑性流动，蒸发与凝聚，表面或体积扩散）的研究，尽管获得了许多可喜的成就，仍难以应用于实际粉末的烧结。

到20世纪60年代，开始了大量地研究复杂的烧结过程和机构，如关于粉末压坯烧结的收缩动力学，多种烧结机构的联合或综合作用的烧结动力学等；对烧结过程中晶界的行为，压力下的固相与液相烧结，热压，活化烧结，多元系的固相和液相烧结，电火花烧结等方面都开展了大量的实验和理论的研究。而且，烧结锻造、热等静压制、冲击烧结等新工艺和新技术的研究和应用，也给烧结理论提供了许多新的研究课题，从而推动了烧结理论向更深的方向发展。

回顾烧结理论的发展过程，可以看到烧结的研究总是围绕着两个最基本的问题：一是烧结为什么会发生？也就是所谓烧结的驱动力或热力学问题。二是烧结是怎样进行的？即烧结的机构和动力学问题。

在烧结理论发展的早期，对烧结的热力学原理就已形成比较明确和统一的看法，但是定量的研究结果仍不多；而对于烧结机构问题，尽管研究的人和发表的论文很多，但是观点分歧，争论很激烈，而且延续了很长的时间。因为，烧结过程无论就材料或影响的因素来说，都是千变万化的，而且烧结过程的阶段性强，机构也复杂多变，因此，各派观点往往都不能以某一种机构或动力学方程式去说明烧结的全过程或考虑到所有的材料或工艺方面的因素。可以认为，目前的烧结理论的发展同粉末冶金技术本身的进步相比，仍然是落后的、欠成熟的。

7.2.4 烧结过程

粉末有自动黏结或成团的倾向，特别是极细的粉末，即使在室温下，经过相当长的时间也会逐渐聚结。在高温下，结块更是十分明显。粉末受热，颗粒之间发生黏结，就是我们常说的烧结现象。

7.2.4.1 烧结的基本过程

粉末烧结后，烧结体的强度增加，首先是颗粒间的联结强度增大，即联结面上原子间的引力增大。在粉末或粉末压坯内，颗粒间接触面上能达到原子引力作用范围的原子数目有限。但是在高温下，由于原子振动的振幅加大，发生扩散，接触面上才有更多的原子进入原子作用力的范围，形成黏结面，并且随着黏结面的扩大，烧结体的强度也增加。黏结面扩大进而形成烧结颈，使原来的颗粒界面形成晶粒界面，而且随着烧结的继续进行，晶界可以向颗粒内部移动，导致晶粒长大。

烧结体的强度增大还反映在孔隙体积和孔隙总数的减少以及孔隙的形状变化上，图 7-5 用球形颗粒的模型表示孔隙形状的变化。由于烧结颈长大，颗粒间原来相互连通的孔隙逐渐收缩成闭孔，然后逐渐变圆。在孔隙性质和形状发生变化的同时，孔隙的大小和数量也在改变，即孔隙个数减少，而平均孔隙尺寸增大，此时小孔隙比大孔隙更容易缩小和消失。

颗粒黏结面的形成，通常不会导致烧结体的收缩，因而致密化并不标志烧结过程的开始，而只有烧结体的强度增大才是烧结发生的明显标志。随着烧结颈长大，总孔隙体积减小，颗粒间距离缩短，烧结体的致密化过程才真正开始。因此，粉末的等温烧结过程，按时间大致可以划分为三个界限不十分明显的阶段：

（1）黏结阶段——烧结初期，颗粒间的原始接触点或面转变成晶体结合，即通过成核、结晶长大等原子过程形成烧结颈。在这一阶段中，颗粒内的晶粒不发生变化，颗粒外形也基本未变，整个烧结体不发生收缩，密度增加也极微弱，但是烧结体的强度和导电性由于颗粒结合面增大而有明显增加。

（2）烧结颈长大阶段——原子向颗粒结合面的大量迁移使烧结颈扩大，颗粒间距离缩小，形成连续的孔隙网络；同时由于晶粒长大，晶界越过孔隙移动，而被晶界扫过的地方，孔隙大量消失。烧结体收缩，密度和强度增加是这个阶段的主要特征。

（3）闭孔隙球化和缩小阶段——当烧结体相对密度达到 90%以后，多数孔隙被完全分隔，闭孔数量大为增加，孔隙形状趋近球形并不断缩小。在这个阶段，整个烧结体仍可缓慢收缩，但主要是靠小孔的消失和孔隙数量的减少来实现。这一阶段可以延续很长时间，但是仍残留少量的隔离小孔隙不能消除。

等温烧结三个阶段的相对长短主要由烧结温度决定：温度低，可能仅出现第一阶段；在生产条件下，至少应保证第二阶段接近完成；温度越高，出现第二甚至第三阶段就越早。在连续烧结时，第一阶段可能在升温过程中就完成。

将烧结过程划分为上述三个阶段，并未包括烧结中所有可能出现的现象，例如粉末表面气体或水分的挥发、氧化物的还原和离解、颗粒内应力的消除、金属的回复和再结晶以及聚晶长大等。

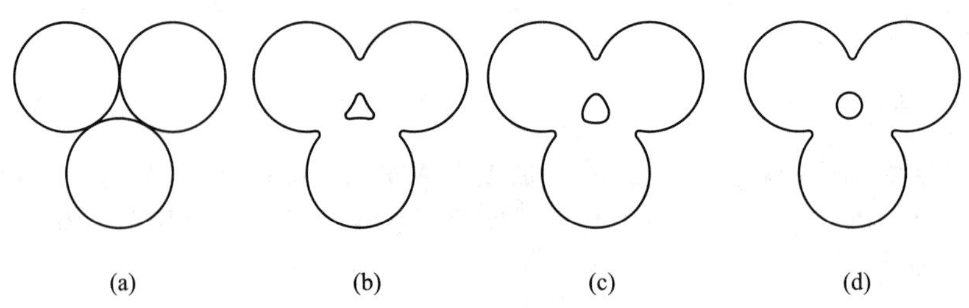

图 7-5 球形颗粒的烧结模型

（a）烧结前颗粒的原始接触；（b）烧结早期的烧结颈长大；（c）（d）烧结后期的孔隙球化

7.2.4.2 烧结的热力学问题

前已提到，烧结过程有自发的趋势。从热力学的观点看，粉末烧结是系统自由能减小的过程，即烧结体相对于粉末体在一定条件下处于能量较低的状态。

不论单元系或多元系烧结，也不论固相或液相烧结，同凝聚相发生的所有化学反应一样，都遵循普遍的热力学定律。单元系烧结可看作固态下的简单反应，物质不发生改变，仅由烧结前后体系的能量状态所决定；而多元系烧结过程还取决于合金化的热力学。但是，两种烧结过程总伴随有系统自由能的降低。

烧结系统自由能的降低，是烧结过程的驱动力，包括下述几个方面：

（1）由于颗粒结合面（烧结颈）的增大和颗粒表面的平直化，粉末体的总比表面积和总表面自由能减小。

（2）烧结体内孔隙的总体积和总表面积减小。

（3）粉末颗粒内晶格畸变的消除。

总之，烧结前存在于粉末或粉末坯块内的过剩自由能包括表面能和晶格畸变能，前者指同气氛接触的颗粒和孔隙的表面自由能，后者指颗粒内由于存在过剩空位、位错及内应力所造成的能量增高。表面能比晶格畸变能小，如极细粉末的表面能为几百 J/mol，而晶格畸变能高达每摩尔几千焦，但是，对烧结过程，特别是早期阶段，作用较大的主要是表面能。因为从理论上讲，烧结后的低能位状态至多是对应单晶体的平衡缺陷浓度，而实际上烧结体总是具有更多热平衡缺陷的多晶体，因此，烧结过程中晶格畸变能减少的绝对值，相对于表面能的降低仍然是次要的，烧结体内总保留一定数量的热平衡空位、空位团和位错网。

在烧结温度 T 时，烧结体的自由能、焓和熵的变化如分别用 ΔZ、ΔH 和 ΔS 表示，那么根据热力学公式：

$$\Delta Z = \Delta H - T\Delta S \tag{7-17}$$

如果烧结反应前后物质不发生相变，比热变化忽略不计（单元系烧结时不发生物质变化），ΔS 就趋于0，因此 $\Delta Z \approx \Delta H(\approx \Delta U)$，$\Delta U$ 为系统内能的变化。因此，根据烧结前后焓或内能的变化可以估计烧结的驱动力。用电化学方法测定电动势或测定比表面积均可计算自由能的变化。例如粒度为 1μm 和 0.1μm 的金粉的表面能（比致密金高出的自由能）

分别为 155J/mol 和 1550J/mol，即粉末越细，表面能越高。

烧结后颗粒的界面转变为晶界面，由于晶界能更低，故总的能量仍是降低的。随着烧结的进行，烧结颈处的晶界可以向两边的颗粒内移动，而且颗粒内原来的晶界也可能通过再结晶或聚晶长大发生移动并减少。因此晶界能进一步降低就成为烧结颈形成与长大后烧结继续进行的主要动力，这时烧结颗粒的联结强度进一步增加，烧结体密度等性能进一步提高。

烧结过程中不管是否使总孔隙度减低，但孔隙的总表面积总是减小的。隔离孔隙形成后，在孔隙体积不变的情况下，表面积减小主要靠孔隙的球化，而球形孔隙继续收缩和消失也能使总表面积进一步减小。因此，不论在烧结的第二或第三阶段，孔隙表面自由能的降低，始终是烧结过程的驱动力。

7.2.5 烧结的基本规律

7.2.5.1 烧结驱动力的计算

上面定性地说明了烧结驱动力。由于烧结系统和烧结条件的复杂性，欲从热力学计算它的具体数值几乎是不可能的。下面将应用库钦斯基的简化烧结模型，推导烧结驱动力的计算公式。

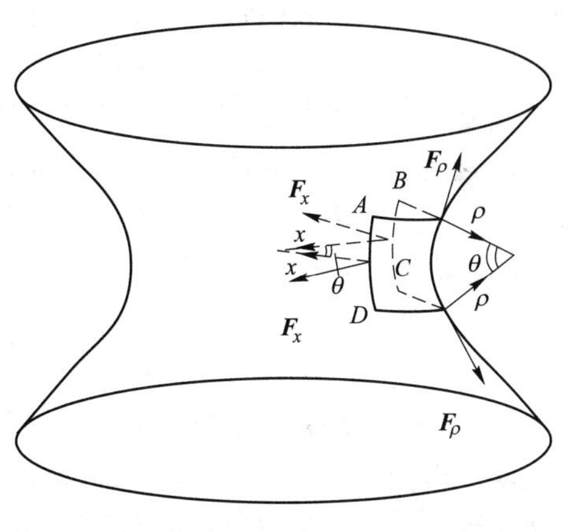

图 7-6 烧结颈模型

根据理想的两球模型，将烧结颈放大如图 7-6 所示。从颈表面取单元曲面 *ABCD*，使得两个曲率半径 ρ 和 x 形成相同的张角 θ（处于两个互相垂直的平面内）。设指向球体内的曲率半径 x 为正号，则曲率半径 ρ 为负号。表面张力所产生的力 $\boldsymbol{F}_x$ 和 $\boldsymbol{F}_\rho$ 系作用在单元曲面上并与曲面相切，故由表面张力的定义不难计算：

$$\begin{cases}\boldsymbol{F}_x = \gamma\,\overline{AD} = \gamma\,\overline{BC} \\ \boldsymbol{F}_\rho = \gamma\,\overline{AB} = \gamma\,\overline{DC}\end{cases}（\gamma \text{ 为表面张力}） \tag{7-18}$$

而

$$\begin{cases}\overline{AD} = \rho\sin\theta \\ \overline{AB} = x\sin\theta\end{cases} \tag{7-19}$$

但由于 θ 很小，$\sin\theta \approx \theta$，故可得：

$$\begin{cases}\boldsymbol{F}_x = \gamma\rho\theta \\ \boldsymbol{F}_\rho = -\gamma x\theta\end{cases} \tag{7-20}$$

所以垂直作用于 *ABCD* 曲面上的合力为：

$$F = 2(\boldsymbol{F}_x + \boldsymbol{F}_\rho) = 2[\boldsymbol{F}_x\sin(\theta/2) + \boldsymbol{F}_\rho\sin(\theta/2)] = \gamma\theta^2(\rho - x) \tag{7-21}$$

而作用在面积 $ABCD = x\rho\theta$ 上的应力为：

$$\sigma = \frac{F}{x\rho\theta^2} = \frac{\gamma\theta^2(\rho - x)}{x\rho\theta^2} \tag{7-22}$$

所以：

$$\sigma = \gamma\left(\frac{1}{x} - \frac{1}{\rho}\right) \tag{7-23}$$

由于烧结颈半径 x 比曲率半径 ρ 大得多，$x \gg \rho$，故：

$$\sigma = -\frac{\gamma}{\rho} \tag{7-24}$$

负号表示作用在曲颈面上的应力 σ 是张力，方向朝颈外（图 7-7），其效果是使烧结颈扩大。随着烧结颈（$2x$）的扩大，负曲率半径（$-\rho$）的绝对值也增大，说明烧结的动力 σ 也减小。

为估计表面应力 σ 的大小，假定颗粒半径 $a=2\mu m$，颈半径 $x\approx 0.2\mu m$，则 ρ 将不超过 $10^{-9}\sim10^{-8}m$；已知表面张力 γ 的数量级为 J/m^2（对表面张力不大的非金属的估计值），那么烧结动力 σ 的数量级约为 10MPa，是很可观的。

式（7-23）或式（7-24）表示的烧结动力是表面张力造成的一种机械力，它垂直地作用于烧结颈曲面上，使颈向外扩大，而最终形成孔隙网。这时孔隙中的气体会阻止孔隙收缩和烧结颈进一步长大，因此孔隙中气体的压力 P_V 与表面张应力之差才是孔隙网生成后对烧结起推动作用的有效力：

$$P_S = P_V - \frac{\gamma}{\rho} \tag{7-25}$$

显然，P_S 仅是表面张应力（$-\gamma/\rho$）中的一部分，因为气体压力 P_V 与表面张应力的符号相反。当孔隙与颗粒表面连通即开孔时，P_V 可取为 1atm（约 0.1MPa），这样，只有当烧结颈 ρ 增大，表面张应力减小到与 P_V 平衡时，烧结的收缩过程才停止。

对于形成隔离孔隙的情况，烧结收缩的动力可用下述方程描述：

$$P_S = P_V - \frac{2\gamma}{r} \tag{7-26}$$

式中，r 为孔隙的半径。

$-2\gamma/r$ 代表作用在孔隙表面使孔隙缩小的张应力。如果张应力大于气体压力 P_V，孔隙就能继续收下去。当孔隙收缩时，气体如果来不及扩散出去，P_V 大到超过表面张应力，隔离孔隙就停止收缩。所以在烧结第三阶段烧结体内总会残留少部分隔离的闭孔，仅靠延长烧结时间是不能加以消除的。

在以后讨论烧结机构时将会知道，除表面张力引起烧结颈处的物质向孔隙发生宏观流动外，晶体粉末烧结时，还存在靠原子扩散的物质迁移。按照近代的晶体缺陷理论，物质扩散是由空位浓度梯度造成化学位的差别所引起的。下面讨论用理想球体的模型，计算烧结体系内引起扩散的空位浓度差。

由式（7-24）计算的张应力$-\gamma/\rho$ 作用在图 7-8 所示的烧结颈曲面上，局部地改变了烧结球内原来的空位浓度分布，因为应力使空位的生成能改变。

按统计热力学计算，晶体内的空位热平衡浓度为：

$$c_V = \exp(S_f/k) \cdot \exp[-E'_f/(kT)] \tag{7-27}$$

式中，S_f 为生成一个空位引起周围原子振动改变的熵值（振动熵）增大；E_f' 为应力作用下，晶体内生成一个空位所需的能量（空位生成能）。

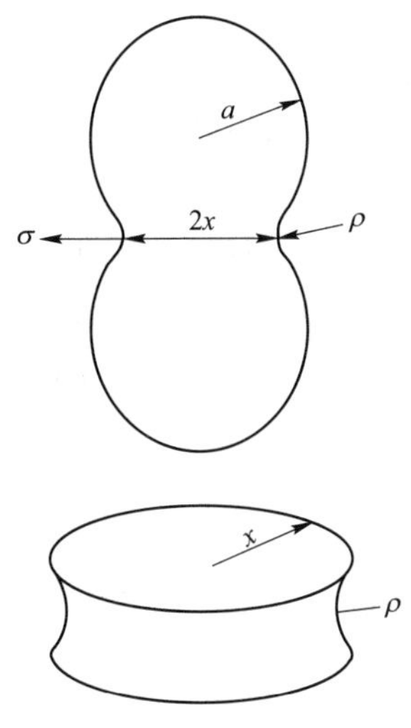

图 7-7 两球模型

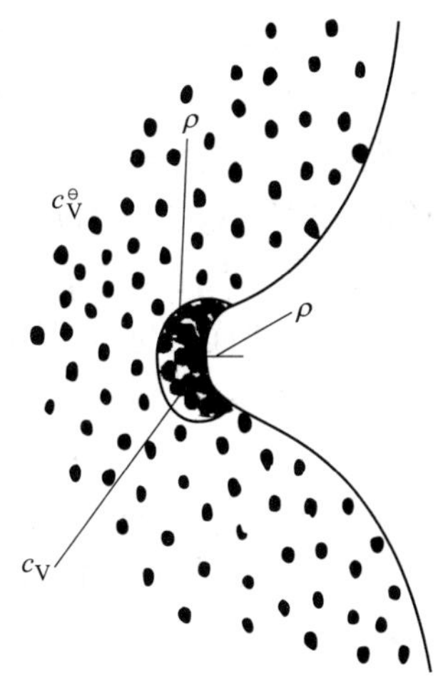

图 7-8 烧结颈曲面下的空位浓度分布

由式（7-24）可知，张应力 σ 对生成一个空位所需能量的改变应等于该应力对空位体积所作的功，即 $\sigma\Omega=-\gamma\Omega/\rho$（$\Omega$ 为一个空位的体积），负号表示张应力使空位生成能减小。因此，晶体内凡受张应力的区域，空位浓度将高于无应力作用的区域；相反，凡受压应力的区域，空位浓度将低于无应力的区域。因此，在应力区域形成一个空位实际所需的能量应是

$$E_f' = E_f \pm \sigma\Omega \tag{7-28}$$

式中，E_f 为理想完整晶体（无应力）中的空位生成能。将式（7-28）代入式（7-27）得到受张应力 σ 区域的空位浓度为：

$$\begin{aligned} c_V &= \exp(S_f/k)\cdot\exp[-(E_f-\sigma\Omega)/(kT)] \\ &= \exp(S_f/k)\cdot\exp[-E_f/(kT)]\exp[\sigma\Omega/(kT)] \end{aligned} \tag{7-29}$$

因为无应力区域的平衡空位浓度 $c_V^{\ominus}=\exp(S_f/k)\cdot\exp[-E_f/(kT)]$，所以：

$$c_V = c_V^{\ominus}\exp[\sigma\Omega/(kT)] \tag{7-30}$$

同样可得到受压应力 σ 区域的空位浓度：

$$c_V' = c_V^{\ominus}\exp[-\sigma\Omega/(kT)] \tag{7-31}$$

因为 $\sigma\Omega/(kT)\approx 1$，$\exp[\pm\sigma\Omega/(kT)]\approx 1\pm\sigma\Omega/(kT)$，因此上两式可写成：

$$\begin{cases} c_V = c_V^{\ominus}[1+\sigma\Omega/(kT)] \\ c_V' = c_V^{\ominus}[1-\sigma\Omega/(kT)] \end{cases} \tag{7-32}$$

参看图 7-8，在无应力作用的球体积内的平衡空位浓度为 $c_V^{\ominus}$，如果烧结颈的应力仅由表面张力产生，则按式（7-32）可以计算两处的平衡空位的浓度差——过剩空位浓度：

$$\Delta c_V = c_V - c_V^{\ominus} = c_V^{\ominus}\cdot\sigma\Omega/(kT) \tag{7-33}$$

以式（7-24）代入，则得：

$$\Delta c_V = c_V^{\ominus}\cdot\gamma\Omega/(kT\rho) \tag{7-34}$$

假定具有过剩空位浓度的区域仅在烧结颈表面下以 ρ 为半径的圆内，故当发生空位扩散时，过剩空位浓度的梯度就是：

$$\Delta c_V/\rho = c_V^{\ominus}\gamma\Omega/(kT\rho^2) \tag{7-35}$$

式（7-35）表明，过剩空位浓度梯度将引起烧结颈表面下微小区域内的空位向球体内扩散，从而造成原子朝相反方向迁移，使颈得以长大。因此式（7-35）就是烧结动力的热力学表达式，是研究烧结机构所需应用的基本公式。

烧结过程中还可能发生物质由颗粒表面向空间蒸发的现象，同样对烧结的致密化和孔隙的变化产生直接的影响。因此，烧结动力也可以从物质蒸发的角度来研究，即用饱和蒸气压的差表示烧结动力。曲面的饱和蒸气压与平面的饱和蒸气压之差，可用吉布斯凯尔文（Gibbs-Kelvin）方程计算：

$$\rho = \rho_0\gamma\Omega/(kTr) \tag{7-36}$$

式中，r 为曲面的曲率半径；ρ_0 为平面的饱和蒸气压。

根据图 7-6 烧结模型，颈曲面的曲率半径 r，按下式计算：

$$\frac{1}{r} = \frac{1}{x} - \frac{1}{\rho} \tag{7-37}$$

因为 $\rho \ll x$，故 $1/r \approx -1/\rho$，代入式（7-36）得：

$$\rho_{颈} = -\rho_0 \cdot \gamma\Omega/(kT\rho) \tag{7-38}$$

同样，对于球表面，曲率 $1/r = 2/a$（a 为球半径），代入式（7-36）得：

$$\rho_{球} = \rho_0 \cdot 2\gamma\Omega/(kTa) \tag{7-39}$$

从式（7-38）、式（7-39）可知：烧结颈表面（凹面）的蒸气压应低于平面的饱和蒸气压 ρ_0，其差由式（7-38）计算；颗粒表面（凸面）与烧结颈表面之间将存在更大的蒸气压力差（用式（7-39）减去式（7-38）计算），将导致物质向烧结颈迁移。因此，烧结体系内，各处的蒸气压力差就成为烧结通过物质蒸发转移的驱动力。

烧结过程中，颗粒黏结面上发生的量与质的变化以及烧结体内孔隙的球化与缩小等过程都是以物质的迁移为前提的。烧结机构就是研究烧结过程中各种可能的物质迁移方式及速率的。

烧结时物质迁移的各种可能的过程如表 7-1 所示。

表 7-1　物质迁移的过程

Ⅰ	不发生物质迁移	黏　结
Ⅱ	发生物质迁移，并且原子移动较长的距离	表面扩散 晶格扩散（空位机制） 晶格扩散（间隙机制） 晶界扩散 蒸发与凝聚 塑性流动 晶界滑移
Ⅲ	发生物质迁移，但原子移动较短的距离	回复或再结晶

烧结初期颗粒间的黏结具有范德华力的性质，不需要原子作明显的位移，只涉及颗粒接触面上部分原子排列的改变或位置的调整，过程所需的激活能是很低的。因而，即使在

温度较低、时间较短的条件下，黏结也能发生，这是烧结早期的主要特征，此时烧结体的收缩不明显。

其他的物质迁移形式，如扩散、蒸发与凝聚、流动等，因原子移动的距离较长，过程的激活能较大，只有在足够高的温度或外力的作用下才能发生。它们将引起烧结体的收缩，使性能发生明显的变化，这是烧结主要过程的基本特征。

值得指出，烧结体内虽然可能存在回复和再结晶，但只有在晶格畸变严重的粉末烧结时才容易发生。这时，随着致密化出现晶粒长大。回复和再结晶首先使压坯中颗粒接触面上的应力得以消除，因而促进烧结颈的形成。由于粉末中的杂质和孔隙阻止再结晶过程，所以粉末烧结时的再结晶晶粒长大现象不像致密金属那样明显。

在运用模型方法以后，烧结的物质迁移机构才有可能作定量的计算。这时，选择各种材料做成均匀的小球、细丝，与相同材料的平板、小球或圆棒组成简单的烧结系统，然后在严格的烧结条件下观测烧结颈尺寸随时间的变化。根据一定的几何模型，并假定某一物质迁移机构，用数学解析方法推导烧结颈长大的速度方程，再由模拟烧结实验去验算，最后判定何种材料，在什么烧结条件（温度、时间）以哪种机构发生物质迁移。到目前为止，模型研究及实验主要用简单的单元系，而且推导的动力学方程主要适用于烧结的早期阶段。

由理论上推导烧结速度方程，可采用如图 7-9 所示两种基本几何模型：假定两个同质的均匀小球半径为 a，烧结颈半径为 x，颈曲面的曲率半径为 ρ，图 7-9（a）为两球相切，球中心距不变，代表烧结时不发生收缩；图 7-9（b）是两球相贯穿，球中心距减小 $2h$，表示烧结时有收缩出现。由图示几何关系不难证明，在烧结的任一时刻，颈曲率半径与颈半径的关系是：(a) $\rho = x^2/(2a)$；(b) $\rho = x^2/(4a)$。下面分别按各种可能的物质迁移机构，找出烧结过程的特征速度方程式，并最后对综合作用烧结理论作简单的介绍。

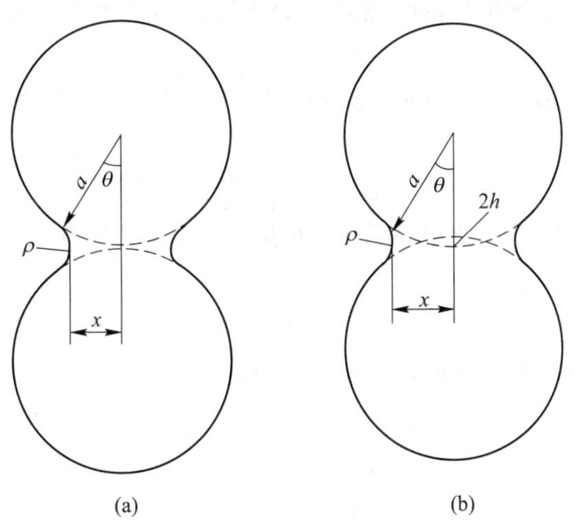

图 7-9　两球几何模型

(a) $\rho = x^2/(2a)$；(b) $\rho = x^2/(4a)$

7.2.5.2　黏性流动

1945 年，弗仑克尔最早提出一种称为黏性流动的烧结模型（图 7-10），并模拟了两个晶体粉末颗粒烧结早期的黏结过程。他把烧结过程分为两个阶段：第一阶段，相邻颗粒间的接触表面增大，直到孔隙封闭；第二阶段，残留闭孔逐渐缩小。

第一阶段，类似两个液滴从开始的点接触，发展到互相“聚合”，形成一个半径为 x 的圆面接触。为简单起见，假定液滴仍保持球形，其半径为 a。晶体粉末烧结早期的黏结，即烧结颈长大，可看作在表面张力 γ 作用下，颗粒发生类似黏性液体的流动，结果使系统的总表面积减小，表面张力所做的功转换成黏性流动对外散失的能量。弗仑克尔由此导出烧结颈半径 x 匀速长大的速度方程：

$$x^2/a = (3/2) \cdot (\gamma/\eta) \cdot t \tag{7-40}$$

式中，γ 为粉末材料的表面张力；η 为黏性系数。

库钦斯基采用同质材料的小球在平板上的烧结模型（图 7-11），用实验证实弗仑克尔的黏性流动速度方程，并且在 1961 年的论文中，由纯黏性体的流动方程出发，推导出本质上相同的烧结颈长大的动力学方程。

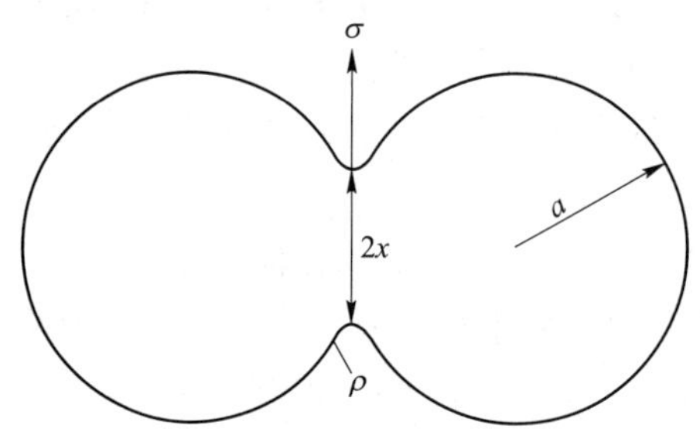

图 7-10　弗仑克尔球-球模型

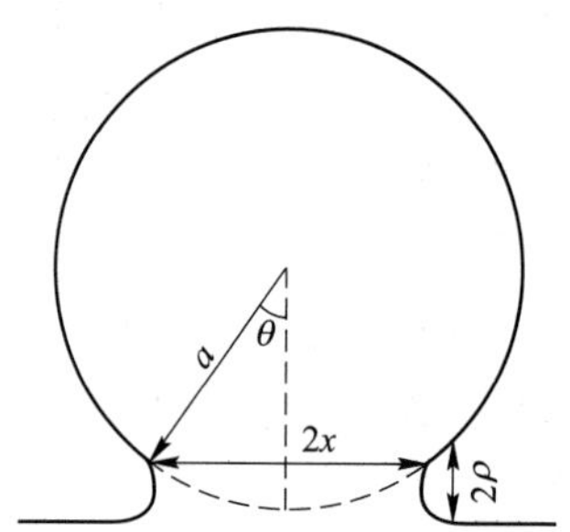

图 7-11　库钦斯基烧结球-平板模型

纯黏性流动方程 $\tau = \eta \mathrm{d}\varepsilon/\mathrm{d}t$ 中的剪切变形速率 $\mathrm{d}\varepsilon/\mathrm{d}t$ 是与烧结颈半径的长大速率 $\mathrm{d}x/\mathrm{d}t$ 成正比，而剪切应力 τ 与颗粒的表面应力 σ 成正比，因此上式变为：

$$\sigma = K'\eta \mathrm{d}\varepsilon/\mathrm{d}t = K'\eta \mathrm{d}x/\mathrm{d}t \tag{7-41}$$

由式（7-24），并根据图 7-9（a），$\rho = x^2/(2a)$。将两关系式代入式（7-41）积分后，可得到：

$$x^2/a = K \cdot (\gamma/\eta) \cdot t \tag{7-42}$$

系数 K 由式（7-41）中的比例系数 K' 决定，在确定适当的 K' 值以后，$K=3/2$，因而式（7-42）变为：

$$x^2/a = (3/2)(\gamma/\eta) \cdot t \tag{7-43}$$

该式与弗仑克尔方程式（7-40）的形式完全相同。

弗仑克尔认为晶体的黏性流动是靠体内空位的自扩散来完成的，黏性系数 η 与自扩散系数 D 之间的关系为：

$$1/\eta = D\delta/(kT) \tag{7-44}$$

式中，δ 为晶格常数。

后来证明，弗仑克尔的黏性流动实际上只适用于非晶体物质。皮涅斯（Б·Я·Пиньес）由金属的扩散蠕变理论证明，对于晶体物质上面的关系式应修正为：

$$1/\eta = D\delta^3/(kTL^3) \tag{7-45}$$

式中，L 为晶粒或晶块的尺寸。

弗仑克尔由黏性流动出发，计算了由于表面张力 γ 的作用，球形孔隙随烧结时间减小的速度为：

$$dr/dt = -(3/4)\gamma/\eta \tag{7-46}$$

可见，孔隙半径 r 是以恒定速度缩小，而孔隙封闭所需的时间将由下式决定：

$$t = (4/3) \cdot (\eta r_0/\gamma) \tag{7-47}$$

式中，r_0 为孔隙的原始半径。

1956 年库钦斯基用玻璃毛细管进行烧结实验，证明基于黏性流动机构，闭孔隙收缩应符合关系式：

$$r_0 - r = (\gamma/2\eta) \cdot t \tag{7-48}$$

库钦斯基于 1949 年发表用 0.5mm 玻璃球在玻璃平板上在 575~743℃温度下烧结的实验研究，测定了烧结颈半径 x 随时间 t 的变化，证明 x^2/a 与 t 呈直线关系。假定在该温度下玻璃的表面能 $\gamma=0.3\text{J/m}^2$，这样由各种温度下烧结的实验直线计算得到的 η 值与已知数据是一致的。

1955 年，金捷里-伯格（Kingery-Berg）将半径 49μm 的玻璃球放在玻璃平板上烧结。他测定 x/a 与 t 的关系后得到如图 7-12 所示的直线（对数坐标），并由直线斜率均约等于 2 证明 x^2/a 与 t 呈线性关系。取 $\gamma=0.31\text{J/m}^2$，计算 η 值：725℃时为 $7.2\times10^7\text{Pa}\cdot\text{s}$；750℃时为 $8.8\times10^6\text{Pa}\cdot\text{s}$。

7.2.5.3 蒸发与凝聚

由式（7-38）知，烧结颈对平面饱和蒸气压的差 $\Delta\rho = -\rho_0 \cdot \gamma\Omega/(kT\rho)$，当球的半径 a 比颈曲率半径 ρ 大得多时，可认为球表面蒸气压 p_a 对平面蒸气压的差 $\Delta p' = p_a - p_0$，比 Δp 小的可以忽略不计，因此，球表面的蒸气压与颈表面（凹面）蒸气压的差可近似地写成：

$$\Delta p_a = (\gamma\Omega/kT\rho) \cdot p_a \tag{7-49}$$

蒸气压差 Δp_a 使原子从球的表面蒸发，重新在烧结颈凹面上凝聚下来，这就是蒸发与凝聚物质迁移的模型，由此引起烧结颈长大的烧结机构称为蒸发与凝聚。烧结颈长大的速率随 p_a 而增大，当 ρ 与蒸气相中原子的平均自由程相比很小时，物质转移即凝聚的速率可用单位面积上、单位时间内凝聚的物质量 m 表示，近似地应用南格缪尔公式计算：

$$m = p_a[M/(2\pi RT)]^{1/2} \tag{7-50}$$

式中，M 为烧结物质的原子量；R 为气体常数。

烧结颈长大速率用颈体积 V 的增大速率表示时，由下面连续方程式成立：

$$dV/dt = (m/d)A \tag{7-51}$$

式中，A 为烧结颈曲面的面积；d 为粉末的理论密度。

由图 7-9（a）模型的几何关系 $\rho = x^2/2a$，$A = 4\pi x\rho$，$V = \pi x^2\rho = \pi x^4/a$，代入式(7-51)得：

$$(x^2/2a) \cdot (dx/dt) = (m/d)\rho \tag{7-52}$$

再以式（7-49）、式（7-50）代入，并注意到 $p_a = p_a\gamma\Omega/(kT\rho)$，$k = R/N_A$ 和 $N\Omega d = M$（N_A 为阿伏加德罗常数），则积分后：

$$\frac{x^3}{a} = 3M\gamma\left(\frac{M}{2\pi RT}\right)^{1/2} \cdot \frac{p_a}{d^2RT} \cdot t \tag{7-53}$$

将所有常数合并为 K'，则上式简化为：

$$x^3/a = K't \tag{7-54}$$

上二式说明，蒸发与凝聚机构的特征速度方程是烧结颈半径 x 的三次方与烧结时间 t 成线性关系。

金捷里-柏格用氯化钠小球（半径 60～70μm），于 700～750℃烧结，测量小球间烧结颈半径 x 随 t 的变化，以 $\ln(x/a)$ 对 $\ln t$ 作图，得到如图 7-13 所示的三条直线，其斜率分别为 3.3、3.4、2.8。库钦斯基也以氯化钠小球（半径 66～70μm）作烧结实验，同样证实了式（7-54）。

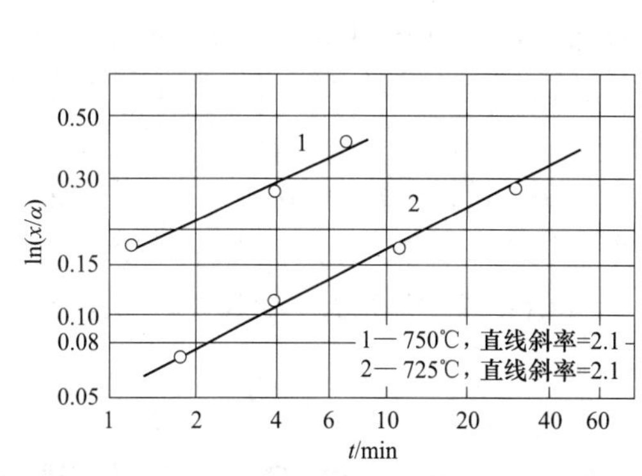

图 7-12　玻璃球-平板烧结实验

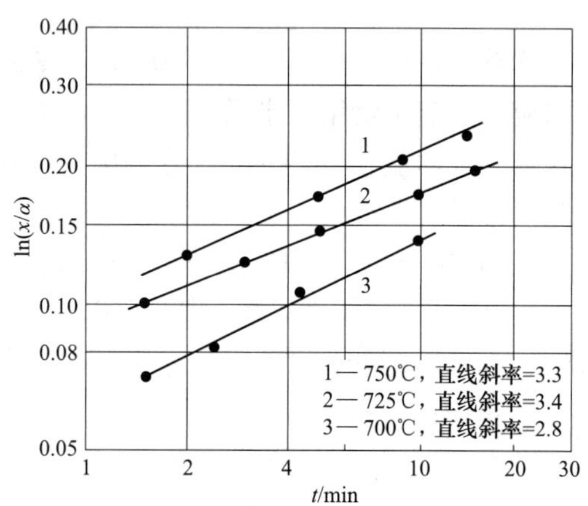

图 7-13　氯化钠小球烧结实验

只有那些在接近熔点时具有较高蒸气压的物质才可能发生蒸发与凝聚的物质迁移过程，如 NaCl 和 TiO_2、ZrO_2 等氧化物。对于大多数金属，除 Zn 和 Cd 外，在烧结温度下的蒸气压都很低，蒸发与凝聚不可能成为主要的烧结机构；但是某些金属粉末，在活性介质的气氛或表面有氧化膜存在时进行活化烧结，这种机构也起作用。

费多尔钦科（Федорченко）证明，表面氧化物通过挥发，在气相中被还原，重新凝聚在颗粒凹下处，对烧结过程有明显促进作用。气相中添加卤化物与金属形成挥发性卤化物，增大蒸气压，从而加快通过气相的物质迁移，将有利于颗粒间金属接触的增长和促进孔隙的球化。蒸发与凝聚对烧结后期孔隙的球化也起作用。

7.2.5.4　体积扩散

在研究粉末烧结的物质迁移机构时，人们早就注意和重视扩散所起的作用，许多研究工作详细阐述了烧结的扩散过程，并应用扩散方程导出烧结的动力学方程。扩散学说在烧结理论的发展史上长时间处于领先地位。

弗仑克尔把黏性流动的宏观过程最终归结为原子在应力作用下的自扩散。其基本观点是，晶体内存在着超过该温度下平衡浓度的过剩空位，空位浓度梯度就是导致空位或原子定向移动的动力。

皮涅斯进而认为，在颗粒接触面上空位浓度高，原子与空位交换位置，不断地向接触面迁移，使烧结颈长大；而且烧结后期，在闭孔周围的物质内，表面应力使空位的浓度增高，不断向烧结体外扩散，引起孔隙收缩。皮涅斯用空位的体积扩散机构描绘了烧结颈长大和闭孔收缩这两种不同的致密化过程。

如式（7-24）所述，烧结颈的凹曲面上，由于表面张力产生垂直于曲颈向外的张应力 $\sigma = -\gamma/\rho$ 使曲颈下的平衡空位浓度高于颗粒的其他部位。根据图 7-9（a）模型，以烧结颈作为扩散空位“源”，而由于存在不同的吸收空位的“阱”（尾闾），空位体积的扩散可以采取如图 7-14 所示几种途径或方式。

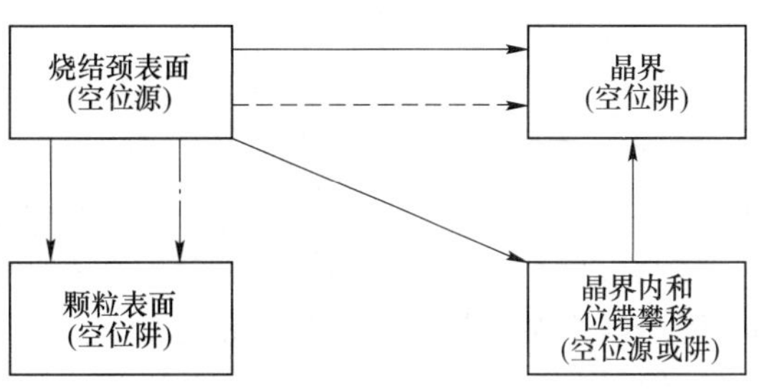

图 7-14　烧结时空位扩散途径

—— 体积扩散；－－－ 晶界扩散；—·— 表面扩散

实际上，空位远远不只是烧结颈表面，还有小孔隙表面、凹面及位错；相应地，可成为空位阱的还有晶界、平面、凸面、大孔隙表面、位错等。颗粒表面相对于内孔隙或烧结颈表面、大孔隙相对于小孔隙都可成为空位阱，因此，当空位由内孔隙向颗粒表面扩散以及空位由小孔隙向大孔隙扩散时，烧结体就发生收缩，小孔隙不断消失和平均孔隙尺寸增大。

下面用模型推导体积扩散烧结机构的动力学方程式：

应用图 7-9（a）模型，空位由烧结颈表面向邻近的球表面发生体积扩散，即物质沿相反途径向颈迁移。因此单位时间内物质的转移量应等于烧结颈的体积增大，即有连续方程式：

$$\mathrm{d}V/\mathrm{d}t = J_{\mathrm{V}}A\Omega \tag{7-55}$$

式中，J_{V} 为单位时间单位面积通过颈上流出的空位个数；A 为扩散断面积；Ω 为一个空位（或原子）的体积，$\Omega = \delta^3$（δ 为原子直径）。

根据扩散第一定律：

$$J_{\mathrm{V}} = D'_{\mathrm{V}}\Omega \cdot \nabla c_{\mathrm{V}} = D'_{\mathrm{V}}\Omega \cdot (\Delta c_{\mathrm{V}}/\rho) \tag{7-56}$$

式中，D'_{V} 为空位自扩散系数；Δc_{V} 为空位浓度差；∇c_{V} 为颈表面与球面的空位浓度梯度，$\nabla c_{\mathrm{V}} = \Delta c_{\mathrm{V}}/\rho$。

因而式（7-55）变为：

$$\mathrm{d}V/\mathrm{d}t = AD'_{\mathrm{V}}\Omega^2 \cdot (\Delta c_{\mathrm{V}}/\rho) \tag{7-57}$$

体积表示的原子自扩散系数 $D_{\mathrm{V}} = D'_{\mathrm{V}}c_{\mathrm{V}}^{\ominus}\Omega$，由图 7-9（a）的几何关系：$\rho = x^2/(2a)$，$A = 2\pi x \cdot 2\rho = 2\pi x^3/a$，$V = \pi x^2\rho = \pi x^4/(2a)$，故 $\mathrm{d}V = (2\pi x^3/a) \cdot \mathrm{d}x$。又根据式（7-35），$\Delta c_{\mathrm{V}}/\rho = c_{\mathrm{V}}^{\ominus}\gamma\Omega/(kT\rho^2)$。将所有上述关系代入式（7-57），化简后可得到：

$$\mathrm{d}x/\mathrm{d}t = D_{\mathrm{V}} \cdot \gamma\Omega/(kT) \cdot 4a^2/x^4 \tag{7-58}$$

积分后得：

$$x^5/a^2 = 20D_{\mathrm{V}} \cdot \gamma\Omega/(kT) \cdot t \tag{7-59}$$

或

$$x^5/a^2 = 20D_{\mathrm{V}} \cdot \gamma\delta^3/(kT) \cdot t \tag{7-60}$$

金捷里-柏格基于图 7-9（b）模型，认为空位是由烧结颈表面向颗粒接触面上的晶界扩散的，单位时间和单位长度上扩散的空位流 $J_{\mathrm{V}} = 4D'_{\mathrm{V}}\Delta c_{\mathrm{V}}$。由几何关系 $\rho = x^2/(4a)$ 得 $V = \pi x^4/(2a) = 2\pi x^2\rho$，故将这些关系式一并代入连续方程式（7-55），可得到：

$$dV/dt = 2\pi x J_V \Omega \tag{7-61}$$

积分后：

$$x^5/a^2 = 80D_V \cdot \gamma\Omega/(kT) \cdot t \tag{7-62}$$

或

$$x^5/a^2 = 80D_V \cdot \gamma\delta^3/(kT) \cdot t \tag{7-63}$$

将上式与式（7-59）比较，仅系数相差四倍，形式完全相同。因此，按照体积扩散机构，烧结颈长大应服从 $x^5/a^2 - t$ 的直线关系。如果以 $\ln(x/a)$ 对 $\ln t$ 作图，可得一条直线，对纵轴的斜率应接近 5。

库钦斯基用粒度为 15~35μm 的三种球形铜粉和 350μm 的球形银粉，分别在相同的金属平板上烧结，根据烧结后颗粒的断面测得：铜粉在 500~800℃氢气中烧结 90h，$\ln(x/a)$ 对 $\ln t$ 的关系如图 7-15 所示。将实验数据代入式（7-62）计算不同温度下 Cu 的自扩散系数 D_V，再以 $\ln D_V$ 对 $1/T$ 作图求出 $D_V^{\ominus}$ 与活化能 Q 值：如 Cu 的 $D_V^{\ominus}=700\text{cm}^2/\text{s}$，$Q=176\text{kJ/mol}$。这些数值与放射性同位素所测得的结果是吻合的，这就证实了体积扩散机构。

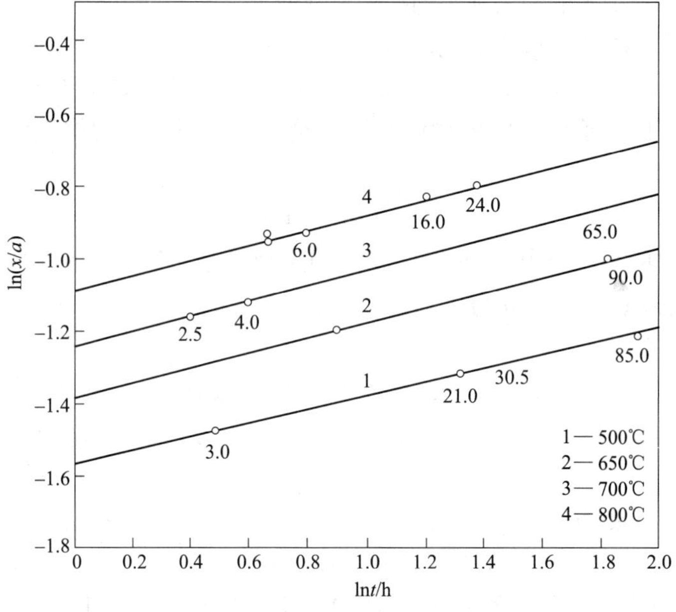

图 7-15 各种温度下烧结铜粉的实验曲线

由空位体积扩散机构可以推导烧结后期球形孔隙收缩的动力学。因为孔隙收缩速率取决于孔隙表面的过剩空位向邻近晶界的扩散速率，而孔隙表面的过剩空位浓度应为 $\gamma\Omega c_V^{\ominus}/(kTr)$（$r$ 为孔隙半径），孔隙表面至晶界的平均距离取为 r，则空位浓度梯度应为 $\gamma\Omega c_V^{\ominus}/(kTr^2)$。

故孔隙收缩（$dr<0$）速率可由扩散第一定律计算：

$$dr/dt = -D'_V \nabla c_V = -D_V\gamma\Omega/(kTr^2)\,(D_V = D'_V c_V^{\ominus}) \tag{7-64}$$

移项后：

$$r^2 dr/dt = -D_V\gamma\Omega/(kT) \tag{7-65}$$

定积分后得到孔隙体积收缩公式：

$$r_0^3 - r^3 = \frac{3\gamma\Omega}{kT} \cdot D_V t \tag{7-66}$$

可用铜丝束作烧结实验来验证上述方程。假定孔隙为圆柱状，原始半径为 r_0，以（$r_0^3-r^3$）对烧结时间 t 在不同温度下作图得到如图 7-16 所示三条直线。由直线的斜率和式（7-66）可计算铜的自扩散系数 D_V，证明与已知数据是一致的。

金捷里-柏格根据图 7-9（b）模型，以球中心靠拢的速率代表烧结收缩速率，则从几何关系可以证明：

$$dl - \cos\theta/dt = d\left(\frac{x^2}{2a^2}\right)/dt \tag{7-67}$$

将上式与式（7-62）联立求解可得线收缩率为：

$$\Delta L/L_0 = [20\gamma\delta^3 D_V/(\sqrt{2}a^3kT)]^{2/5} \cdot t^{2/5} \tag{7-68}$$

用直径 100μm 的球形铜粉，在温度 950~1050℃下烧结在铜板上，测定线收缩率与时间，按自然对数坐标做成图 7-17。两直线的斜率接近 2/5，从而证明式（7-68）是正确的。

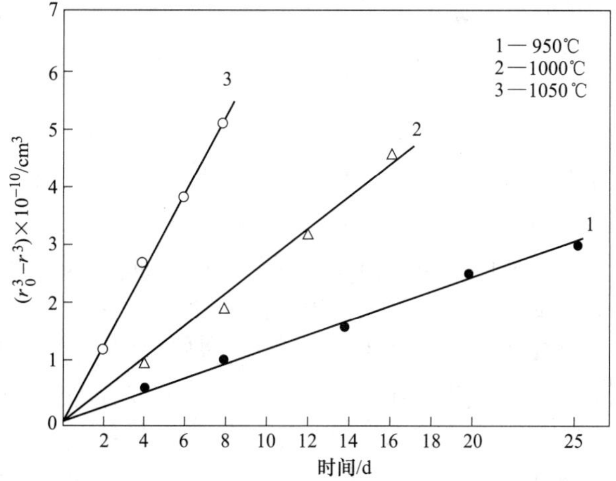

图 7-16 烧结铜丝束时孔隙体积收缩与时间的关系

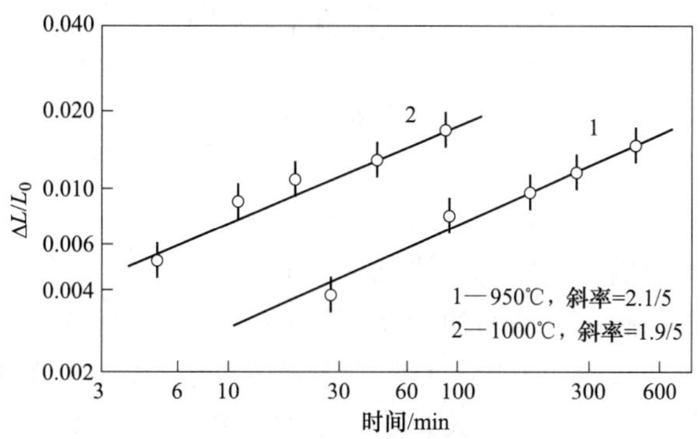

图 7-17 球形铜粉烧结线收缩率与时间的关系

7.2.5.5 表面扩散

蒸发与凝聚机构要以粉末在高温时具有较大饱和蒸气压为先决条件，然而通过颗粒表面层原子的扩散来完成物质迁移，却可以在低得多的温度下发生。事实上，烧结过程中颗粒的相互联结，首先是在颗粒表面上进行的，由于表面原子的扩散，颗粒黏结面扩大，颗粒表面的凹处逐渐被填平。粉末极大的表面积和高的表面能，是粉末烧结的一切表面现象（包括表面原子扩散）的热力学本质。塞斯（Seith）研究纯金属粉固相烧结时发现，表面自扩散导致颗粒间产生“桥接”和烧结颈长大。邵尔瓦德也认为，当烧结体内未完全形成隔离闭孔之前，表面扩散对物质的迁移具有特别重要的作用。费多尔钦科根据测定金属粉末在烧结过程中比表面积的变化，计算表面扩散的数据，并证明比表面积减小的速度与烧结的温度和时间有关，由比表面积随时间的变化关系可以计算一定烧结温度下的表面扩散系数，而由其温度关系又可以计算表面扩散的激活能。他由此得出结论：烧结粉末比表面积的变化服从一般的扩散规律，例如铁粉烧结的激活能测定为67kJ/mol，正好等于用不同方式将铁从结晶面分开所消耗的功。苗勒尔（Muller）更借助电镜研究了钨粉烧结的表面扩散现象，测定激活能为126~455kJ/mol，取决于钨的不同结晶面。

多数学者认为，在较低和中等烧结温度下，表面扩散的作用十分显著，而在更高温度时，逐渐被体积扩散所取代。烧结的早期，有大量的连通孔存在，表面扩散使小孔不断缩小与消失，而大孔隙增大，其结果好似小孔被大孔所吸收，所以总的孔隙数量和体积减小，同时有明显收缩出现；然而在烧结后期，形成隔离闭孔后，表面扩散只能促进孔隙表面光滑，孔隙球化，而对孔隙的消失和烧结体的收缩不产生影响。

原子沿着颗粒或孔隙的表面扩散，按照近代的扩散理论，空位机制是最主要的，空位扩散比间隙式或换位式扩散所需的激活能低得多。因位于不同曲率表面上原子的空位浓度或化学位不同，所以空位将从凹面向凸面或从烧结颈的负曲率表面向颗粒的正曲率表面迁移，而与此相应的，原子朝相反方向移动，填补凹面和烧结颈。

金属粉末表面有少量氧化物、氢氧化物，也能起到促进表面扩散的作用。

库钦斯基根据图 7-9（a）模型，推导了表面扩散的速度方程式。烧结颈表面的过剩空位浓度梯度，按式（7-35）为 $\Delta c_V/\rho = c_V^{\ominus}\gamma\Omega/(kT\rho^2)$。假定表面扩散是在烧结颈一个原子厚的表层中进行，则扩散断面积 $A = 2\pi x\delta$，又 $V = \pi x^4/(2a)$，$\rho = x^2/(2a)$，原子表面扩散系数 $D_S = D'_S c_V^{\ominus}\Omega$（$D'_S$ 为空位表面扩散系数）。将上述的关系式一并代入连续方程式，得：

$$dV/dt = (2A \cdot \Delta c_V/\rho)D'_S\Omega \tag{7-69}$$

得：

$$(x^6/a^3) \cdot dx = 8\gamma\delta^4/(kTD_S) \cdot dt \tag{7-70}$$

积分后：

$$x^7/a^3 = 56D_S\gamma\delta^4/(kT) \cdot t \tag{7-71}$$

该式表示烧结颈半径的 7 次方与烧结时间成正比。

粉末越细，比表面积越大，表面的活性原子数越多，表面扩散就越容易进行。图 7-18 是由烧结各种粒度铜粉的实验所测定的自扩散系数 D_V 与温度的关系曲线。当温度较低时，测定的数据与按体积扩散预计的直线关系发生很大偏离，即实际的扩散系数偏高，这说明低温烧结时，除体积扩散外，还有表面扩散起作用。

用 3~15μm 球形铜粉在铜板上于 600℃ 进行低温烧结实验测定 $\ln(x/a)$ 与 $\ln t$ 的关系直线，求得斜率为 6.5，与式（7-71）中 x 的指数 7 接近。并且由 $\ln(D_S - 1/T)$ 的关系直线可以测定表面扩散激活能 $Q_s = 235$kJ/mol，$D_S^{\ominus} = 10^7\text{cm}^2/\text{s}$，可见，铜的 Q_S 与 Q_V 相近，而

$D_S^{\ominus}$ 比 $D_V^{\ominus}$ 大 10^5 倍之多。这说明，当以表面扩散为主时，活化原子的数目大约是体积扩散时的 10^5 倍。

其他学者，如卡布雷拉（Cabrera）、罗克兰（Rockland）、皮涅斯、喜威德（Schwed）等也从理论上分别导出表面扩散的特征方程，虽然指数关系各有差别，但多数与 x^7-t 的关系接近。

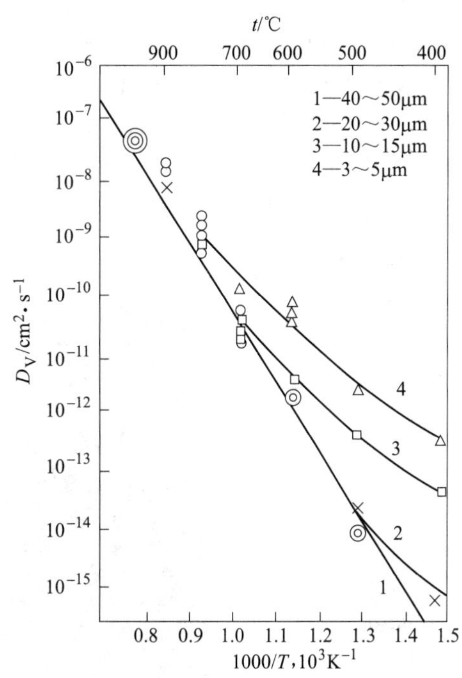

图 7-18　烧结铜粉的自扩散系数

7.2.5.6　晶界扩散

前已述及，空位扩散时，晶界可作为空位"阱"，晶界扩散在许多反应或过程中起着重要的作用。晶界对烧结的重要性有两方面：（1）烧结时，在颗粒接触面上容易形成稳定的晶界，特别是细粉末烧结后形成许多的网状晶界与孔隙互相交错，使烧结颈边缘和细孔隙表面的过剩空位容易通过邻接的晶界进行扩散或被它吸收。（2）晶界扩散的激活能只有体积扩散的一半，而扩散系数大 1000 倍，而且随着温度降低，这种差别增大。

晶界扩散机构已得到许多实验的证明。图 7-19 为铜丝烧结后的断面金相组织，从中看到，靠近晶界的孔隙总是优先消失或减少。

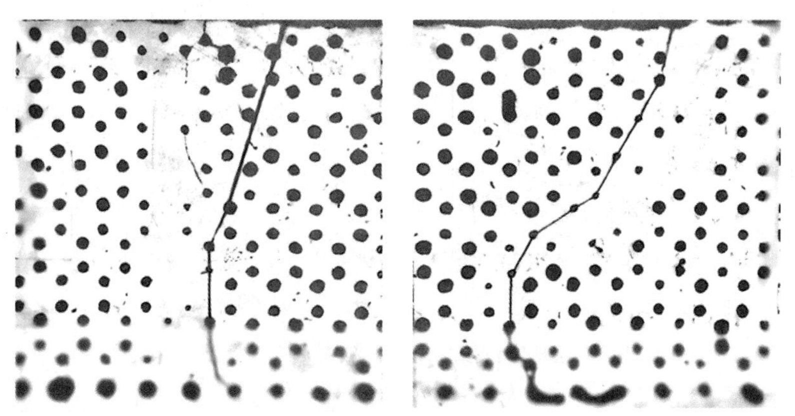

图 7-19　铜丝绕在铜棒上，在 1075℃ 氢气中烧结 408h 后的断面（×44）

霍恩斯彻拉（Hornstra）发现，烧结材料中晶界也能发生弯曲，并且当弯曲的晶界向曲率中心方向移动时，大量的空位将被吸收。伯克（Burke）在研究烧结时发现，在孔隙浓度、收缩及晶界移动这三者之间存在密切的关系：分布在晶界附近的孔隙总是最先消失，而隔离闭孔却长大并可能超过原始粉末的大小，这证明在发生体积扩散时，原子是从晶界向孔隙扩散的。

图 7-20 为烧结 Al_2O_3 的金相组织。弯曲晶界移动并在扫过的面上消除微孔，但是当晶

界移到新位置时，微孔将聚集成大孔隙，对晶界的继续移动起阻碍作用，直至空位通过晶界很快向外扩散，孔隙减小后，晶界又能克服阻力而继续移动。烧结金属的晶粒长大过程，一般就是通过晶界移动和孔隙消失的方式进行的。

晶界对烧结颈长大和烧结体收缩所起的作用，可用图 7-21 模型来说明。如果颗粒接触面上未形成晶界，空位只能从烧结颈通过颗粒内向表面扩散，即原子由颗粒表面填补烧结颈区。如果有晶界存在，烧结颈边缘的过剩空位将扩散到晶界上消失，结果是颗粒间距缩短，收缩发生。

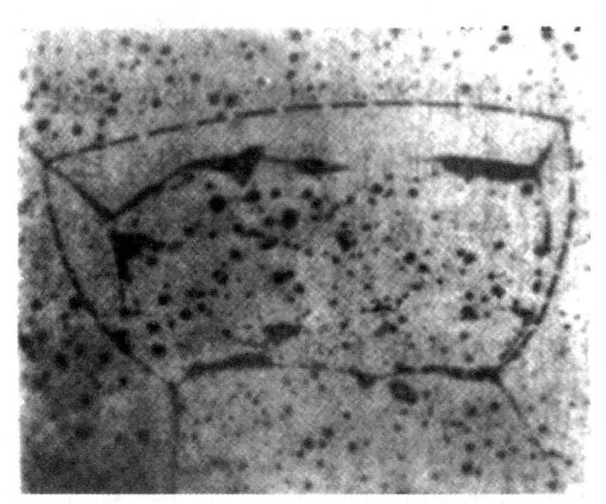

图 7-20 烧结 Al_2O_3 的金相组织

（氧化铝粉烧结时由于晶界移动所形成的无孔隙区域，虚线表示原始的晶界位置）

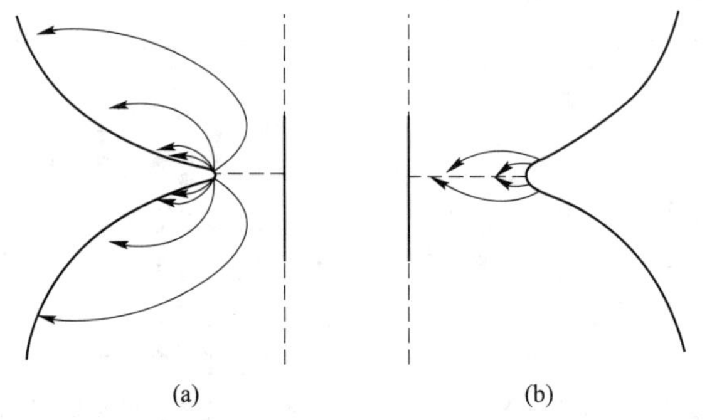

图 7-21 空位从颗粒接触面向颗粒表面或晶界扩散的模型

（a）无晶界；（b）有晶界

伯克以图 7-22 的模型说明晶界对收缩的作用。图 7-22（a）代表孔隙周围的空位向晶界（空位阱）扩散并被其吸收，使孔隙缩小、烧结体收缩；图 7-22（b）代表晶界上孔隙周围的空位沿晶界（扩散通道）向两端扩散，消失在烧结体之外，也使孔隙缩小、烧结体收缩。库钦斯基的实验证明了晶界在空位自扩散中的作用：颗粒黏结面上有无晶界存在对体积扩散特征方程（$x^5/a^2 - t$）中 t 前面的系数影响很大，有晶界比无晶界时增大两倍。

根据两球模型，假定在烧结颈边缘上的空位向接触面晶界扩散并被吸收，采用与体积扩散相似的方法，可以导出晶界扩散的特征方程：

$$x^6/a^2 = [960\gamma\delta^4 D_b/(kT)] \cdot t \tag{7-72}$$

如果用半径为 a 的金属线平行排列制成烧结模型，这时扩散层假定为一个原子厚度（式（7-72）为 5 个原子厚度），则晶界扩散的速度方程为：

$$x^6/a^2 = [48\gamma\delta^4 D_b/(\pi kT)] \cdot t \tag{7-73}$$

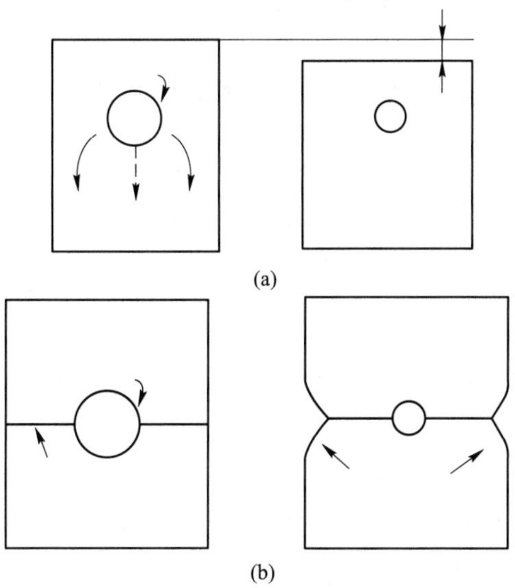

图 7-22　晶界、空位与收缩的关系模型

（a）晶界成为空位阱；（b）晶界成为空位扩散通道

库钦斯基由球-平板模型推导的晶界扩散方程为：

$$x^6/a^2 = [12\gamma\delta^4 D_b/(kT)] \cdot t \tag{7-74}$$

式中，D_b 为晶界扩散系数。

由两球模型导出的收缩动力学方程为：

$$\Delta L/L_0 = [3\gamma\delta^4 D_b/(a^4 kT)]^{1/3} \cdot t^{1/3} \tag{7-75}$$

式中，$\Delta L/L_0$ 为两球中心距靠拢代表的线收缩率。

7.2.5.7　塑性流动

烧结颈形成和长大可看成金属粉末在表面张力作用下发生塑性变形的结果。这一观点，最早是由谢勒（Shaler）和乌尔弗（Wulff）提出。他们与同时代的弗仑克尔、克拉克-怀特（Clark-White）、麦肯济（Mackenzie）、舒特尔沃思（Shuttleworth）和犹丁（Udin）等，成为流动学派的代表。

塑性流动与黏性流动不同，外应力 σ 必须超过塑性材料的屈服应力 σ_y 才能发生。塑性流动（又称宾哈姆（Bingham）流动）的特征方程可写成：

$$\eta \cdot \frac{d\varepsilon}{dt} = \sigma - \sigma_y \tag{7-76}$$

与纯黏性流动（又称牛顿黏性流动）的特征方程 $\sigma = \eta \cdot \frac{d\varepsilon}{dt}$ 比较，仅差一项代表塑性流动阻力的 σ_y。

麦肯济-舒特耳沃思和克拉克-怀特等用宾哈姆体模型，分别导出代表塑性流动的致密化方程，作为研究烧结后期形成闭孔的收缩和热压致密化过程的理论基础。

塑性流动理论的最新发展是将高温微蠕变理论应用于烧结过程。皮涅斯最早提出烧结同金属的扩散蠕变过程相似的观点，并根据扩散蠕变与应力作用下空位扩散的关系，找出代表塑性流动阻力的黏性系数与自扩散系数的关系式 $1/\eta = D\delta^3/kTL^2$。20 世纪 60 年代末期，勒尼尔（Lenel）和安塞尔（Ansel）用蠕变理论定量研究了粉末烧结的结构，总结出相应的烧结动力学方程式。

金属的高温蠕变是在恒定的低应力下发生的微变形过程，而粉末在表面应力（0.2~0.3MPa）作用下产生缓慢的流动，同微蠕变极为相似，所不同的只是表面张力随着烧结的进行逐渐减小，因此烧结速度逐渐变慢。勒尼尔和安塞尔认为在烧结的早期，表面张力较大，塑性流动可以靠位错的运动来实现，类似蠕变的位错机构；而烧结后期，以扩散流动为主，类似低应力下的扩散蠕变，或称纳巴罗-赫仑（Nabbarro-Herring）微蠕变。扩散蠕变是靠空位自扩散来实现的，蠕变速度与应力成正比；而高应力下发生的蠕变是以位错的滑移或攀移来完成的。

以上讨论的烧结物质迁移机构，可以用一个动力学方程通式描述：

$$\frac{x^m}{a^n} = F(T) \cdot t \tag{7-77}$$

$F(T)$ 仅仅是温度的函数，但在不同烧结机构中，包含不同的物理常数，例如扩散系数（D_V、D_S、D_b）、饱和蒸气压 p_0、黏性系数，以及许多方程共有的比表面能 γ，这些常数均与温度有关。各种烧结机构特征方程的区别主要反映在指数 m 与 n 的不同搭配（表 7-2）。

表 7-2　$x^m/a^n = F(T) \cdot t$ 的不同表达式

机　构	研究者		m	n	$m-n$
蒸发与凝固	库钦斯基		3	1	2
	金捷里-柏格		3	1	2
	皮涅斯		7	3	4
	霍布斯-梅森		5	2	3
表面扩散	库钦斯基		7	3	4
	卡布勒拉		5	2	3
	斯威德	$\pi\rho \gg y_S$ ①	5	2	3
		$\pi\rho \ll y_S$	3	1	2
	皮涅斯		6	2	4
	罗克兰		7	3	4
体积扩散	库钦斯基		5	2	3
	卡布勒拉		5	2	3
	皮涅斯		4	1	3
	罗克兰		5	2	3
晶界扩散	库钦斯基、罗克兰		6	2	4
黏性流动	弗仑克尔、库钦斯基		2	1	1

① $y_S^2 = D'_S\tau_S$。D'_S 为吸附原子的表面扩散系数；τ_S 为吸附原子为了到达平衡浓度的弛豫时间。

用两球模型推导烧结收缩的动力学方程式如表 7-3 所示。

表 7-3　烧结收缩方程表达式

作　者	科布尔（Coble）	库钦斯基与艾奇诺斯（Ichinose）	金捷里-柏格
晶界作为空位陷	$\Delta L/L_0 = -\left(2\dfrac{\gamma D_{\psi}\Omega}{RTa^3}\right)^{1/2}\cdot t^{1/2}$	$\Delta L/L_0 = -\left(\dfrac{\pi\gamma D_V\Omega}{3\sqrt{2}RTa^3}\right)^{2/5}\cdot t^{2/5}$	$\Delta L/L_0 = -\left(10\sqrt{2}\dfrac{\gamma D_V\Omega}{RTa^3}\right)^{2/5}\cdot t^{2/5}$
颗粒表面作为空位陷		$\Delta L/L_0 = 0$	$\Delta L/L_0 = -\dfrac{n}{8}\left(40\dfrac{\gamma D_V\Omega}{RTa^3}\right)^{4/5}\cdot t^{4/5}$

7.2.5.8　综合作用烧结理论

烧结机构的探讨丰富了对烧结物理本质的认识，利用模型方法研究烧结这一复杂的微观过程，具有科学的抽象化和典型化的特点。但是实际的烧结过程，比模型研究的条件复杂得多，上述各种机构可能同时或交替地出现在某一烧结过程中。如果在特定的条件下一种机构占优势，限制着整个烧结过程的速度，那么它的动力学方程就可作为实际烧结过程的近似描述。

7.2.5.9　关于烧结机构理论的应用

烧结理论目前只指出了烧结过程中各种可能出现的物质迁移机构及其相应的动力学规律，而后者只有当某一种机构占优势时，才能够应用。不同的粉末、不同的粒度、不同的烧结温度或等温烧结的不同阶段以及不同的烧结气氛、方式（如外应力）等都可能改变烧结的实际机构和动力学规律。

蒸气压高的粉末的烧结以及通过气氛活化的烧结中，蒸发与凝聚不失为重要的机构；在较低温度或极细粉末的烧结中，表面扩散和晶界扩散可能是主要的；对于等温烧结过程，表面扩散只在早期阶段对烧结颈的形成与长大以及在后期对孔隙的球化才有明显的作用。但是仅靠表面扩散不能引起烧结体的收缩。晶界扩散一般不是作为孤立的机构影响烧结过程，总是伴随着体积扩散出现，而且对烧结过程起催化作用。晶界对致密化过程最为重要，明显的收缩发生在烧结颈的晶界向颗粒内移动和晶粒发生再结晶或聚晶长大的时候。曾有人计算过，烧结致密化过程的激活能大约等于晶粒长大的激活能，说明这两个过程是同时发生并互相促进的。

大多数金属与化合物的晶体粉末，在较高的烧结温度，特别是等温烧结的后期，以晶界或表面为物质源的体积扩散总是占优势的。按最新的观点，体积扩散是纳巴罗-赫仑扩散蠕变，即受空位扩散限制的位错攀移机构。烧结的明显收缩是体积扩散的直接结果，而晶界、位错与扩散空位之间的交互作用引起收缩、晶粒大小和内部组织等一系列复杂的变化。

弗仑克尔黏性流动只适用于非晶体物质，某些晶态物质如 ThO_2、ThO_2-CaO 固溶体，ThO_2 的烧结也大致服从黏性流动的规律。塑性流动（宾哈姆流动）理论是对黏性流动理论的发展和补充，故在特征方程中亦出现黏性系数 η，但是近代金属理论已将黏性系数与自扩散系数联系起来。因此塑性流动理论已建立在金属微蠕变的现代理论基础上，重新获得了发展的生命力。

烧结机构的模型研究不仅是发展烧结理论的科学方法，而且对研究金属理论中的许多问题，如扩散、晶体缺陷、晶界、再结晶和相变等过程均有贡献。将烧结机构的特征方程同模型烧结实验结合起来，可测定物质的许多物理常数，如黏性系数、扩散系数、扩散激活能、饱和蒸气压等。

7.2.5.10 烧结速度方程的限制

由理想几何模型导出的早期烧结过程的速度方程，虽然用一定的模拟实验可以验证和判断烧结的物质迁移机构，然而在更多情况下，其应用受到限制，这可以从下面三点得到说明：

(1) 从模拟烧结实验作出 $\ln(x/a)$ 的坐标图，再由直线的斜率确定方程中 x 的指数并不总是准确地符合体积扩散 5、表面扩散 7、黏性流动 2、蒸发与凝聚 3，而是介于某两种数字之间的小数。这说明烧结过程可能同时有两种或两种以上机构起作用。例如库钦斯基实验证明，4μm 铜粉烧结的指数为 6.5，比粗铜粉（50μm）的 5 要高，只能说明体积与表面扩散同时存在于细粉末的烧结过程。尼霍斯（Nichols）引述了罗克兰的实验，对于某些粗粉末，测得指数是 5.5，故应是体积扩散与晶界扩散同时起作用。

(2) 对同一机构，不同人根据相同或不同的模型导出的速度方程的指数关系也不一致（表 7-2），主要原因是实验的对象（粉末种类和粒度）以及条件不相同，有次要的机构干扰烧结的主要机构。

(3) 从理论上说，表面扩散机构不引起收缩，但有时在表面扩散占优势的实验条件下，如细粉末的低温烧结，仍发现有明显的收缩出现，这只能认为体积扩散或晶界扩散在上述条件下同时起作用。

鉴于上述原因，从 20 世纪 60 年代起，已有许多研究者注意到烧结是一种复杂过程，通常是两种或两种以上的机构同时存在，下面选出几种代表学说和速度方程加以说明。

7.2.5.11 关于综合作用的烧结学说

应用罗克兰的体积扩散方程：

$$x^5/a^2 = [20\gamma\delta^3 D_V/(kT)]t \tag{7-78}$$

表面扩散方程：

$$x^7/a^3 = [34\gamma_\delta^4 D_S/(kT)]t \tag{7-79}$$

当体积扩散与表面扩散同时存在时，烧结的速度方程应为：

$$(\mathrm{d}x/\mathrm{d}t)_{V+S} = (\mathrm{d}x/\mathrm{d}t)_V + (\mathrm{d}x/\mathrm{d}t)_S \tag{7-80}$$

将罗克兰的两个方程微分然后代入上式：

$$K_1 = \frac{4D_V\gamma\delta^3 a^2}{kT}, K_2 = \frac{1.21\delta a D_S}{D_V} \tag{7-81}$$

对式（7-81）积分，得到：

$$\frac{x^5}{5} - \frac{K_2 x^3}{3} + K_2^2 x - K_2^{5/2}\operatorname{arccot}\frac{x}{K_2^{1/2}} = K_1 t \tag{7-82}$$

这就是体积与表面扩散同时作用的烧结颈长大动力学方程式。

关于非单一烧结机构问题，有许多的研究和评述。约翰逊（Johnson）研究了用 78～150μm 的球形银粉在氩气中于接近熔点的温度下烧结，证明是体积-晶界扩散的联合机构，而威尔逊-肖蒙（Wilson-Shewmon）测定了 144μm 的球形铜粉的烧结颈长大规律，证明是表面扩散占优势，同时有体积-晶界扩散参加。

约翰逊等提出的体积扩散与晶界扩散的混合扩散机构是有一定代表性的学说。运用了模型的几何关系，进行详细的数学推导，得到表示均匀球形粉末压坯烧结时的线收缩率公式：

$$\left(\frac{\Delta L}{L_0}\right)^{2.1} \cdot \frac{\mathrm{d}(\Delta L/L_0)}{\mathrm{d}t} = \frac{2\gamma\Omega D_{\mathrm{V}}}{kTr^3}\frac{\Delta L}{L_0} + \frac{\gamma\Omega D_{\mathrm{b}}}{2kTr^4} \tag{7-83}$$

式中，$\Delta L/L_0$为压坯相对线收缩率，L_0为压坯原始长度；r 为粉末球半径；D_{V}、D_{b} 为体积与晶界扩散系数。

式（7-83）右边第一项代表体积扩散引起的收缩，第二项代表晶界扩散对收缩的影响。他们用膨胀仪测量压坯的烧结收缩值，应用上式计算银的扩散系数：800℃时，$D_{\mathrm{V}} = 4.8\times10^{-10}\mathrm{cm^2/s}$，$D_{\mathrm{b}} = 1.4\times10^{-13}\mathrm{cm^2/s}$，与放射性示踪原子法测定的数据十分接近。

我国学者黄培云自 1958 年开始研究烧结理论，在 1961 年 10 月的沈阳金属物理学术会议上发表了综合作用烧结理论。他总结和回顾了关于烧结机构的各种学派的论点和争论后，提出烧结是扩散、流动及物理化学反应（蒸发凝聚、溶解沉积、吸附解吸、化学反应）等的综合作用的观点。由扩散、流动、物理化学反应这三个基本过程引起烧结物质浓度的变化，用数理方程表达，分别为：

扩散：

$$\partial c/\partial t = D \cdot \partial^2 c/\partial x^2 \tag{7-84}$$

流动：

$$\partial c/\partial t = -v \cdot \partial c/\partial x \tag{7-85}$$

物理化学反应：

$$\partial c/\partial t = -Kc \tag{7-86}$$

不难看出以上三式分别是扩散第二方程、流动方程和一级化学反应方程，其中 D、v 和 K 分别为扩散系数（不随浓度 c 改变）、流动速度和反应速度常数。由于扩散、流动和物理化学反应综合作用的结果，烧结物质的浓度随时间的改变率 $\partial c/\partial t$ 应是以上三种过程引起的浓度变化的总和，即：

$$\partial x/\partial t = D \cdot \partial^2 c/\partial x^2 - v \cdot \partial c/\partial x - Kc \tag{7-87}$$

当用烧结体内空穴浓度随位置和时间的变化关系描述致密化过程时，上式可改写成：

$$\partial c/\partial t = D \cdot \partial^2 c/\partial x^2 - v \cdot \partial c/\partial x - K(c - c_\infty) \tag{7-88}$$

式中，c、c_∞ 为烧结在 t 时刻和完成时（$t=\infty$）的空穴浓度；x 为沿 x 轴的物质迁移的变量。

如令 $\theta = \dfrac{c - c_\infty}{c_0 - c_\infty}$（$c_0$是烧结开始空穴浓度），则式（7-88）又可写成（微分 θ 时，c_0和 c_∞ 为常数）：

$$\partial\theta/\partial x = D^2\theta/\partial x^2 - v\partial\theta/\partial x - K\theta \tag{7-89}$$

在适当边界和初始条件下解上面偏微分方程式，可得到解的通式：

$$\theta = \{(1 - y)\exp(vL/D) + y\exp[-vL/2D(1 - y)]\}\exp[-(v^2/4D + K)t] \tag{7-90}$$

式中，$y=x/L$；L 为烧结试样在 x 轴方向的长度。

当 $vL/2D$ 值不大时，上式右边大括弧内项接近于 1，故有：

$$\theta = \exp\left[-\left(\frac{v^2}{4D} + K\right)t\right] \tag{7-91}$$

两边取对数：

$$-\ln\theta=\left(\frac{v^2}{4D}+K\right)t \tag{7-92}$$

当 c_∞ 与 c_0 比较可以不计时，$\theta\approx c/c_0$。再用 ρ_0、ρ_m 代表烧结开始和结束时的密度，ρ 代表 t 时刻的密度。由于 $c\propto 1-\frac{\rho}{\rho_m}$，$c_0\propto 1-\frac{\rho_0}{\rho_m}$，$\theta\propto\frac{\rho_m-\rho}{\rho_m-\rho_0}$，从弗仑克尔的著作引证了下述物理常数的温度关系式：

扩散系数：

$$D\propto\exp\left(-\frac{U_2}{RT}\right) \tag{7-93}$$

黏性系数：

$$\eta\propto\exp\left(-\frac{U_1}{RT}\right) \tag{7-94}$$

流动常数：

$$v\propto\frac{1}{\eta}\propto\exp\left(-\frac{U_1}{RT}\right) \tag{7-95}$$

上面三式中，U_1、U_2 为过程激活能。而物理化学反应的速度常数也服从类似的温度关系式：

$$K\propto\exp\left(-\frac{U_3}{RT}\right) \tag{7-96}$$

式中，U_3 为激活能。

因此式（7-92）右边变为：

$$\left(\frac{v^2}{4D}+K\right)t\propto\left[\frac{A_1\cdot\exp\left(-\frac{2U_1}{RT}\right)}{\exp\left(-\frac{U_2}{RT}\right)}+A_2\exp\left(-\frac{U_3}{RT}\right)\right]\cdot t \tag{7-97}$$

式中，A_1、A_2 为激活能。

将上式右边［ ］内较大的一项提出括号外，即：

$$A\cdot\exp\left[-\frac{(2U_1-U_2)}{RT}\right]\left\{1+\frac{\frac{A_1}{A_2}\cdot\exp\left(-\frac{U_3}{RT}\right)}{\exp\left[-\frac{(2U_1-U_2)}{RT}\right]}\right\}\cdot t \tag{7-98}$$

因大括弧内数值变化不大（一般为 1~2），可作常数处理。因此当时间 t 不变即烧结至某时刻后，式（7-92）可化成：

$$-\ln\theta\propto\exp\left(-\frac{2U_1-U_2}{RT}\right) \tag{7-99}$$

因为 U_1、U_2、R 均为常数，故 θ 仅为烧结温度 T 的函数：

$$-\ln\theta\propto\exp(-1/T) \tag{7-100}$$

将 $\theta\propto\frac{\rho_m-\rho}{\rho_m-\rho_0}$ 的关系式代入上式并取对数后得到：

$$-\ln\ln\left(\frac{\rho_m-\rho_0}{\rho_m-\rho}\right)\propto\frac{1}{T} \tag{7-101}$$

这就是黄培云综合烧结作用的理论方程式，表示 $(\rho_m-\rho_0)/(\rho_m-\rho)$ 值的双对数与烧结温度的倒数 $1/T$ 成线性关系。用金属 Ni、Co、Cu、Mo、Ta 的粉末烧结实验数据以及 W 粉活化烧结，Cu、BeO 粉的热压实验数据代入式（7-101）验证，均符合得很好。

7.3 烧 结 技 术

7.3.1 固相烧结

7.3.1.1 单元系固相烧结

单元系烧结是指纯金属或有固定化学成分的化合物或均匀固溶体的粉末在固态下的烧结，过程中不出现新的组成物或新相，也不发生凝聚状态的改变（不出现液相），故也称为单相烧结。

单元系烧结过程，除黏结、致密化及纯金属的组织变化之外，不存在组元间的溶解，也不形成化合物，对研究烧结过程最为方便。因此，最早的烧结理论和模型都是研究纯金属或氧化物材料。

A 烧结温度与烧结时间

单元系烧结的主要机构是扩散和流动，它们与烧结温度和时间的关系极为重要。莱因斯（Rhines）用如图 7-23 所示的模型描述粉末烧结时二维颗粒接触面和孔隙的变化。图 7-23（a）表示粉末压坯中，颗粒间原始的点接触；图 7-23（b）表示在较低温度下烧结，颗粒表面原子的扩散和表面张力所产生的应力，使物质向接触点流动，接触逐渐扩大为面，孔隙相应缩小；图 7-23（c）表示高温烧结后，接触面更加长大，孔隙继续缩小并趋近球形。

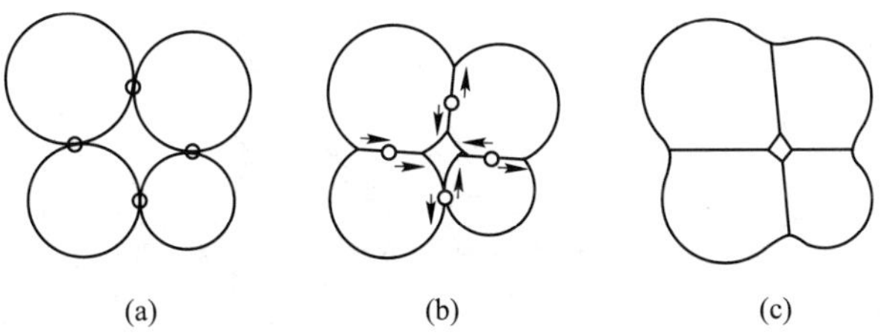

图 7-23 烧结过程接触面和孔隙形状、尺寸的变化模型
（a）原始点接触；（b）较低温度下；（c）高温烧结后

无论扩散还是流动，当温度升高后过程均加快进行。因单元系烧结是原子自扩散，当温度低于再结晶温度时，扩散很慢，原子移动的距离也不大，因此颗粒接触面的扩大很有限。只有当超过再结晶温度使自扩散加快后烧结才会明显地进行。如果流动是一种塑性流动（变形），温度升高也是有利的；虽然引起变形的表面应力也随温度升高而降低，但材料的屈服极限降低更快。

琼斯根据金属烧结同焊接机构相似的观点，认为引起烧结的力就是决定材料理论强度的联结力，而该力总是随温度升高而降低的。但是，阻碍烧结的一切因素也随温度升高而更迅速地减弱，所以颗粒间的联结强度总是随温度升高而增大。这些阻碍因素包括：(1) 颗粒表面的不完全接触；(2) 颗粒表面的气体和氧化膜；(3) 化学反应或易挥发物析出的气体产物；(4) 颗粒本身的塑性较差。

增大压制压力，可改善金属颗粒间的接触；气体或杂质（包括氧化物）的挥发还原或溶解等反应使颗粒间的金属接触增加；温度升高使颗粒塑性大大提高，这些均是对金属粉末烧结过程有利的。但是氧化物粉末，一般在接近熔点的温度下才能充分烧结，金属粉末则可在较宽的温度范围烧结。对塑性差的粉末，可采用合适的粒度组成，通过压制尽可能获得高的密度，改善颗粒的接触，使烧结时接触面上有更多的原子形成联结力。

单元系粉末烧结，存在最低的起始烧结温度，即烧结体的某种物理或力学性质出现明显变化的温度。许提以发生显著致密化的最低塔曼温度指数 α（烧结的绝对温度与材料熔点之比）代表烧结起始温度，并测定出：Au-0.3、Cu-0.35、Ni-0.4、Fe-0.4、Mn-0.45、W-0.4 等，大致遵循金属熔点越高，α 指数越低的规律。但如果以另外的性能作标准，则烧结起始温度改变。因此，准确地确定一种粉末的烧结起始温度是较困难的。

金斯通-许提测定了电解铜粉的压坯在不同温度中烧结后的各种性能，作成如图 7-24 所示的曲线。从图可看到，在密度基本上不增加的温度范围内，抗拉强度，特别是电导率有明显的变化。电导率对反映颗粒间的接触在低温烧结阶段的变化十分敏感，所以是判断烧结程度和起始温度的主要标志。低温烧结时，孔隙特性不变化，致密化未发生。利用热膨胀仪来研究和测定烧结体的收缩也是一种有效的方法。

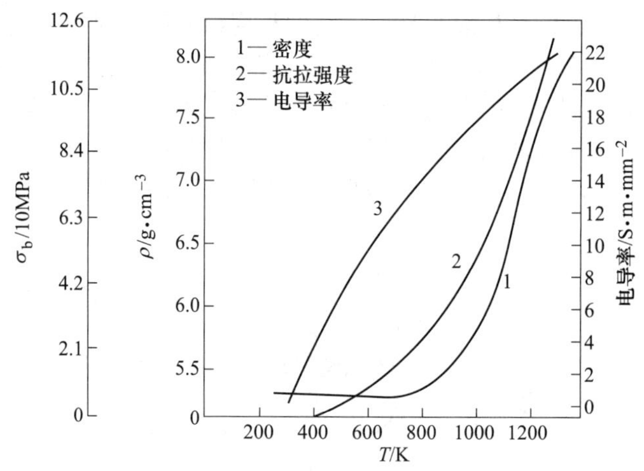

图 7-24 烧结温度对电解铜粉烧结（H_2，2h）的各种性能的影响

（单位压制压力 400MPa）

达维尔用测定金属辊对金属丝在不同温度时的咬入性来判断烧结的起始温度，发现各种金属的 α 值在 0.43~0.5，即比金属的再结晶温度稍高一些。

实际的烧结过程，都是连续烧结，温度逐渐升高达到烧结温度保温，因此各种烧结反应和现象也是逐渐出现和完成的。大致上可以把单元系烧结划分成三个温度阶段：

(1) 低温预烧阶段（$\alpha \leqslant 0.25$）。该阶段主要发生金属的回复，吸附气体和水分的挥发，压坯内成形剂的分解和排除。由于回复消除了压制时的残余弹性应力，颗粒接触反而相对减少，加上挥发物的排除，故压坯体积收缩不明显。在这阶段，密度基本维持不变，但因颗粒间金属接触增加，导电性有所改善。

(2) 中温升温烧结阶段（$\alpha \leqslant 0.4 \sim 0.55$）。该阶段开始出现再结晶，首先在颗粒内，变形的晶粒得以回复，改组为新晶粒；同时颗粒表面氧化物被完全还原，颗粒界面形成烧结颈。故电阻率进一步降低，强度迅速提高，相对而言密度增加较缓慢。

(3) 高温保温完成烧结阶段（$\alpha \leqslant 0.5 \sim 0.85$）。烧结的主要过程（如扩散和流动）充分进行并接近完成，形成大量闭孔，并继续缩小，使得孔隙尺寸和孔隙总数均有减少，烧结体密度明显增加。保温足够长时间后，所有性能均达到稳定值而不再变化。长时间烧结使聚晶得以长大，这对强度影响不大，但可能降低韧性和伸长率。

通常说的烧结温度，是指最高烧结温度，即保温时的温度，一般是熔点绝对温度的 2/3~4/5，温度指数 $\alpha = 0.67 \sim 0.80$，其低限略高于再结晶温度，其上限主要从技术及经济上考虑，而且与烧结时间同时选择。

烧结时间指保温时间，温度一定时，烧结时间越长，烧结体性能也越高。但时间的影响不如温度高，仅在烧结保温的初期，密度随时间变化较快，从图 7-25 中可以看到这一点。实验也表明，烧结温度每升高 100F(55℃) 所提高的密度，需要延长烧结时间几十倍或几百倍才能获得。因此，仅靠延长烧结时间是难以达到完全致密的，而且延长烧结时间，会降低生产率，故多采取提高温度，并尽可能缩短时间的工艺来保证产品的性能。当然过高地提高温度也会给生产设备和操作带来困难。

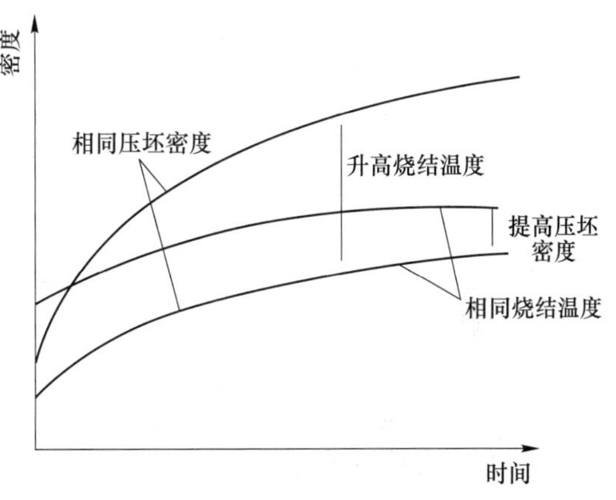

图 7-25 烧结密度-时间关系示意图

B 烧结密度与尺寸的变化

控制烧结件密度和尺寸的变化，对生产粉末零件极为重要，而在某种意义上来说，控制尺寸比提高密度更困难。因为密度主要靠压制控制，而尺寸不仅靠压制，还要靠烧结控制，可是零件烧结后各方向的尺寸变化（收缩）往往又是不同的。

在烧结过程中，多数情况下压制件总是收缩的，但有时也会膨胀。造成膨胀和密度降低的原因有：(1) 低温烧结时压制内应力的消除，抵消一部分收缩，因此，当压力过高时，烧结后会胀大。(2) 气体与润滑剂的挥发阻碍产品的收缩，因此升温过快，往往使产品鼓泡胀大。(3) 与气氛反应生成气体妨碍产品收缩。当产品收缩时，闭孔中气体的压力可增至很大，甚至超过引起孔隙收缩的表面张应力，这时孔隙收缩就停止。(4) 烧结时间过长或温度偏高，造成聚晶长大会使密度降低。(5) 同素异晶转变可能引起比容改变而导致体积胀大。

压制产品的收缩，在垂直或平行于压制方向上是不等的，一般说，垂直方向的收缩较大（图 7-26 (a)），但是也有相反的情况（图 7-26 (b)），主要取决于颗粒形状。为表示压坯各方向收缩的不均匀性，可采用收缩比 R/A——径向（垂直压制方向）同轴向（平行压制方向）的收缩值之比来表示。$R/A=1$ 的情况不多，一般是 $R/A>1$ 或 $R/A<1$，R/A 偏离 1 越大，收缩越不均匀。影响的因素有压制压力、粉末形状、压件高径比等。

300 目雾化铜粉压制后于 1000℃烧结，其烧结体的总孔隙度及开孔隙度与闭孔隙度的变化关系如图 7-27 所示。总孔隙度>10%时，以开孔隙为主；总孔隙度低于 5%~10%时，

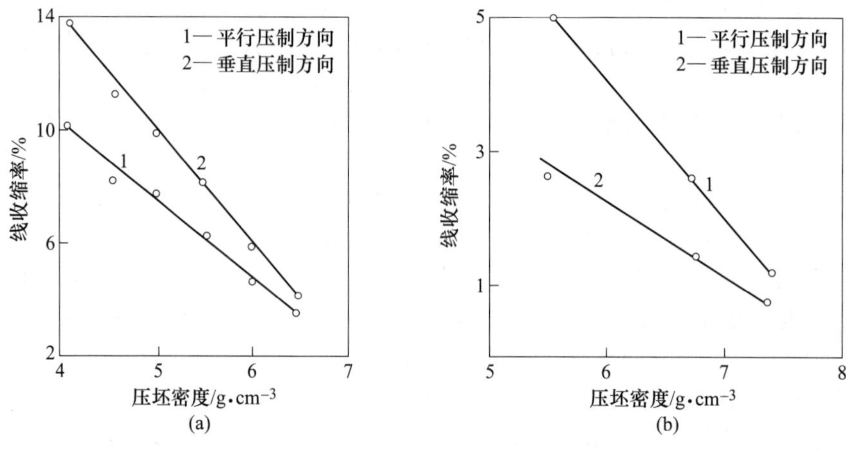

图 7-26　铁粉压坯烧结后的收缩率

（a）普通铁粉；（b）片状铁粉

大部分为闭孔隙。但是在一般的粉末烧结材料中，由于孔隙度均超过 10%，所以大多数的孔隙为开孔隙。

闭孔的球化进行得很缓慢，所以在一般的烧结粉末制品中，多数孔隙仍为不规则状。因为粉末表面吸附的气体或其他非金属杂质对表面扩散和蒸发凝聚过程阻碍极大，只有极细粉末的烧结和某些化学活化烧结才能加快孔隙的球化过程。另外，提高烧结温度自然有利于孔隙球化。

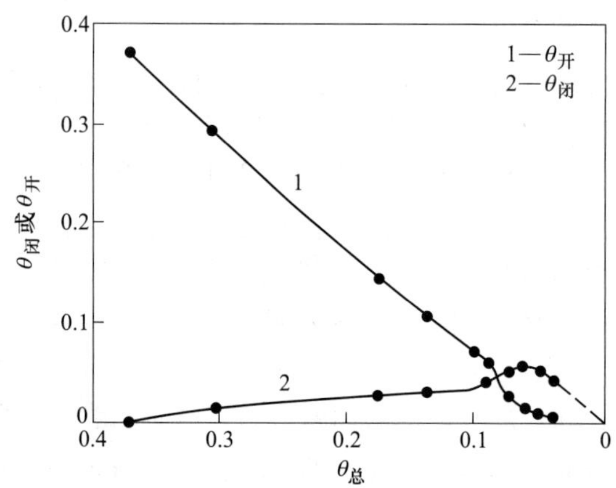

图 7-27　开孔隙度 $\theta_{开}$ 与闭孔隙度 $\theta_{闭}$ 随总孔隙度 θ 的变化

莱因斯等用铜粉在氢、氩、真空等气氛下烧结后，在显微镜下测定孔隙大小和数量。图 7-28 是在 1000℃氢气下烧结所测得的结果，可以看到：随着烧结时间的延长，总孔隙数量减少，而孔隙平均尺寸增大；最小孔隙消失，而大于一定临界尺寸的孔隙长大并合并。烧结温度越高，上述过程进行越快。烧结后期，有些孔隙已大大超过原来的尺寸，而且在接近烧结体表面形成无孔的致密层。

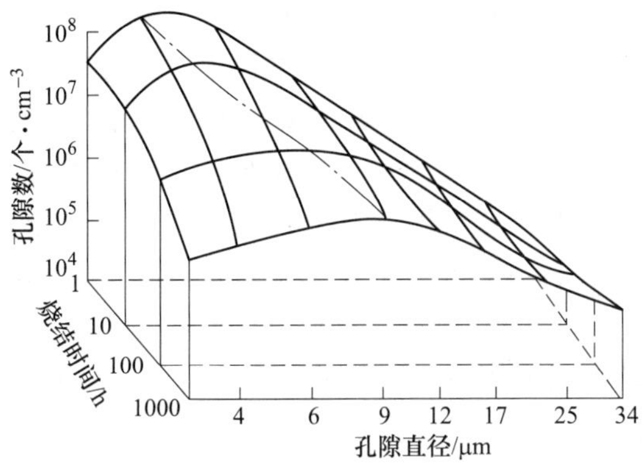

图 7-28 烧结时间对铜烧结体内孔隙分布的影响（1000℃氢气中烧结）

C 再结晶与晶粒长大

粉末冷压成形后烧结，同样发生回复、再结晶及晶粒长大等组织变化。回复使弹性内应力消除，主要发生在颗粒接触面上，不受孔隙的影响，在烧结保温阶段之前，回复就已基本完成。再结晶与烧结的主要阶段即致密化过程同时发生，这时原子重新排列、改组，形成新晶核并长大，或者借助晶界移动使晶粒合并，总之是以新的晶粒代替旧的，并常伴随晶粒长大的现象。粉末烧结材料的再结晶，有两种基本方式：

（1）颗粒内再结晶。冷压制后变形的颗粒，在超过再结晶温度时烧结可发生再结晶，转变为新的等轴晶粒。但由于颗粒变形的不均匀性，颗粒间接触表面的变形最大，再结晶成核也最容易，因此，再结晶具有从接触面向颗粒内扩展的特点。只有压制压力很高，颗粒变形程度极大时，整个颗粒内才可能同时进行再结晶。例如，用 700MPa 的单位压制压力压制电解铜粉，在 600℃加热 16h 后作金相观察，整个颗粒的外形仍未起变化。

（2）颗粒间聚集再结晶。烧结颗粒间界面通过再结晶形成晶界，而且向两边颗粒内移动，这时颗粒合并，称为颗粒聚集再结晶。当粉末由单晶颗粒组成（如极细粉末）时，聚集再结晶就通过颗粒的合并而发生，晶粒明显长大。在 $\alpha=0.4\sim0.5$ 的温度下烧结，颗粒间产生“桥接”，就是聚集再结晶的开始；而在达到 $\alpha=0.75\sim0.85$ 的温度以后，聚晶就剧烈长大，这时颗粒内和颗粒间的原始界面都变成新的晶界，无法区别。

烧结的回复、再结晶与晶粒长大的动力同烧结过程本身的动力是完全一致的。因为内应力和晶界的界面能与孔隙表面能一样，构成烧结系统的过剩自由能，因而回复使内应力消除，再结晶与晶粒长大使晶界面及界面能减小，也使系统自由能降低。但是晶粒长大的动力一般要低于烧结过程的动力。计算表明：如果晶粒长大在多晶体内均匀进行，从 1μm 长到 1cm，自由能降低仅为 500~2000J/kg，所以晶粒长大或晶界移动很容易受阻而停止，这些障碍包括第二相、杂质的粒子、孔隙和晶界沟。下面分别讨论晶界移动和晶粒长大受阻的情形：

（1）孔隙的影响。孔隙是阻止晶界移动和晶粒长大的主要障碍。图 7-29 表示晶界上如有孔隙，晶界长度（实际为晶界表面积）减小，晶界要移动到无孔的新位置去，就要增加晶界面和界面自由能，所以晶界移动困难。特别是大孔隙，靠扩散很难消失，常常残留在烧结后的晶界上，造成对晶界的钉扎作用。

但是，晶界一般是弯曲的，曲率越大，晶界总长度也越大。晶界就像绷紧的弦一样，力图伸展变直，以求降低晶界总能量，造成晶界向曲率中心方向移动的趋势。因此，某些曲率较大的晶界，有可能挣脱孔隙的束缚而移动，使晶界曲率减小，晶界总能量降低，以致可以补偿晶界跨越孔隙所增加的那部分晶界能量。金相照片显示了晶界扫过晶粒面上的无数小孔隙向前移动的情形：在晶界扫过的后面留下一片无孔隙的区域，显然是那些小孔隙被晶界吸收而消失的结果；但是留在晶界后面的大孔隙由于离晶界更远，空位扩散的路径更长，因而难于消失，这说明，烧结后期的残留孔隙大都分布在距离晶界较远的晶粒内部。

由于孔隙对晶界移动的阻碍作用，烧结时晶粒长大总是发生在烧结的后期，即孔隙数量和大小明显减小以后。

（2）第二相的作用。如图 7-30 所示：当原始晶界（图 7-30（a））移动碰到第二相质点如杂质时，晶界首先弯曲，晶界线拉长（图 7-30（b）），但这时杂质相的原始界面的一部分也变为晶界，使系统总的相界面和能量仍维持不变。但是，如果晶界继续移动，越过杂质相（图 7-30（c）），基体与杂质相的那部分界面就得到回复，系统又需增加一部分能量，所以晶界是不易挣脱质点的障碍向前移动的。当晶界的曲率不大，晶界变直所减小的能量不足以抵消这部分能量的增加时，杂质对晶界的钉扎作用就强，只有弯曲度大的晶界才能越过杂质移动。

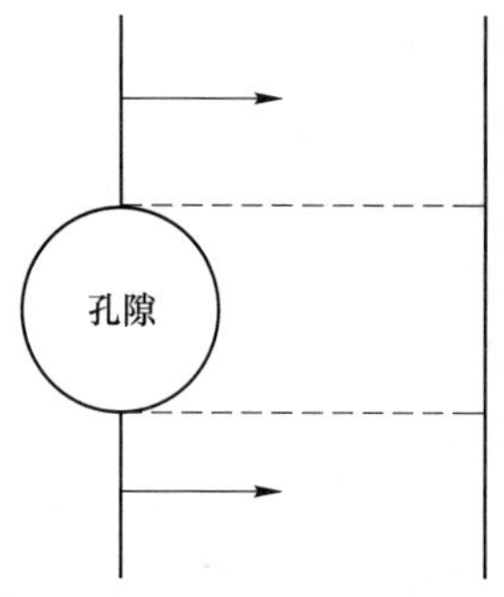

图 7-29 孔隙阻止晶界移动

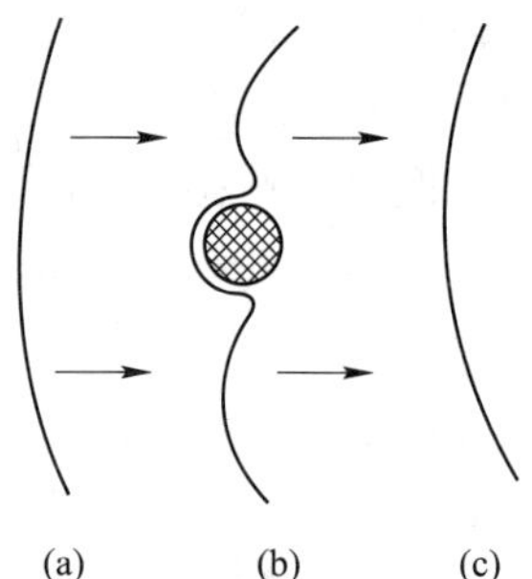

图 7-30 晶界移动通过第二相质点

（a）晶界移动起始位置；（b）第二相质点对晶界运动的阻碍；（c）晶界绕过第二相粒子

第二相的体积百分数量越大，对再结晶和晶粒长大的阻力就越强，最后得到的晶粒就越细；如果杂质体积百分数不变，质点尺寸越大，对再结晶总的阻力相对减弱，因而晶粒也越大。甄纳（Zener）提出下面公式计算再结晶后晶粒的大小：

$$d_f = \frac{d}{f} \tag{7-102}$$

式中，d_f 为晶粒直径；d 为第二相质点的平均直径；f 为第二相体积百分数。

式（7-102）也可用来估计孔隙度对再结晶晶粒大小的影响，即计算能防止晶粒长大的最低孔隙度。假定晶粒完全不长大，即新晶粒 d_f 与原始晶粒 d_0 相等，而孔隙尺寸通常为 $d=d_0/10$，那么利用式（7-102），则有：

$$d/d_0 = d/d_f = f = 0.1 \tag{7-103}$$

表示烧结后，当剩余孔隙度降低到 10%以下时，晶粒才能开始长大，证明晶粒长大基本上只发生在烧结的后期。

（3）晶界沟的影响。在多晶材料内，露出晶体表面的晶界形成晶界沟（图 7-31），它是晶界和自由表面上两种界面张力 γ_b 和 γ_s 相互作用达到平衡的结果。晶界沟的大小用二面角 ψ 表示，根据力平衡原理，有下面方程式成立：

$$\cos(\psi/2) = \gamma_b/(2\gamma_s) \tag{7-104}$$

当晶界沟上的晶界移动时（图 7-32），晶界面将增加，使系统界面自由能增高，因此，晶界沟是阻止晶界移动或晶粒长大的。在致密材料内，晶界沟的阻碍作用不很强，但粉末烧结材料的晶粒细，并且粉末在高温烧结后形成许多类似金属高温退火的晶界沟，因此阻碍作用比较明显。

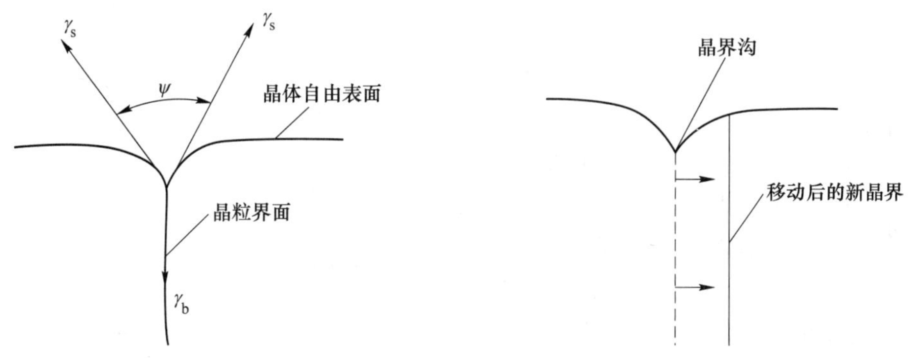

图 7-31　晶界沟的形成　　　　图 7-32　晶界沟上的晶界在晶粒内的移动

粉末烧结材料的再结晶同致密材料比较有以下特点：

（1）粉末烧结材料中如有较多的氧化物、孔隙及其他杂质，则聚晶长大受阻碍，故组织的晶粒较细；相反，粉末纯度越高，晶粒长大趋势也越大。

（2）烧结材料中晶粒显著长大的温度较高，仅当粉末压制采用极高压力时，才明显降低。例如钨粉压坯，当单位压制压力为 120MPa 时，用金相方法测定的晶粒长大温度为 1227℃；而在单位压制压力提高到 500MPa 时，降为 927℃。

（3）粉末粒度影响聚晶长大。因为孔隙尺寸随粉末粒度增大而增大，对晶界移动的阻力也增加，故聚晶长大趋势减小。例如烧结细铁粉压坯，金相观察颗粒外形消失（标志聚集再结晶发生）的温度为 800℃；而粗铁粉，甚至在 1200℃还能清晰地分辨颗粒的轮廓。

（4）烧结金属在临界变形程度下，再结晶后晶粒显著长大的现象不明显，而且晶粒没有明显的取向性。因为粉末压制时颗粒内的塑性变形是不均匀的，也没有强烈的方向性。

D　影响烧结过程的因素

粉末的烧结性可以用烧结体的密度、强度、延性、电导率以及其他性能的变化来衡量，反过来也可根据这些变化来研究各种因素对烧结的影响。

对烧结起促进或阻碍作用，或者对物质迁移起加速或延缓作用的各种因素，是通过下面的一种或几种方式起作用的：

（1）改变颗粒间的接触面积或接触状态；

（2）改变物质迁移过程的激活能；

（3）改变参与物质迁移过程的原子数目；

（4）改变物质迁移的方式或途径。

主要从以下四个方面讨论影响烧结的因素。

a　结晶构造与异晶转变

比较立方、六方和四方晶系的金属粉末的烧结行为，可发现烧结起始温度（以温度指数 α 代表）是随点阵对称性的降低而增高的。但是铅、锡、镉、锌等低熔点金属因为表面氧化膜极难除掉，掩盖了烧结性的优劣，不符合该规律。

关于异晶转变的影响，研究得最多的是铁粉烧结。在 α-Fe 区域，烧结迅速进行，这与 α-Fe 的自扩散系数高于 γ-Fe 的规律一致。如图 7-33 所示，铁粉在 α→γ 的转变温度附近（800~950℃）烧结时，所有性能的变化曲线上均出现突变点（转折点）。这是因为异晶转变引起体积变化（α→γ 比容减小），使孔隙度增大。粉末越细，现象越明显。另一原因是，铁在通过奥氏体转变临界温度 A_3 烧结时发生晶粒长大，使孔隙封闭在 γ-Fe 的粗晶粒内，破坏了颗粒间的接触，致使强度增高变慢。烧结铀在发生 α→β 和 β→γ 异晶转变时，也出现类似的现象。

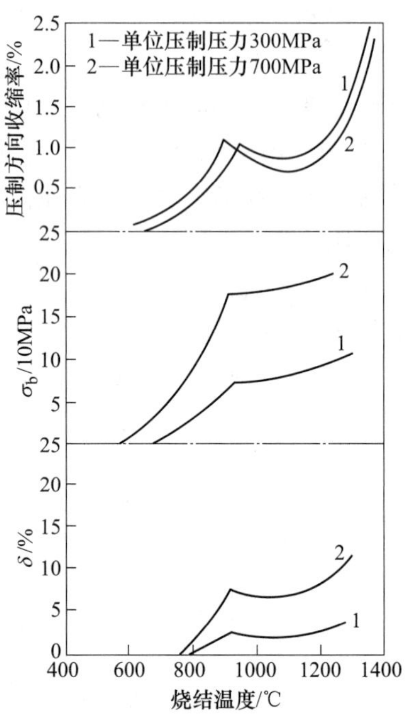

图 7-33　还原铁粉压坯烧结后收缩率、抗拉强度和伸长率随烧结温度的变化

b　粉末活性

粉末活性包括颗粒的表面活性与晶格活性两方面，前者取决于粉末的粒度、粒形（粉末的比表面积大小），后者由晶粒大小、晶格缺陷、内应力等决定。在其他条件相同时，粉末越细，两种活性同时增高。

费道尔钦科用 Fe、Ni、Co、Cr 及氧化物粉末研究了粉末的比表面积与烧结活性之间的关系。粉末粒度减小将使烧结的起始温度降低，使收缩率增大（图 7-34~图 7-36）一般来说，低温还原和低温煅烧金属盐类得到的金属和氧化物粉末，具有较细的粒度和高的烧结活性。

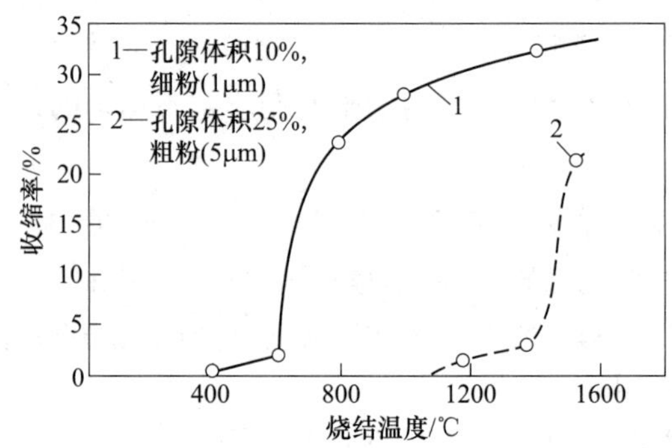

图 7-34　铁粉粒度对压坯烧结收缩率的影响

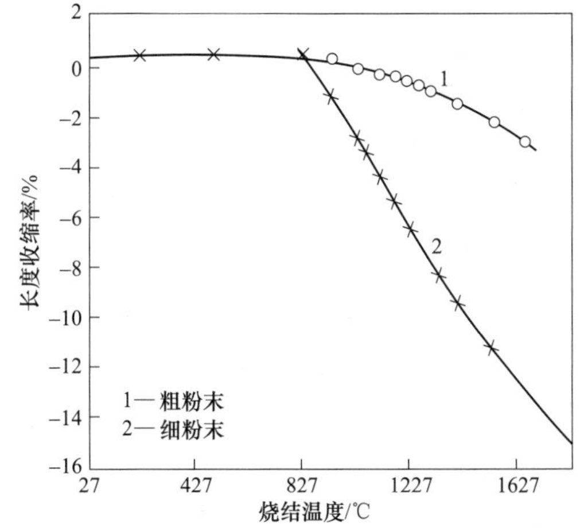

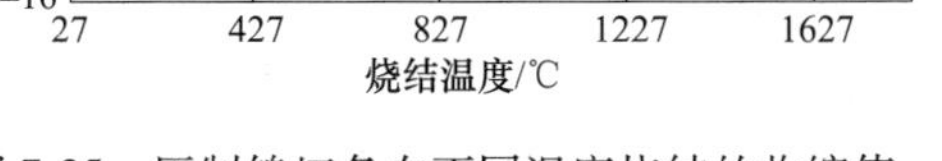
图 7-35 压制钨坯条在不同温度烧结的收缩值

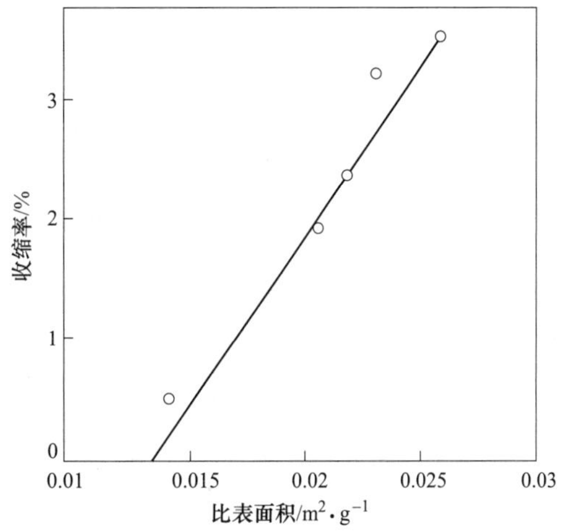

图 7-36 铁粉压坯烧结收缩率和粉末比表面积的关系

颗粒内晶粒大小对烧结过程也有相当大的影响。晶粒细，晶界面就多，对扩散过程有利，因此由单晶颗粒组成的粉末，烧结时晶粒长大的趋势小；而多晶颗粒则晶粒长大的倾向大。

粉末晶体的非平衡状态由过剩空位、位错及内应力等所决定，与制取粉末的方法关系很密切。高温煅烧的 Al_2O_3 粉，经长时间球磨后，活性提高，因为球磨会造成颗粒内大量的晶格缺陷。球磨对氧化物粉末活性的提高比金属粉末更显著，因为金属的再结晶温度低，在烧结致密化发生之前，再结晶过程就已开始，缺陷大部分得到回复。尽管这样，金属粉末由于冷加工造成的内应力对再结晶和烧结也起一定促进作用。格根津和皮涅斯研究了存在内应力的电解铜粉的烧结收缩速率与温度的关系（图 7-37）。可以看出：在每一种升温速度下均出现收缩速率的极大值，而对应的温度又是不同的。在该温度下金属颗粒内的晶格畸变能释放得多，扩散系数最大。对于有大量内应力存在的金属粉末，减慢升温速度有利于回复和再结晶在较低温度下充分地完成，因而使烧结体在较低温度时就开始明显收缩。

c 外来物质

下面主要讨论粉末表面的氧化物和烧结气氛的影响：

（1）粉末表面的氧化物。粉末表面的氧化物如果在烧结过程中能被还原或溶解在金属中，当氧化层小于一定厚度时（铜粉、铁粉的这个厚度分别为 40～50nm 和 40～60nm），对烧结有促进作用。因为氧化膜很快被还原成金属时，原子的活性增大，很容易烧结。许多实验证明预氧化烧结过程的激活能可以降低，但如果表面氧化物层太厚或不能被还原时，反将会阻碍烧结进行（扩散的障碍）。例如，铝粉的氧化膜在普通气氛下不被还原，很难烧结致密。不锈钢粉含有 Cr，也由于同样的原因，在露点较高或含碳的气氛下烧结性能差。低熔点金属如 Sn、Zn 等粉末，即使氧化膜很薄也会对烧结造成很大阻碍。

（2）烧结气氛。烧结气氛对不同粉末的影响不一样。难还原的金属粉末烧结所需气氛的还原性要强（氧分压低，湿度低），真空烧结对于多数金属的烧结都有利，但真空烧结使金属的挥发损失增大，成分改变，而且容易造成产品变形。烧结气氛中添加活性成分能

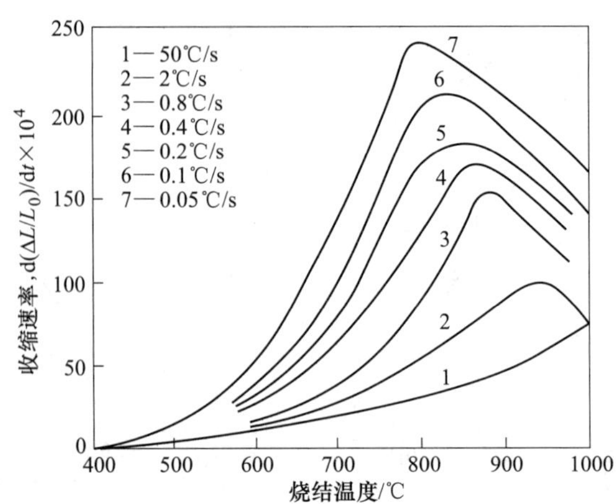

图 7-37　电解铜粉压坯在不同加热速度下的收缩速率与烧结温度的关系

活化某些粉末的烧结。气氛中氧的分压对氧化物材料的烧结影响最明显。在湿氢或氮、氩等惰性气体中烧结氧化物能降低烧结温度。如在水蒸气存在下烧结氧化铀，只需要 1300℃就能获得极高的密度。许多氧化物，在超过正常化学当量的氧含量下，如 UO_2 的 O/U 比值为 2. 05~2. 15 时，烧结性能最好，只是烧结后还需在干氢中退火以去掉残余氧。变价 CuO 在离解压与气氛中氧的分压相等时，烧结进行得最快。

d　压制压力

压制工艺影响烧结过程，主要表现在压制密度、压制残余应力、颗粒表面氧化膜的变形或破坏以及压坯孔隙中气体等的作用上。利尼尔发现，铜粉压坯的残余应力仅在烧结的低温（210~400℃）阶段对收缩有影响，因高温收缩前，内应力早已消除。许多金属粉末的烧结都有类似现象。如压制压力很高，烧结时由于内应力急剧消除使密度反而降低（因为不同压制压力下，烧结密度随温度变化的示意曲线。高压下，压坯密度已经很高），由图 7-38 可见，压力极高时，烧结后密度降低。

皮涅斯等测定了铜粉压坯在升温和保温过程的收缩曲线，如图 7-39 所示：压坯原始孔隙度（六种不同孔隙度）越低，压坯内气体阻碍收缩的作用越强，当孔隙度低于 14%以后，烧结后根本不收缩，$\Delta L/L_0$ 出现负值（膨胀）。而且，粉末越细，膨胀越显著。缓慢升温，使压坯内气体容易在孔隙封闭前排出，可减少压坯的膨胀。

7. 3. 1. 2　多元系固相烧结

多数粉末冶金材料是由几种组分（元素或化合物）的粉末烧结而成的。烧结过程不出现液相的称为多元系固相烧结，包括组分间不互溶和互溶的两类，单相或均匀合金粉末，如果在烧结过程中不改变成分或不发生相变，也可与纯金属粉末一样看作单元素烧结。

多元系固相烧结比单元系烧结复杂得多，除了同组元或异组元颗粒间的黏结外，还发生异组元之间的反应、溶解和均匀化等过程，而这些都是靠组元在固态下的互相扩散来实现的，所以，通过烧结不仅要达到致密化，而且要获得所要求的相或组织组成物。扩散、合金均匀化是极缓慢的过程，通常比完成致密化需要更长的烧结时间。

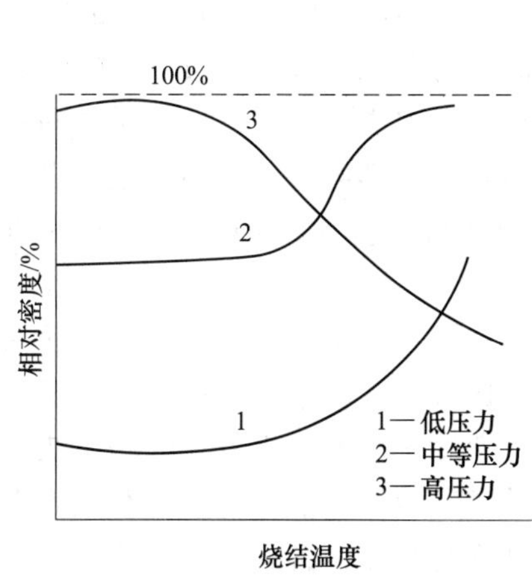

图 7-38 粉末压坯密度对烧结密度的影响

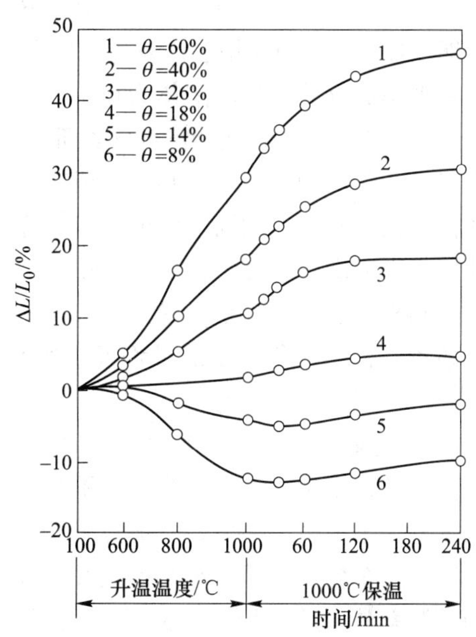

图 7-39 压坯孔隙度对烧结收缩或膨胀的影响

A 互溶系固相烧结

组分互溶的多元系固相烧结有三种情况：（1）均匀（单相）固溶体粉末的烧结；（2）混合粉末的烧结；（3）烧结过程固溶体分解。第一种情况属于单元系烧结，基本规律同前一节讲得相同。吐姆勒（Thummler）用低浓度的单相固溶体（Fe-Sn、Fe-Mo、Fe-Ni、Cu-Sn）的合金丝绕在同成分的合金棒上进行模拟烧结实验，与单纯的基体金属的烧结对比后发现：合金的烧结性及最终达到的性能取决于固溶体的物理和热力学性质。第三种情况不常有，仅在文献中报道过铜汞齐的烧结实验，发现在 750~900℃时汞齐的分解对烧结有促进作用。下面只讨论混合粉末的烧结。

a 一般规律

混合粉末烧结时在不同组分的颗粒间发生的扩散与合金均匀化过程，取决于合金热力学和扩散动力学。如果组元间能生成合金，则烧结完成后，其平衡相的成分和数量大致取决于可混合粉末烧结时在不同组分的颗粒间发生的扩散与合金均匀化过程，取决于合金热力学和扩散动力学根据相应的相图确定。但由于烧结组织不可能在理想的热力学平衡条件下获得，要受固态下扩散动力学的限制，而且粉末烧结的合金化还取决于粉末的形态、粒度、接触状态以及晶体缺陷、结晶取向等因素，所以比熔铸合金化过程更复杂化，也难获得平衡组织。

烧结合金化中最简单的情况是二元系固溶体合金。当二元混合粉末烧结时，一个组元通过颗粒间的联结面扩散并溶解到另一组元的颗粒中，如 Fe-C 材料中石墨溶于铁中，或者二组元互相溶解（如铜与镍），产生均匀的固溶体颗粒。

假定有金属 A 和 B 的混合粉末，烧结时在两种粉末的颗粒接触面上，按相图反应生成 A_XB_Y，以后的反应将取决于 A、B 组元通过反应产物 AB（形成包覆颗粒表面的壳层）的互扩散。如果 A 能通过 AB 进行扩散，而 B 不能，那么 A 原子将通过 AB 相扩散到 A 与 B

的界面上再与B反应，这样AB相就在B颗粒内滋生。通常，A与B均能通过AB相互扩散，那么反应将在AB相层内发生，并同时向A与B的颗粒内扩展，直至所有颗粒成为具有同一平均成分的均匀固溶体为止。

假若反应产物AB是能溶解于组元A或B的中间相（如电子化合物），那么界面上的反应将复杂化。例如AB溶于B形成有限固溶体，只有当饱和后，AB才能通过成核长大重新析出，同时，饱和固溶体的区域也逐渐扩大。因此，合金化过程将取决于反应生成相的性质、生成次序和分布，取决于组元通过中间相的扩散，取决于一系列反应层之间的物质迁移和析出反应。但是，扩散总归是决定合金化的主要动力学因素，因而凡是促进扩散的一切条件，均有利于烧结过程及获得最好的性能。扩散合金化的规律可以概括为以下几点。

（1）金属扩散的一般规律是，原子半径相差越大，或在元素周期表中相距越远的元素，互扩散速度也越大；间隙式固溶的原子，扩散速度比替换式固溶的大得多；温度相同和浓度差别不大时，在体心立方点阵相中，原子的扩散速度比在面心立方点阵相中快几个数量级。在金属中溶解度最小的组元，往往具有最大的扩散速度（表7-4）。各种元素在铁中的扩散系数（表7-5）和溶解度（表7-6），对于烧结铁基制品中合金元素的选择有一定参考价值。可以看到，在α-Fe与γ-Fe中溶解度大的元素，扩散系数反而小。

表7-4 元素在银中的扩散系数和溶解度

项目	元素						
	Sb	Sn	In	Cd	Au	Pd	Ag(自扩散)
扩散系数 (760℃)/$10^{-9}cm^2 \cdot s^{-1}$	1.4	2.3	1.2	0.95	0.36	0.24	0.16
最大溶解度(原子)/%	5	12	19	19	100	100	100

表7-5 元素在铁的低浓度固溶体中的扩散系数 (cm^2/s)

元素	α-Fe（800℃）	γ-Fe（1100℃）
H	2.1×10^{-4}	2.8×10^{-4}
B	2.3×10^{-7}	9.0×10^{-7}
N	1.3×10^{-6}	6.5×10^{-8}（950℃）
C	1.6×10^{-6}	6.3×10^{-7}
Fe（自扩散）	4.0×10^{-12}	9.0×10^{-12}
Si	7.5×10^{-11}	4.0×10^{-10}（1200℃）
Co	1.9×10^{-12}	3.4×10^{-12}
Cr	0.5×10^{-12}	5.1×10^{-12}
W	2.0×10^{-12}	3.9×10^{-12}
Cu	1.1×10^{-12}	—
Ni	—	8.0×10^{-12}
Mn	—	2.0×10^{-11}
Mo	7.0×10^{-12}	4.0×10^{-11}

表 7-6 元素在 α-Fe 和 γ-Fe 中的溶解度 (%)

元　　素	在 α-Fe 中的溶解度	在 γ-Fe 中的溶解度
Al	36	1.1(含碳时稍高)
B	约 0.008	0.018~0.026
C	0.02	2.06
Co	76	无限
Cr	无限	12.8(含 0.5%C 时为 20%)
Cu	700℃时 1,室温时 0.2	8.5(含 1%C 时为 8%)
Mn	约 3	无限
Mo	37.5(低温时降低)	约 3(含 0.03%C 时为 8%)
N	0.1	2.8
Nb	0.8	2.0
Ni	约 10(与碳含量无关)	无限
Si	18.5(含碳时溶解度仍很高)	约 2(含 0.35%C 时为 9%)
P	2.8(与含碳量无关)	0.2
Ti	约 7(低温时降低)	0.63(含 0.18%C 时为 1%)
V	无限	约 1.4(含 0.2%C 时为 4%)
W	33(低温时降低)	3.2(含 0.25%C 时为 11%)
Zr	约 0.3	0.7

根据表 7-5，在 α-Fe 和 γ-Fe 中扩散系数不同的元素可分为四种类型：1）氢在 α-Fe 以及 γ-Fe 中扩散系数最大，属于间隙扩散；2）硼、碳和氮在铁中也属于间隙扩散，但其扩散系数较小（仅为氢的六百分之一）；3）镍、钴、锰、钼在铁中形成替换式固溶体，扩散系数仅为形成间隙固溶体元素的万分之一到十万分之一；4）氧、硅、铝等元素介于形成间隙式和替换式固溶体之间，由于缺乏扩散系数的可靠数据，尚不能作结论。

（2）在多元系中，由于组元的互扩散系数不相等，产生柯肯德尔（Kirkendall）效应，证明是空位扩散机构起作用。当 A 与 B 元素互扩散时，只有当 A 原子与其邻近的空位发生换位的概率大于 B 原子自身的换位概率时，A 原子的扩散才比 B 原子快，因而通过 AB 相互扩散的 A 和 B 原子的互扩散系数不等，在具有较大互扩散系数原子的区域内形成过剩空位，然后聚集成微孔隙，从而使烧结合金出现膨胀。因此，一般说在这种合金系中，烧结的致密化速率要减慢。

（3）在添加第三元素可显著改变元素 B 在 A 中的扩散速度。例如在烧结铁中添加 V、Si、Cr、Mo、Ti、W 等形成碳化物的元素会显著降低碳在铁中的扩散速度和增大渗碳层中碳的浓度；添加 4%CO 使碳在-Fe1%的碳原子浓度中的扩散速度提高 1 倍；而添加 3%Mo 或 1%W 时，减小 1 倍。添加第三元素对碳在铁中扩散速度的影响，取决于其在周期表中的位置：靠铁左边属于形成碳化物的元素，降低扩散速度；而靠右边属非碳化物形成元素，增大扩散速度，黄铜中添加 2%Sn，使锌的扩散系数增大 9 倍；添加 3.5%Pb 时，增大 14 倍；加入 Si、Al、P、S 均可增大扩散系数。

（4）二元合金中，根据组元、烧结条件和阶段的不同，烧结速度同两组元单独烧结时相比，可能快也可能慢。例如铁粉表面包覆一层镍时，由于柯肯德尔效应，烧结显著加快。Co-Ni，Ag-Au 系的烧结也是如此。许多研究表明，添加过渡族元素（Fe，Co，Ni），对许多氧化物和钨粉的烧结均有明显促进作用，但是，Cu-Ni 系烧结的速度反而减慢。因此决定二元合金烧结过程的快慢不是由能否形成固溶体来判断，而取决于组元互扩散的差别。如果偏扩散所造成的空位能溶解在晶格中，就能增大扩散原子的活性，促进烧结进行；相反，如空位聚集成微孔，反将阻碍烧结过程。

（5）烧结工艺条件（温度、时间、粉末粒度及预合金粉末的使用）的影响将在下一段说明。

b　无限互溶系

属于这类的有 Cu-Ni、Co-Ni、Cu-Au、W-Mo、Fe-Ni 等。对其中的 Cu-Ni 研究得最成熟，现讨论如下：

Cu-Ni 具有无限互溶的简单相图。用混合粉烧结（等温），在一定阶段发生体积增大现象，烧结收缩随时间的变化，主要取决于合金均匀化的程度。图 7-40 的烧结收缩曲线表明：纯 Cu 粉或纯 Ni 粉单独烧结时，收缩在很短时间内就完成；而它们的混合粉末烧结时，未合金化之前，也产生较大收缩，但是随着合金均匀化的进行，烧结反出现膨胀，而且膨胀与烧结时间的方根（$t^{1/2}$）成正比，使曲线直线上升，到合金化完成后才又转为水平。因为柯肯德尔效应符合这种关系，所以，膨胀是由偏扩散引起的。图 7-41 为 Cu-Ni 混合粉烧结收缩与合金化程度的关系曲线。

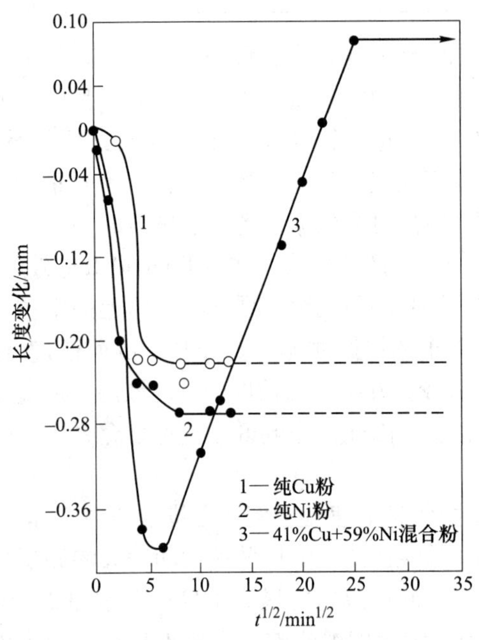

图 7-40　铜粉、镍粉及铜-镍混合粉烧结的收缩曲线（950℃）

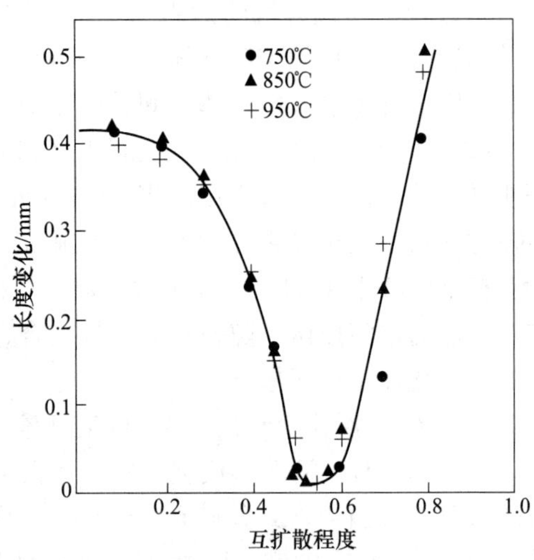

图 7-41　铜-镍混合粉烧结均匀化程度对试样长度变化的影响

可以采用磁性测量、X光衍射和显微光谱分析等方法来研究粉末烧结的合金化过程。图7-42是用X光衍射法测定的Cu-Ni烧结合金的衍射光强度分布图，分布越宽的曲线1表明合金成分越不均匀。根据衍射光强度与衍射角的关系，可以计算合金的浓度分布。许多人通过测定激活能数据（43.1~108.8kJ/mol）证明，Cu-Ni合金烧结的均匀化机构是以晶界扩散和表面扩散为主。Fe-Ni合金烧结也是表面扩散的作用大于体积扩散。随着烧结温度升高和进入烧结的后期，激活能升高；但是有偏扩散存在和出现大量扩散空位时，体积扩散的激活能也不可能太高。因此，均匀化也同烧结过程的物质迁移那样，也应该看作由几种扩散机构同时起作用。费歇尔鲁德曼（Rudman）和黑克儿（Heckel）等应用“同心球”模型（图7-43）研究形成单相固溶体的二元系粉末在固相烧结时的合金化过程。该模型假定A组元的颗粒为球形，被B组元的球壳所完全包围，而且无孔隙存在，这与密度极高的粉末压坯的烧结情况是接近的。用稳定扩散条件下的菲克第二定律进行理论计算所得到的结果与实验资料符合得比较好。按同心球模型计算并由扩散系数及其与温度的关系可以制成算图，借助图算法能方便地分析各种单相互溶合金系统的均匀化过程和求出均匀化所需的时间。

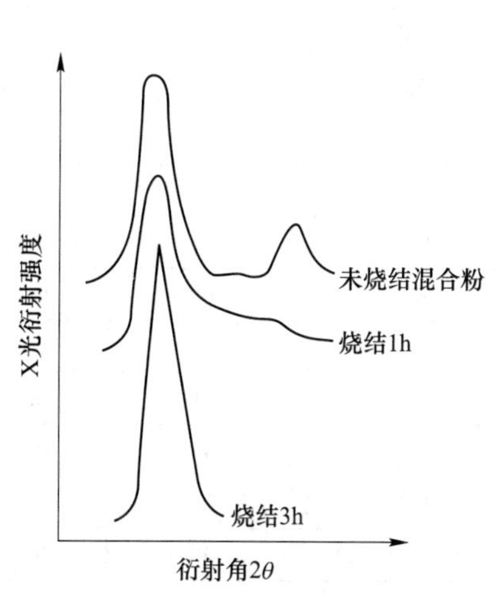

图7-42　80%Cu+20%Ni烧结合金试样的X光衍射轻度分布曲线（烧结温度950℃）

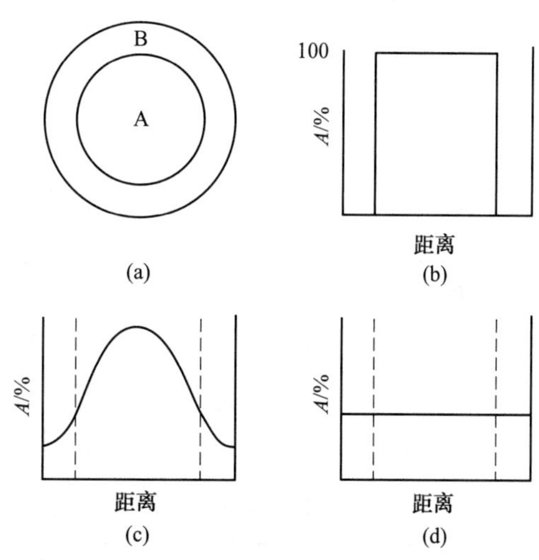

图7-43　烧结合金化模型

（a）同心球模型横断面；（b）$t=0$时浓度分布；（c）t时刻浓度分布；（d）$t=\infty$时浓度分布

描述合金化程度，可采用所谓均匀化程度因数：

$$F = m_t/m_\infty \tag{7-105}$$

式中，m_t为在时间t内，通过界面的物质迁移量；m_∞为当时间无限长时，通过界面的物质迁移量。

F值在0~1变化，$F=1$相当于完全均匀化。表7-7列举了Cu-Ni粉末烧结合金在不同工艺条件下测定的F值，从中可以看出影响Cu-Ni混合粉压坯的合金化过程的因素有：

（1）烧结温度。烧结温度是影响合金化最重要的因素。因为原子互扩散系数是随温度的升高而显著增大的，如表中数据表明，烧结温度由950℃升至1050℃，即提高10%，*F* 值提高20%~40%。

（2）烧结时间。在相同温度下，烧结时间越长，扩散越充分，合金化程度就越高，但时间的影响没有温度高。如表中数据表明，如 *F* 由0.5提高到1，时间需增加500倍。

（3）粉末粒度。合金化的速度随着粒度减小而增加。因为在其他条件相同时，减小粉末粒度意味着增加颗粒间的扩散界面并且缩短扩散路程，从而增加单位时间内扩散原子的数量。

（4）压坯密度。增大压制压力，将使粉末颗粒间接触面增大，扩散界面增大，加快合金化过程，但作用并不十分显著，如压力提高20倍，*F* 值仅增加40%。

（5）粉末原料。采用一定数量的预合金粉或复合粉同完全使用混合粉比较，达到相同的均匀化程度所需的时间将缩短，因为这时扩散路程缩短，并可减少要迁移的原子数量。

（6）杂质。如表7-7所示，Si、Mn等杂质阻碍合金化，因为存在于粉末表面或在烧结过程形成的MnO、SiO_2 杂质阻碍颗粒间的扩散进行。

表7-7　粉末和工艺条件对Cu-Ni混合粉在烧结时合金化的 *F* 值的影响

混合料粉末类型①	粉末粒度/目	单位压制压力/1000MPa	烧结温度/℃	烧结时间/h	*F* 值
Cu粉+Ni粉	-100+140	7.7	850	100	0.64
		7.7	950	1	0.29
		7.7	950	50	0.71
		7.7	1050	1	0.42
		7.7	1050	54	0.87
	-270+325	7.7	850	100	0.84
		7.7	950	1	0.57
		7.7	950	50	0.87
		7.7	1050	1	0.69
		7.7	1050	54	0.91
		0.39	950	1	0.41
Cu-Ni预合金粉②+Ni粉	-100+140	7.7	950	1	0.52
		7.7	950	50	0.71
Cu粉+Cu-Ni预合金粉③	-270+325	7.7	950	1	0.65
Cu粉+Cu-Ni预合金粉④	-270+325	7.7	950	1	0.80

①所有试样中Ni的平均浓度为52%；

②预合金粉成分为70%Cu+30%Ni；

③预合金粉成分为69%Ni+27Cu，其余为Si、Mn、Fe等杂质；

④以Ni包Cu的复合粉末，其成分为70%Ni+30%Cu。

烧结Cu-Ni合金的物理机械性能随烧结时间的变化如图7-44所示。烧结尺寸变化 ΔL 的曲线表明，烧结体的密度，比其他性能更早地趋于稳定；硬度在烧结一段时间内有所降低，以后又逐渐增高；强度、伸长率与电阻的变化可以延续很长的时间。

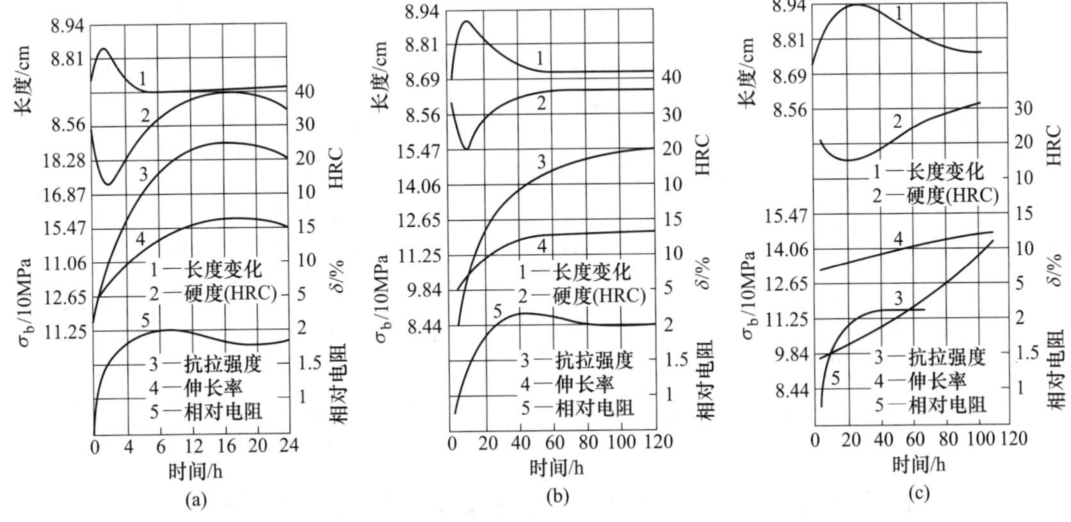

图 7-44 Cu-Ni（70-30）混合粉烧结体性能随时间的变化（980℃烧结）

（a）325 目；（b）250~325 目；（c）150~200 目

c 有限互溶系

有限互溶系的烧结合金有 Fe-C、Fe-Cu 等烧结钢，W-Ni、Ag-Ni 等合金，它们与 Cu-Ni 无限互溶合金不同，烧结后得到的是多相合金，其中有代表性的烧结钢。它是用铁粉与石墨粉混合，压制成零件，在烧结时，碳原子不断向铁粉中扩散，在高温中形成 Fe-C 有限固溶体（γ-Fe），冷却下来后，形成主要由 α-Fe 与 Fe_3C 两种相成分的多相合金，它比烧结纯铁有更高的硬度和强度。

碳在 γ-Fe 中有相当大的溶解度，扩散系数也比其他合金元素大，是烧结钢中使用得最广而又经济的合金元素。随冷却速度不同，将改变含碳 γ-Fe 的第二相（Fe_3C）在 α-Fe 中的形态和分布，因而得到不同的组织。通过烧结后的热处理还可进一步调整烧结钢的组织，以得到好的综合性能。同时，其他合金元素（Mo、Ni、Cu、Mn、Si）也影响碳在铁中的扩散速度、溶解度与分布，因此，同时添加碳和其他合金元素，可以获得性能更好的烧结合金钢。

下面对 Fe-C 混合粉末的烧结以及冷却后的组织与性能作概括性说明。

（1）Fe-C 混合粉末碳含量一般不超过 1%，故同纯铁粉的单元系一样，烧结时主要发生铁颗粒间的黏结和收缩。但随着碳在铁颗粒内溶解，两相区温度降低，烧结过程加快。

（2）碳在铁中通过扩散形成奥氏体，扩散得很快，10～20min 内就溶解完全（图 7-45）。石墨粉的粒度和粉末混合的均匀程度对这一过程的影响很大。当石墨粉完全溶解后，留下孔隙；由于 C 向 γ-Fe 中继续溶解，使铁晶体点阵常数增大，铁粉颗粒胀大，使石墨留下的孔隙缩小。当铁粉全部转变为奥氏体后，碳在其中的浓度分布仍不均匀，继续提高温度或延长烧结时间，发生 γ-Fe 的均匀化，晶粒明显长大。烧结温度决定了 α→γ 的相变进行得充分与否，温度低，烧结后将残留大量游离石墨，当低于 850℃时，甚至不发生碳向奥氏体的溶解，如图 7-46 所示。

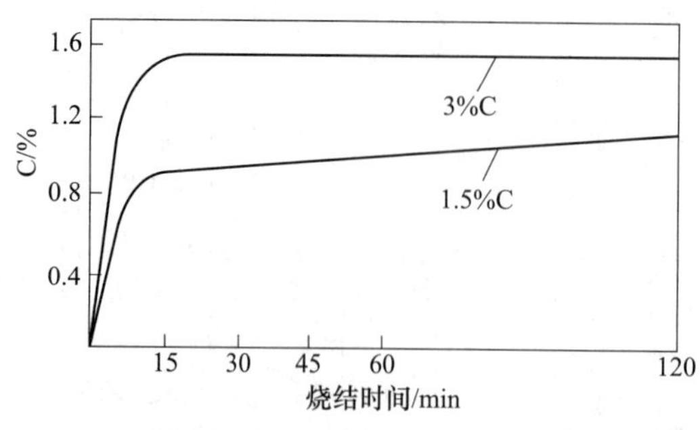

图 7-45 Fe-C 混合粉烧结钢中含碳量与烧结时间的关系（1050℃）

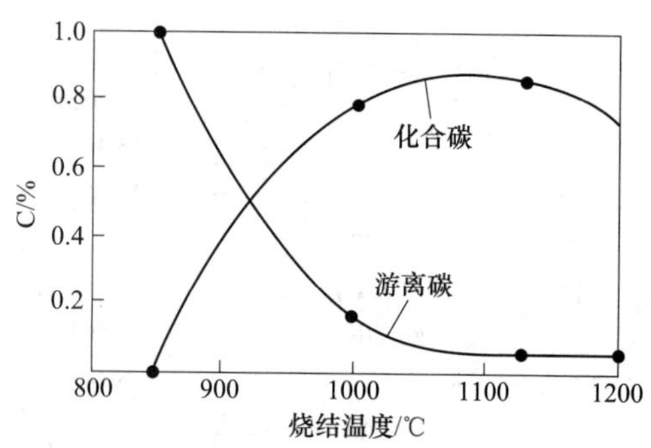

图 7-46 烧结温度对电解铁粉加 1%石墨粉烧结后化合碳与游离碳含量的影响

（3）烧结充分保温后冷却，奥氏体分解，形成以珠光体为主要组织组成物的多相结构。珠光体的数量和形态取决于冷却速度，冷却越快，珠光体弥散度越大，硬度与强度也越高。如果缓慢冷却，由于孔隙与残留石墨的作用，有可能加速石墨化过程。石墨化与两方面因素有关：由于基体中 Fe_3C 内的碳原子扩散而转化为石墨，铁原子由石墨形核并长大的地方离开，石墨的生长速度与分布形态将不取决于碳原子扩散，而取决于比较缓慢的铁原子扩散。所以在致密钢中，冷却阶段的石墨化是相当困难的；但在烧结钢中，由于在孔隙中石墨的生长与铁原子的扩散无关，因此石墨的生长加快。在烧结过共析钢中，为避免和消除二次网状渗碳体，一般可在 850~900℃保温一段时间后快冷，即采用相当于正火的工艺，这样靠近共析成分的过共析钢快冷可得到伪共析钢组织。对于高碳（>2%）的烧结铁碳合金，可添加微量硫（0.3%~0.6%）以控制过共析钢中化合碳的含量和二次网状 Fe_3C 的析出。

（4）烧结碳钢的机械性能与合金组织中化合碳的含量有关。一般说，当接近共析钢（约 0.8%）成分时，强度最高，而伸长率总是随碳含量提高而降低，详见图 7-47、图 7-48。但是，当化合碳含量继续增高，冷却后析出二次网状渗碳体，达到 1.1%化合碳时，渗碳体连成网络，使强度急剧降低。

B 互不溶系固相烧结

粉末烧结法能够制造熔铸法所不能得到的“假合金”，即组元间不互溶且无反应的合金。粉末固相烧结或液相烧结可以获得的假合金包括金属-金属、金属-非金属、金属氧化物、金属-化合物等，最典型的是电触头合金（Cu-W、Ag-W、Cu-C、Ag-CdO 等）。

a 烧结热力学

互不溶的两种粉末能否烧结取决于系统的热力学条件，而且同单元系或互溶多元系烧结一样，也与表面自由能的减小有关。皮涅斯认为，互不溶系的烧结服从不等式：

$$\gamma_{AB} < \gamma_A + \gamma_B \tag{7-106}$$

即 A-B 比界面能必须小于 A、B 单独存在的比表面能之和。如果 $\gamma_{AB}>\gamma_A+\gamma_B$ 虽然在 A-A、B-B 之间可以烧结，但在 A-B 之间却不能。在满足上式的前提下，如果 $\gamma_{AB}>|\gamma_A-\gamma_B|$，那么在两组元的颗粒间形成烧结颈的同时，它们可互相靠拢至某一临界值；如果 $\gamma_{AB}<$

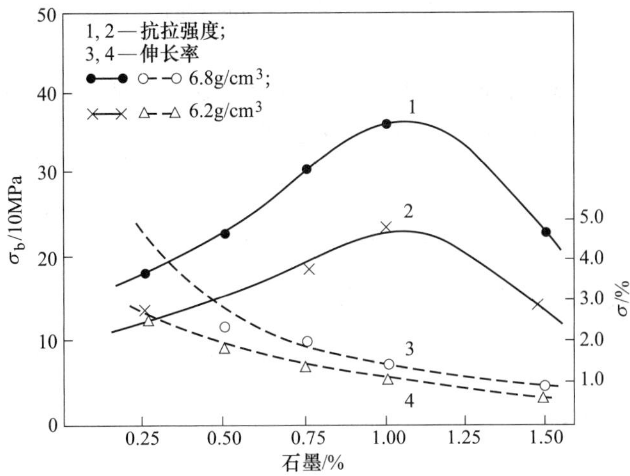

图 7-47 烧结 Fe-C 合金强度及伸长率与石墨添加量的关系（1125℃烧结 1h）

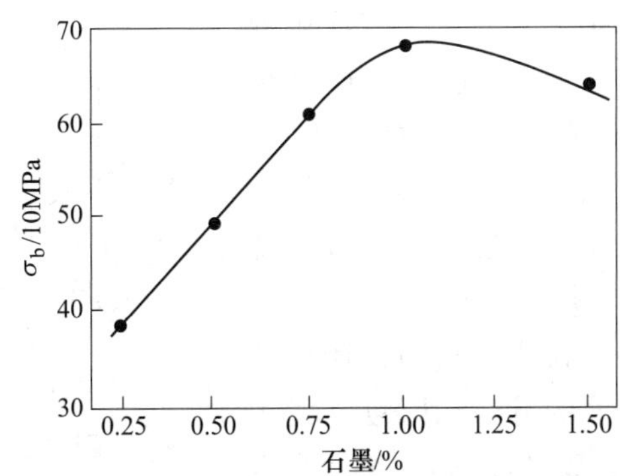

图 7-48 烧结 Fe-C 合金热处理后强度与石墨添加量的关系
（单位压制压力 9000MPa 于 1125℃烧结 1h；油淬）

$|\gamma_A-\gamma_B|$，则开始时通过表面扩散，比表面能低的组元覆盖在另一组元的颗粒表面，然后同单元系烧结一样，在类似复合粉末的颗粒间形成烧结颈。只要烧结时间足够长，充分烧结是可能的，这时得到的合金组织是一种成分均匀包裹在另一成分的颗粒表面。不论是上述情况中的哪一种，只有 γ_{AB} 越小，烧结的动力就越大。即使烧结不出现液相，但两种固相的界面能也将决定烧结过程。而液相烧结时，由于有湿润性问题存在，不同成分的液固界面能的作用就更显得重要。

b 性能-成分的关系

皮涅斯和古狄逊（Goodison）的研究表明，互不溶系固相烧结合金的性能与组元体积含量之间存在着二次方函数关系；烧结体系内，相同组元颗粒间的接触（A-A、B-B）同 A-B 接触的相对大小决定了系统的性质。若二组元的体积含量相等，而且颗粒大小与形状也相同，则均匀混合后按统计分布规律颗粒接触的机会是最多的，因而对烧结体性能的影响也最大。皮涅斯用下式表示烧结体的收缩值：

$$\left.\begin{aligned}\eta &= \eta c_{A}^{2} + \eta_{B} c_{B}^{2} + 2\eta_{AB} c_{A} c_{B} \\ c_{A} &+ c_{B} = 1\end{aligned}\right\} \tag{7-107}$$

式中，η_A、η_B 为组元在相同条件下单独烧结时的收缩值，分别为 c_A 与 c_B 平方的函数；η_{AB} 全部为 A-B 接触时的收缩值；c_A、c_B 为 A、B 的体积浓度。

如果：

$$\eta_{AB} = \frac{1}{2}(\eta_A + \eta_B) \tag{7-108}$$

则烧结体的总收缩服从线性关系；如果：

$$\eta_{AB} > \frac{1}{2}(\eta_A + \eta_B) \tag{7-109}$$

则为凹向下抛物线关系，这时混合粉末烧结的收缩大；而如果：

$$\eta_{AB} < \frac{1}{2}(\eta_A + \eta_B) \tag{7-110}$$

得到的是凹向上抛物线关系，这时烧结的收缩小。因此，满足式（7-108）条件的体系处于最理想的混合状态。式（7-107）所代表的二次函数关系也同样适用于烧结体的强度性能，这已被 Cu-W、Cu-Mo、Cu-Fe 等系的烧结实验所证实。这种关系，甚至可以推广到三元系。如果系统中 B 为非活性组元，不与 A 起任何反应，并且在烧结温度下本身几乎也不产生烧结，那么 η_B 和 η_{AB} 将等于零。这时当该组元的含量增加时，用性能变化曲线外延至孔隙率为零的方法求强度，发现强度值降低。图 7-49 为 Cu-W（或 Mo）系假合金的抗拉强度与成分、孔隙率的关系曲线。可以看到随着合金中非活性组元 W（或 Mo）的含量增加（从直线 1 至 4），强度值降低，并且孔隙度越低，强度降低的程度也越大。

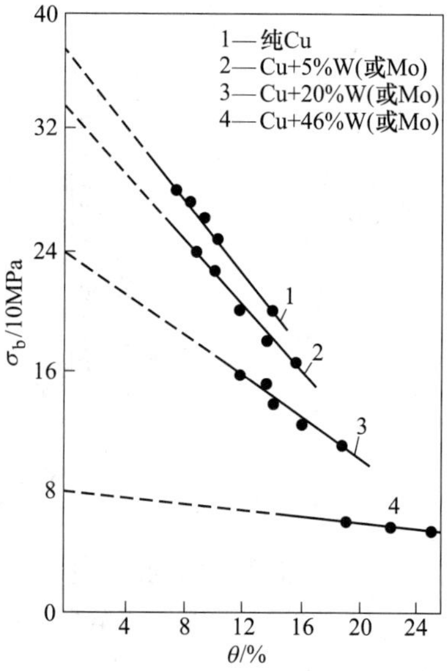

图 7-49　Cu-W(Mo) 合金抗拉强度与孔隙率的关系（含钨量均为体积分数%）

c　烧结过程的特点

互不溶系固相烧结几乎包括了用粉末冶金方法制造的一切典型的复合材料——基体强化（弥散强化或纤维强化）材料和利用组合效果的金属陶瓷材料（电触头合金、金属塑料）。它们是以熔点低、塑性（韧性）好，导热（电）性强而烧结性好的成分（纯金属或单相合金）为黏结相，同熔点和硬度高、高温性能好的成分（难熔金属或化合物）组成的一种机械混合物，因而兼有两种不同成分的性质，常常具有良好的综合性能。

互不溶系的烧结温度由黏结相的熔点决定。如果是固相烧结，温度要低于其熔点；如该组分的体积不超过 50%，也可采用液相烧结。例如 Ag-W40 可在低于 Ag 熔点的 860～880℃烧结，而 Cu-W80 的液相烧结（浸透）法。

复合材料及假合金通常要求在接近致密状态下使用，因此在固相烧结后，一般需要采用复压、热压、烧结锻造等补充致密化或热成形工艺，或采用烧结冷挤-烧结熔浸以及热等静压、热轧、热挤等复合工艺以进一步提高密度和性能。

当复合材料接近完全致密时，有许多性能同组分的体积含量之间存在线性关系，称为加和规律。图 7-50 清楚地表明了这种加和性，即在相当宽的成分范围内，物理与机械性能随组分含量的变化呈线性关系。根据加和规律可以由组分含量近似地确定合金的性能，或者由性能估计合金所需的组分含量。

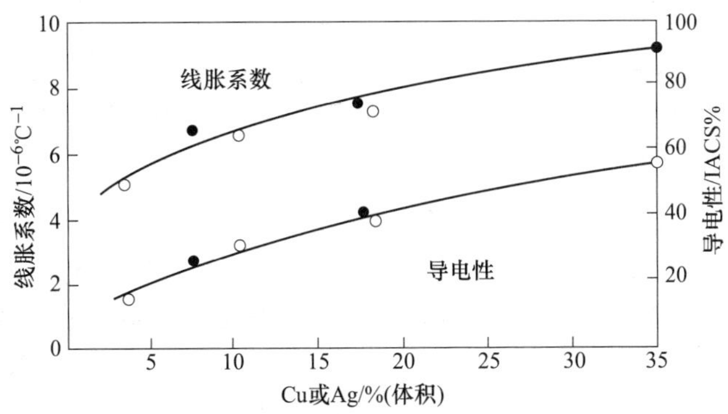

图 7-50　Ag-W、Cu-W 合金的性能与组分的关系

当难熔组分含量很高，粉末混合均匀有困难时，可采用复合粉或化学混料方法。制备复合粉的方法有共沉淀法、金属盐共还原法、置换法、电沉积法等，这些方法在制造电触头合金、硬质合金及高比重合金中已得到实际应用。

互不溶系内不同组分颗粒间的结合界面，对材料的烧结性以及强度影响很大。固相烧结时，颗粒表面上微量的其他物质生成的液相，或添加少量元素加速颗粒表面原子的扩散以及表面氧化膜对异类粉末的反应等都可能提高原子的活性和加速烧结过程。氧化物基金属陶瓷材料的烧结性能，因组分间有相互作用（润湿、溶解、化学反应）而得到改善。

有选择地加入所谓中间相（它与两种组分均起反应）可促进两相成分的相互作用。例如 Cr-Al_2O_3 高温材料，如有少量 Cr_2O_3 存在于颗粒表面可以降低 Cr 与 Al_2O_3 间的界面能，使烧结后强度提高。这需要控制在一定的气氛条件下使 Cr 粉表面产生轻微的氧化，获得极薄的氧化膜。在 Al_2O_3 内添加少量不溶的 MgO 对烧结后期的致密化也明显起促进作用，据认为这是 MgO 分散在 Al_2O_3 的晶界面上，阻止 Al_2O_3 晶粒长大的后果。实际上，不溶组分间都有互相妨碍再结晶和晶粒长大的作用，特别是许多靠弥散相质点强化的合金或复合材料，弥散相的大小和分布状态对材料高温性能的影响较显著。为了改善氧化物弥散质点的分布和细度，可采用粉末内氧化或合金内氧化方法，再辅以后续的热成形进一步提高氧化物的弥散度和材料的密度。

7.3.2　液相烧结

粉末压坯仅通过固相烧结难以获得很高的密度，如果在烧结温度下，低熔组元熔化或形成低熔共晶物，那么由液相引起的物质迁移比固相扩散快，而且最终液相将填满烧结体内的孔隙，因此可获得密度高、性能好的烧结产品。液相烧结的应用极为广泛，如制造各种烧结合金零件、电触头材料、硬质合金及金属陶瓷材料等。液相烧结可得到具有多相组织的合金或复合材料，即由烧结过程中一直保持固相的难熔组分的颗粒和提供液相（一般体积占 13%~35%）的黏结相所构成。固相在液相中不溶解或溶解度很小时，称为互不溶系液相烧结，如假合金氧化物金属陶瓷材料另一类是固相在液相有一定溶解度，如 Cu-Pb、W-Cu-Ni、WC-Co、TiC-Ni 等，但烧结过程仍自始至终有液相存在。特殊情况下，通过液相烧结也可获得单相合金，这时，液相量有限，又大量溶解于固相形成固溶体或化合物，因而烧结保温的后期液相消失，如 Fe-Cu（Cu<8%）、Fe-Ni-Al、Ag-Ni、Cu-Sn 等合金，称瞬时液相烧结。

7.3.2.1 液相烧结的条件

液相烧结能否顺利完成（致密化进行彻底），取决于同液相性质有关的三个基本条件。

A 润湿性

液相对固相颗粒的表面润湿性好是液相烧结的重要条件之一，对致密化、合金组织与性能的影响极大。润湿性由固相、液相的表面张力（比表面能）γ_S、γ_L 以及两相的界面张力（界面能）γ_{SL}所决定。如图 7-51 所示：当液相润湿固相时，在接触点用杨氏方程表示平衡的热力学条件为：

$$\gamma_S = \gamma_{SL} + \gamma_L\cos\theta \tag{7-111}$$

式中，θ 为湿润角或接触角。

完全湿润时，$\theta=0°$，式（7-111）变为 $\gamma_S=\gamma_{SL}+\gamma_L$；完全不润湿时，$\theta>90°$，则 $\gamma_{SL}\geqslant\gamma_L+\gamma_S$。图 7-51 表示介于前两者之间部分润湿的状态，$0°<\theta<90°$。

液相烧结需满足的润湿条件就是润湿角 $\theta<90°$；如果 $\theta>90°$，烧结开始时液相即使生成：也会很快跑出烧结体外，称为渗出。这样，烧结合金中的低熔组分将大部分损失掉，使烧结致密化过程不能顺利完成。液相只有具备完全或部分润湿的条件，才能渗入颗粒的微孔和裂隙甚至晶粒间界，形成如图 7-52 所示的状态。此时，固相界面张力 γ_{SS}取决于液相对固相的润湿。平衡时，$\gamma_{SS}=2\gamma_{SL}\cos(\psi/2)$，$\psi$ 称二面角。可见，二面角越小时，液相渗进固相界面越深。当表示液相将固相界面完全隔离，液相完全包裹固相。

如果 $\gamma_{SL}>1/2\gamma_{SS}$，则 $\psi>0°$；如果 $\gamma_{SL}=\gamma_{SS}$，则 $\psi=120°$，这时液相不能浸入固相界面，只产生固相颗粒间的烧结。实际上，只有液相与固相的界面张力 γ_{SL}越小，也就是液相润湿固相越好时，二面角才越小，才越容易烧结。

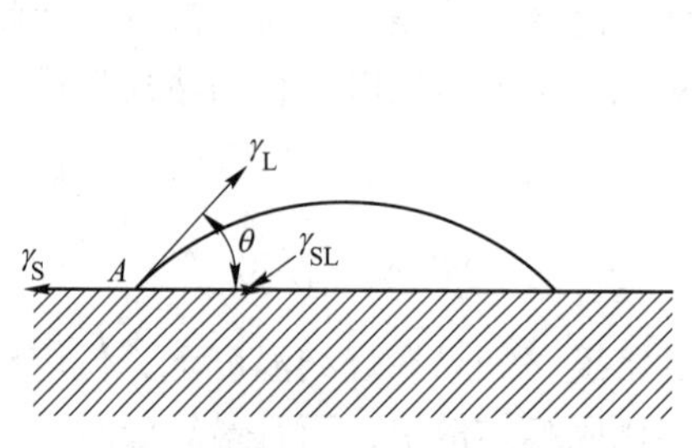

图 7-51 液相润湿固相平衡图

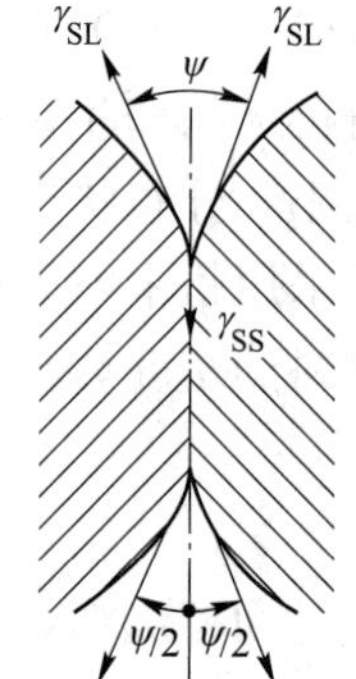

图 7-52 与液相接触的二面角形成

影响润湿性的因素是复杂的。根据热力学的分析，润湿过程是由黏着功决定的，可由下式表示：

$$W_{SL} = \gamma_S + \gamma_L - \gamma_{SL} \tag{7-112}$$

将式（7-111）代入上式得到：

$$W_{SL} = \gamma_L(1 + \cos\theta) \tag{7-113}$$

说明，只有当固相与液相表面能之和（$\gamma_S+\gamma_L$）大于固液界面能（γ_{SL}）时，也就是黏着功 $W_{SL}>0$ 时，液相才能润湿固相表面。所以，减小 γ_{SL} 或减小 γ_{SL} 将使 W_{SL} 增大，这对润湿有利。往液相内加入表面活性物质或改变温度可影响 γ_{SL} 的大小。但固、液本身的表面能 γ_S 和 γ_L 不能直接影响因为它们的变化也引起 γ_{SL} 改变。所以增大 γ_S 并不能改善润湿性实验也证明，随着 γ_S 增大，γ_{SL} 和 θ 也同时增大。

a　温度与时间的影响

升高温度或延长液固接触时间均能减小 θ 角，但时间的作用是有限的。基于界面化学反应的润湿热力学理论，升高温度有利于界面反应，从而改善润湿性。金属对氧化物润湿时，界面反应是吸热的，升高温度对系统自由能降低有利，故 γ_{SL} 降低，而温度对 γ_S 和 γ_L 的影响却不大。在金属金属体系内，温度升高也能降低润湿角（图 7-53）根据这一理论，延长时间有利于通过界面反应建立平衡。

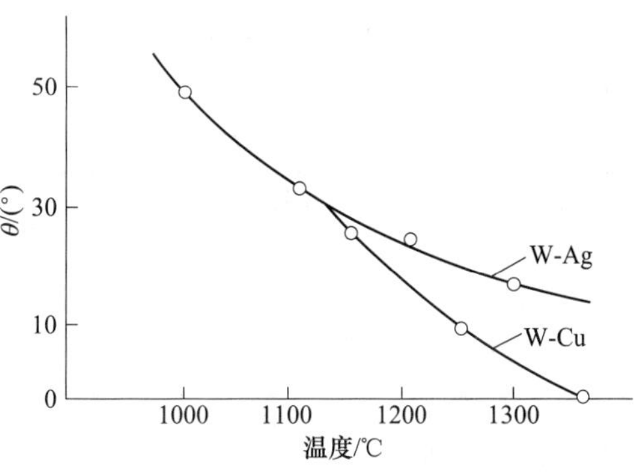

图 7-53　润湿角与温度的关系

b　表面活性物质的影响

铜中添加镍能改善对许多金属或化合物的润湿性，表 7-8 是对 ZrC 润湿性的影响。另外，镍中加少量钼可使它对 TiC 的润湿角由 30°降至 0°，二面角由 45°降至 0°。表面活性元素的作用并不表现为降低 γ_L，只有减小 γ_{SL} 才能使润湿性改善。举 Al_2O_3-Ni 材料为例，在 1850℃时，Ni 对 Al_2O_3 的界面能 $\gamma_{SL}=1.86\times10^{-4}$ J/cm^2；于 1475℃在 Ni 中再加入 0.87% Ti 时，$\gamma_{SL}=9.3\times10^{-5}$ J/cm^2。如果温度再升高，γ_{SL} 还会更低。

表 7-8　铜中含镍量对 ZrC 润湿性的影响

Cu 中含 Ni/%	θ/(°)
0	135
0.01	96
0.05	70
0.1	63
0.25	54

c　粉末表面状态的影响

粉末表面吸附气体、杂质或有氧化膜、油污存在，均将降低液体对粉末的润湿性。固相表面吸附了其他物质后，表面能 γ_S 总是低于真空时的，因为吸附本身就降低了表面自由能。两者的差（$\gamma_0-\gamma_S$）称为吸附膜的铺展压，用 π 表示（图 7-54）。因此，考虑固相表面存在吸附膜的影响后，式（7-111）就变成：

$$\cos\theta = [(\gamma_0 - \pi) - \gamma_{SL}]/\gamma_L \tag{7-114}$$

因 π 与 γ_0方向相反，其趋势将是使已铺展的液体推回，液滴收缩，θ 角增大。粉末烧结前用干氢还原，除去水分和还原表面氧化膜，可以改善液相烧结的效果。

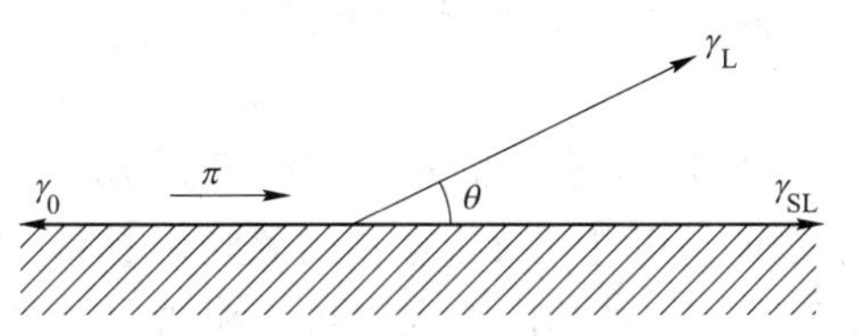

图 7-54 吸附膜对润湿的影响

d 气氛的影响

表 7-9 列举了铁族金属对某些氧化物和碳化物的润湿角的数据。可见，气氛会影响 θ 的大小，原因不完全清楚，可以从粉末的表面状态因气氛不同而变化来考虑。多数情况下，粉末有氧化膜存在，氢和真空对消除氧化膜有利，故可改善润湿性；但是，无氧化膜存在时，真空不一定比惰性气氛对润湿性更有利。

表 7-9 液体金属对某些化合物的润湿性

固体表面	液态金属	温度/℃	气氛	润湿角 θ/(°)
Al_2O_3	Co	1500	H_2	125
	Ni	1500	H_2	133
	Ni	1500	真空	128
Cr_3C_2	Ni	1500	Ar	0
TiC	Ag	980	真空	108
	Ni	1450	H_2	17
	Ni	1450	He	32
	Ni	1450	真空	30
	Co	1500	H_2	36
	Co	1500	He	39
	Co	1500	真空	5
	Fe	1550	H_2	49
	Fe	1550	Hb	36
	Fe	1550	真空	41
	Cu	1100~1300	真空	108~70
	Cu	1100	Ar	30~20
WC	Co	1500	H_2	0
	Co	1420		约 0
	Ni	1500	真空	约 0
	Ni	1380		约 0
	Cu	1200	真空	20
NbC	Co	1420		14
	Ni	1380		18
TaC	Fe	1490		23
	Co	1420		14

续表 7-9

固体表面	液态金属	温度/℃	气氛	润湿角 θ/(°)
TaC	Ni	1380		16
WC/TiC(30∶70)	Ni	1500	真空	21
WC/TiC(22∶78)	Co	1420		21
WC/TiC(50∶50)	Co	1420	真空	24.5

B 溶解度

固相在液相中有一定溶解度是液相烧结的又一条件，因为：(1) 固相有限溶解于液相可改善润湿性；(2) 固相溶于液相后，液相数量相对增加；(3) 固相溶于液相，可借助液相进行物质迁移；(4) 溶在液相中的组分，冷却如能再析出，可填补固相颗粒表面的缺陷和颗粒间隙，从而增大固相颗粒分布的均匀性。

但是，溶解度过大会使液相数量太多，也对烧结过程不利。例如形成无限互溶固溶体的合金，液相烧结因烧结体解体而根本无法进行。另外，如果固相溶解对液相冷却后的性能有不好影响（如变脆）时，也不宜于采用液相烧结。

C 液相数量

液相烧结应以液相填满固相颗粒的间隙为限度。烧结开始，颗粒间孔隙较多，经过一段液相烧结后，颗粒重新排列并且有一部分小颗粒溶解，使孔隙被增加的液相所填充，孔隙相对减小。一般认为，液相量以不超过烧结体体积的35%为宜。超过时不能保证产品的形状和尺寸；过少时烧结体内将残留一部分不被液相填充的小孔，而且固相颗粒也将因直接接触而过分烧结长大。

7.3.2.2 液相烧结过程

液相烧结是一种不施加外压仍能使粉末压坯达到完全致密的烧结，是最具吸引力的强化烧结。液相烧结的动力是液相表面张力和固-液界面张力。为了更好地认识众多材料液相烧结过程的基本特点和规律，人们往往把液相烧结划分成三个界线不十分明显的阶段，如图 7-55 所示，基体粉末和熔点较低的添加剂（或称第二相粉末）组成了液相烧结的元素粉末混合系统。

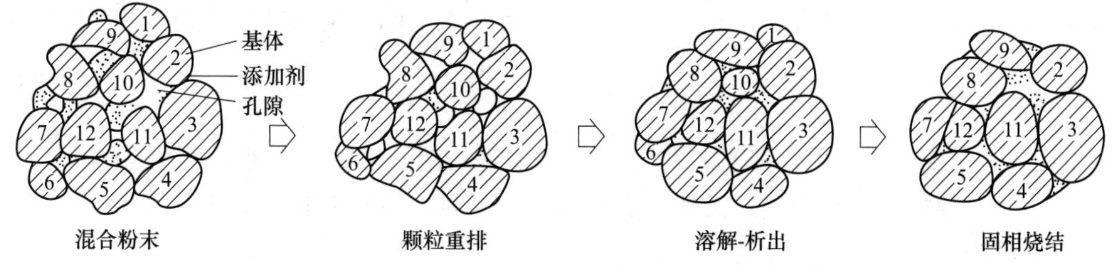

图 7-55 多相粉末液相烧结典型三阶段示意图

A 液相流动与颗粒重排阶段

固相烧结时，不能发生颗粒的相对移动，但在有液相存在时，颗粒在液相内近似悬浮状态，受液相表面张力的推动发生相对位移，因而液相对固相颗粒润湿和有足够的液相存在是颗粒移动的重要前提。颗粒间孔隙中形成的毛细管力以及液相本身的黏性流动，使颗粒调整位置、重新分布，以达到最紧密的排布。在这个阶段中烧结体密度迅速增大。

液相受毛细管力驱使流动，使颗粒重新排列以获得最紧密的堆砌和最小的孔隙总表面积。因为液相润湿固相并渗进颗粒间隙必须满足 $\gamma_S > \gamma_L > \gamma_{SS} > 2\gamma_{SL}$ 的热力学条件，所以固-气界面逐渐消失，液相完全包围固相颗粒，这时在液相内仍留下大大小小的气孔。由于液相作用在气孔上的应力 $\sigma = -2\gamma_L/r$（r 为气孔半径）随孔径大小而异，故作用在大小气孔上的压力差将驱使液相在这些气孔之间流动，这称为液相黏性流动。另外，如图 7-56 所示，渗进颗粒间隙的液相由于毛细管张力 γ/ρ 而产生使颗粒相互靠拢的分力（如箭头所示）。由于固相颗粒在大小和表面形状上的差异，毛细管内液相凹面的曲率半径 ρ 不相同，所以作用于每一颗粒及各方向上的毛细管力及其分力不相等，使得颗粒在液相内漂动，颗粒重排得以顺利完成。基于以上两种机构，颗粒重排和气孔收缩的过程进行得很迅速，致密化很快完成。但是，由于颗粒靠拢到一定程度后形成搭桥，对液相黏性流动的阻力增大，因此颗粒重排阶段不可能达到完全致密，还需通过下面两个过程才能达到完全致密化。

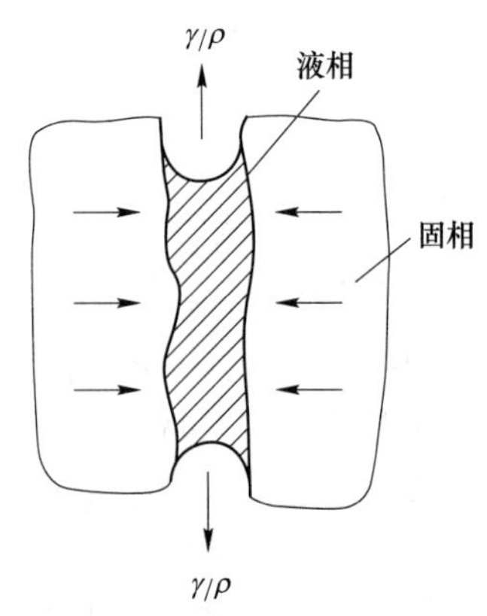

图 7-56 液相烧结颗粒靠拢机构

B 固相溶解和析出阶段

固相颗粒表面的原子逐渐溶解于液相，溶解度随温度和颗粒的形状、大小改变。液相对于小颗粒有较大的饱和溶解度，小颗粒先溶解，颗粒表面的棱角和凸起部位（具有较大曲率）也优先溶解，因此，小颗粒趋向减小，颗粒表面平整光滑。相反，大颗粒的饱和溶解度降低，使液相中一部分饱和的原子在大颗粒表面析出，使大颗粒趋于长大。这就是固相溶解和析出，即通过液相的物质迁移过程，与第一阶段相比，致密化速度减慢因颗粒大小不同、表面形状不规整、各部位的曲率不同而造成饱和溶解度不相等引起颗粒之间或颗粒不同部位之间的物质通过液相迁移时，小颗粒或颗粒表面曲率大的部位溶解较多，相反地，溶解物质又在大颗粒表面或具有负曲率的部位析出。同饱和蒸气压的计算一样，具有曲率半径为 r 的颗粒，它的饱和溶解度与平面（$r=\infty$）上的平衡浓度之差为：

$$\Delta L = L_r - L_\infty = \frac{2\gamma_{SL}\delta^3}{kT}\frac{1}{r}L_\infty \tag{7-115}$$

即 ΔL 与 r 成反比，因而小颗粒先于大颗粒溶解。溶解和析出过程使得颗粒外形逐渐趋于球形，小颗粒减小或消失，大颗粒更加长大。同时，颗粒依靠形状适应而达到更紧密堆积，促进烧结体收缩。

在这一阶段，致密化过程已明显减慢，因为这时气孔已基本消失，而颗粒间距离进一步缩小，使液相流进孔隙变得更加困难。

C 固相烧结阶段

经过前面两个阶段，颗粒之间靠拢，在颗粒接触表面同时产生固相烧结，使颗粒彼此黏合，形成坚固的固相骨架。这时，剩余液相填充于骨架的间隙。这阶段以固相烧结为主，致密化已显著减慢。当液相不完全润湿固相或液相数量相对较少时，这阶段表现得非常明显，结果是大量颗粒直接接触，不被液相所包裹。这阶段满足 $\gamma_{SS}/2 < \gamma_{SL}$ 或二面角 $\psi > 0°$ 的条件。固相骨架形成后的烧结过程与固相烧结相似。

7.3.2.3 熔浸

将粉末压坯与液体金属接触或浸在液体金属内，让压坯内的孔隙为金属液体所填充，冷却下来就得到致密材料或零件，这种工艺称为熔浸。在粉末冶金零件生产中，熔浸可看成是一种烧结后处理，而当熔浸与烧结合为一道工序完成时，又称为熔浸烧结。熔浸主要应用于生产电接触材料、机械零件以及金属陶瓷材料和复合材料。在能够进行熔浸的二元系统中，高熔点相的骨架可以被低熔点金属熔浸。在工业上已经使用的熔浸系统是十分有限的，特别的例子有 W 和 Mo 被 Cu 和 Ag 熔浸，以及 Fe 被 Cu 熔浸。但是在这些有限的系统中熔浸制品的产量还是很大的，所以熔浸是粉末冶金中一项很重要的工艺技术。

熔浸过程依靠外部金属液浸湿粉末多孔体，在毛细管力作用下，液体金属沿着颗粒间孔隙或颗粒内空隙流动，直到完全填充孔隙为止。因此，从本质上来说，熔浸是液相烧结的一种特殊情况。所不同的只是致密化主要靠易熔成分从外面去填满孔隙，而不是靠压坯本身的收缩，因此熔浸的零件基本上不产生收缩，烧结所需时间也短。

熔浸所必须具备的基本条件是：(1) 骨架材料与熔浸金属的熔点相差较大，不致造成零件变形。(2) 熔浸金属应能很好地润湿骨架材料，同液相烧结一样，应满足 $\gamma_S - \gamma_L > 0$ 或 $\gamma_L\cos\theta > 0$ 的条件，由于 γ_L 总是>0，故 $\cos\theta>0$，即 $\theta<90°$。(3) 骨架与熔浸金属之间不互溶或溶解度不大，因为如果反应生成熔点高的化合物或固溶体，液相将消失。(4) 熔浸金属的量应以填满孔隙为限度，过少或过多均不利。

熔浸理论研究内容之一是计算熔浸速率。莱因斯和塞拉克详细推导了金属液的毛细管上升高度与时间的关系。假定毛细管是平的，则一根毛细管内液体的上升速率可代表整个坯块的熔浸速率，对于直毛细管有：

$$h = \left(\frac{R_c\gamma\cos\theta}{2\eta}t\right)^{1/2} \tag{7-116}$$

式中，h 为液柱上升高度；R_c 为毛细管半径；θ 为润角；η 为液体黏度；t 为熔浸时间。由于压坯的毛细管实际上是弯曲的，故必须对上式进行修正。如假定毛细管是半圆形的链状，对于高度为 h 的坯块，平均毛细管长度就是 $\pi h/2$，因此金属液上升的动力学方程为：

$$h = \frac{2}{\pi}\left(\frac{R_c\gamma\cos\theta}{2\eta}t\right)^{1/2} \tag{7-117}$$

或：

$$h = Kt^{1/2} \tag{7-118}$$

上式表示：液柱上升高度与熔浸时间呈抛物线关系（$h \propto t^{1/2}$）。但要指出，式中 R_c 是毛细管的有效半径，并不代表孔隙的实际大小，最理想的是用颗粒表面间的平均自由长度的 1/4 作为 R_c。

熔浸液柱上升的最大高度按下式计算：

$$h_\infty = 2\gamma\cos\theta/(R_c\rho g) \tag{7-119}$$

式中，ρ 为液体金属密度；g 为重力加速度。

在考虑了坯块总孔隙度及透过率（代表连通孔隙率的多少）以后，渡边优尚提出了熔浸动力学方程为：

$$V = KS\phi^{1/4}\theta_r^{3/4}(\gamma\cos\theta/\eta)^{1/2}t^{1/2} \tag{7-120}$$

式中，V 为熔浸金属液的体积，cm^3；S 为熔浸断面积，cm^2；ϕ 为骨架透过率，cm^2；θ_r 为骨架孔隙度；γ 为金属液表面张力，N/cm；K 为系数。

因为式（7-120）中 $V/S = h$（坯块高度），故与式（7-117）形式基本一样，只是考虑了孔隙度对熔浸过程有很大影响。温度的影响，要看 $\gamma\cos\theta/\eta$ 项是如何变化的。

熔浸如图 7-57 所示有三种工艺。最简单的是接触法（图 7-57（c）），即把金属压坯或碎块放在被浸零件的上面或下面送入高温炉。这时可根据压坯孔隙度计算熔浸金属量。在真空或熔浸件一端形成负压的条件下，可减小孔隙气体对金属液流动的阻力，提高熔浸质量。

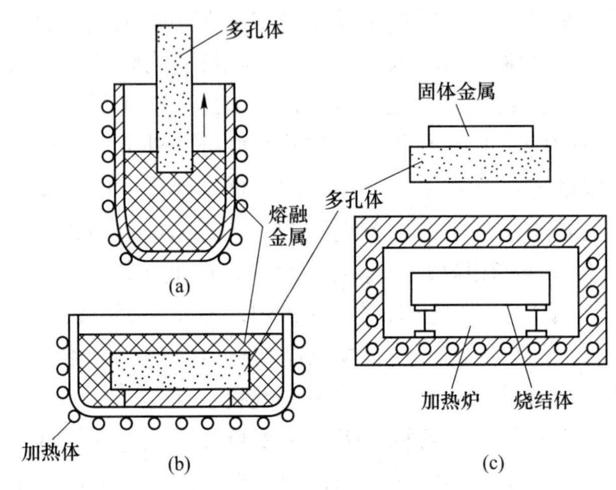

图 7-57 熔浸方式

（a）部分熔浸法；（b）全部熔浸法；（c）接触法

7.3.3 活化烧结

采用化学和物理的措施，使烧结温度降低，烧结过程加快，或使烧结体的密度和其他性能得到提高的方法称为活化烧结。活化烧结从方法上可分为两种基本类型：一是靠外界因素活化烧结过程，包括在气氛中添加活化剂、向烧结填料添加强还原剂（如氢化物）、周期性地改变烧结温度、施加外应力等；二是提高粉末的活性，使烧结过程活化。具体的操作方法有；（1）将坯体适当的预氧化；（2）在坯体中添加适量的合金元素；（3）在烧结气氛或填料中添加适量的水分或少量的氯、溴、碘等气体（通常用其化合物蒸气）；（4）附加适当的压力、机械或电磁振动、超声辐射等。活化烧结所使用的附加方法一般成本不高，但效果显著。活化烧结因烧结对象不同而异，多靠数据积累，实践经验总结，尚无系统理论，继续探索和利用活化烧结技术，对粉末冶金烧结具有十分重要的意义。

7.3.3.1 预氧化烧结

预氧化烧结是活化烧结中最简单的方法，应用的是氧化-还原反应对烧结的促进作用。

烧结中，还原一定量的氧化物对金属的烧结具有良好的作用。少量氧化物能产生活化作用的原因在于烧结过程中表面氧化物薄膜被还原，因而在颗粒表面层内会出现大量的活化因子，从而可以明显地降低烧结时原子迁移的活化能，促进烧结。

为了进行氧化还原反应，必须创造一定的烧结条件，以使平衡反应交替地向氧化方向和还原方向进行。具体可以通过人为改变烧结气氛，使烧结气氛交替地具有氧化和还原的特点来实现。在烧结气氛中存在水汽，可以使孔隙收缩过程加快。这是由于在温度不变的情况下，过饱和水蒸气所引起的反复多次的氧化-还原反应的结果。

很多情况下湿氢对孔隙收缩有一些强化作用，如利用湿氢烧结轧制的钼片坯，在1100℃烧结1h，再在1700℃烧结2~3h后，就可以得到密度很高的产品。这种情况可能是与 MoO_3 在高温时的挥发有关，不过仍需进一步研究。

若粉末中有烧结时很难还原的氧化物，则在烧结过程中只有当氧化物薄膜溶于金属中或升华、聚结，破坏了使颗粒间彼此隔离的氧化物薄膜后，烧结才有可能进行下面给出一个采用预氧化烧结制备高密度钨合金的例子，具体的工艺如下：

选取平均粒度为2.0μm的W粉末，小于48μm的基Ni粉末和小于74μm的基Fe粉末，纯度大于99%，按照90W-7Ni-3Fe制成合金。开始先按49%Ni、21%Fe以及30%的W粉末混合球磨8h后，再加入余量的W粉球磨至22h，球料比为4：1，停机后在真空中干燥。利用冷等静压成形得到7mm×60mm的试样棒。

将试样棒埋在 Al_2O_3 粉中，置于空气烧结炉中加热至450℃，经过30min的保温预氧化后，再经不同温度在氨分解的气氛（低于-20℃的露点）中烧结，最后以50℃/min的速率冷却到室温。为进一步提高力学性能，将烧结制品在真空炉中于1250℃、2×10^{-4}Pa条件下进行除气处理3h。实验结果证实，高密度钨合金采用预氧化活化烧结，可以降低烧结温度，减少合金变形，得到致密的钨合金，同时可以提高钨合金的抗拉强度和伸长率。其实验数据列于表7-10。

表7-10　预氧化烧结和直接烧结得到的钨合金性能对比

烧结条件	烧结制度		密度 /g·cm^{-3}	抗拉强度 σ/MPa	伸长率 δ/%
	温度/℃	时间/min			
预氧化+高温烧结	1440	60	17.07	894.7	12.3
	1460	60	17.09	917.4	24.9
	1460	90	17.09	924.3	27.4
	1490	60	17.08	940.5	11.4
	1520	60	17.05	864.4	6.5
直接烧结	1440	60	16.15	312.4	0.4
	1460	60	16.74	607.5	2.3
	1490	60	17.07	884.3	11.6
	1490	90	17.07	911.2	21.7
	1520	60	17.06	910.7	19.6

7.3.3.2　添加少量合金元素

对于某些金属，加入少量的合金元素（掺杂）可以促进烧结体的致密化，最高可使致密化的速率比未进行掺杂的压坯快 100 多倍，这是活化烧结现象之一，已经在钨、钼、钽、铌和铼等难熔金属中观察到。下面以钨粉中掺杂 Ni 的烧结来说明合金元素掺杂对烧结的促进作用。

Agte 在 1953 年发现 0.5%~2%Ni 能使得钨粉烧结活化；Vacek 在 1959 年添加少量 Fe、Co、Ni 在 1000~1300℃进行钨粉活化烧结；在 1961—1963 年，Brophy 等进而研究了 W-Ni 活化烧结的动力学，以及其他 Ⅷ 族过渡金属对钨的活化烧结效果，结果如图 7-58 所示。

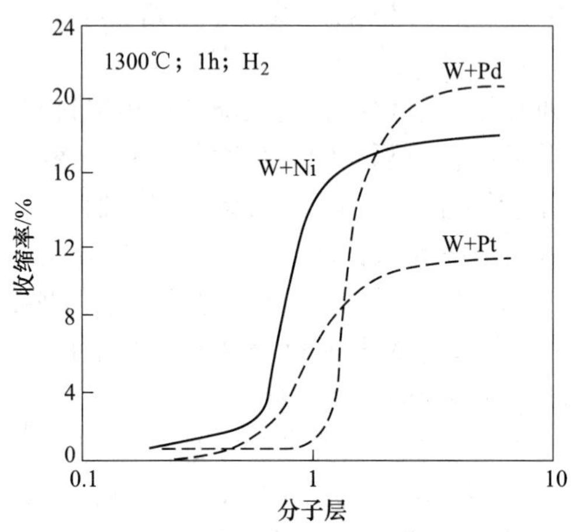

图 7-58　0.6μm 钨粉采用不同活化剂烧结后收缩率比较

在对加入少量镍的钨粉压坯烧结所进行的研究中，镍通常是以镍盐的溶液形式加入的，而后被还原成金属，使得钨粉颗粒表面覆盖一层几个原子层厚的镍。4~10 个原子层厚似乎可显示出最佳的活化效果。Gessinger 和 Fishmeiste 曾经用粒度为 0.5μm 的钨粉进行实验，对比了未加镍和添加 0.5%Ni 的情况，结果发现镍添加剂对烧结速率的强烈影响是十分明显的，这种活化作用可以用镍在钨粉颗粒表面发生扩散，并且聚集在颗粒间的颈部来解释，具体模型如图 7-59 所示。

镍通过颈部可以穿透钨粉颗粒间的晶界，钨中的晶界自扩散由于镍在晶界上出现而显著地增强。钨原子依靠晶界扩散而通过晶界的迁移速率以及在钨粉颗粒颈部的沉淀速率也由于钨中掺杂了镍而比未掺杂时要快得多，因而大大加速了致密化过程。图 7-60 为镍添加量对钨粉压坯烧结密度的影响。在平均粒度为 0.56μm 的超细钨粉中加入 0.1%~0.25% 的 Ni，经过 1300℃、16h 烧结后，密度能达到理论密度的 98%（18.78g/cm^3）。除了用镍掺杂外，钨粉的烧结还可以添加 Ni-P 合金。将钨粉与 $NiCl_2 \cdot 6H_2O$ 和次亚磷酸钠（NaH_2PO_2）的混合液以 0℃温度搅均匀，反应后钨颗粒表面就包覆一层镍-磷合金，这种粉末经真空干燥后压制成形并烧结。烧结过程中，磷大部分挥发，镍残留下来。当镍含量为 0.12%、磷含量为 0.02%时，以 1000℃烧结 0.5h，密度可达 18.85g/cm^3，即理论密度的 97.7%；烧结 1h 后可达到 19.05%，即理论密度的 98.6%。

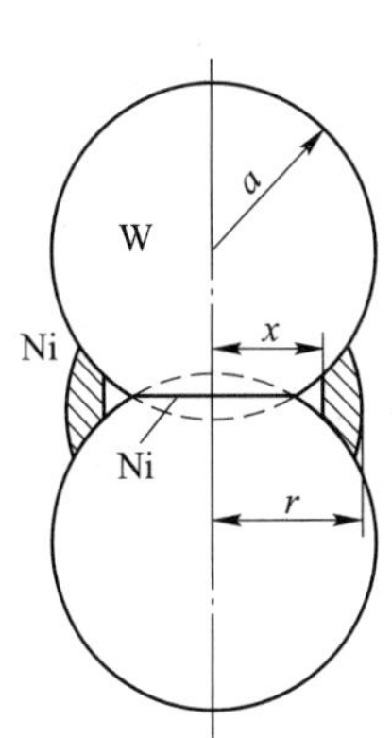

图 7-59 掺杂钨烧结过程的几何模型

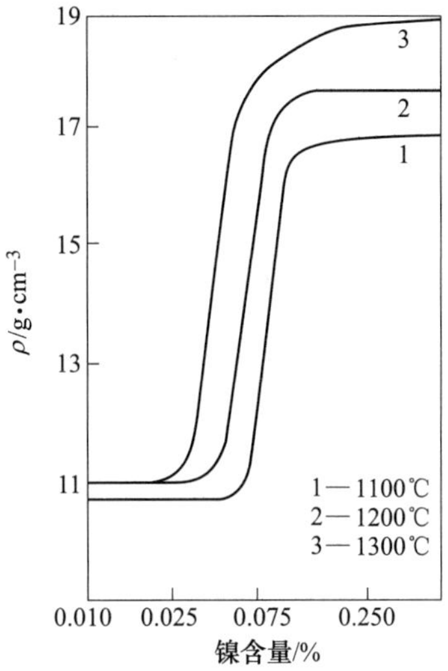

图 7-60 添加镍对钨粉压坯烧结密度影响

对于添加合金元素的活化机理，存在不同的看法，但大都认为体积扩散是主要的。当颗粒表面覆盖一层扩散系数较大的其他金属薄膜时，由于金属原子主要是由薄膜扩散到颗粒内部，因而在颗粒表面形成了大量的空位和微孔，其结果有助于扩散、黏性流动等物质迁移过程的进行，从而加快了烧结过程。

掺杂元素产生的效果会因烧结对象的不同而异，具体掺杂元素的选择以及加入量的确定需要经过多次实验摸索与数据积累。如研究磷的掺杂对 WC-10Co 合金的烧结性能的影响，结果表明仅仅添加 0.3%P（质量分数）就可以在 1250℃烧成 WC-10Co 合金，这比不添加 P 时烧结降低了 70%，并且有更高的致密度。Bi-Mo 复合掺杂对 MgCuZn 铁氧体烧结的影响结果表明，掺杂 Bi 和 MoO 适量时（质量分数分别为 0.6%和 0.1%），在较低的烧结温度（1020℃）就能获得较高的烧结密度（≥4.75g/cm^3）。图 7-61～图 7-64 分别给出了 MoO_3 含量对样品烧结密度以及磁性能的影响。

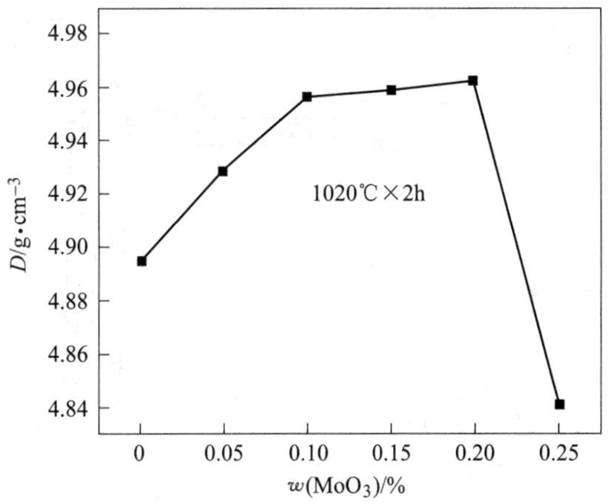

图 7-61 MoO_3 含量对烧结密度的影响

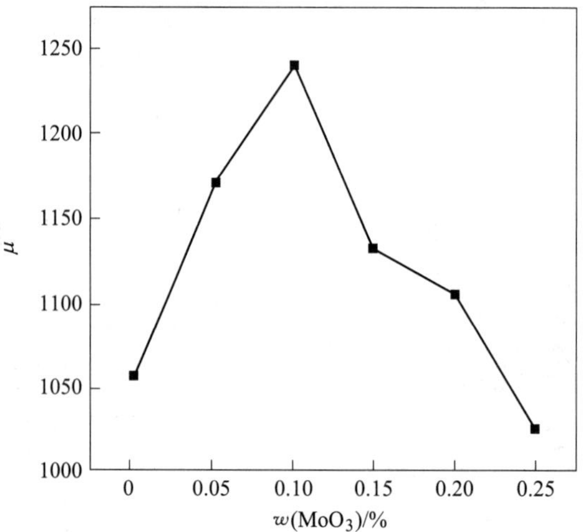

图 7-62　MoO_3 掺杂对起始磁导率的影响

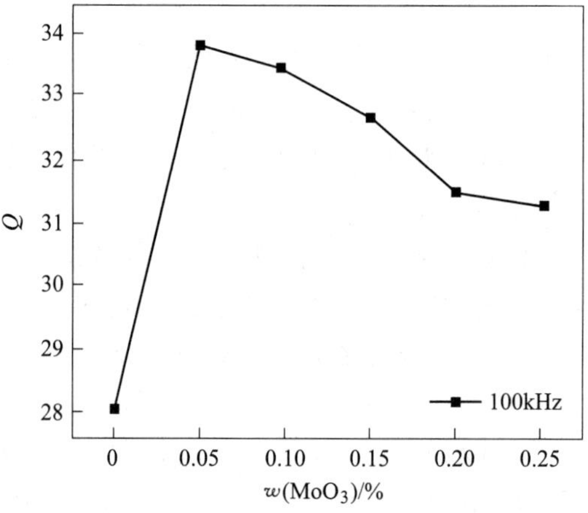

图 7-63　MoO_3 含量对品质因数 Q 值的影响

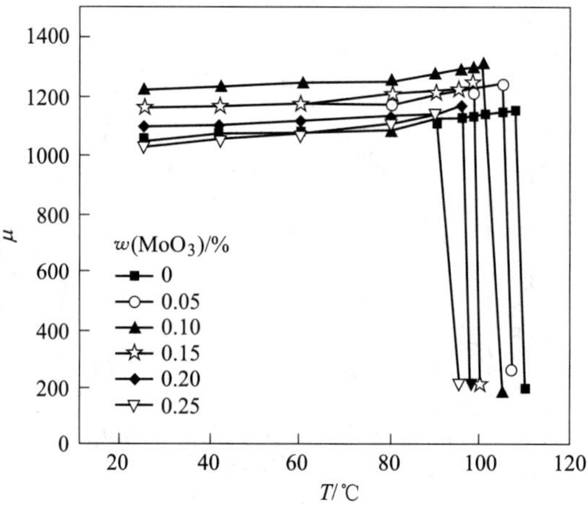

图 7-64　MoO_3 掺杂量对居里温度特性的影响

从上述实验结果可以看出，Mo 的过量添加可导致 MgCuZn 铁氧体密度、起始磁导率及品质因素下降，居里温度降低，温度特性恶化，因此控制掺杂量对提高 MgCuZn 铁氧体性能非常重要。

7.3.3.3　在气氛或填料中添加活化剂

在活化烧结中最有效的方法是在烧结气氛中通入卤化物蒸气（大多为氯化物，其次为氟化物），可以很明显地促进烧结过程。特别是当制品成分中具有难还原的氧化物时，卤化物的加入具有特别良好的作用。烧结气氛中加入氯化氢的方法有两种：（1）在烧结炉中直接通入氯化氢；（2）在烧结填料中加入氯化，当氯化分解时便生成氯化氢。以烧结铁粉为例，气氛中加入氯化氢时烧结的反应式为：

$$Fe + 2HCl \xlongequal{} FeCl_2 + H_2 \tag{7-121}$$

氯化氢的作用机理是：孔隙凸出处的金属原子活性是最强的，它们与氯化氢作用生成氯化铁；氯化铁在 670℃以上成为溶液而浸入孔隙内，使孔隙变为球形；氯化铁挥发时或者被氢气流带走（可以根据马弗管冷却部分的氯化铁薄膜或根据试样重量的减少而确定），或者是被氢还原成铁原子而凝固在自由能最小的地区（颗粒表面的凹处和颗粒的接触处）。

有研究比较了试样在含有氯化氢的氢气氛中和含有氯化或氟化的填料中进行烧结对铁粉压坯磁性能影响的效果，结果表明在加入氯化氢的氢气气氛中烧结是最有效的。这与形成比较有利的孔隙形状（圆形）有关。圆形孔隙在很大程度上排除了退磁场的影响而使磁导率增加，并且使磁场畴壁的移动比较容易而降低了矫顽力。在烧结填料中加入少量氯化氢或氟化氢也可产生上述效果，但要比预料的差些。这是由于试样在不透气的容器中烧结时会妨碍氢的通入而不利于碳的除去。在试验时，碳的原始含量是 0.1%，在填料中烧结后碳含量降低到 0.06%～0.7%；而在氢气流或 H_2+HCl 中烧结时，碳含量可降低至 0.01%～0.02%。

研究合金粉末，特别是不锈钢粉末和耐热钢粉末的活化烧结规程是最有实际意义的。这些粉末的表面通常都存在有妨碍烧结的氧化铬薄膜。通常，不锈钢粉末是在经过严格干燥的氢气中进行烧结的，烧结温度为 1200～1300℃。有研究指出，在填料中加入能促进氧化物还原的卤化物，对烧结有良好的影响。但同时又指出，并不是所有牌号的不锈钢粉末都能进行这种活化烧结。这可能是因为各种粉末颗粒表面化学成分不同的缘故。实验结果表明，气氛中通入氯化氢进行烧结时，氯化氢最佳含量是 5%～10%（体积分数）。这种活化方法也有很大的缺点，就是卤化物具有强腐蚀性。当氯化氢的含量过高时，不但烧结体表面会被腐蚀，而且烧结炉炉体也会遭到腐蚀。为了尽可能地把烧结体孔隙中的氯化物清洗掉，在烧结终了时，还必需通入强烈的氢气流。

7.4　其他热固结方法

7.4.1　热压

热压（HP）又称加压烧结，是把粉末装在压模内，在加压的同时使粉末加热到正常烧结温度或更低一些，使之在较短时间内烧结成均匀致密的制品。热压的过程是压制和烧结一并完成的过程，可以在较低压力下迅速获得较高密度的制品，因此，热压属于一种强化烧结。热压适应于多种粉末冶金零件的制造，尤其适应于制取难熔金属（如钨、钼、钽等）和难熔化合物（如硼化物、碳化物、氮化物、硅化物等）。

热压是粉末冶金中发展和应用较早的一种成形技术。热压的工艺和设备已经比较完善，通常使用的是电阻加热和感应加热技术，目前又发展了真空热压、振动热压、均衡热压以及等静热压等新技术。图 7-65 是几种加热方式的示意图。

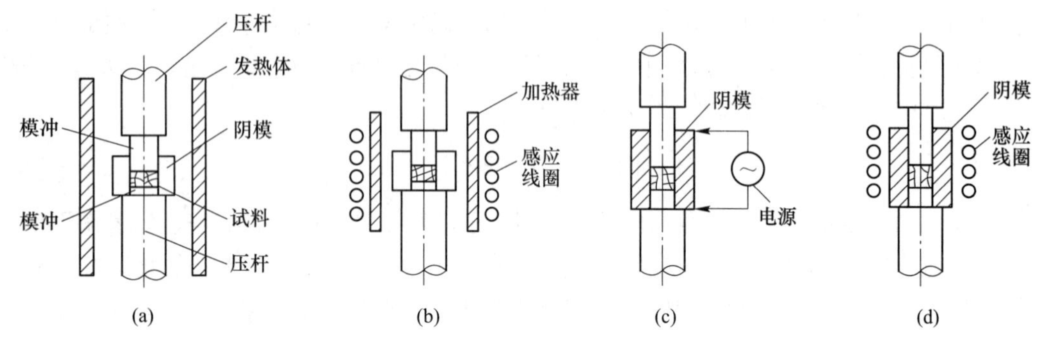

图 7-65 热压的加热方法

（a）电阻间热式；（b）感应间热式；（c）电阻直热式；（d）感应直热式

实践证明，热压技术具有以下优点：

（1）热压时，由于粉料处于热塑性状态，形变阻力小，易于塑性流动和致密化。因此，所需的成形压力仅为冷压法的 1/10，可以成形大尺寸的 AlO、BeO、BN 等产品。

（2）由于同时加温、加压，有助于粉末颗粒的接触和扩散、流动等传质过程，降低烧结温度和缩短烧结时间，因而抑制了晶粒的长大。

（3）热压法容易获得接近理论密度、气孔率接近于零的烧结体，容易得到细晶粒的组织，容易实现晶体的取向效应和控制含有高蒸气压成分的系统的组成变化，因而容易得到具有良好力学性能、电学性能的产品。

（4）能生产形状较复杂、尺寸较精确的产品。

热压工艺的具体应用范围如下：

（1）可以生产大型粉末冶金制品。如可以生产几十千克至几百千克的硬质合金制品（顶锤、轧辊等），其直径可达 200mm，高度可达 550mm 或者更大。又如真空热压可以生产重达 4000kg 左右的锻锭，直径大于 1900mm，高度可达 7600mm 以上。

（2）可以生产各种硬质合金异形产品。如管状产品，外径 180mm，厚 4mm，长度可从几十毫米到几百毫米。容器产品外径可达 128mm 以上，厚 3mm。并可以生产各种箔环箔片、各种大型引伸模、装甲弹头等。

（3）可以生产多层制品，例如两种硬质合金成分的双层刀具。

（4）可以生产各种金属化合物及其合金制品。

（5）各种超合金以及超合金与其他金属粉末的混合物也可以进行热压。在热压工艺中，热压温度、热压压力以及保温时间是影响热压效果的关键因素，需要针对不同粉末特点分别制定出最佳的烧结工艺，国内的诸多材料工作者都在进行这方面的研究。如利用于 Fe、Al 元素粉和 TiC 粉在 Ar 气的保护下通过反应热压制备出以 FeAl 合金作为黏结剂的

FeAl/TiC 复合材料，并确定在 1200℃逐步加压至 30MPa 并保温 20min 的热压工艺制度，发现在 380℃和 600℃下分别保温 10min 和 15min 以实现脱气和控制反应速度有利于热压致密化。以 SiO_2 和 C 粉为主要原料制得了粒径小于 0.5μm 的 SiC 粉末，并在一定的热压温度和压力下通过研究烧结体密度、强度随保温保压时间的变化关系，得出该粉末的热压烧结工艺，制得了相对密度 99%以上、抗弯强度 600MPa 左右的烧结体。对于复合 WC-Co 粉末进行热压烧结得到高强度和高硬度结合的 WC-Co 硬质合金，并确定其实际的烧结温度为 1350℃。用 W 粉和 Ti 粉作原料，采用惰性气体热压法制备 W/Ti 合金靶材。结果表明，控制温度在 1250~1450℃，压力在 20MPa 左右，保温时间在 30min 左右可制备高性能的 W/Ti 合金靶材。

从实验结果以及工业应用的经验来看，热压工艺除了拥有上述优异特征外，也不可避免地存在不少明显的缺点：

（1）对压制模具要求很高，并且模具耗费很大，寿命短。

（2）只能单件生产，效率比较低，成本高。

（3）制品的表面比较粗糙，需要后期清理和加工。

这些缺点也在一定程度上制约了热压工艺的广泛应用，因此，对热压工艺的研究仍需继续深入。

7.4.2 热等静压

热等静压技术（HIP）是近 50 多年发展起来的一种粉末成形、固结和热处理的新技术，该技术把粉末成形和烧结两步作业合并成为一步作业，降低烧结温度，克服了粉末冶金过程烧结温度高的缺点，使产品性能提高，总工艺过程缩短。起初 HIP 工艺应用于硬质合金的制备中，主要对铸件进行处理。经历了近 50 年的发展，其在工业化生产上的应用范围得到了不断地拓展。在过去的 10 年里，通过改进热等静压设备，生产成本大幅度降低，拓宽了热等静压技术在工业化生产方面的应用范围，并且其应用范围的扩展仍有很大潜力。

如图 7-66 所示，热等静压工艺原理是把粉末压坯或把装入特制容器（粉末包套）内的粉末置于热等静压机高压容器中，热等静压机通过流体介质，将高温和高压同时均等地作用于材料的全部表面，使之成形或固结成为致密的材料。经热等静压得到的制品能消除材料内部缺陷和孔隙，能显著提高材料致密度和强度。热等静压技术可以压制一些大型的形状复杂的零件，与一般工艺相比能大大减少残料损失和大量的机加工作业，将材料的利用率由原来的 10%~20%提高到了 50%。早在 20 世纪 60—70 年代，国内外学者已经利用热等静压技术做出了一些显著的成果，如球形钨粉在 1300~1500℃、69.6~147MPa 的热等静压工艺下被制成钨火箭喷管可承受高达 3600℃的火焰试验；但钨粉在常温下，施加 980MPa 的压力也不能成形，采用热等静压工艺只需要十分之一的压力就可以实现成形过程。还有-320 目的高纯氧化铝粉经

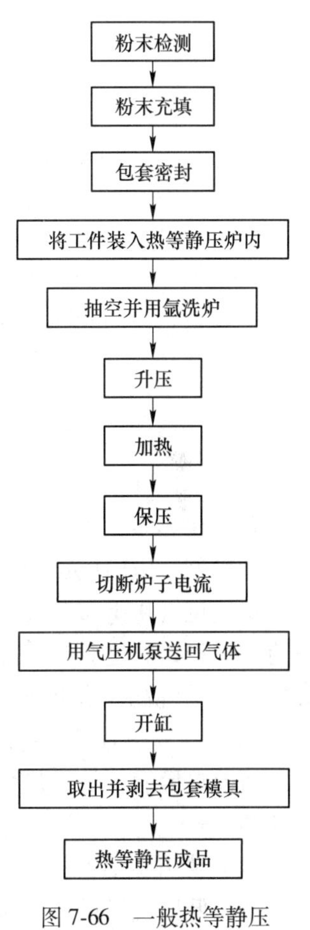

图 7-66　一般热等静压工艺流程图

1400℃和 100MPa 的热等静压处理，可以得到相对密度达 99.9%且透明坚硬耐腐蚀的产品。热等静压的烧结和致密化机理与热压相似，可以适用热压的各种理论和公式。与热压不同的是，热等静压采用的压力较高且更均匀，因此压制效果更明显，即可以采用更低的烧结温度实现更高的致密程度。热等静压装置主要由压力容器、气体增压设备、加热炉和控制系统等几部分组成。其中压力容器部分主要包括密封环、压力容器、顶盖和底盖等；气体增压设备主要有气体压缩机、过滤器、止回阀、排气阀和压力表等；加热炉主要包括发热体、隔热屏和热电偶等；控制系统由功率控制、温度控制和压力控制等组成。图 7-67 是热等静压装置的典型示意图。现在的热等压装置主要趋向于大型化、高温化和使用气氛多样化，因此，加热炉的设计和发热体的选择显得尤为重要。目前，HIP 加热炉主要采用辐射加热、自然对流加热和强制对流加热三种加热方式，其发热体材料主要是 Ni-Cr、Fe-Cr-Al、Pt、Mo 和 C 等。

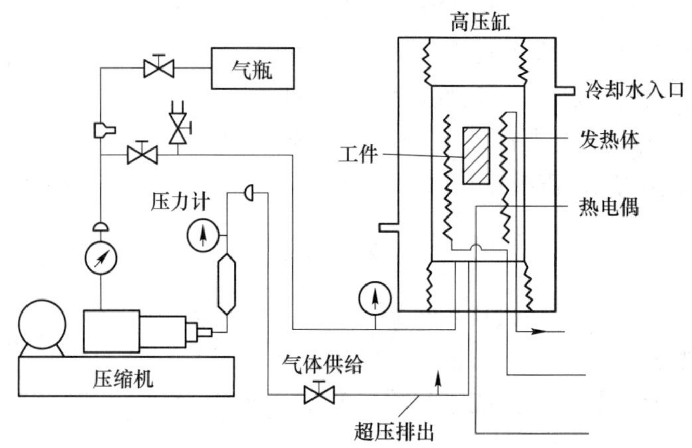

图 7-67 热等静压装置示意图

我国在热等静压方面起步较晚，热等静压设备大多为进口设备。近些年，通过不断地积累和研究，国内成功开发了大型卧式烧结热等静压炉和立式烧结等静压炉。2009 年年底，鲍迪克（Bodycote）公司在瑞典 Surahammer 的工厂拥有世界最大的热等静压系统，鲍迪克公司订购的这套热等静压系统是由美国阿维尔（Avure）科技有限公司制造的。这套热等静压系统的工作区尺寸为 1.8m×3.3m，最高工作温度为 1150℃，最高工作压力为 100MPa。这套热等静压系统将被用于生产粉末冶金不锈钢，设计生产能力为 10000t/a。

目前热等静压的工艺种类一般有先升压后升温、先升温后升压、同时升温升压和热装料四种方式：

（1）先升压后升温方式。这种工艺的特点是无需将压力升至保温时所需要的最高压力，采用低压气压机即可满足要求。这种工艺使用于采用金属包套的热等静压处理。利用这种工艺处理铸件、碳化钨硬质合金和预烧结件较为经济。但在使用玻璃包套时却不能采用这种工艺方式，因为在不加温的条件下缸内压力增加，会使玻璃包套破碎。

（2）先升温后升压方式。这种工艺方法适用于采用玻璃包套的情况。特点是先升温使玻璃软化后再加压，软化的玻璃充当传递压力和温度的介质，使粉末成形和固结。这种操作方式也适用于采用金属包套的情况和固相扩散黏结。

(3) 同时升温升压方式。这种方式适用于低压成形，并能够使工艺周期缩短，但需要使用高压气压机。操作程序是洗炉之后，升温和升压同时进行，达到所需温度和压力后保持一段时间，然后再降温和泄压。该方法适用于装料量大、保温时间长的作业。

上述三种工艺为冷装料工艺，在生产中用于硬质合金、软合金、金属和陶瓷等粉末的成形和烧结以及铸件处理。

(4) 热装料方式。热装料方式又称预热法，特点是工件预先在一台普通加热炉内加热到一定温度，然后再将热工件移入热等静压机内。热等静压处理后，工件出炉并在炉外冷却，与此同时，将另一预热的工件移入热等静压机内进行处理，形成连续作业。该工艺节省了工件在热等静压机中升温和冷却的时间，缩短了生产周期，提高了热等静压设备的生产能力。

各种工艺都受温度、压力、升温升压速度、保温时间、降温降压速度和出料温度等工艺参数的影响，其中主要的是温度、压力和保温时间：

(1) 温度。保温温度主要根据粉末的熔点确定，如果粉末为单相纯粉末，则 $T_{HIP}=(0.5\sim0.7)T_{mo}$，如果粉末为不同元素的混合物，则温度应选在粉末主要元素和其他元素的最低熔点之下。

(2) 压力。保压压力一般是根据所处理材料在高温下变形的难易程度来决定，易变形的材料设定的压力要低些，不易变形的材料设定压力要高些。保压压力还与粉末的成分、形状和粒度组成有关。

(3) 保温时间。保温时间主要根据压坯或工件的成分和大小确定，大型的制品或压坯保温时间要长些，以确保充分压实烧透。

例如，对不同热等静压温度下某新型粉末冶金高温合金的显微组织，重点分析了热等静压温度对热等静压态合金锭坯晶粒度、残余枝晶和粉末原始颗粒边界（PPB）以及 γ' 相的影响。研究结果表明：热等静压温度为 1140℃时，将获得不完全再结晶组织，存在明显的残余枝晶和 PPB，γ' 分布不均匀，尺寸、形态各异；热等静压温度为 1180℃时，可获得较均匀的再结晶组织，残余枝晶和 PPB 基本消除，γ' 分布较均匀，晶内主要为“田”字形，而在晶界呈长条状。可以采用不封装的热等静压法来制备多孔 NiTi 形状记忆合金，着重研究了不同工艺参数对孔隙特性的影响规律。结果表明：采用烧结时间 3h 制备出的多孔 NiTi 记忆合金能得到令人满意的孔隙特征，分别采用 100MPa 和 400MPa 的冷压压力能够制备出两种孔状结构完全不同的多孔 NiTi 记忆合金，一种是均分布的结构，另一种则是层状结构（多孔层致密层-多孔层），而且随着热压压力的增加，孔隙特征参数减小。

近些年，随着热等静压技术的发展，在实际工业应用上，为了进一步提高材料的性能及制品生产效率，又先后出现了真空烧结后续热等静压、烧结-热等静压（Sinter-HIP）等技术。真空烧结后续热等静压工艺是产品先经传统的真空烧结，然后再进行热等静压。也是将烧结好的产品或者是烧结到密度高于 92%理论密度的产品，再在压力为 80~150MPa、惰性气体为加压介质、温度为 1320~1400℃的热等静压机中处理一定时间。这种方法生产的产品特点是：制品形状、硬质合金种类不受限制，产品表面光洁度好，可降低或消除孔隙，成分和硬度分布均匀，可以提高抗弯强度。烧结热等静压法又称过压烧结（Overpressure Sintering）或低压热等静压工艺，是在低于常规热等静压的压力（大约 6MPa）下对工件同时进行热等静压和烧结的工艺。它将产品的成形剂脱除、烧结和热等静压合并在同一设备中进行，即将工件装入真空烧结等静压炉，在较低温度下低压载气（如氢气等）脱蜡后，在1350~1450℃进行真空烧结一段时间，接着在同一炉内进行热等静压，采用氩气作为压力介质，压制压力为6MPa左右，再保温一定时间，然后进行冷却。

最近几年，许多材料工作者采用了烧结热等静压法做出了一些成果，如采用烧结-热等静压法制取WC-Co系硬质合金，产品金相组织较均匀，未产生粗大的WC晶粒，因而其抗弯强度较高，无低的奇异值。由于该工艺是在真空烧结温度直接加压保压，所以有利于基体中WC晶粒的黏性流动，有利于孔洞的收缩和消失。该工艺节省了大量的其他设备投资，其加工处理费用比真空烧结后续热等静压工艺低1倍，而且产品使用寿命可大幅度提高。用烧结-热等静压制备不同黏结相含量的Ti(C,N)基金属陶瓷，实验证实了烧结-热等静压有效降低了合金的孔隙度，因而使合金的横向断裂强度有较大幅度的提高，硬度也稍有提高。采用Sinter-HIP法在1350℃和150MPa压力下制备了相对密度达98%的α-Al_2O_3陶瓷，经过测试得到该陶瓷的维氏硬度达到19GPa，同时抗折强度达到5.2MPa。

7.4.3　热挤压

粉末冶金热挤压工艺起源于20世纪40年代，70年代以后应用逐渐推广，可以用于压制各种合金系和高熔点金属以及超合金（镍、钴基合金）和高速钢。Benjamin首先在挤压温度为1177℃下研究了在机械合金化过程中氧化来弥散硬化的镍基高温合金，瑞典首先成功研制用热挤压工艺来生产粉末不锈钢无缝管。热挤压综合了热压和热机械加工，具体是指在提高温度的情况下对金属粉末进行挤压，从而使制品达到全致密度。该方法把成形、烧结和热加工处理结合在一起，能准确地控制材料的成分和合金内部组织结构，从而可以获得力学性能较佳的材料和制品。图7-68为热挤压铝粉的流程示意图。影响热挤压的因素主要有挤压温度、挤压变形系数以及加热时间等。具体参数的设定需根据不同挤压材料的性能要求来进行设计。例如，采用雾化粉末-冷等静压工艺和喷射沉积工艺制备快凝

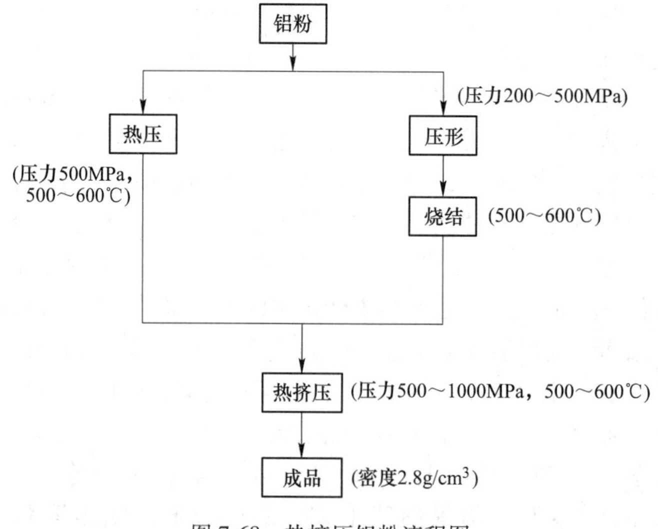

图7-68　热挤压铝粉流程图

AlFeVSi 合金坯料，通过透射电镜、扫描电镜、拉伸力学性能测试等手段研究了挤压温度、挤压变形系数以及加热时间等工艺参数对喷射沉积 AlFeVSi 合金组织性能的影响，结果表明，挤压温度不宜高于 500℃，否则棒材强度和塑性会因有粗大块状 θ-$Al_{13}Fe_{14}$ 相出现而急剧下降。喷射沉积 AlFeVSi 合金挤压棒材的抗拉强度和伸长率均随挤压变形系数增大而单调提高，当挤压比 λ 大于 16 后，抗拉强度和伸长率趋于稳定。选择合适的工艺参数（挤压温度 480℃，加热时间 3h，挤压比 25），可以制备室温、高温力学性能良好的喷射沉积 AlFeVSi 合金挤压棒材。

粉末的基本热挤压方法有三种：

（1）将粉末松装入热挤压桶，然后将粉末直接挤出压模，即直接对粉末加热挤压，该法已经应用于挤压某些镁合金粉末。

（2）将粉末先进行压制、烧结，再将烧结后的坯块放入挤压模内挤压。

（3）将粉末装入金属容器或包套中，加热后连包套一起进行挤压。

以上前两种方法可统称为非包套热挤压，第三种称为包套热挤法。粉末包套热挤压工艺首先是作为铍粉和在锆或不锈钢基体弥散分布可裂变物质的热致密化工艺方法上发展起来的。该法是应用最广泛的金属粉末热挤压工艺。包套热挤法中，在为了挤压包套和粉末而进行加热之前，装有粉末的包套必须在室温或高温下进行抽真空以清除其中气体，并将其密封。包套材料应具有良好的热塑性，能与被挤压材料相适应，不应与被挤压材料形成合金或低熔点相。在挤压过程中，为防止产生涡流，包套的端部应是圆锥形的，并与带有锥形开口的挤压模相符合。粉末热挤压工艺的优点如下：

（1）通过粉末热挤压，可以生产在航空原子能方面使用的某些材料和制品，其综合性能要比其他金属加工方法生产的高。有些性能是用其他方法达不到的。

（2）挤压出来的制品，在长度方向上密度比较均匀。

（3）挤压的设备简单，操作方便，生产灵活性大，变换型材类型时只需更换挤压嘴。

（4）生产过程具有连续性，生产效率高。

热挤压工艺的诸多优点使得该工艺有着广泛的应用：

（1）热挤压生产金属的线、管、棒等型材，包括钛制品、锆制品、铍制品、钨制品等。

（2）热挤压生产难熔金属合金、难熔金属化合物基材料。

（3）热挤压生产高速钢的棒材。

（4）热挤压生产弥散强化材料，包括烧结铝、无氧铜、铜基合金、铝基合金、镁基合金、铍基合金的各种型材。

（5）热挤压生产纤维强化复合材料和金属复合材料。

（6）高温下热挤压生产超塑性的合金材料。超塑性指高温下合金的伸长率可达 400% 或 600%，而这种超塑性可以用热处理来消除。这种材料主要包括航空上使用的各种镍基合金和钴基合金。

（7）热挤压生产核燃料复合元件，如 UO_2-Al，UO_2-不锈钢等复合材料，以及反应堆控制棒等。

近些年关于热挤压的工作主要集中于优化生产具体零件制品的工艺以及提高热压模具性能方面。例如，用曲柄压力机进行铜阀门温、热挤技术和应用，具体分析加工铜阀门工艺流程、加工方法、工艺力计算，并提出设备选择及操作中应注意的问题。研究4Cr5MoSiV钢热挤模经低真空氮化的渗层组织及其显微硬度分布，以期推动真空渗氮新工艺在我国钢挤压模生产上的应用。汽车后桥是典型的阶梯轴管零件，采用空心管材毛坯整体缩径成形技术是改变我国汽车后桥生产工艺水平落后的有效方法。开发高压开关零件LW8-35SF6铝合金拉杆的热挤压成形工艺及模具设计，与传统的加工工艺相比，新工艺采用杆部反挤头部正挤的复合热挤压工艺进行生产，使材料利用率和生产效率大大提高。设计制造的挤压模具结构简单、通用性强，采用新工艺增加了坯料尺寸精度，坯料重量减轻72%以上，提高了经济效益。

7.4.4 粉末锻造

粉末冶金锻造技术起源于20世纪60年代末，在70年代后有了较快的发展，90年代以来，随着汽车工业的发展，对汽车用高性能粉末冶金零件的需求不断增长，粉末锻造的研究与应用得到了迅速而稳定的发展。

粉末冶金制件的突出缺点是内部残留较多孔隙，这些孔隙会严重降低制品的性能。粉末锻造正是一种消除孔隙、促进制品致密化的工艺，其基本原理是将压坯烧结成预成形件，然后在密闭模内一次锻造成致密制品。这种工艺将传统的粉末冶金和精密模锻结合起来，生产出来的制品具有高密度和强度，并克服了普通粉末冶金零件抗冲击韧性差、不能承受高负荷的缺点。粉末锻造生产的制件具有较均匀的细晶粒组织，可显著提高强度和韧性，使粉末锻件的物理力学性能接近、达到甚至超过普通铸件水平。另外，可用粉末包套烧结-自由锻造法制备含氮钢，该方法制备的含氮奥氏体不锈钢材料相对密度达99%以上，且氮含量能满足含氮钢要求，其拉伸性能与熔炼等工艺制得的含氨奥氏体材料相当。另外，粉末锻造的能源消耗低，材料利用率高，制品尺寸精度也高。

粉末锻造可分为冷锻和热锻，冷锻是指锻造过程中预制件不被加热，热锻则是指锻造过程中要对制件进行加热，其余工艺二者基本相同，但前者只适用于一些塑性特别好的几种金属，后者则适用范围较广。粉末热锻又可分为粉末锻造、烧结锻造和锻造烧结三种，基本工艺流程如图7-69所示。

粉末锻造中的关键技术问题有粉末原料的选择、预成形坯的设计、锻模的设计和使用寿命、锻造工艺条件和热处理：

（1）粉末原料的选择。粉末原料的选择是关系到锻件性能和成本的重要问题，包括粉末锻件材质选择、粉末类型、杂质含量和粒度分布以及预合金化程度等。采用高性能低杂质、低成本的粉末原料是粉末锻造的一项基本要求。

（2）预成形坯以及锻模的设计。锻造过程中材料的致密、变形和断裂主要取决于预成形坯的设计，包括预成形坯的形状、尺寸、密度和质量的设计。设计时要综合考虑预成形坯的可锻性、零件形状的复杂程度、锻造时的变形特性、锻模磨损、锻件性能和制造成本等。锻模的设计需根据要压制材料的特性进行设计，在保证锻造质量的同时要尽可能地提升锻模性能，减少磨损，延长使用寿命，以减少成本。

（3）锻造工艺条件。粉末锻造工艺有众多影响因素，较为重要的是以下几项：

1）热锻温度以及压力。一般来说，热锻时控制的温度和压力应根据被压制制品能发生塑性形变的条件以及模具材料、锻压设备所能承受的极限等条件来选择。通常，热锻温

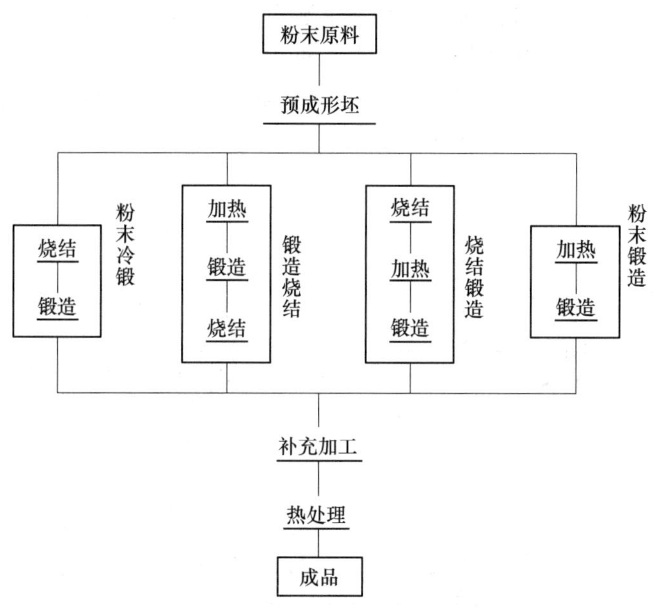

图 7-69 粉末锻造工艺流程

度高时，热锻压力可以相对较低，热锻温度低时，压力可以相对较高，以实现温度和压力的良好配合。

2）锻造打击速度。在粉末锻造时，粉末颗粒的塑性变形会引起预成形坯的压缩。其塑性随着打击速度的提高而增加；在同样的变形程度下，锻件的密度随着打击速度的增加而提高，而且变形程度越大，其密度增大越快。

3）压力保持时间。如果预成形坯表面因锻造时间过长而产生过冷，则粉末的屈服应力将急速上升，抑制颗粒的变形，导致锻造失败。粉末锻件表面区域的孔隙度受变形率以及预成形坯与相对较冷的模具间的接触时间所影响；同时，压力保持时间也是决定锻件致密度的一个重要因素。

4）锻模的温度、润滑及冷却。锻模的温度、润滑以及冷却情况强烈地影响锻件的质量和模具的使用寿命。在粉末热锻低合金钢时，锻模温度一般为 200~310℃，所采用的润滑剂为胶体石墨水剂或二硫化钼油剂，并且用压缩空气来强制冷却锻模，以得到均匀的润滑薄膜。

（4）热处理。为了进一步提高粉末锻件的性能，通常要对锻造后的制件进行热处理可以使锻件组织均匀，消除残余应力，从而进一步稳定和提高锻件性能。粉末锻钢的热处理可以参照同成分普通锻钢热处理规范进行，热处理时要特别注意粉末锻钢的脆性问题。

比较了粉末锻造与普通致密金属锻造，可以得出粉末锻造具有以下优点：

（1）工艺流程简单，生产效率高；

（2）使用工具费用低，设备投资少，模具寿命高，生产成本低；

（3）保持了粉末冶金无切削、少切削工艺特点，材料利用率极高，可以达到 90%以上；

（4）粉末锻造精度高，可以制备形状复杂的制品；

（5）粉末热锻制品材料性能优异，往往能超过普通致密金属锻件。

目前，粉末锻造技术主要用在汽车工业上和其他运输机械上，如汽车曲轴、连杆各种齿轮、凸轮、同步器套筒、阀头等，另外还用于制造一些具有特殊性能要求的合金。图 7-70 和图 7-71 分别为发动机连杆热锻件以及模具示意图。

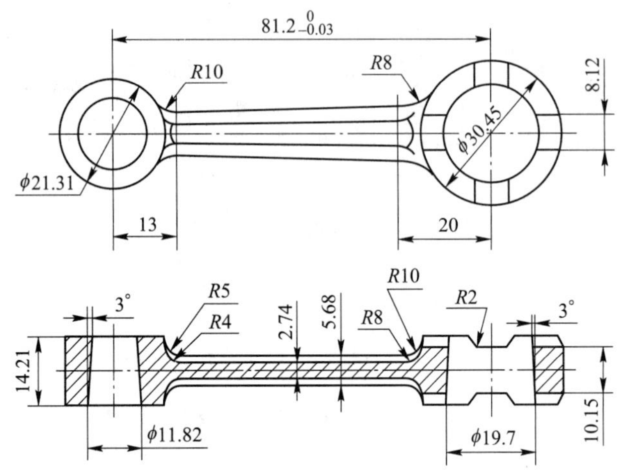

图 7-70 连杆闭式热锻件示意图

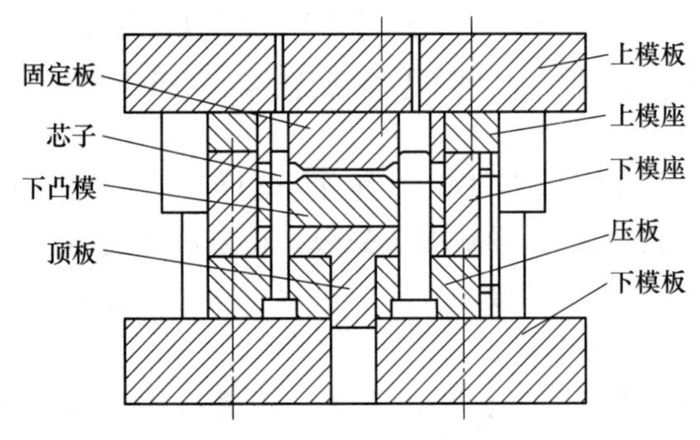

图 7-71 连杆闭式热锻模具

近些年来，粉末锻造技术日趋完善，国内外工作者在粉末锻造技术的完善上做了大量的工作。在连杆开发方面，在分析碳、铜元素含量对粉末锻造材料强度影响的基础上，通过优化组分，开发出三种高强度、适于制造高性能汽油机和柴油机连杆的粉末材料。用新开发的粉末材料制作的连杆与传统落锤锻造连杆进行了全面的对比，试验发现粉末锻造连杆具有更高的疲劳极限和更小的离散度。统计分析结果揭示粉末锻造连杆具有更优异的产品使用寿命。在锻造模具方面，通过研究铸造热锻模具钢 4Cr3Mo2NiV 从室温到 600℃的磨损行为，采用 SEM、XRD 和 EPMA 等对试样磨损表面和磨屑的形貌、成分和结构进行分析，发现铸造热锻模具钢的高温磨损机理是氧化磨损和疲劳剥层磨损，磨损过程中氧化和疲劳剥层交替进行，使摩擦系数大幅度波动。高温磨损形成的氧化物主要是 Fe_2O_3 和 Fe_3O_4，氧化磨损使磨损率降低。在热锻模拟方面，对热锻成形过程数值模拟与多目标设计优化技术进行研究，提出一种基于有限元分析和序列二次规划的热锻成形工艺多目标优化方法，优化目标包含锻件的内部损伤值和变形均匀性两个方面。还通过基于近似模型和数值模拟的设计优化方法，在利用有限元分析连杆热锻成形过程的基础上，以降低锻件成形过程中变形损伤为目标，以飞边槽形状参数为设计变量，采用响应面法近似模型建立了设计变量与目标函数的初始近似模型。在设计优化过程中，用近似模型代替实际的数值模拟程序，计算锻件内部的损伤值，对连杆热锻成形工艺参数进行了优化计算，取得了较为理想的效果。

7.4.5 放电等离子烧结

放电等离子烧结技术（Spark Plasma Sintering，SPS）是近些年日本研发的粉末烧结技术。早在 1930 年，美国科学家就提出了脉冲电流烧结原理，但是直到 1965 年，脉冲电流烧结技术才在美、日等国得到应用。日本获得了 SPS 技术的专利，但当时未能解决该技术存在的生产效率低等问题，因此 SPS 技术没有得到推广应用。1988 年日本研制出第一台工业型 SPS 装置，并在新材料研究领域内推广应用。1990 年后，日本推出了可用于工业生产的 SPS 第三代产品，具有 0.1M～1MN 的烧结压力和 5000～8000A 的脉冲电流。最近又研制出压力达 5MN、脉冲电流为 25000A 的大型 SPS 装置。由于 SPS 技术具有快速、低温高效率等优点，近几年国外许多大学和科研机构都利用 SPS 进行新材料的研究和开发，SPS 技术除了利用通常放电加工所引起的烧结促进作用（放电冲击压力和焦耳加热）外，还有效地利用了脉冲放电初期粉体间产生的火花放电现象（瞬间产生高温等离子体）所引起的烧结促进作用，具有许多通常放电加工无法实现的效果，并且其消耗的电能仅为传统烧结工艺（无压烧结、热压烧结 HP、热等静压 HIP）的 1/5～1/3。因此，SPS 技术具有热压、热等静压技术无法比拟的优点：

（1）烧结温度低（比 HP 和 HIP 低 200～300℃）、烧结时间短（只需 3～10min，而 HP 和 HIP 需要 120～300min）、单件能耗低。

（2）烧结机理特殊，赋予材料新的结构与性能。

（3）烧结体密度高，晶粒细小，是一种近净成形技术。

（4）操作简单，不像热等静压那样需要十分熟练的操作人员和特别的包套技术。SPS 与热压（HP）有相似之处，但加热方式完全不同，它是一种利用通-断直流脉冲电流直接通电烧结的加压烧结法。SPS 过程给一个承压导电模具加上可控的脉冲电流，脉冲电流通过模具，也通过样品本身。通过样品及间隙的部分电流激活晶粒表面，击穿孔隙内残留气体，局部放电，促进晶粒间的局部接合；通过模具的部分电流加热模具，给样品提供一个外在的加热源。当电极通入直流脉冲电流时，瞬间产生的放电等离子体使烧结体内部各个颗粒自身均匀地产生焦耳热并使颗粒表面活化。因此，在 SPS 过程中样品同时被内外加热，加热可以很迅速；又因为仅仅模具和样品导通后得到加热，断电后它们即可实现迅速冷却。

另外，在烧结过程中，粉末颗粒间瞬间火花放电产生的高温等离子体，除了可在颗粒间结合部分积极地集中高能量脉冲外，还可以使粉末吸附的气体逸散，使粉末表面的起始氧化膜被击穿，从而使粉末得以净化和活化。同时，用于施加压力的石墨垫片在通电加热时用作电极，电场的作用会产生由于离子高速移动引起的高速扩散效果，实现快速烧结容易在低温、短时间得到高质量的烧结体。并且温度和压力的调节范围广，适合于从金属到陶瓷各种材料的烧结。这种放电直接加热法，热效率极高，放电点的弥散分布能够实现均匀加热，因而容易制备出匀质、致密、高质量的烧结体。图 7-72 为 SPS 中直流开关脉冲电流的具体作用示意图。

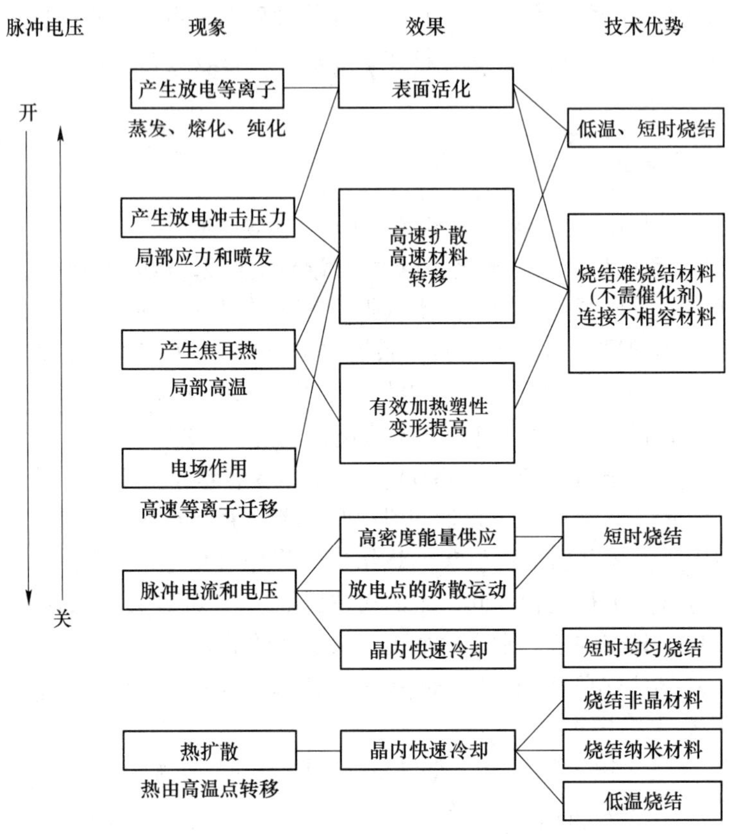

图 7-72　SPS 中直流开关脉冲电流的作用

脉冲电流的作用是提高颗粒的表面活性、降低材料的烧结温度，而且可以有效地抑制晶粒的长大。与通常的烧结法相比，SPS 过程中蒸发-凝固的物质传递要强得多，同时在 SPS 过程中，晶粒表面容易活化，通过表面扩散的物质传递也得到了促进。晶粒受脉冲电流加热和垂直单向压力的作用，体扩散、晶界扩散都得到了加强，加速了烧结致密化的进程，因此用比较低的温度和比较短的时间就可以得到高质量的烧结体。

SPS 装置主要包括：由上、下柱塞组成的垂直压力施加装置；特殊设计的水冷上、下冲头电极；水冷真空室；真空/空气/氩气氛控制系统；特殊设计的脉冲电流发生器；水冷控制单元；位置测量单元；温度测量单元以及各种安全装置。

SPS 烧结的主要工艺流程共分以下四个阶段。

第一阶段：向粉末样品施加初始压力，使粉末颗粒之间充分接触，以便随后能够在粉末样品内产生均匀且充分的放电等离子。

第二阶段：施加脉冲电流，在脉冲电流的作用下，粉末颗粒接触点产生放电等离子，颗粒表面由于活化产生微放热现象。

第三阶段：关闭脉冲电源，对样品进行电阻加热，直至达到预定的烧结温度并且样品收缩完全为止。

第四阶段：卸压。合理控制初始压力、烧结时间成形压力、加压持续时间、烧结温度升温速率等主要工艺参数可获得综合性能良好的材料。

目前，SPS 主要用于制备纤维/颗粒增强复合材料、梯度功能材料、非晶态合金、磁性材料、形状记忆材料、金属陶瓷、硬质合金、铁电和热电材料、复合功能材料、纳米功能材料、储氢材料等各种新型材料。SPS 可以克服传统烧结方法的不足之处，实现有效烧结。

在传统材料改善方面，使用 SPS 制备超细 WC-10Co 硬质合金，研究烧结温度及烧结气氛对 WC-Co 硬质合金组织及性能的影响，结果表明：炉内气压升高到 200Pa，烧结压力为 30MPa 时，在 1250℃烧结 WC-10Co 粉末 5min，密度和硬度分别达到了 14.62g/cm^3 和 HRA92.4。在磁性材料方面，采用放电等离子烧结技术制备了 $Nd_{15}Dy_{1.2}FeAl_{0.8}B_6$ 永磁材料，发现在烧结温度为 810℃时，可获得均匀细小的显微组织，通过回火处理能优化磁体显微组织，改善富钕相分布，从而达到提高磁性能的目的。在功能材料方面，采用 SPS 制备 La-Mg-Ni 储氢合金，以 $La_{0.7}Mg_{0.3}Ni_{2.5}Co_{0.5}$ 合金为例，结果发现：当烧结温度为 800℃时，合金为多相结构，包括 $(La,Mg)Ni_3$ 相、$(La,Mg)_2Ni_7$ 相、Mg_2Ni 相和微量的 Co_2Mg 相；在该温度下，合金的最大放电容量达到最大值 359mA · h/g，同时表现出最好的放电平台特性。在新材料开发方面，以自蔓延高温合成(SHS) Ti_2AlC 粉体为原料，利用放电等离子烧结技术研究 Ti_2AlC 陶瓷的烧结制备，结果表明：烧结温度为 1250℃、压力为 20MPa、真空烧结、保温 5min 的情况下，可获得相对密度为 98.6%、维氏硬度为 4.3MPa 的致密烧结块体。

另外，从市场角度考虑，SPS 技术主要有下述应用领域：

(1) 耐腐蚀、耐磨材料市场；

(2) 超硬工具、零件市场；

(3) 梯度功能材料及各种复合材料市场；

(4) 非平衡新材料市场；

(5) 模具市场；

(6) 其他烧结品应用市场。

可以看出，SPS 技术的应用前景十分广阔，但是目前 SPS 技术大多仍处于试验研究阶段，对于烧结理论的研究也不充分。例如，利用放电等离子烧结炉在不同温度下对 SiC 陶瓷进行烧结，烧结温度分别为 1250℃、1450℃、1650℃、1850℃，对烧结后 SiC 陶瓷的扫描电镜观察结果表明，在 1250℃和 1450℃烧结的试样微观组织中很难发现烧结现象，在小颗粒间发生局部的烧结痕迹，在 1650℃烧结的试样微观组织中存在小颗粒的烧结现象，大颗粒间仍然没有烧结，颗粒形貌基本保持原始粉末的形貌，而在 1850℃烧结的试样微观组织中存在大量的烧结颈现象，而且颗粒形貌呈球形。因而 SiC 陶瓷的放电等离子烧结机理可能是低温下的焦耳热烧结机理和高温下的放电和焦耳热共同作用机理。运用 SPS 技术制备出体积分数达 60%、致密度达 99%的 SiC_p/Al 复合材料，从烧结工艺的控制及电场的影响两方面分析 SPS 烧结 SiC_p/Al 复合材料的机理，认为 SPS 烧结 SiC_p/Al 复合材料的致密化过程主要依靠烧结温度、压力及升温速率的合理搭配，使 Al 熔融黏结 Si 颗粒，而又不溢出模具；烧结过程中未发现明显的放电现象，可能是由于电场太弱不足以引发放电。对放电等离子烧结不同材料过程中的温度场进行理论分析和实验研究，发现在一定条件下样品内出现较大的温差，控制工艺参数可以降低温差。对放电等离子烧结过程中材料界面和颈部的原子扩散过程进行研究，并与相同工艺条件下辐射加热烧结进行比较，表明放电等离子烧结过程促进了原子的扩散。

总的来说，目前 SPS 的基础理论尚不完全清楚，需要进行大量实践与理论研究来完善。对实际生产来说，SPS 需要增加设备的多功能性和脉冲电流的容量，以便制作尺寸更大的产品，特别需要发展全自动化的 SPS 生产系统，以满足复杂形状、高性能的产品和三维梯度功能材料的生产需要。同时需要发展适合 SPS 技术的粉末材料，也需要研制比目前使用的模具材料（石墨）强度更高、重复使用率更好的新型模具材料，以提高模具的承载能力和降低模具费用。在工艺方面，需要建立模具温度和工件实际温度的温差关系，以便更好地控制产品质量。在 SPS 产品的性能测试方面，需要建立与之相适应的标准和方法。

习　　题

1. 什么是烧结，烧结的驱动力是什么？
2. 烧结可以分为哪几类，等温烧结的过程是什么？
3. 烧结过程的物质迁移机构有哪些？
4. 单元系固相烧结的烧结过程是什么，有哪些影响因素？
5. 多元系固相烧结与单元系数固相烧结的区别是什么？
6. 互不溶系固相烧结的热力学条件是什么？
7. 液相烧结的条件是什么，其烧结过程是什么？
8. 什么是熔浸，其基本条件是什么？
9. 什么是活化烧结，一般有哪些类型或方法？举例说明。
10. 烧结的常用气氛有哪些，分别适用哪些材料烧结？

参 考 文 献

[1] 曲选辉．粉末冶金原理与工艺［M］．北京：冶金工业出版社，2013.
[2] 黄培云．粉末冶金原理［M］．北京：冶金工业出版社，1997.

8 粉末冶金制品的典型应用

本章提要与学习重点

本章通过分类介绍了粉末冶金技术制备难熔金属（钨、钼、钽）的应用情况，重点介绍了粉末冶金制备电触头材料、金属黏结金刚石工具材料、金属摩擦材料、磁性材料、金属多孔材料等材料的典型应用案例。

8.1 难熔金属

熔点在2000℃以上的金属称为难熔金属。难熔金属包括钨（W）、铼（Re）、钽（Ta）、钼（Mo）、铌（Nb）、铪（If）、锇（Os）、钌（Ru）和铱（Ir）。在20世纪初，由于这些金属熔点高，用当时的炉子无法熔炼，只能采用粉末冶金工艺生产。

8.1.1 钨

工业上最早用粉末冶金工艺是用钨粉生产钨丝。该工艺是William Coolidge在20世纪初研制成功的。在20世纪40年代初，研制出了用真空电弧与电子束熔炼生产难熔金属和活性金属锭的方法。现在，虽然难熔金属可以用熔炼-铸锭法生产了，但由于生产的金属锭结构不符合要求，粉末冶金仍然是重要的制造方法，特别是对于钨、钼及它们的合金。钨和钼的铸锭都是粗晶的。凝固时，溶解在熔融金属中的氧以氧化物状沉淀在晶界上，这些氧化物会使铸锭沿着晶界发生断裂，使铸锭几乎不能进行热加工。另外，由钨粉与钼粉制造的烧结压坯组织很细，比较容易进行热加工。

8.1.1.1 钨丝生产

钨丝制品是钨粉末冶金的最重要的应用。钨丝的最主要用途是用作白炽灯丝。

爱迪生在19世纪90年代后期研制的碳灯丝很脆。因此，人们对研制脆性较小的高熔点金属灯丝产生了浓厚兴趣。钨是熔点最高的金属，在20世纪最初的10年，为生产钨灯丝研制出了许多种方法。但是，Coolidge的方法优于其他方法，因此成为唯一被保留下来的工艺方法，即使在今天仍然在用来生产灯泡钨丝，只对其进行了很小的改进。Coolidge的方法于1910—1913年取得了专利权。

对于生产钨丝用的钨粉，必须仔细控制其纯度和粒度分布。许多钨丝产品，为了控制钨丝的晶粒结构和晶粒大小，必须在材料中加入少量添加剂。这些添加剂被称为掺杂物。两种最重要的添加剂是所谓的钾铝硅（KAS）掺杂物和氧化钍。KAS掺杂物是K_2O_3、Al_2O_3和SiO_2的混合物。

控制钨粉纯度的主要方法是对制取粉末原料的过程进行净化。使用的原料是仲钨酸铵（ATP），一种水化合物，其分子式范围为 $5(NH_4)_2O_{12}WO_3 \cdot 11H_2O$ 到 $5(NH_4)_2O_{12}WO_3 \cdot 5H_2O$。纯的仲钨酸铵由钨酸制备：将钨酸加入氨水中蒸煮，过滤出钨酸铵溶液，然后从中结晶出仲钨酸铵。钨粉的粒度取决于仲钨酸铵的粒度或由仲钨酸铵制取的氧化钨的粒度，以及由氧化钨还原成钨粉的工艺条件，特别是还原过程的温度范围和还原剂氢的含水量。

生产掺杂钨丝时，第一步是在约600℃将仲钨酸铵用氢气还原成蓝色氧化物，其含氧量大致如分子式 $WO_{2.96}$。蓝色氧化物仍然含有少量氨和水。将掺杂物以钾盐、铝盐和硅酸盐水溶液的形式加入蓝色氧化物中，并进行干燥。钨粉的典型掺杂物成分（质量分数）是 0.275% K_2O_3、0.38% SiO_2 和 0.05% Al_2O_3。根据添加的掺杂物不同，用不同的还原温度将蓝色氧化物还原成稳定的 α-W。可以按几种不同的途径进行，还原温度可以选择在750℃。在还原过程中，掺杂物中大量的钾损失了。还原后的掺杂钨粉，用氢氟酸洗涤，以除去掺杂物中的某些氧化硅和氧化铝。洗涤之后，粉末要进行干燥，并可进行进一步还原处理。

A　压制与烧结

在拉拔钨棒的生产过程中，第二步是将粉末压制成压坯。压坯截面为25mm× 25mm 的方形，长 940mm。在可拆式压模中，不但对上下模冲施加压力，而且还要在侧面加压，使压模侧板保持在压制时的位置。卸压后，移去侧板，并从压模中取出压坯。因为钨粉压坯的强度很低（生坯的相对密度为65%~75%），这样做是很有必要的。压坯在 1200℃左右，于干 H_2 中进行预烧结。预烧结可提高压坯的强度，以使之能通过低电压大电流进行最终烧结处理。最终烧结时，将压坯上、下两端夹固在钨夹头上。上夹头是水冷与固定的，而下夹头是可动的，以便压坯烧结时可以收缩。压坯和夹头都密封在一个垂熔烧结炉中，如图 8-1 所示。压坯在干 H_2 气氛中进行烧结。垂熔烧结炉用水冷却。通过输入的电流精心控制烧结温度，使之逐渐升高到约2800℃。总烧结时间为30~60min。压坯的线性收缩约为15%。压坯密度达到钨的理论密度的90%左右。

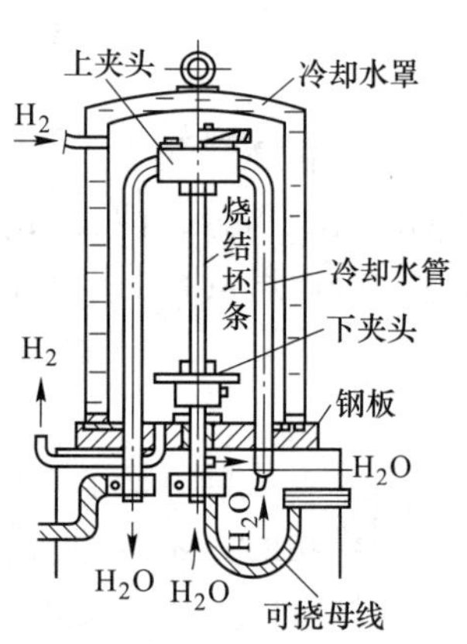

图 8-1　难熔金属坯的垂熔烧结装置

B　丝材加工

钨棒两端因夹固在夹头中，没有烧结好，需要切去。烧结的压坯在室温下是脆性的，必须加热到接近 1600℃才能进行加工。第一道工序一般是热轧成直径为 10mm 的棒料，轧制之后是连续热旋锻。烧结压坯送喂料机，再使拉出的棒料通过加热炉和旋锻机。旋锻机由淬硬钢制作的成形模组成。成形模围绕着棒料旋转，并通过凸轮传动迫使成形模合拢在一起，使棒料每分钟经受约 10000 次锤击。

旋锻的棒料用硬质合金模具拉拔成直径为 0.25mm 的丝材，更细的钨丝则要采用金刚石拉丝模拉制。用胶体石墨作为拉丝时的润滑剂。为避免再结晶，拉拔温度由 800℃逐渐降低到 400℃。拉拔之后，钨丝须进行脱脂处理。白炽灯丝用的钨丝要缠绕在直的铁芯棒上，而后用酸将铁芯溶解掉。普遍采用的双螺旋钨丝是将缠绕过的钨丝再缠绕在钼芯棒丝上，并在管式炉中加热到1600℃，进行再结晶处理。其后，在硫酸和硝酸的混合液中将钼溶解掉。

在白炽灯的工作温度下，这些高度冷加工的组织会发生再结晶，如图8-2所示。无掺杂的钨丝在再结晶后会形成钨的等轴晶粒组织，如图8-3所示。在钨丝自身重量作用下，这种组织会使钨丝下垂，从而大大缩短缠绕灯丝的寿命。反之，在KAS掺杂钨丝中，再结晶的显微组织是由沿钨丝轴向急剧伸长的晶粒组成，如图8-4所示，这种掺杂钨丝没有下垂现象。直径为178μm的掺杂和不掺杂钨丝，在3000K时的应力与破坏寿命（单位为h）的关系，可作为在高温下抗失效能力的定量尺度。由图8-5可见，掺杂钨丝的破坏寿命要比不掺杂的长很多，而且其寿命对应力的依赖关系较小。

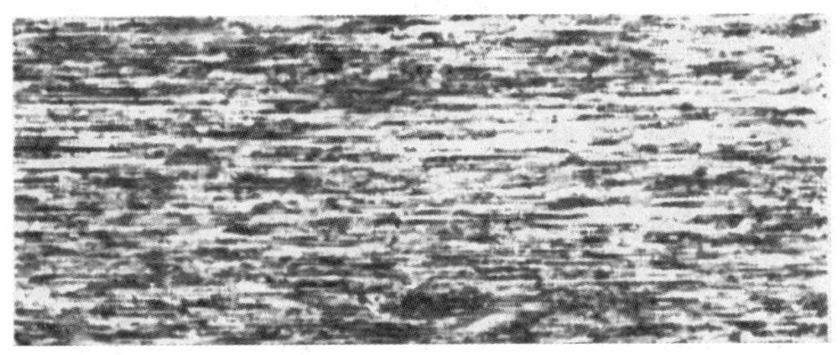

图8-2　旋锻与拉拔的白炽灯钨丝的显微组织（250×）

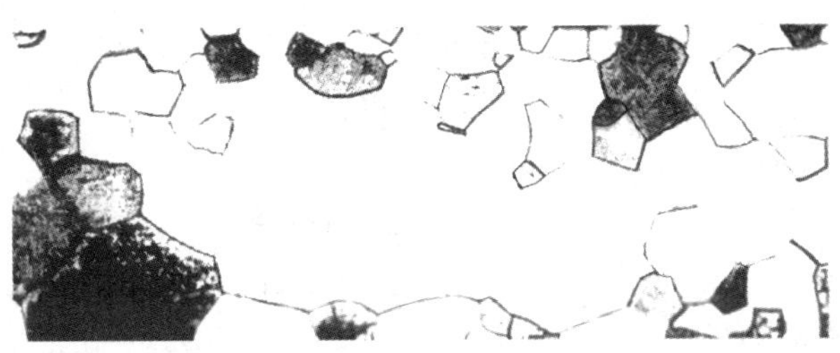

图8-3　无掺杂钨丝再结晶后的显微组织（250×）

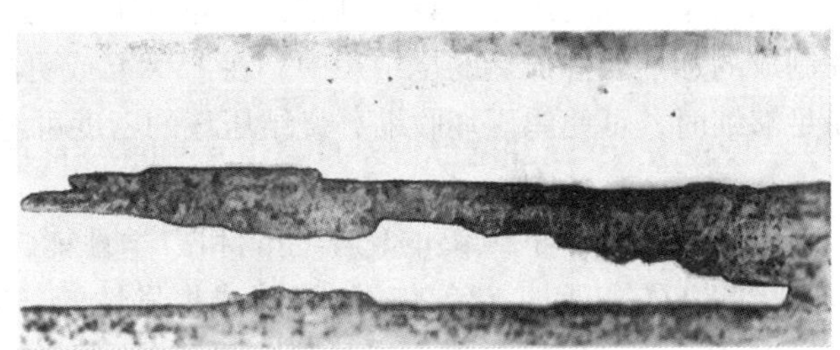

图8-4　掺杂钨丝再结晶后的显微组织（250×）

C　冶金组织

经过几十年研究，进一步清楚了掺杂物对钨丝组织结构和性能的影响。图8-4表明，KAS掺杂钨丝形成不下垂组织的原因是，在掺杂钨丝中有直径为5~30nm的夹杂物纵向加强条存在，这些含有金属钾的夹杂物是退火时加工的钨丝中的针状孔隙断裂成的成串气泡形成的。在高倍放大的图8-6中可看出，这些成串的气泡对在1100℃于无掺杂钨丝中观察

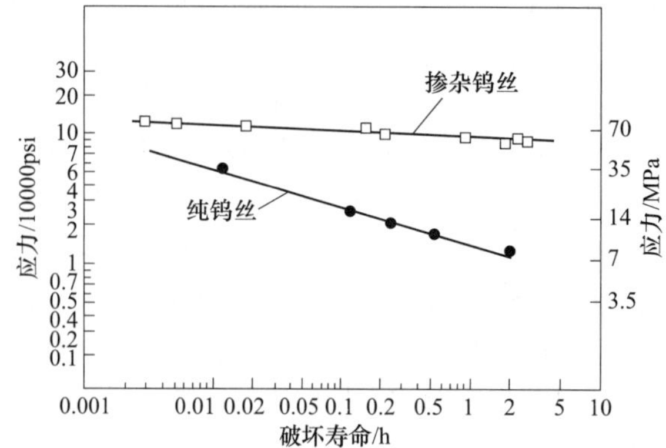

图 8-5 直径为 178pm 的掺杂与不掺杂钨丝在 3000K 下应力与破坏寿命的关系（1psi≈6. 9kPa）

到的冷加工钨纤维组织的正常再结晶有抑制作用，在掺杂钨丝中这些纤维组织可一直保持到 2150℃。在此温度下，钨丝断面上的少数晶粒会突然发生超常长大。

含有 1%~2%氧化钍的掺杂钨粉可抑制再结晶钨丝的晶粒长大。氧化钍以氢氧化物溶胶或硝酸钍状直接加入钨粉或还原前的氧化钨中。加氧化钍钨丝主要用于原子氢电焊条、等离子喷涂焊条、氩灯等方面。对这些方面的应用，热电子发射能力很重要，而掺杂钍钨丝同无掺杂钨丝比较，主要是提高了材料的热电子发射能力。

钨丝在其他方面的应用，如真空金属喷涂用的卷材，特别是用于铝和金属与玻璃的密封。在这些方面，钨的低膨胀系数是很重要的。

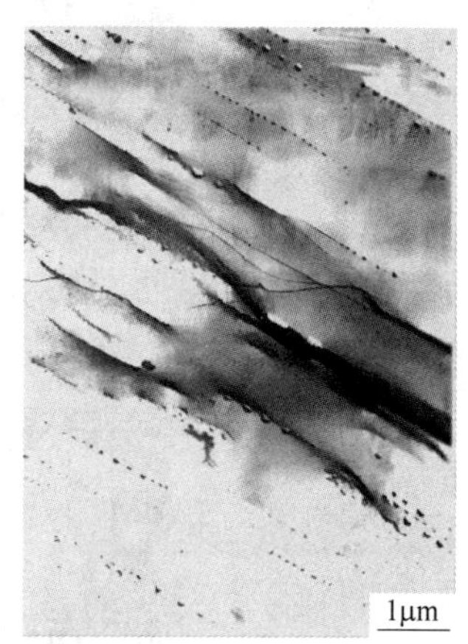

图 8-6 于 2500℃下，退火 5min 的掺杂钨丝的断口复型

8. 1. 1. 2 其他钨制品和钨合金

除钨丝外的钨制品都是用常规的刚性模具压制或冷等静压压制成形的。成形后，在以钨丝编织的或用钨片制成的加热元件加热的烧结炉中，在 1800℃或更高的温度下烧结较长时间。当使用的钨粉足够细时，可使钨压坯收缩，烧结压坯的密度可达到理论密度的 92%左右。

在讨论钨合金之前，简略讨论一下纯钨的化学性能和力学性能。钨在空气中加热到 400℃以上被氧化；加热到 800℃以上时，钨的表面会形成挥发性的三氧化钨（WO_3），因此不能防止连续氧化。在 H_2、N_2 和真空中，钨是稳定的。钨的熔点为 3410℃。在室温下，再结晶状态的钨是脆性的。纯的再结晶的钨在拉伸试验时的韧-脆性转变温度在 300℃附近，具体温度的高低取决于钨中的杂质。这个转变温度随着冷形变量增大而降低，从而才使在室温拉拔的钨丝能够缠绕。经大量冷加工的钨丝，其在室温的抗拉强度约为 3400MPa，而再结晶状态的钨的室温抗拉强度为 700MPa 左右。对于灯泡钨丝或加热元件等用途，钨的高温强度最重要。

含 30% Mo 的 W-Mo 合金是钨合金之一，第二元素固溶在钨晶格中形成固溶体。这种 W-Mo 合金用于同液态锌和液态锌合金相接触的设备，它不会被这些液体金属腐蚀。在研究 W-Re（铼）合金的性能时发现，含 Re 量为 30%的钨合金比纯钨容易加工得多。W-Re 合金可以在 1000℃加工，其加工量达到 86%也不会出现裂纹。含有 20%和 10% Re 的钨合金，其延展性介于纯钨与含 30%Re 的钨合金之间。在钨和钼中添加铼能急剧地降低其从脆性到韧性的转变温度，其原因似乎是这些合金在低应力下的形变能力来源于机械孪晶，而不只是滑移。但因为铼很贵，所以在工业应用中只有当添加铼可以大大改善产品的特殊性能时，用铼作为钨的合金元素才是合理的。W-Re 合金用作 X 射线管中受到 X 射线照射的转靶零件。钨中添加 5% Re 可以大大地降低靶的粗糙度，适当地提高靶的寿命。含有 3%、5%、25%和 26% Re 的 W-Re 合金，普遍用作 3000K 以下的热电偶丝。含 3% Re 的钨合金在灯泡中已得到应用，这些灯泡的抗振动能力是很重要的。

含 W 量达 90%~97%和 Ni 与 Cu 或 Ni 与 Fe 作合金化添加剂的钨合金，称为“高比重合金”。将细钨粉和镍粉及铜粉或者镍粉及铁粉充分混合后进行压制与烧结，注意不用热固结，利用重合金烧结机理就能制得密度高于 $17g/cm^3$ 的，具有良好强度与韧性的合金。表 8-1 中列出了含 W 量为 90%、93%，95%及 97%的 4 种重合金的详细性能。这些合金的黏结剂是 Ni-Fe 合金，其 Ni 对 Fe 的比率为 7∶3。要获得这些性能，必须精心控制烧结参数（气氛、加热速率、于最高温度下的保温时间、冷却速率及淬火速率）。高比重合金的典型应用有利用其防护放射性的同位素源容器，遥控设备的零件和线性加速器的束准直仪；利用高比重合金的惯性的，如减振器、飞行器的平衡锤，陀螺转子，自动上弦手表的平衡锤和导弹的控制仪表；高比重合金的重要军事应用是用作穿甲弹弹心。同熔渗的 W-Cu 合金相比，尽管高比重合金的电导率较低，但仍被用作电触头和电火花加工的电极。

表 8-1　W-Ni-Fe 合金（Ni∶Fe=7∶3）的性能

合金 $w(W)/\%$	密度 $/g\cdot cm^{-3}$	相对密度 /%	屈服强度 /MPa	抗拉强度 /MPa	硬度 /HRA	伸长率 /%
90	17.13	99.9	596	908	93.5	31
93	17.67	99.7	599	986	93.6	24
95	18.14	99.9	594	930	64.4	18
97	18.58	99.9	606	888	64.5	12

8.1.2　钼

钼制品是由钼粉用和制造钨制品相同的方法制作的。钼粉是用 H_2 分两步还原工业氧化钼（MoO_3）生产的。第一步，先在 580℃还原，得到红色 MoO_2；第二步，在约 900℃将 MoO_2 再还原成金属钼粉末。

钼粉用刚性压模或于等静压机中压制成压坯。钼粉压坯的强度比钨粉压坯高得多，因而不需要进行预烧结。由于钼的熔点比钨低，所以钼粉压坯和钨粉压坯一样是用电阻加热炉烧结的。可用和生产钢产品相同的工艺方法，将钼的烧结压坯制造成带材、板材、箔材、棒材和丝材。钼在空气中于 400℃以上氧化，比钨更容易氧化，并生成挥发性氧化物。再结晶的纯钼，其韧性-脆性转变温度接近于室温。粉末冶金钼的力学性能和钼锭材相同。钼的板材、带材及箔材的抗拉强度为 500~1000MPa，强度最低的材料的伸长率为 5%~10%，强度最高者的相应值为 2%~5%。非合金化钼主要用于白炽灯和电子管中支承灯丝的线材、电炉的加热元件，电加热玻璃熔炉的电极和喷涂钢时用的丝材等。钼制品一般都是用粉末冶金法而不是用电弧熔铸法生产的。

在工业技术上最重要的钼合金是“TZM”合金，其含有 0.5% Ti，0.07% Zr 和约 0.02% C。在室温和高温下，这种钼合金都比非合金化的钼具有更高的再结晶温度、强度和硬度，并有相当高的延展性，其性能的改进是复杂碳化物弥散在钼基体中所致。TZM 合金可用熔铸法与粉末冶金法两种方法生产。用粉末冶金法生产时，是将钼粉、氢化钛粉、氢化锆粉和炭黑的混合料，在 165~345MPa 的压力下进行压制，在 2200℃下于干 H_2 中进行烧结，在 1200℃以下进行锻造。粉末冶金法特别适用于生产在高温下等温锻造高温合金用的 TZM 合金锻模，这时需要大块的 TZM 合金。用粉末冶金工艺已生产出直径 762mm 的圆柱状 TZM 合金。在 20 世纪 80 年代开发了高温性能优于 TZM 合金的钼合金，它们是基于将铪、锆及碳添加于钼中形成的合金。例如，由 1.5% Hf，0.5% Zr，0.19% C，余量为钼粉的混合粉压制成直径为 65mm 与高度为 48mm 的圆柱压坯，然后烧结。在 1200℃下分三次锻造，每一次缩小 30%。在第一次锻造后，经 1200℃热处理，盘料于 950℃的抗拉强度为 760MPa，于 1250℃的抗拉强度为 620MPa，伸长率分别为 7%与 10%，韧-脆性转变温度为-15℃。

8.1.3 钽

钽最重要的应用是制作电容器。大尺寸的钽制品通常都是用真空电弧熔炼法生产的。粉末冶金主要用于制造多孔性的电容器阳极以及像箔材与线材之类的钽制品。钽粉是用钠还原钾钽氟化物生产的。将电子束熔炼的钽氢化，再将脆性的氢化物粉碎和脱氢可制得很纯的钽粉。将钽粉压制成截面为 25.4mm×101.6mm 和长 1270mm 的矩形压坯，在高真空中，利用制作白炽灯丝时烧结钨棒料的方法，直接使低电压大电流通过压坯进行烧结。另一种方法是在真空电阻加热炉中烧结压坯。为消除残留孔隙，将烧结的压坯进行冷加工，并再次进行烧结后，很容易制成箔材或线材。

制作多孔性的电容器电极时，将精心控制粒度分布的粉末（粒度范围 5~40μm）压制成压坯，压坯密度必须在 8.5~11.5g/cm^3（50%~70%Ta 的理论密度）。然后，在 1800~2100℃温度下，于真空度为 6.67×10^{-3}Pa 的真空中进行烧结。这种电容器的电介质是用阳极氧化生成的 Ta_2O_5 薄膜或采用液体或固体电解质。由钽粉制成阳极的钮电容器，在所有电容器材料中电容量最高，电容量值为 7~11μF/g，并且漏失率相当低。

8.2 粉末冶金电触头材料

电触头是各种电力设备、自动化仪表和控制装置中使用的一种关键金属元件，通过其接通或分断，达到保护电器，传递、承受和控制电流的目的。

8.2.1 电触头材料的基本性能与分类

电触头材料一般需要考虑以下性能：

（1）导电导热性能。希望有尽可能高的导电导热性能。

（2）抗电弧烧损性。这是影响电触头使用性能与寿命的重要特性。特别是大电容量电器的电触头，每当分断或接通时，都要承担很大的电弧烧损作用。

（3）耐电压强度。一般希望电触头材料的耐电压强度越高越好，即在相距一定距离的两个电触头之间发生击穿的电压越高越好。

（4）熔焊性。在接通电路时，两个电触头由于接触而发生的焊接现象，希望电触头材料的熔焊性越低越好。

（5）力学性能。力学性能主要包括抗拉强度与硬度，不仅影响电触头材料的耐磨损性，而且还会影响其使用寿命。

（6）抗氧化与耐腐蚀性。氧化与腐蚀会引起电触头材料接触电阻增大和表面破坏，所以要求有好的抗氧化与耐腐蚀性。

（7）加工性能。加工性能是电触头材料重要的工艺性能。

电触头材料按照材料的类型可以分为：

（1）单体金属。纯铜、纯银、纯钨等。

（2）合金材料。通过合金的方式，能够改善单体金属的缺点，主要有银合金、铜合金、贵金属合金等。

（3）金属复合材料。通过将性能间十分悬殊的金属与金属或金属与金属化合物构成复合型的电触头材料，满足多项性能的要求。

按照主要基体成分可以分为：

（1）贵金属系电触头材料。由铂族元素（钌、铑、钯、锇、铱、铂）和金、银等金属组成的合金，化学稳定、抗氧化性能好，接触电阻稳定，但是资源稀少，价格贵。

（2）银系电触头材料。导热、导电性能很好，易加工。

（3）铜系电触头材料。导热、导电性能也很好，且价格比银系便宜，资源丰富。

（4）钨系电触头材料。熔点高、硬度高、强度大、耐电压强度高、抗电弧烧损性好。

（5）钼系电触头材料。性能与钨系电触头材料接近，但密度比钨系电触头材料小得多，替代钨系电触头材料，有减轻重量的优势。

（6）石墨系电触头材料。突出的优点是有较好的润滑性能和抗熔焊性。

按照使用情况及条件可以分为：

（1）弱电用电触头材料。用于通过电流为毫安级、使用电压也很低的情况。特点是尺寸小、操作频繁，要求十分可靠，接触电阻小且稳定。主要由贵金属构成。

（2）低电压电触头材料。使用电压从几伏到几百伏。特点是使用电压仍不高，操作也很频繁，要求寿命较长，面大而广，使用条件变化多。目前主要是银基电触头材料。

（3）中电压电触头材料。使用电压从几千伏到几万伏。主要用于城乡电网、电气化铁路及大型工业企业的电源控制。要求承受的电压高，耐电压强度高，抗电弧烧损性好。主要是高熔点金属或其化合物与银、铜组成的复合材料。

（4）高电压电触头材料。使用电压超过十万伏。使用电压很高，电流也很大，但开断操作的次数不多。要求材料具有高的耐电压强度与抗电弧烧损能力。

（5）真空电触头材料。在高真空介质中使用的电触头材料。主要有真空熔炼的铜合金、铬铜复合材料等。

（6）滑动型电触头材料。通过运动情况下的滑动接触来传递电流，也称电刷材料。

8.2.2　银基电触头材料

银是导电性最好的金属，最早作为电触头材料而使用，但电烧损严重，容易变形，容易引起黏结与熔焊。

银铜合金在保持高导电性的同时明显提高了材料的硬度。银基复合材料在提高材料的强度、硬度的同时，可以获得比银基合金更好的导电性能。

银基复合材料可以分为以下几类：

（1）以纯金属作为弥散第二相的银基复合材料。有 Ag-Ni、Ag-Fe、Ag-W、Ag-Mo 等。

（2）以氧化物作为弥散第二相的银基复合材料。这些氧化物有 CdO、SiO_2、ZnO 等，添加这些氧化物能够提高材料的硬度与强度以及抗熔焊性能。其中 Ag-CdO 系是综合性能最好、使用最广泛的品种。

（3）以石墨作为弥散第二相的银基复合材料。添加石墨除了能够提高硬度与强度外，还能够降低摩擦系数并作为滑动电触头使用，同时具有极好的抗熔焊性能。

8.2.2.1　银-纯金属电触头材料

A　Ag-Ni、Ag-Fe 电触头材料

镍与铁相对于银，熔点较高，而且又不像铜那样固溶于银，所以对银的强化作用比铜大。其中镍的抗氧化性能较好。镍与银的组合能够保证材料的抗氧化性能，所以 Ag-Ni 电触头材料的用途较广。

由于铁不耐氧化，所以 Ag-Fe 电触头材料的使用受到限制，但是 Ag-Fe 电触头材料的抗熔焊性能与抗磨损性能优于 Ag-Ni，且铁的价格便宜，所以可在使用性能要求不高的情况下取代 Ag-Ni 电触头材料。

Ag-Ni、Ag-Fe 电触头材料一般都采用最常规的压制-烧结-复压粉末冶金工艺制备，有时也采用压制-烧结-挤压的生产工艺。

B　Ag-W、Ag-Mo 电触头材料

Ag-W、Ag-Mo 电触头材料是指银含量较多的材料，也是采用最常规的压制-烧结-复压粉末冶金工艺制备。由于银含量较多，所以具有高的导电性能，而且能够通过加工而制成各种形状。但是由于所含钨、钼的量尚不足以形成骨架，所以与以钨为基的 W-Ag 电触头材料相比，其抗电弧烧损性及抗机械磨损性仍显得不足。主要应用于低电压、具有轻的或中等载荷的电气设备中。

8.2.2.2　银-氧化物电触头材料

A　Ag-CdO 电触头材料

Ag-CdO 电触头材料是银-氧化物电触头材料中最重要的材料，也是银基触头材料的重要品种。具有作为触头材料优异的性能：强度与硬度显著提高、抗熔焊性与灭弧性能良好、抗电弧烧损性能好、接触电阻稳定、加工塑性优异。

Ag-CdO 电触头材料的优异性能是由于在电弧作用的温度下，800～1000℃时，所含的 CdO 开始挥发，大量吸收电弧所产生的热量，从而减少烧损，同时有利于灭弧和防止熔焊。Ag-CdO 电触头材料几乎可以适用于所有的低压电器。

Ag-CdO 电触头材料的制备方法主要有：

（1）压制-烧结-复压法。这是最基本的方法，缺点是密度较低，难以获得弥散均匀的CdO质点。

（2）压制-烧结-挤压法。采用较大的压缩比，有利于提高密度与性能。

（3）内氧化法。先制成Ag-Cd合金，在800~900℃下氧化，能够形成弥散均匀的CdO质点。内氧化时CdO质点的状况取决于氧化时的温度与氧分压，低的温度与高的氧分压有利于获得细小的质点。

（4）预氧化-压制-烧结-挤压法。既有内氧化的优点，又能发挥挤压操作的好处。

Ag-CdO电触头材料虽然有很多优点，但是由于镉的离子与蒸气都有毒，所以从保护环境与人体健康的角度，该类材料是不利的，发达国家或地区（例如欧洲）已经开始禁用。所以，开发新的触头材料取代Ag-CdO电触头材料，已经是必然的趋势。

B　Ag-SnO_2 电触头材料

Ag-SnO_2 电触头材料是为了避免镉的毒性而开发的一类重要的银-氧化物电触头材料。

Ag-SnO_2 电触头材料与Ag-CdO电触头材料一样可以用粉末冶金或内氧化法生产。当氧化锡含量大于4%时，必须加入少量的铟（In），而铟十分稀缺，价格较高。另外，内氧化的Ag-SnO_2 脆性很高。通常是采用压制-烧结-复压或压制-烧结-挤压法制造。

C　Ag-ZnO 电触头材料

Ag-ZnO电触头材料主要用于电流小于200A的一些低压断路器中。该类材料也具有较大的脆性，难以进一步加工，所以实际上也采用压制-烧结-复压或压制-烧结-挤压法制造。

8.2.2.3　银-石墨电触头材料

银-石墨电触头材料的最大特点是具有极好的抗熔焊性，作为断路器的静触头使用。银-石墨电触头材料导电、导热性好，接触电阻低，抗熔焊性能好。但是，二元系的银-石墨材料硬度低、强度小，机械磨损与电弧烧损严重。由此开发了含石墨的三元银基电触头材料。

8.3　金属黏结金刚石工具材料

8.3.1　概述

金刚石具有无与伦比的高硬度，是作为加工硬质材料的最佳工具。采用粉末冶金法制备金刚石工具具有以下特征：

（1）可以使用粒度范围很宽的金刚石。

（2）金刚石颗粒在工具中的分布与浓度可以通过调整金属粉末的比例及粉末的布装方式而实现。

（3）合金胎体的耐磨性可以在很大范围内变动，从而适用于不同耐磨性的要求。

（4）能够制造形状比较复杂的工具。

（5）制造工艺简单，成本低，效率高。

粉末冶金制造的金刚石工具类型如下：

（1）表镶式金刚石工具（金刚石颗粒大于2~3μm）。有表镶地质钻头、表镶石油钻头、砂轮修复刀、拉丝模、玻璃刀、划线刀、硬度计压头等。

（2）孕镶式金刚石工具（金刚石颗粒小于2μm）。有用于机械加工的砂轮、珩磨条、油石、锉刀、磨头；用于砂轮修整的修整笔、修整片、修整滚轮；用于地质勘探的钻头、扩孔器、扶正器；用于石材加工的切割锯片、索绳锯、钻头、研磨盘；用于建筑工程的工程薄壁钻头、切割片、磨轮；用于玻璃加工的磨轮、切割片、钻头；用于玉器加工的磨头、切割片、钻头；用于半导体加工的切割片、钻头、磨盘。

8.3.2 金刚石表面的金属化

粉末冶金工艺制备金刚石工具的根本是设计与制造合适的金属合金胎体，将金刚石颗粒包镶牢固，使其在加工工件时不易脱落。所以，研究金刚石颗粒与金属的结合是制备金刚石工具的关键。

8.3.2.1 金刚石与金属合金的润湿性

金刚石的结构决定了其与一般金属液体之间的界面能高于金刚石的表面能，所以金刚石不为一般的金属合金所润湿。低熔点金属对金刚石表面的润湿角均在100°以上。铝虽然在1100℃下对金刚石有较好的润湿性，但在该温度下铝对金刚石有强烈的熔蚀性。所以难以找到理想的低熔点纯金属能够良好地润湿金刚石的表面。

在铜、银、锗、锡、铟、锑、铅、铝等低熔点金属中添加少量的碳化物形成元素（钛、锆、铬、钒、钽、铪、铌、硅等），将使合金对金刚石的润湿性大为改观，能够使润湿角降到45°以下，其中Cu-10Ti、Cu-10Sn-3Ti、Ag-2Ti对金刚石的润湿角达到0°。

8.3.2.2 金刚石表面金属化技术与模型

有在金刚石表面镀金属（Cu、Ni、Co等）膜的方法，但是难以达到预期的效果。这是由于该金属镀层与金刚石表面的结合较弱，在一般的机械摩擦中会脱落。这种金属镀膜也称为“金属衣”，与金刚石表面未形成冶金结合。

金刚石表面金属化应该是在金刚石晶体表面形成具有金属特征的表面层。该表面层是在与金刚石晶体的表面碳原子通过界面化学作用而形成的具有冶金结合、金属特征的表层。它与金刚石晶体之间具有很强的结合力，不被一般的机械摩擦所剥落。该表层还应具有足够的热稳定性，且一般的熔焊、粉末冶金过程都不会改变金刚石晶体与该表面层的冶金结合方式。具有这种金属特性表层的金刚石晶体称为表面金属化金刚石，赋予该表层的技术称为金刚石表面金属化技术。

典型的金刚石表面金属化模型是由林增栋教授于1984年提出的，包含内层、中层与外层。内层是由强碳化物形成元素与金刚石进行界面反应，并使反应物生成在金刚石母晶界面上，厚度应为100nm左右，该层的完整性是金刚石表面金属化的关键与核心。中层是为了改善润湿性及可焊性而设计的，可选用镍、铁、铜等合金，对内层所生成的碳化物有非常好的黏结性。该层的厚度为数微米，能够使金刚石表面呈现出完美的金属特性，具有导电性、可焊接性、可烧结性。外层是为了缓和金刚石与金属胎体之间的线膨胀系数差异而设计的，一般是数十微米厚的电镀层。

8.3.2.3 金刚石表面金属化的途径

金刚石表面金属化的核心是形成与金刚石表面牢固结合的碳化物层。

根据强碳化物形成元素的物相状态不同，金刚石表面金属化的生成方法有固相反应法、液相反应法与气相反应法。

(1) 固相反应法。固相反应法是采用真空气相沉积、离子溅射、化学镀膜、冶金包覆等方法，在金刚石颗粒表面生成一层强碳化物形成元素薄膜，厚度约为100nm。然后将镀膜的金刚石置于高温真空炉中，加热到所镀强碳化物形成元素能够与金刚石表面的碳原子发生界面化学反应的温度，所生成的碳化物生长黏附于金刚石颗粒表面。

(2) 液相反应法。液相反应法是使金刚石颗粒与含有强碳化物形成元素的低熔点合金溶液相接触，使其发生界面反应，控制其厚度约为100nm，然后使金刚石颗粒与液相合金分离，一层完整的碳化物层完整地生长黏附于金刚石颗粒表面。

(3) 气相反应法。气相反应法能够解决细小颗粒表面难以发生均匀界面反应的问题。凡是能够产生强碳化物形成元素蒸气的各种物理与化学方法，都可以用来进行与金刚石表面的反应，从而在金刚石颗粒表面形成稳定的金属碳化物层。

8.3.3　粉末冶金法制造金刚石工具的工艺

8.3.3.1　胎体粉末

金刚石工具使用的胎体粉末一般为200~300目，对于性能要求高的金刚石工具，应选择更细的金属粉末。

金属粉末的比表面积大，表面能高，化学性能活泼，氧化倾向大，所以常用的金属粉末Fe、Co、Ni、Cu等，需经氢气还原处理。

使用预合金化粉末在烧结时不再需要扩散，所以能够使胎体的性能明显提高。

当由多种粉末组成胎体时，应预先混合，一般在球磨机中进行，球料比可取3∶1，混合时间3~4h。由于金刚石的密度小于金属，所以在将金刚石颗粒与金属粉末进行混合时，应加入少量润滑剂（无水乙醇、汽油、汽油树脂溶液等），以防止金刚石颗粒的“上浮”。

8.3.3.2　模压烧结

模压烧结工艺是将金刚石颗粒与胎体金属混合，压制成形，在还原气氛中，高于部分合金液相点50~100℃的温度下进行烧结。具有工艺简单、操作连续、批量大等优点。该工艺制备的金刚石工具存在有大量的孔隙，对金刚石颗粒的包镶性差，目前几乎仅用于制造砂轮、研磨条等要求金刚石有一定脱粒能力的工具。

8.3.3.3　热压

热压法制造金刚石工具是将金刚石颗粒与胎体粉末混合，装入石墨模具内，在低于液相熔化温度50~100℃的温度下，施加5~40MPa的压力热压成形，经冷却脱模后得到制品。热压收缩过程可以分为3个阶段：热塑性形变阶段、黏性流动阶段与致密化阶段。

8.3.3.4　冷压浸渍与松装浸渍

浸渍工艺是将金刚石粉末与骨架材料按照比例混合，振实或压实。然后将低熔点的浸渍合金置于其上，当加热温度超过液相点时，液相合金就会通过毛细作用浸渍到金刚石与骨架材料粉末的孔隙中。如果液相合金对被浸渍的粉体材料具有良好的润湿性，则孔隙会被完全填充，得到几乎接近理论密度的材料。

A 冷压浸渍

冷压浸渍是指均匀混合的金刚石与骨架材料粉末，经模压成形，得到所要求形状的压坯，然后于烧结炉中进行浸渍。由于模具加工复杂、工序繁多、操作不易，所以这种工艺已经较少使用。

B 松装浸渍

松装浸渍是指将金刚石-骨架材料混合粉末置于石墨模具腔内，仅需振实，使粉末充分充满模腔，然后将整个石墨模具于烧结炉中进行浸渍。该工艺的突出优点是粉体不需要压制成形，凡是粉末能够填充的部位，都能浸渍成形。所以，可以制作形状十分复杂的金刚石工具。

松装浸渍的工艺要点如下：

(1) 浸渍合金对骨架材料的润湿性。浸渍合金对粉体的润湿性决定浸渍工艺的成效。

(2) 粉末颗粒组成的调整。松装浸渍主要依靠粉末填充到模腔的各个部位。为了使浸渍达到理想的效果，对粉末颗粒的松装密度、振实密度和流动性都有一定的要求。良好的流动性使粉末能够充分地填满模腔；振实密度高能够使填充粉末的各部位无“拱桥”现象，各处均匀，可避免粉末颗粒在拱桥处未浸渍而造成空洞。适当的粉末粒度的组合能够提高振实密度。球磨不仅能够改变粉末颗粒的大小，而且还能够改变粉末颗粒的粒度组成，一定的球磨时间能够获得较高的振实密度。

从目前所使用的浸渍材料看，均不能很好地浸渍金刚石。所以在金刚石-金属粉末体中，金刚石颗粒聚集而形成的孔隙以及金刚石颗粒与骨架粉末之间的孔隙，均不能完全由浸渍合金所填充。这样就限制了松装浸渍工艺在孕镶式金刚石工具中有更多的应用。

8.3.4 金刚石工具简介

8.3.4.1 金刚石砂轮修正工具

砂轮在使用一段时间之后需要对其表面进行修正，以保证其表面磨削能力与尺寸精度。能够对极耐磨砂轮进行修正的，只有金刚石工具。目前广泛使用的金刚石砂轮修正工具主要有单晶金刚石刀、金刚石修正笔、金刚石修正片、金刚石修正滚轮。

单晶金刚石刀可以用粉末冶金的方法制造，在石墨压头上预留孔，使金刚石颗粒预出刃。基体合金以铜基或镍基合金为宜。

粉末冶金热压法是制备金刚石修正笔的最佳方法。金刚石修正笔在修正砂轮的同时，承受砂轮强有力的反磨削，严重损伤金刚石修正笔的合金胎体，因此，提高胎体的耐磨性，对提高金刚石修正笔的寿命具有重要的作用。WC 为基的胎体是最佳选择。

粉末冶金热压法是制备金刚石修正片的首选工艺，以中频电流加热，石墨模具型腔采用拼排组合。每次可加热数件。为减少石墨模具的损耗，降低石墨模具的高度，在生产中普遍采用先冷压成形，然后热压。

金刚石修正滚轮的结构主体是同轴旋转体，且形状复杂，粉末冶金的渗透方法成为首选工艺。先在石墨模具内腔涂一层胶，颗粒状金刚石有序或无序黏贴在石墨模腔上。然后用离心法（或振实法）使骨架粉末填充于整个模腔。置于中频感应炉或马弗炉中加热至高于浸渍合金熔点 50~80℃的温度，使合金浸入骨架合金的孔隙而成形。

8.3.4.2 金刚石岩层钻头

利用金刚石的高硬度制造的金刚石硬底层钻头是现代克服硬底层，加速地质、石油勘探的有力工具。

金刚石石油钻头可分为磨削型和切削研磨型。

热压和振实浸渍法被优先应用于磨削型金刚石石油钻头，当使用磨料合成金刚石颗粒或钻冠唇形简单时，最好采用热压法，以保证胎体合金紧密包镶住细小的金刚石颗粒。但是当钻冠唇形复杂时，最好采用松装浸渍法。

切削研磨型金刚石石油钻头的制造方法是以小柱状聚晶金刚石为原料，振实浸渍法是制造此种钻头的最佳方法，这是因为热压法容易造成聚晶体的倾斜或倒伏。先在石墨腔体上打出与金刚石颗粒大小相当的小锥眼，柱状金刚石聚晶以黏胶固定于小锥眼上，金刚石布装后用骨架粉末填充，经振实并加上钻体，装入中频感应炉或马弗炉加热浸渍。

墙体钻孔薄壁工程钻头的用量已经超过地质、矿山岩层钻头，这是由于混凝土构件、墙体、石材的钻孔日益增多。薄壁工程钻头的特点有：钻头壁薄（2.5~5mm）、同轴度要求高；回次钻进孔浅、钻机钻速高；被钻材料变化较大。其胎体的选择、制造方法与地质钻头相近。

8.3.4.3 金刚石锯切工具

金刚石锯切工具用于石材、半导体、玻璃、陶瓷、钢筋混凝土等非金属坚硬材料的切断落料及切槽，尤其是在石材生产和建筑工程中，金刚石锯片占据了重要的地位，成为金刚石的主要消耗领域，占整个金刚石消耗量的1/4以上。按照形状分类，金刚石锯切工具可分为周边连续式圆锯片、大直径镶焊锯片、排锯片、带锯片、绳锯等。

周边连续式圆锯片的厚度较薄，一般采用冷压烧结或加压烧结。生产量较小时，可直接用石墨热压。热压锯片的性能优于冷压烧结，只是大批量生产时成本较高。冷压烧结制造小型锯片时一般选用65Mn等冷轧钢板冲制成形作为金属基体。基片经清洗后置于压制膜内，一般采用高压压制，使压坯厚度一致。压制成形后的锯片坯叠装在增碳烧结罐中，可以在一般箱式炉内烧结。氢气保护气氛能够提高制品的质量。如果采用钟罩炉，则由于制品受到钟罩自身的压力，促使收缩致密，也能够提高制品的质量。

对于外圆直径大于250mm的金刚石锯片，是先制造不同弧度的金刚石节块，然后焊接到金属基体上。该制造步骤也适用于金刚石排锯条。金刚石锯片的节块一般采用冷压—热压法制造，以提高金刚石锯片的寿命。

热压金刚石节块之前增加冷压与成形工艺，目的是减少热压石墨腔体的高度，减少石墨的消耗，使后续的热压工艺易于控制。热压模具以拼块为宜，压力应低于石墨模具的抗压强度。应控制构成石墨模的各个部件加工尺寸精度，采用等高压制以保证节块的高度一致。热压一般选用电阻式热压机。节块与基体的焊接由专用焊接机进行，动力部分提供高频电源，机械部分保证钢基体的均匀旋转，并准确夹持节块，实现高质量的焊接。

8.3.4.4 金刚石磨具

金刚石磨具的用途很广，是钻孔、切割、研磨、抛光坚硬材料及其制品不可缺少的工具，并具有制品尺寸精度高、质量好、表面粗糙度低、加工效率高、模具寿命长等特点。

粉末冶金法制备的金刚石磨具从结构形式上可分为磨轮、磨混、磨盘、珩磨条等。热压法是制备粉末冶金金刚石磨轮的首选工艺，这是由于金刚石磨轮的品种多，每一种产品的产量少，冷压烧结的经济效益不佳。金刚石层与基体可以是在热压时烧焊在一起，也可以是单独热压出金刚石的环圈，然后与基体机械镶合或黏合。

金刚石研磨盘与磨辗广泛应用于石材、耐火材料的表面磨削和研磨、抛光。研磨盘与磨轮的制造技术是孕镶块制造与孕镶块在基体中布装设计的组合技术。

8.4　烧结金属摩擦材料

烧结金属摩擦材料是用压制和烧结的方法由金属粉末、产生摩擦的陶瓷组分与润滑组分的混合物生产的，用作制动器衬片和离合器摩擦片。烧结金属摩擦材料和常规的摩擦材料、“半金属”摩擦材料不同。常规摩擦材料一般是由有机树脂黏结石棉纤维组成；“半金属”摩擦材料是由金属粉末、产生摩擦的组分（磨粒）和有机树脂组成。这两种摩擦材料都不是粉末冶金产品。同这两种摩擦材料相比，烧结金属摩擦材料的主要优点是，具有以较高速率吸收能量的能力和较高耐磨性。烧结金属摩擦材料可承受较高的温度，具有较高热导率，在一定的温度和压力范围内具有较稳定的摩擦系数，并且很少受热、冷油、油脂及盐水的影响。烧结金属摩擦材料用于重载机械设备，诸如飞机与坦克的制动器衬片，拖拉机、重型载重汽车、公共汽车、大型运土机、重型压力机等的离合器衬面，以及自动变速箱的摩擦材料。粉末冶金摩擦材料的应用主要有两类：干式与湿式。干式的工作条件是摩擦零件与对偶件在无油存在的条件下直接接触，诸如飞机的制动器和标准离合器。在湿式工况下使用者，诸如动力变速器、自动变速器的离合器和浸于油中的摩擦零件。图 8-7 为干式的盘式制动器衬面和湿式离合器片等粉末冶金摩擦材料。

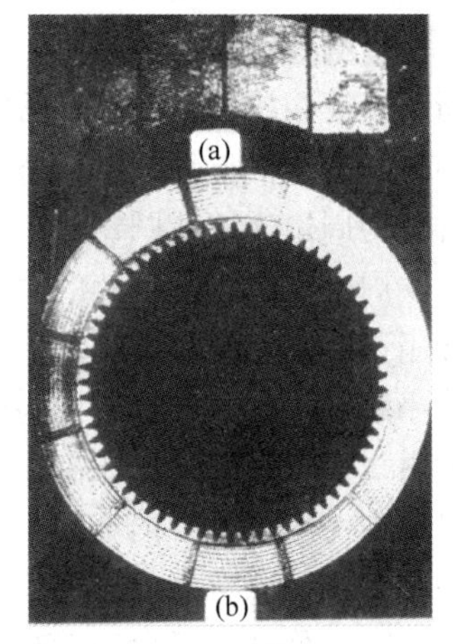

图 8-7　粉末冶金摩擦材料
（a）盘式制动器衬面，干式；
（b）离合器片，湿式

金属摩擦材料是由能产生摩擦的组分弥散地分布在金属基体内所组成。起初，采用铜-锡合金作为金属基体，将铜粉、锡粉，粉状摩擦组分和其他调整摩擦行为的组分进行混合，成形并烧结，该基体材料现在仍然被广泛应用。但是，在 20 世纪 70 年代开发了铜-锌基体材料，主要在浸泡于油中条件下使用。铜-锌材料可以使多孔性含油的基体仍然保持高的强度。同铜-锡材料比较，孔隙度较大的铜-锌材料具有更高的摩擦系数和吸收能量的能力。

最早生产的湿式烧结金属摩擦材料是 S. K. Wellman 为汽车的自动变速箱设计的。其是在铜、锡、铅及石墨粉的混合粉中加入很细的二氧化硅粉作为摩擦组分，将上述混合料压制成薄的圆盘状。将摩擦片与钢芯板摞放在钟罩炉内，于加压下进行烧结的同时，将摩擦片黏接在钢芯板上。最初的铜-锡-铅-石墨基体后来改换成了铜-锌-锡-石墨基体。摩擦片衬面的油沟花纹是冷却油路，油沟的类型与尺寸都是根据使用要求制定的。

在大部分粉末冶金干摩擦材料中，诸如用于飞机制动器与标准离合器的摩擦材料，添加于其中的摩擦组分都相当粗。莫来石（一种硅酸铝）与各种石英砂都在被用作摩擦组分。金属黏合剂可采用添加有锌、锡、铅及石墨的铜基复合材料，或采用添加铜的铁基复合材料或混合的铁-铜基体。添加于金属粉末中的陶瓷与石墨粉的数量决定于用途，如离合器用摩擦片中仅添加有15%的非金属组分，而飞机制动器用摩擦材料中，非金属组分含量可能高达50%。由于压坯中含有大量非金属材料，其生坯强度和烧结体强度都很低。为提供必要的稳定性，可将压坯镶装在钢皿中。烧结后，为提高摩擦材料的密度，可将之进行复压，同时将钢皿压接于摩擦材料中。另外一种方法是，在复压与压接钢皿壁之前，可在烧结的同时将摩擦材料铜焊于钢皿中，将钢皿固定在制动器或离合器背板上。

8.5 粉末冶金磁性材料

近年来粉末冶金磁性材料飞速发展，尤其是被称为永磁王的 Nd-Fe-B 永磁材料，只有采用粉末冶金的工艺才能充分发挥其优异的性能。粉末冶金磁性材料包括永磁材料、软磁材料等。

8.5.1 粉末冶金永磁材料

图 8-8 为永磁材料的发展概况。从图中可以看出，近年来稀土永磁材料的高性能化发展极为迅速。

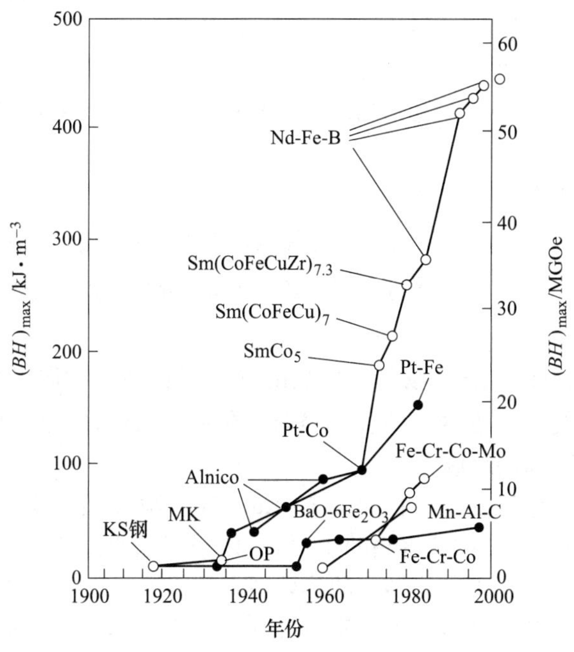

图 8-8 永磁材料的发展概况

8.5.1.1 Sm-Co 型永磁体

$SmCo_5$ 与 Sm_2Co_{17}化合物具有高的饱和磁化强度、居里温度和单轴磁晶各向异性常数，具备成为高性能永磁材料的条件。

A $SmCo_5$ 烧结磁体

$SmCo_5$ 烧结磁体的制备方法见图 8-9。

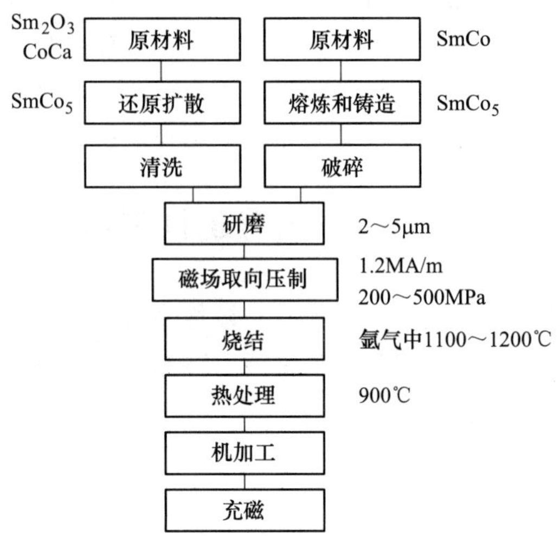

图 8-9 $SmCo_5$ 烧结磁体的制备工艺

首先，通过熔炼法或还原扩散制备粗粉，然后在保护气氛下进行破碎，得到 2～5μm 的微粉（单畴微粒），在磁场中压制，得到微粒易磁化方向沿磁场方向取向的成形体。为了提高密度，可以采用等静压制。烧结温度一般为 1200℃，缓冷至 900℃，然后快冷。低于 900℃的快冷能够避免 Sm_2Co_7 相的出现，该相的出现会导致磁性能下降。降低氧含量、采用强的取向磁场以及等静压技术，都能够提高磁体的性能。

B $SmCo_5$ 黏结磁体

$SmCo_5$ 磁体粉末与非磁性的黏结剂（环氧树脂等）混合，然后成形、固化，形成黏结磁体。由于该类磁体中含有一定量的非磁性体，所以其磁性能比烧结磁体低。

C Sm_2TM_{17} 烧结磁体

Sm_2Co_{17} 化合物比 $SmCo_5$ 化合物具有更高的饱和磁化强度和居里温度，所以具有更高的最大磁能积、更高使用温度的永磁体的条件。但是，Sm_2Co_{17} 化合物的单轴磁晶各向异性常数较小，不易得到高的矫顽力。

在 Sm_2Co_{17} 化合物的基础上，以适量的 Cu、Fe、Zr 等元素取代部分的 Co 而形成 Sm_2TM_{17}，制备烧结磁体，能够获得高的矫顽力和最大磁能积。Sm_2TM_{17} 烧结磁体的制备工艺与 $SmCo_5$ 烧结磁体相同，但其烧结后的热处理有其特点。烧结体于 1130～1170℃ 固溶化处理后，进行 750～850℃ 的等温时效处理。然后低于 400℃ 连续冷却处理，以得到两相显微组织，提高其矫顽力。

Sm_2TM_{17} 烧结磁体最突出的特点是居里温度高，从而使饱和磁化强度的温度系数仅有 -0.03%/℃，矫顽力的强度系数也仅有 $SmCo_5$ 烧结磁体的 1/2，所以其耐热性优异。最近航空用高性能磁体的开发受到重视。

D Sm_2TM_{17} 黏结磁体

Sm_2TM_{17} 黏结磁体的制备工艺与 $SmCo_5$ 黏结磁体相同。该类磁体可以在 200℃ 以下使用。为了提高磁性能，可以适当地增加 TM 中的 Fe，降低 Cu。为了节省较昂贵的 Sm，也可以使用较丰富的 Pr、Nd、Ce 等元素部分取代 Sm 来制造该类磁体。

8.5.1.2 R-Fe-B 系永磁体

R-Fe-B 系永磁体是在 $R_2Fe_{14}B$ 型（2-14-1 型）金属间化合物的基础上发展起来的一类高性能稀土永磁体，其中 $Nd_2Fe_{14}B$ 型磁体性能最高，用途最广。

A Nd-Fe-B 系烧结磁体

Nd-Fe-B 系烧结磁体的制造工艺与 Sm-Co 系烧结磁体大体相同。工序为熔炼（形成 $Nd_2Fe_{14}B$ 型合金）→铸锭（或铸片）→破碎（或用 RD 法直接得到粗粉）→微粉破碎（3~5μm）→磁场中成形→烧结（1050~1100℃）→时效处理（900~500℃）→机加工→表面处理→充磁。由于该类材料极易氧化，所以从熔炼到制成磁体的过程中都需要在保护气氛中进行。有的磁体还需要进行涂层等表面处理。

为了得到高性能的 Nd-Fe-B 烧结磁体，必须严格控制合金组成与杂质（尤其是氧含量要低），以形成微细均匀的显微组织。

提高饱和磁化强度的措施包括：选择高饱和磁化强度的 $R_2Fe_{14}B$ 相中的 $Nd_2Fe_{14}B$；尽量提高烧结密度；减少非磁性相，增加铁磁相的体积分数与取向度。提高矫顽力的措施有：提高铁磁相的磁晶各向异性；控制烧结体的微观组织等。

吸收氢气可以导致 Nd-Fe-B 系合金的自然破裂，该方法已经用于 Nd-Fe-B 系磁体合金气流磨等微粉破碎前的粗破碎工序，尤其适用于快凝合金薄片的粗破碎。用这种方法得到的粉末进行压制烧结时，烧结温度可以降低，避免晶粒的反向长大，从而可以保持高的矫顽力。

制粉和压制成形阶段对控制氧含量、获得高取向度是非常重要的。在粉末压制过程中使用润滑剂、防氧化剂，正向反向交替地外加足够的取向脉冲磁场，倾斜磁场取向以及采用等静压或准等静压技术，是获得高取向度的基础。烧结和时效处理是获得高致密磁体和均匀微细显微组织的重要工序。

Nd-Fe-B 磁体的居里温度较低，高磁能积的 Nd-Fe-B 烧结磁体的工作温度低于 100℃，高矫顽力的烧结磁体的工作温度可达 250℃。Nd-Fe-B 系磁体由于含有大量的 Nd 和 Fe，所以其耐氧化性、耐腐蚀性较差，对于某些应用，必须进行涂层等表面处理。

鉴于上述 Nd-Fe-B 系磁体的特点，一些厂家开发了新的工艺。例如二合金法可以降低烧结体中的氧含量；利用微粉特殊表面改性的干式成形法以及独特的气氛控制，生产了一些新的制品。

B Nd-Fe-B 系热加工磁体

Nd-Fe-B 系热加工磁体分为热压磁体与热变形磁体。所用原材料是熔体快凝非晶态 Nd-Fe-B 系磁体合金粉末。热压磁体只是粉体致密化，不发生塑性变形，磁各向同性，磁性能较低；热变形磁体是热压磁体（致密磁体）在一定温度下经塑性变形而得到的磁体，磁各向异性，具有很高的永磁特性。

C Nd-Fe-B 系各向同性黏结磁体

Nd-Fe-B 系各向同性黏结磁体由 Nd-Fe-B 系各向同性磁体粉末与非磁性相的黏结剂组成。Nd-Fe-B 系各向同性磁体粉末主要是由熔体快凝固制造的，主要采用了单辊快凝技术。

个别牌号的磁体粉末是由惰性气体雾化制备的。

制作工艺有压缩成形、注射成形、挤压成形等。不同成形方法所使用的黏结剂不同。压缩成形一般采用环氧树脂，注射成形可采用尼龙等，而挤压成形可采用聚酯。

目前，市售的黏结永磁体主要是 Nd-Fe-B 系各向同性黏结磁体。磁体的永磁性能主要取决于磁体粉末的永磁性能，而力学性能则主要与黏结相密切相关。

通过 Nd-Fe-B 系各向同性磁体粉末的改进以及原料配比和成形技术的优化，能够获得高性能的 Nd-Fe-B 系各向同性黏结磁体。

D Nd-Fe-B 系各向异性黏结磁体

Nd-Fe-B 系各向异性黏结磁体由 Nd-Fe-B 系各向异性磁体粉末与非磁性相的黏结剂组成。磁体的永磁性能主要取决于磁体粉末的永磁性能。

Nd-Fe-B 系各向异性磁体粉末的制备方法主要有以下两种：HDDR（氢化-歧化-脱氢-再结合）法或 d-HDDR（动态 HDDR）法。HDDR 法的工艺流程为：Nd-Fe-B 系合金锭→均匀化处理（氩气中，1000~1150℃）→粗破碎（20mm）→氢化（氢气中，室温至 800~850℃）→脱氢（真空，800~850℃）→轻微破碎→磁体粉末。

Nd-Fe-B 系各向异性黏结磁体与各向同性黏结磁体相比，除了使用 Nd-Fe-B 系各向异性磁体粉末之外，不同之处还在于成形过程中需要施加取向磁场。成形时的加压方向与取向磁场方向平行的称为横向成形；加压方向与取向磁场方向垂直的称为纵向成形。横向成形能够获得比纵向成形更好的磁性能，纵向成形多用于环形磁体。

8.5.1.3 Sm-Fe-N 系黏结磁体

Sm_2Fe_{17}化合物渗氮后，形成 $Sm_2Fe_{17}N_3$ 化合物。由于间隙原子进入晶格，其居里温度大幅度提高，还具有高的饱和磁化强度和各向异性，所以具备成为高性能磁体的条件。

由于间隙原子进入 Sm_2Fe_{17}化合物需要在较低的温度下进行渗氮热处理，所以此类化合物不能通过高温烧结或热加工制成块体材料。目前通用的方法是先将该类化合物制成磁体粉末，再制作黏结磁体。

工业上采用还原和扩散法（R/D 法）制备各向异性 $Sm_2Fe_{17}N_3$ 磁粉，先用 R/D 法制取 Sm_2Fe_{17}合金，然后渗氮得到磁粉。制备合金的工序为：铁、氧化钐、钙→混合→R/D 热处理→破碎和研磨→粉碎→过滤→洗涤与漂洗→过滤→真空干燥。

$Sm_2Fe_{17}N_3$ 各向异性磁体可以采用注射成形的方法来制备。其工艺流程为：Sm，$Sm_2Fe_{17}N_3$ 磁粉（约 2μm)→表面处理→与聚酰胺-12 混合→$Sm_2Fe_{17}N_3$ 复合物（粒状)→磁场注射成形→充磁→$Sm_2Fe_{17}N_3$ 各向异性磁体。

8.5.2 粉末冶金软磁材料

软磁材料应有低的矫顽力、高的磁导率、低的反磁化损耗。粉末冶金软磁材料可分为烧结软磁材料和复合软磁材料。

8.5.2.1 烧结软磁材料

目前，工业上生产的烧结软磁材料通常是采用高纯铁或 Fe-2Ni、Fe-3Si、Fe-0.45P、Fe-0.6P 等不同类型的铁合金制作的。利用粉末冶金技术可以制作复杂形状的磁性零部件，避免或减少机加工，从而节省成本。

最终制品是由软磁粉压制成形与烧结后，直接得到的致密材料或零件。

（1）纯铁。可以使用廉价的水雾化铁粉，含杂质较少（小于1%），压坯密度为6.8~7.5g/cm^3，烧结后获得目标磁性能，可以用于磁性器件的磁通量通路。

（2）铁磷合金。添加合金元素能够提高磁性能，但往往使材料变脆，不能采用变形工艺，通常采用粉末冶金工艺制造。商用铁磷合金多采用水雾化铁粉与粒度约为10μm的Fe_2P或Fe_3P粉末混合，经压制与烧结制备磁性材料。压制时，坚硬的Fe_2P或Fe_3P粉末分布于较大的铁粉颗粒之间，烧结时，铁磷金属间化合物熔化并扩散到铁中，形成Fe-P固溶体。液相能够加速扩散，促进烧结体的致密化。为了保证铁磷合金的磁性能，应该严格控制杂质的含量，例如碳含量小于0.01%，氧含量小于0.08%，氮含量小于0.04%等。暴露于腐蚀环境的纯铁与铁磷合金需要进行镀锌或涂层。

（3）铁硅合金。由于含硅较高时难以变形加工，所以变形合金多为含硅3%的铁硅合金。粉末冶金工艺可以制备铁硅合金。其制造方法为母合金混合法，在软的纯铁粉末中混入母合金（共晶合金）粉末。由于母合金中含有较高的硅，所以压制与烧结时都必须特别注意。可加入高压水雾化的Fe-21%Si的球形微粉，添加润滑剂进行压制成形与真空烧结。合金的磁性能与硅含量及烧结温度有关。

（4）铁素体不锈钢。铁素体不锈钢主要用于要求工作温度高、耐蚀性好的直流磁性零部件。耐蚀性是以牺牲一些磁性能为代价的，这是由于耐腐蚀性较好的铁素体不锈钢含有较多的Cr。大多数不锈钢采用水雾化生产，而注射成形用粉末使用气雾化生产。由于含铬的铁粉比较硬，压缩性受到影响，所以压坯密度较低，由此又影响材料的磁性能。对此往往采用较高的烧结温度与适当地延长保温时间。

（5）50Fe-50Ni合金。该合金具有高的磁导率、高的饱和磁感和低的矫顽力，是优异的软磁材料，多用于要求磁感对磁化场快速响应的一些磁性材料，但价格较贵。为了得到良好的磁性能，需要在1260℃以上的高温烧结，至少保温1h。此外，该类合金对热处理工艺十分敏感，需要进行适当的退火处理。

8.5.2.2 压粉磁芯

压粉磁芯由软磁合金粉末与作为绝缘体的黏结相组成，是一种软磁复合材料。一般用于kHz~MHz范围的高频交流器件。压粉磁芯的磁感应尽量高，磁导率也应尽量高，在高频下的损耗应尽量小。用于压粉磁芯的软磁粉末颗粒应尽量地细，且每个颗粒都要绝缘。通常是粉末颗粒由绝缘剂包覆后进行压制成形，以较高的压力压制成高密度的磁芯，但不能破坏绝缘涂层。

压粉磁芯所使用的铁粉类型会影响其磁性能。还原铁粉的起始磁导率高于雾化铁粉，比雾化铁粉更容易发生变形，并平行于磁通方向延长，能够使磁导率得到改善。

8.5.3 铁氧体

铁氧体一般是指以氧化铁和其他铁族或稀土氧化物为主要成分的复合磁性氧化物，大多采用粉末冶金工艺来制造。一般的工艺流程如图8-10所示。

8.5.3.1 铁氧体软磁材料

软磁铁氧体是以Fe_2O_3为主，加上MnO、MgO、CuO、NiO等组成的复合氧化物，其

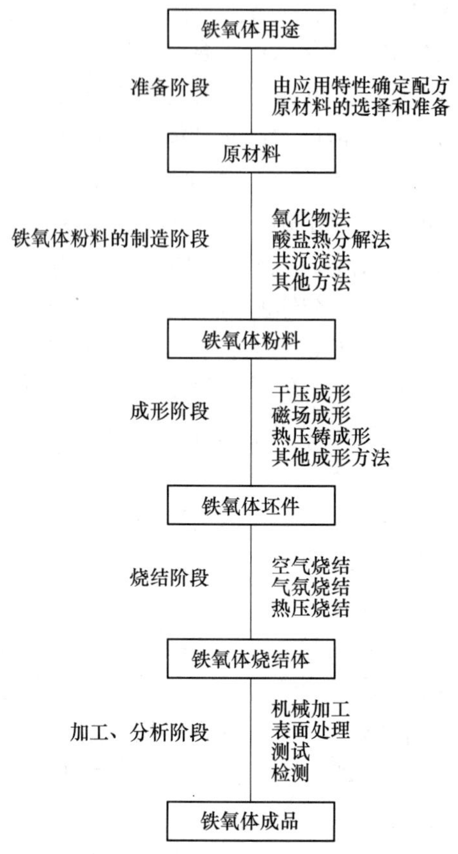

图 8-10 铁氧体的生产工艺流程

化学式为 $MO \cdot Fe_2O_3$。特点是电阻率高、饱和磁化强度低、居里点低、磁导率高，其中起始磁导率及其稳定性是重要的指标。

原料采用所需金属离子的氧化物，例如锰锌铁氧体的原料选用 Fe_2O_3、MnO 和 ZnO。原料的纯度与化学活性对铁氧体的性能影响很大。

为了使铁氧体材料在烧结时固相反应能够完全，要求原料很细且混合均匀。因此原料需要球磨，一般采用两次球磨。

成形一般采用模压成形，有利于连续生产。对于复杂形状的产品，也可以采用热压铸或粉浆浇注成形。

烧结是制备铁氧体材料的关键。烧结温度、保温时间、升温与降温速度、烧结气氛等都会对材料的性能产生影响。烧结温度一般为 1000～1300℃，保温 2h。可以使用隧道窑、钟罩炉或真空炉，有的材料需要在不同气氛下烧结。

典型的软磁铁氧体有 Mn-Zn 铁氧体、Ni-Zn 铁氧体、Li-Zn 铁氧体等。

8.5.3.2 铁氧体硬磁材料

铁氧体硬磁材料的化学分子式为 $MO \cdot nFe_2O_3$，M 代表 Ba、Sr、Co、Pb、Ca。所以铁氧体硬磁材料有钡铁氧体、锶铁氧体、钴铁氧体、铅铁氧体、钙铁氧体，前两种的应用较多。

铁氧体硬磁材料的制备方法与铁氧体软磁材料基本相同。

影响磁性能的主要因素有：

(1) 粉末粒度对铁氧体硬磁材料的影响很大，粉末粒度小于形成单畴颗粒的临界尺寸时，才能得到高的矫顽力。

(2) 制造各向异性铁氧体硬磁材料需要将磁粉在磁场中成形。一般是磁场方向与加压方向平行。

(3) 湿法成形便于粉末克服颗粒之间的摩擦力，沿磁场方向平行排列。

(4) 提高烧结温度与延长保温时间可提高磁体密度，从而提高磁性能，但是需要注意晶粒长大。

(5) 加入少量的 SiO_2、Al_2O_3 等助溶剂，能够提高烧结体的密度与性能。

(6) 提高原料的纯度也能够提高磁体的性能，但成本也增加。

(7) 铁氧体硬磁材料与金属永磁材料相比具有以下优点：电阻率高，矫顽力高，价格便宜，密度小。缺点是磁性能较低，磁温度系数差，性能较脆，不易加工。

8.6 金属多孔材料

8.6.1 概述

粉末冶金多孔材料是以金属或合金粉末为主要原料，通过成形和烧结而成、具有刚性结构的材料。

常见的粉末冶金多孔材料体系有青铜、不锈钢、铁、镍、钛、钨、钼以及难熔金属化合物等，其中获得大量生产与应用的主要是不锈钢、铜合金、镍及镍合金、钛及钛合金等。

粉末冶金多孔材料组织特征是内部含有大量的孔隙，孔隙可以是连通、半连通或封闭的。孔隙的大小、分布以及孔隙度大小取决于粉末的种类、粒度组成与制备工艺。

粉末冶金多孔材料具有质量轻、比表面积大、能量吸收性好、热导率低、换热散热能力高、吸声性好、渗透性好、电磁波吸收性优异、阻焰性好、使用温度高、抗热震性好、再生与加工性能好等一系列与致密材料不同的性能。

从多孔材料孔隙结构的作用来看，粉末冶金多孔材料主要有两方面用途：

(1) 孔隙作为流体的“通道”。被过滤的流体通过多孔材料，利用其多孔的过滤分离作用净化液体和气体，即作为过滤器。例如用来净化飞机和汽车上的燃料油和空气、化学工业上各种液体和气体的过滤、原子能工业上排出气体中放射性微粒的过滤等。

(2) 孔隙作为流体的“仓库”。利用其多孔结构存储材料使用过程中能够发挥重要作用的流体（未使用状态下可能是固体）。具体应用举例如下：

1) 含油轴承（自润滑轴承），可在不从外部供给润滑油的情况下，长期运转使用。非常适合于供油困难与避免润滑油污染的场合。

2) 多孔电极，主要在电化学方面应用。

3) 防冻装置，利用其多孔可通入预热空气或特殊液体，用来防止机翼和尾翼结冰。

4) 发汗材料，利用表面“发汗”而使热表面冷却的原理，如耐高温喷嘴。

8.6.2 制备方法

（1）模压成形与烧结。模压成形与烧结工艺具有生产效率高和产品尺寸精度高等优点，适于制作小型片状和管状多孔性元件。材质包括不锈钢、钛、镍、青铜和某些难熔金属化合物等。

（2）等静压成形。冷等静压（CIP）成形适用于制取长径比大的多孔性零件与异型制品，制品的密度与孔隙分布均匀，但尺寸精确较差，且生产效率低。

（3）松装烧结。松装烧结又称重力烧结，是将粉末松散地或经振实装入模具中，连同模具一起烧结，出炉后再将制品从模具中取出的方法。松装烧结法依靠烧结过程中粉末颗粒间的相互黏结形成多孔性烧结体，由于孔隙度较大，所以主要用于透气性要求较高，但净化要求不高的情况。

（4）粉末轧制。粉末轧制是一种连续成形工艺，能够生产多孔性带材。粉末由给料漏斗送入辊缝间被轧制成具有一定孔隙度的生坯，经烧结可制取多孔性的或半致密的材料。

（5）粉末增塑挤压。在金属粉末中加入适量的增塑剂，使其成为塑性良好的混合料，然后挤压成形，用于制造截面不变的长形件，如管材、棒材及五星形、梅花形等复杂断面形状的长形元件；适于生产有大量连通孔隙、透气性能好的多孔性材料，如钨、钼、镍及镍合金、不锈钢和钛等。

粉末增塑挤压工艺包括混料、预压、挤压、切割和整形等工序。增塑剂约占混合料体积的50%，几乎充满颗粒间的所有孔隙，其性质好坏直接影响挤压工艺与制品性能。

（6）注浆成形。在石膏模中进行，把一定浓度的浆料注入石膏模中，与石膏相接触的外围层首先脱水硬化，粉料沿石膏模内壁成形出所需形状。

（7）注射成形。金属粉末注射成形（MIM）技术是传统粉末冶金与塑料注射成形技术相结合而发展成的一种粉末冶金近净成形技术。与传统工艺相比，MIM技术具有精度高、组织均匀、性能优异、生产成本低等特点。

8.6.3 粉末冶金多孔材料的主要体系

（1）粉末冶金不锈钢多孔材料。粉末冶金不锈钢多孔材料是研究和应用最为广泛的一类粉末冶金多孔材料，具有优异的耐腐蚀性、抗氧化性、耐磨性、延展性和冲击强度等，并且具有外观好、无磁性等优点，可用于消声、过滤与分离、流体分布、限流、毛细芯体等，被广泛应用于食品生产、医药、化工、冶金等领域。目前国内常采用的烧结粉末不锈钢多孔材料的不锈钢材质牌号有1Cr18Ni9、1Cr18Ni9Ti、0Cr18Ni9、00Cr19Ni10、0Cr17Ni12Mo2、00Cr17Ni14Mo2等。

（2）粉末冶金镍多孔材料。粉末冶金镍多孔材料具有耐蚀、耐磨、高温和低温的力学强度高、热膨胀、电导性和磁导性好等独特的性能，在核能工业、石油化工等行业的高温精密过滤、充电电池的电极等领域得到了广泛的应用。粉末冶金镍多孔材料的制备通常是采用球形粉末进行烧结。

（3）粉末冶金钛及钛合金多孔材料。粉末冶金钛及钛合金多孔材料具有密度小、比强度高、耐蚀性好和生物相容性良好等金属钛独具的优异性能，被广泛应用于航空、航天、化工、冶金、轻工、医药等行业。

（4）粉末冶金铜多孔材料。粉末冶金铜多孔材料主要包括青铜、黄铜和镍白铜多孔材料等，其中以青铜粉末烧结多孔材料的应用最早、最普遍。

粉末冶金铜多孔材料具有过滤精度高、透气性好、机械强度高等优点，广泛用于气动元件、化工、环保等行业中的压缩空气除油净化、原油除沙过滤、氮氢气（无硫）过滤、纯氧过滤、气泡发生器、流化床气体分布等领域。

（5）粉末冶金金属间化合物多孔材料。金属间化合物具有低密度、高强度、高耐腐蚀及抗氧化性等优点，一些金属间化合物材料还具有形状记忆、储氢、生物相容性、触媒等其他独特性能。粉末冶金金属间化合物多孔材料不但具有多孔材料的功能特性，还继承了金属间化合物的一系列优异性能，是一类重要的金属多孔材料。

习　题

1. 孔隙对粉末冶金材料性能有哪些影响？
2. 铁基结构件提高密度的方法有哪些，为什么使用预合金粉？
3. 什么是自润滑轴承，其特点是什么，它是如何制造的？
4. 粉末冶金摩擦材料的基本组成有哪些，其制造过程和应用是什么？
5. 不锈钢粉末成形与普通铁基零件粉末成形有何区别？
6. 粉末冶金高速钢的优点是什么？
7. 有哪些方法获得粉末冶金用钛粉，粉末冶金钛合金的特点是什么？
8. 粉末冶金高温合金的特点是什么，其制造方法和主要应用是什么？
9. 粉末多孔材料的用途有哪些，其制造方法有哪几种？
10. 什么是硬质合金，其特点和应用有哪些，其制造工艺是什么？
11. 金刚石工具的特点是什么，其制造工艺大致是什么？
12. 烧结 NdFeB 磁体的制造工艺是什么，需要注意的因素有哪些？

参 考 文 献

[1] 曲选辉．粉末冶金原理与工艺［M］．北京：冶金工业出版社，2013.
[2] 韩凤麟．粉末冶金基础教程：基本原理与应用［M］．广州：华南理工大学出版社，2005.
[3] 周作平，申小平．粉末冶金机械零件实用技术［M］．北京：化学工业出版社，2006.
[4] 曲在纲．粉末冶金摩擦材料［M］．北京：冶金工业出版社，2005.
[5] 张义文，上官永恒．粉末高温合金的研究与发展［J］．粉末冶金工业，2004，14（6）：30-43.
[6] 蔡一湘，李达人．粉末冶金钛合金的应用现状［J］．中国材料进展，2010，29（5）：30-39.
[7] 奚正平，汤慧萍．烧结金属多孔材料［M］．北京：冶金工业出版社，2009.
[8] 刘咏，羊建高．硬质合金制作工艺技术及应用［M］．长沙：中南大学出版社，2011.
[9] 孙毓超．金刚石工具制造理论与实践［M］．郑州：郑州大学出版社，2005.
[10] 周寿增，董清飞，高学绪．烧结钕铁硼稀土永磁材料与技术［M］．北京：冶金工业出版社，2011.
[11] 韩凤麟．粉末冶金手册［M］．北京：冶金工业出版社，2012.
[12] 陈文革，王发展．粉末冶金工艺及材料［M］．北京：冶金工业出版社，2011.